高等学校应用型特色规划教材

数据库技术与应用——SQL Server 2012 教程 (第2版)

詹 英 林苏映 主 编
颜慧佳 白雪冰 郭贤海 副主编

清华大学出版社
北 京

内容简介

数据库技术是计算机科学技术中应用最广泛的技术之一，是计算机信息管理的核心技术。本书主要以数据库技术人员和数据库初学者为读者对象，立足实用，从技术层面加以指导，分析最新 SQL Server 2012 技术，提供数据库在动态网站建设的实际应用案例，剖析典型的基于数据库的网站构建，展示 SQL Server 数据库技术发展趋势及应用潮流；同时以数据库设计为核心，在构建具体数据库应用系统的同时，剖析数据库的安全性与完整性、关系数据方法等理论知识。

本书全面贯彻国家教育部“突出实践能力培养”的教学改革要求，注重实际业务处理应用型人才的培养，具有内容翔实、案例丰富、实用性强的特点，统一的格式化体例设计的特点。本书不仅适用于本科院校和高职高专计算机科学与信息管理类专业的教学，也可作为在职培训教材和日常工作参考用书。

读者可以免费下载并使用一个实验教学平台，从中获得所需的教学与学习支持。

图书在版编目(CIP)数据

数据库技术与应用——SQL Server 2012 教程/詹英，林苏映主编. --2 版. --北京：清华大学出版社，2014（2020. 9重印）
(高等学校应用型特色规划教材)
ISBN 978-7-302-37144-1

Ⅰ. ①数…　Ⅱ. ①詹…　②林…　Ⅲ. ①关系数据库系统—高等学校—教材　Ⅳ. ①TP311.138

中国版本图书馆 CIP 数据核字(2014)第 148324 号

责任编辑：章忆文　杨作梅
封面设计：杨玉兰
版式设计：北京东方人华科技有限公司
责任校对：周剑云
责任印制：杨　艳
出版发行：清华大学出版社
网　　址：http://www.tup.com.cn, http://www.wqbook.com
地　　址：北京清华大学学研大厦 A 座　　邮　　编：100084
社 总 机：010-62770175　　邮　　购：010-62786544
投稿与读者服务：010-62776969, c-service@tup.tsinghua.edu.cn
质量反馈：010-62772015, zhiliang@tup.tsinghua.edu.cn
课件下载：http://www.tup.com.cn, 010-62791865
印 刷 者：北京富博印刷有限公司
装 订 者：北京市密云县京文制本装订厂
经　　销：全国新华书店
开　　本：185mm×260mm　　**印　张**：24.5　　**字　数**：591 千字
版　　次：2008 年 8 月第 1 版　2014 年 8 月第 2 版　　**印　次**：2020 年 9 月第 8 次印刷
定　　价：56. 00元

产品编号：056800-03

前　　言

20 世纪 90 年代以来，计算机的应用已从单用户模式逐步向客户机/服务器网络模式发展，信息管理也从工资、人事等单方面的管理向全企业的管理信息系统发展。在网络环境下的数据处理与信息管理方面，过去常用的 FoxBASE、FoxPro 等小型数据库管理系统已难以胜任，大家对信息管理中的数据资源共享、数据的集中处理与分布式处理提出了越来越高的要求。Microsoft 公司推出的 SQL Server 数据库管理系统是目前较为常用的大型数据库管理系统，它建立在成熟而强大的关系模型基础上，可以很好地支持客户机/服务器网络模式，能够满足对构建网络数据库的需求，是目前各级、各类学校学习大型数据库管理系统的首选对象。

目前，市场上关于 SQL Server 数据库管理系统的书籍较多的是说明书式的教材，它们以介绍 SQL Server 数据库管理系统的各项功能为主，缺少对教学活动的设计以及对学生学习特点的尊重。我们在近十年从事数据库教学的基础上，将教学设计结合到教材建设上，提高了教材的可教性和易学性。全书以一个实用数据库的设计开发为总任务，强调数据库设计理论的提炼，将此任务的完成作为教学的主线，并将此总任务分解为若干小任务，逐步完成一个综合数据库的开发。书中最后一章安排两个综合任务，为学生熟练掌握数据库开发技术奠定坚实的基础。

《数据库技术与应用——SQL Server 2005 教程》一书受到各用书学校的欢迎，并多次重印。本书是对它的修订，侧重对教材内容的选择、补充、处理与加工，并征求学生的看法，把学生的合理建议融入教材的修订过程中。全书共分 15 章，第 1 章介绍 SQL Server 2012 的版本、安装和配置以及工具；第 2 章介绍数据库系统的数据模型，包括数据模型的数据结构、数据操作等。第 3 章介绍数据库架构，包括物理数据库和逻辑数据库，并给出数据库案例的设计过程，后续课程内容将逐步实现该设计方案；第 4 章介绍数据库的创建与管理；第 5 章介绍关系数据库方法；第 6 章介绍查询设计与创建；第 7 章介绍视图的设计与管理；第 8 章介绍 Transact-SQL 语言；第 9 章介绍存储过程与触发器；第 10 章介绍事务与批处理；第 11 章介绍数据库备份与恢复；第 12 章介绍数据库权限与角色管理；第 13 章介绍网络数据库，包括本书的综合项目“学生选课系统”；第 14 章介绍数据库设计与关系规范化理论；第 15 章提供了两个综合项目设计案例。

我们针对教材内容，开发了与教材相配套的“数据库技术与应用”实验教学平台(可以从 http://www.tup.com.cn 网站下载)，电子教材与纸质教材相互辅助，使得此教材具有较高的独特风格，极大地提高了学生的学习兴趣。实验教学平台对学习活动进行了分类，将学习活动分为“概念解析”、“操作演示”、“自我测试”、“应用实验演练”四个模块。“概念解析”配有语音讲解；“操作演示”可以演示课程教学内容，在播放过程中，可以控制播放进程，使学生在学习过程中反复观看操作过程；通过“自我测试”，使学生可以检查自我学习效果；“应用实验演练”模拟 SQL Server 2012 实验环境，让学生自学实验操作方法，培养学生解决实际问题的能力。当学生在操作过程中遇到困难时，系统可以

为其提供智能帮助。

本书是浙江省教育科学规划课题的教学研究成果，本书的出版得到了院系领导的大力支持，在此表示衷心的感谢。本书的作者詹英、林苏映、颜慧佳，白雪冰是浙江交通职业技术学院教师，郭贤海是台州学院教师。

本书由詹英撰写第 1、2、3、5、8、14 章和第 6 章的 6.8 小节、第 11 章的 11.2.3 小节及 11.2.4 小节，林苏映撰写第 4、6 章，颜慧佳撰写第 7、9 章和第 15 章的 15.2 小节，白雪冰撰写第 10、12 章和第 11 章的大部分内容，郭贤海撰写第 13 章和第 15 章的 15.1 小节。全书由詹英负责统稿。

由于编者水平有限，虽然经过再三勘误，但仍难免有纰漏，欢迎广大读者提出宝贵意见和建议。

编　者

目　　录

第 1 章　数据库系统引论

本章导读

本章将介绍 SQL Server 2012 的相关内容，并给出学生选课数据库的设计方案。

学习目的与要求

(1)　理解数据库、数据库管理系统等概念，掌握安装 SQL Server 2012 的方法。

(2)　掌握简单的数据库设计方法。

1.1　数据库系统的产生与发展

1.1.1　数据库的基本概念

信息管理与应用是计算机应用的一个重要领域。信息处理的主要目标是实现对大量数据的快速分类、加工、存储、检索和维护。随着计算机技术的不断发展，数据库管理技术也在不断地发展。

1. 数据(Data)

数据在一般意义上被认为是对客观事物的特征所进行的一种抽象化、符号化的表示。例如，文字、声音、图形和图像，必须经过数字化后才能存入计算机。

2. 信息(Information)

信息通常被认为是有一定含义的、经过加工的、对决策有价值的数据。例如，“2008 年全省高校新生人数为 5 万人。”是一条信息，而“全省”、“2008”、“年”以及“5”等都只是数据。数据表示信息，而信息只有通过数据形式表示出来才能为人所理解。

3. 数据库(Database，DB)

数据库可以理解为存储数据的仓库。它是按一定组织方式存储的、相互有关的数据的集合，这些数据不仅彼此关联而且可以动态变化。它具有以下几个特点。

(1)　数据结构化：一个或多个数据文件组成一个数据库，同一个数据库内的数据文件的数据组织应获得最大限度的共享与最小的冗余度。

(2)　数据共享：不同的用户可以共用数据库中的数据，从而提高数据的利用率。

(3)　数据的独立性：数据与使用数据的应用程序相互独立。

(4)　数据的一致性与正确性：在处理数据的过程中，必须保证数据的有效、正确，避免由于意外事故与非法操作而导致数据的不一致。

4. 数据库管理系统(DataBase Management System，DBMS)

数据库管理系统是用户实现加工数据的数据管理软件系统。它为用户提供以下几个主要功能。

(1) 建立数据库功能：DBMS 通过相应的操作语言实现对采集的数据的组织与存储。

(2) 数据操纵功能：根据用户的需求，对数据库中的数据进行修改、删除、插入、检索、重组等操作。

(3) 数据库的控制与维护功能：通过对数据库进行有效的控制、分析与监视，实现数据的完整性、安全性及并发控制与数据恢复。

(4) 数据的网络化：通过数据库的操作语言产生数据网页，实现数据的网络查询、修改等功能，并实现数据与其他管理系统数据格式的转换功能，最大限度地实现数据共享。

5. 数据库系统(DataBase System，DBS)

数据库系统是一个由数据库、数据库管理系统、操作系统、编译系统、应用程序、计算机硬件和用户组成的复杂系统。

1.1.2 数据管理技术的产生和发展

数据库技术随着数据应用和需求的变化而不断发展。数据处理是指对各种数据进行收集、存储、加工和传播的一系列活动的总和。数据处理的目的是从大量的、原始的数据中获得所需要的资料并提取有用的数据成分，作为行为和决策的依据。数据管理则是指对数据进行分类、组织、编码、存储、检索和维护，它是数据处理的中心问题。随着电子计算机软件和硬件技术的发展，数据处理过程发生了划时代的变革，而数据库技术的发展，又使数据处理跨入了一个崭新的阶段。

数据管理技术的发展大致经历了以下三个阶段。

1. 人工管理方式

人工管理方式出现在计算机应用于数据管理的初期。由于没有必要的软件、硬件环境的支持，用户只能直接在裸机上操作。用户的应用程序中不仅要设计数据处理的方法，还要阐明数据在存储器上的存储地址。在这一管理方式下，用户的应用程序与数据相互结合、不可分割，当数据有所变动时程序则随之改变，程序的独立性差；另外，各程序之间的数据不能相互传递，缺少共享性。因此这种管理方式既不灵活，也不安全，编程效率很低。

2. 文件管理方式

文件管理方式是把有关的数据组织成一种文件，这种数据文件可以脱离程序而独立存在，由一个专门的文件管理系统实施统一管理。文件管理系统是一个独立的系统软件，它是应用程序与数据文件之间的一个接口。在这一管理方式下，应用程序通过文件管理系统对数据文件中的数据进行加工处理。应用程序的数据具有一定的独立性，比手工管理方式前进了一步。但是，数据文件仍高度依赖于其对应的程序，不能被多个程序所通用。由于数据文件之间不能建立任何联系，因而数据的通用性仍然较差，并且冗余量大。

3. 数据库系统管理方式

数据库系统管理方式是对所有的数据实行统一规划管理，形成一个数据中心，构成一个数据库，数据库中的数据能够满足所有用户的不同要求，供不同用户共享。在这一管理方式下，应用程序不再只与一个孤立的数据文件相对应，而是可以取整体数据集中的某个子集作为逻辑文件与其对应，通过数据库管理系统实现逻辑文件与物理数据之间的映射。在数据库系统管理的系统环境下，应用程序对数据的管理和访问灵活方便，而且数据与应用程序之间完全独立，使程序的编制质量和效率都有所提高。由于数据文件之间可以建立关联关系，因此数据的冗余量大大减少，数据共享性显著增强。

1.2　SQL Server 版本介绍

20 世纪 80 年代以来，数据库技术在商业、计算机辅助设计和计算机集成制造等领域均有了长足的发展。数据库种类繁多，有 Oracle、Informix、FoxPro、Access 等，而 SQL Server 凭借其极少的数据冗余，较高的数据访问效率，成为目前最受欢迎的企业级数据库。1995 年 Microsoft 公司发布的 SQL Server 6.05，首次具备了处理小型电子商务和内联网应用程序的能力；1998 年发布的 SQL Server 7.0，改写了核心数据库引擎，并提供分析服务、数据转换服务。SQL Server 2005 从 2006 年上市以来，已成为业界增长最快的数据库产品，它有企业版(Enterprise Edition)、标准版(Standard Edition)、工作组版(Workgroup Edition)、精装版(Express Edition)、开发版(Developer Edition)、评估版(Evaluation Edition)。其中精装版是免费的版本，可以将 SQL Server Express 无缝升级到更复杂的 SQL Server 版本；评估版是一种限时版本，只能运行 180 天。工作组版可以用作前端 Web 服务器，是一个入门级的数据库产品，开发版从功能上等价企业版，可用作开发和测试系统。SQL Server 2005 与 SQL Server 2000 相比较，SQL Server 2005 增强了联机创建、重建和删除索引的功能；SQL Server Management Studio 集成了 SQL Server 2005 所有组件的管理。SQL Server 2005 引入了.NET Framework，并允许构建.NET SQL Server 专有对象，使 SQL Server 2005 具有更灵活的功能。SQL Server 2005 是基于客户端/服务器(C/S)模式的大型关系数据库管理系统，它将工作分解为客户端任务和服务器任务。所有 SQL Server 2005 版本的客户端软件都可以在 Windows 2000 Server 和 Windows Server 2003 操作系统上运行。

自 SQL Server 2012 开始，Server Pack 1 的最低要求就是 Windows 7 和 Windows Server 2008 R2 操作系统。SQL Server 2012 安装程序中增加了一项新功能“产品更新”，该安装程序可以将最新的产品更新与主安装相集成，以便可以同时安装主产品及其适用的更新。从 SQL Server 2012 开始，将提供两个 Enterprise 版本，这两个版本将基于许可模型的不同而存在差异。许可模型包括基于许可的服务器/客户端访问许可证 (CAL)和基于内核的许可。

SQL Server 2012 包括一个新的 SQL Server 商业智能版版本——SQL Server Business Intelligence，其提供了综合性平台，可支持组织构建和部署安全、可扩展且易于管理的商

业智能(BI)解决方案。它提供了基于浏览器的数据浏览与可见性等卓越功能、功能强大的数据集成功能，以及增强的集成管理。SQL Server 2012 商业智能提供了 Power View 可视化工具，迎合了 IT 消费化的趋势，使业务人员能够通过简洁易懂的形式使用商业智能，并将数据转换为信息，更好地为企业决策服务。SQL Server 2012 生成的视图还可以快速导入 PowerPoint，业务人员可以安全地进行分享和汇报。

SQL Server 2012，将 Business Intelligence Development Studio 升级为 SQL Server 数据工具(SQL Server Data Tools，SSDT)，它提供了一个集成开发环境(IDE)以便为以下商业智能组件生成解决方案：Analysis Services(分析服务)、Reporting Services(报表服务)和 Integration Services(集成服务)。SSDT 还包含“数据库项目”，可以为数据库开发人员提供集成环境，以便在 Visual Studio 内为任何 SQL Server 平台(无论是内部还是外部)执行其所有数据库设计工作。数据库开发人员可以使用 Visual Studio 中功能增强的服务器对象资源管理器，轻松创建或编辑数据库对象和数据或执行查询。

SQL Server 2012 提供了全新的高可用灾难恢复技术——AlwaysOn 技术，可以帮助企业在故障时快速恢复，同时能够提供实时读写分离，保证应用程序性能最大化。若主节点出现故障，AlwaysOn 会自动触发 Failover 机制，将辅助节点替代主节点，并继续进行读写操作。

传统的数据库的索引都采用行的形式进行存储，而 SQL Server 2012 引入了先进的列存储索引技术，列存储索引技术使查询性能能够得到十倍至数十倍的提升，其中星型联接查询及相似查询的性能提升幅度可以达到一百倍。

SQL Server 2012 能够支持结构化和非结构化的实时数据，同时提供对 Hadoop 和大规模数据仓库的支持，支持基于 MPP 的并行数据仓库，能够将数据容量扩展至几百万亿字节。

1.3 SQL Server 2012 的安装

1.3.1 软硬件要求

安装 SQL Server 2012 或 SQL Server 客户端组件的硬件要求如表 1.1 所示。

表 1.1 安装 SQL Server 2012 或 SQL Server 客户端组件的硬件要求

硬 件	最低要求
计算机处理器	最小值：x86 处理器，1.0GHz；x64 处理器，1.4GHz。建议：2.0GHz 或更快
内存 (RAM)	最小值：Express 版本，512MB；所有其他版本 1GB 最大值：Express 版本，1GB；所有其他版本，至少 4GB 并且应该随着数据库大小的增加而增加，以便确保最佳的性能
硬盘空间	数据库引擎和数据文件、复制、全文搜索以及 Data Quality Services 需 811MB；Reporting Services 和报表管理器需 304MB；Analysis Services 和数据文件需 345MB；Integration Services 需 591MB；Master Data Services 需 243MB；客户端组件(除 SQL Server 联机丛书组件和 Integration Services 工具之外)需 1823MB；用于查看和管理帮助内容的 SQL Server 联机丛书组件需 375KB
显示器	SQL Server 2012 要求有 Super-VGA (800×600) 或更高分辨率的显示器

建议在使用 NTFS 文件格式的计算机上安装 Microsoft SQL Server 2012。

SQL Server 2012 版本有：SQL Server Enterprise、SQL Server Business Intelligence、SQL Server Standard、SQL Server Web、SQL Server Developer、SQL Server Express。当用户选择数据库引擎，报表服务时，需要安装组件.NET Framework，对于数据库引擎组件和 SQL Server Management Studio 而言，Windows Power Shell 2.0 是一个安装必备组件。在安装 Microsoft 管理控制台(MMC)、SQL Server Data Tools (SSDT)、Reporting Services 的报表设计器组件和 HTML 帮助都需要安装 Internet Explorer 7 或更高版本。

1.3.2　安装步骤

下面以本地安装 SQL Server 2012 企业版为例，给出 SQL Server 2012 的安装步骤。

(1) 将 SQL Server 2012 安装盘插入光驱后，其将自动启动安装程序；或手动执行光盘根目录下的 Autorun.exe 文件，出现“SQL Server 安装中心”窗口，如图 1.1 所示。

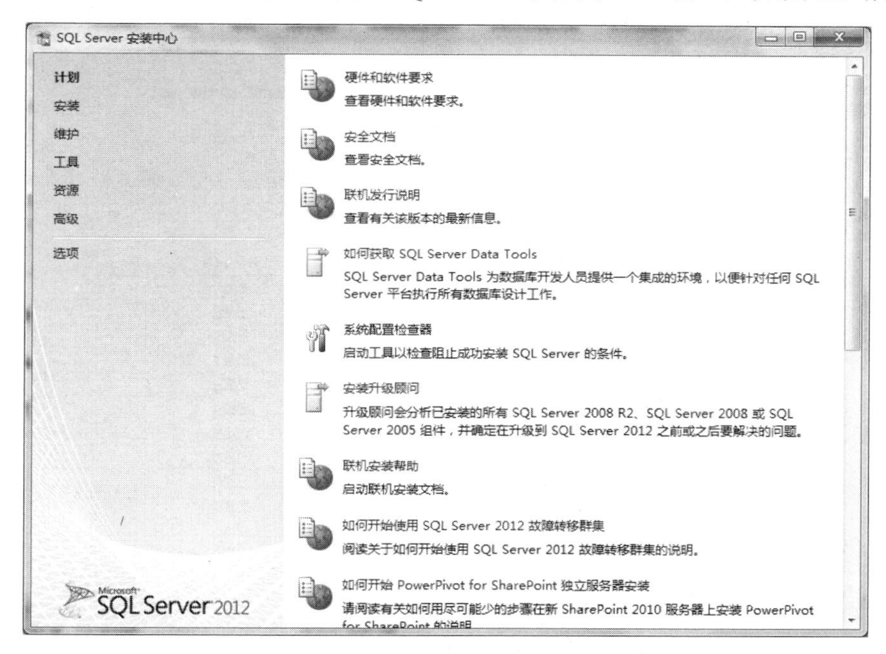

图 1.1　SQL Server 2012 的安装中心——计划界面

(2) 在 SQL Server 2012 安装中心的“计划”选项卡中，包含硬件和软件要求、安全文档、联机发行说明等内容，切换到“安装”选项卡，出现全新 SQL Server 独立安装或向现有安装添加功能，新的 SQL Server 故障转移群集安装，向 SQL Server 故障转移群集添加节点；从 SQL Server 2005、SQL Server 2008 或 SQL Server 2008 R2 升级四种安装方式，如图 1.2 所示。根据系统现有的 SQL Server 版本，选择安装方式。如果是第一次安装 SQL Server，则选择“全新 SQL Server 独立安装或向现有安装添加功能”安装方式。出现 SQL Server 的安装程序窗口，如图 1.3 所示。

图 1.2　SQL Server 2012 的安装中心——安装界面

在安装程序界面，系统将检查系统配置、安装程序支持规则，以确定安装 SQL Server 安装程序支持文件时可能发生的问题，必须更正所有失败，安装程序才能继续。

单击“查看详细报表”链接，系统将提供系统配置检查报告，如表 1.2 所示。

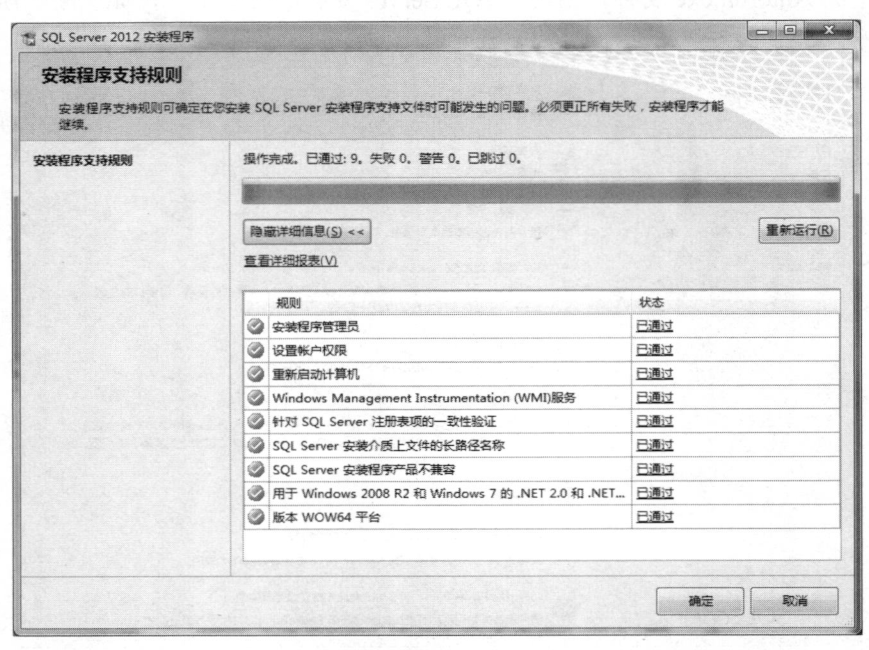

图 1.3　SQL Server 2012 的安装程序——“安装程序支持规则”界面

表 1.2　系统配置检查报告

计算机名称：JOHN-PC

报告日期/时间：2013/01/01 15:22

已保存到目录：C:\Program Files\Microsoft SQL Server\110\Setup Bootstrap\Log\20130101_152216\SystemConfigurationCheck_Report.htm

规则名称	规则说明	结　果	消息/更正操作
GlobalRules	针对规则组“GlobalRules”的 SQL Server 2012 安装程序配置检查		

续表

规则名称	规则说明	结　果	消息/更正操作
NoRebootPackage DownLevel	此规则确定此计算机是否具有必需的 .NET Framework 2.0 或 .NET Framework 3.5 SP1 的更新包，成功安装包含在 SQL Server 中的 Visual Studio 组件需要此包	不适用	此规则不适用于您的系统配置
ServerCore64Bit Check	检查此版本的 SQL Server 是否为 64 位	不适用	此规则不适用于您的系统配置
ServerCorePlatform Check	检查当前运行的 Windows Server 内核操作系统是否支持此版本的 SQL	不适用	此规则不适用于您的系统配置
AclPermissions Facet	检查 SQL Server 注册表项是否一致	已通过	SQL Server 注册表项是一致的，可以支持 SQL Server 安装或升级
FacetWOW64Platform Check	确定此操作系统平台是否支持 SQL Server 安装程序	已通过	此操作系统平台支持 SQL Server 安装程序
HasSecurityBackupAnd DebugPrivilegesCheck	检查正在运行 SQL Server 安装程序的帐户是否有权备份文件和目录、有权管理审核和安全日志以及有权调试程序	已通过	正在运行 SQL Server 安装程序的帐户有权备份文件和目录、有权管理审核和安全日志以及有权调试程序
MediaPathLength	检查 SQL Server 安装介质是否太长	已通过	SQL Server 安装介质不太长
NoRebootPackage	此规则确定此计算机是否具有必需的 .NET Framework 2.0 或 .NET Framework 3.5 SP1 的更新包，成功安装包含在 SQL Server 中的 Visual Studio 组件需要此包	已通过	此计算机具有必需的更新包
RebootRequiredCheck	检查是否需要挂起计算机重新启动。挂起重新启动会导致安装程序失败	已通过	不需要重新启动计算机
SetupCompatibility Check	检查 SQL Server 当前版本是否与以后安装的版本兼容	已通过	安装程序尚未检测到任何不兼容的情况
ThreadHasAdmin PrivilegeCheck	检查运行 SQL Server 安装程序的帐户是否具有计算机的管理员权限	已通过	运行 SQL Server 安装程序的帐户具有计算机的管理员权限
WmiServiceState Check	检查 WMI 服务是否已在计算机上启动并正在运行	已通过	Windows Management Instrumentation (WMI) 服务正在运行

单击“确定”按钮，进入“安装安装程序文件”界面，如图 1.4 所示。此时系统将立即安装 SQL Server 安装程序，如果找到安装程序的更新并指定要包含在内，则也将安装更新。

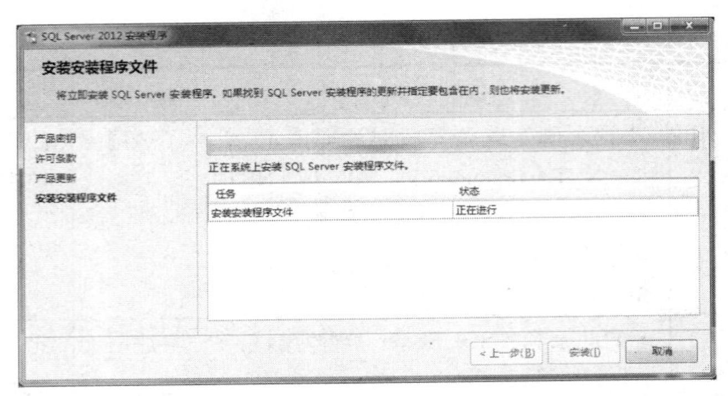

图 1.4　SQL Server 2012 的安装程序——“安装安装程序文件”界面

(3) 在“安装安装程序文件”界面，单击“安装”按钮，将检查系统中是否有潜在的安装问题(例如检查操作系统、注册表等一致性验证)，如图 1.5 所示。扫描完毕后，单击“下一步”按钮，弹出“设置角色”界面，如图 1.6 所示，选择“SQL Server 功能安装”单选按钮以逐个选择要安装的功能组件，包括数据库引擎服务、分析服务、报表服务等。选择 SQL Server PowerPivot for SharePoint 单选按钮，将在新的或现有的 SharePoint 服务器上安装 PowerPivot for SharePoint，或者添加关系数据库引擎以便用作新的数据库服务器。选择“具有默认值的所有功能”单选按钮，则使用服务帐户的默认值安装所有功能。

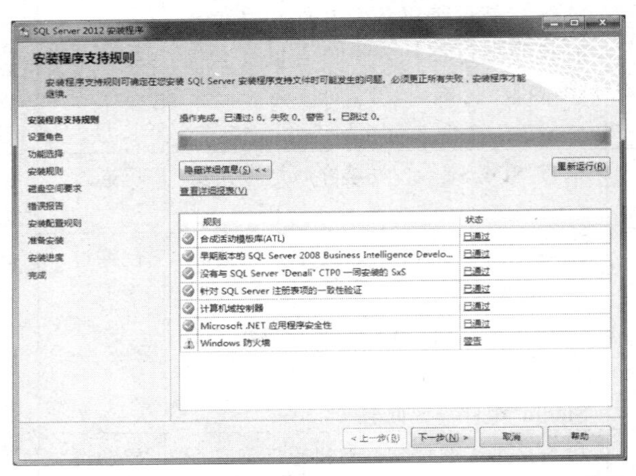

图 1.5　SQL Server 2012 的安装程序——“安装程序支持规则”界面

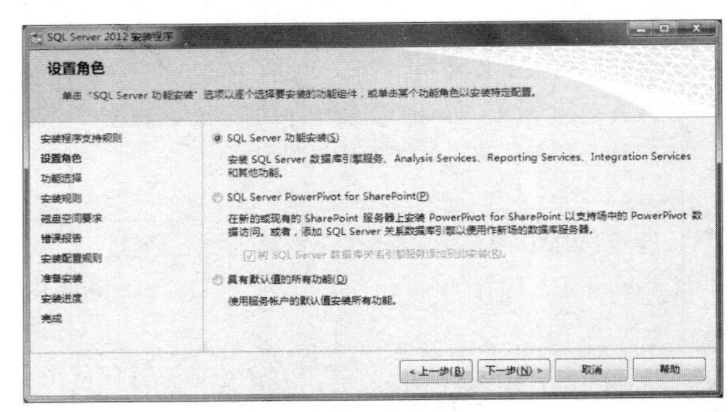

图 1.6　SQL Server 2012 的安装程序——“设置角色”界面

(4) 继续单击“下一步”按钮，安装程序进入“功能选择”界面，如图 1.7 所示。选择要安装的实例的 SQL Server 组件，只有在安装了 SQL Server Database Services 和 Analysis Services 组件后，才能创建 SQL Server 故障转移群集，选择相应的共享功能组件，修改共享功能安装目录，如果单击“全选”按钮，则安装所有功能。完成功能选择后，单击“下一步”按钮。

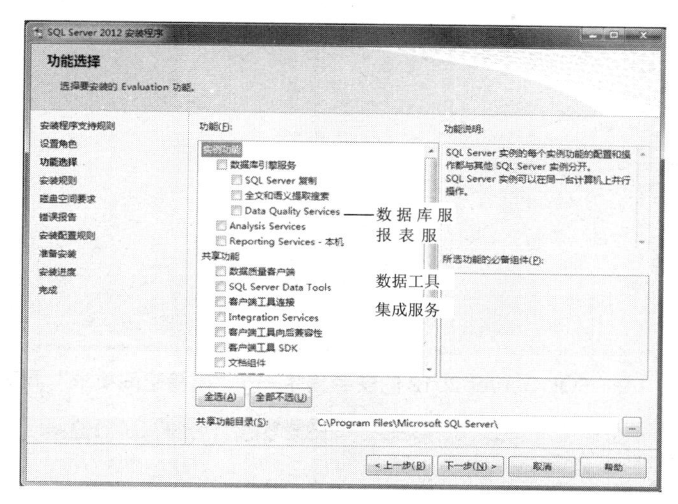

图 1.7　SQL Server 2012 的安装程序——“功能选择”界面

(5) 在“实例配置”界面中，如图 1.8 所示，配置实例的名称和实例的 ID。在一个计算机中可以安装多个实例，每个实例的配置与操作都与其他实例分开，实例可以在同一计算上并行操作。在没有默认实例的情况下，才可以安装新的默认实例。如果选择安装为默认实例，则数据库实例名由计算机名和用户名组合而成。如果选择安装为命名实例，则必须为实例取名。确定实例的安装位置。单击“下一步”按钮。

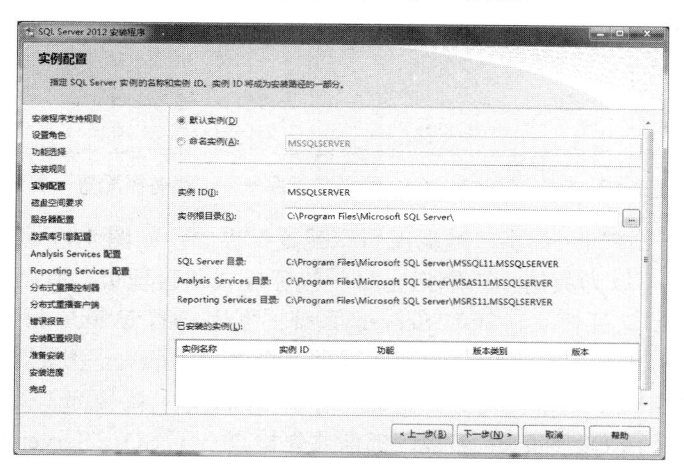

图 1.8　SQL Server 2012 的安装程序——“实例配置”界面

(6) 进入“磁盘空间要求”界面，如图 1.9 所示，系统查看用户选择的功能所需的磁盘摘要。单击“下一步”按钮，进入“服务器配置”界面，如图 1.10 所示。在“服务帐户”选项卡中，设置帐户名、密码及启动类型(手动、自动、已禁用)。可以为每个服务指

定单独的帐户。在“排序规则”选项卡中，设置排序规则指示符和排序顺序。

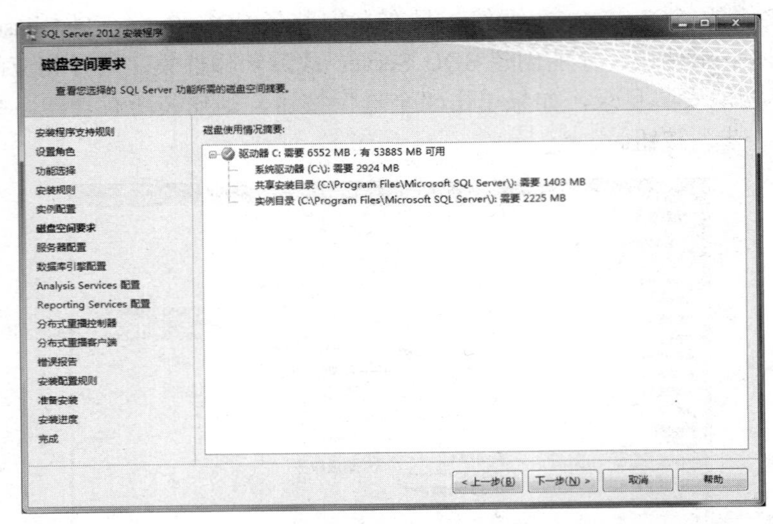

图 1.9　SQL Server 2012 的安装程序——“磁盘空间要求”界面

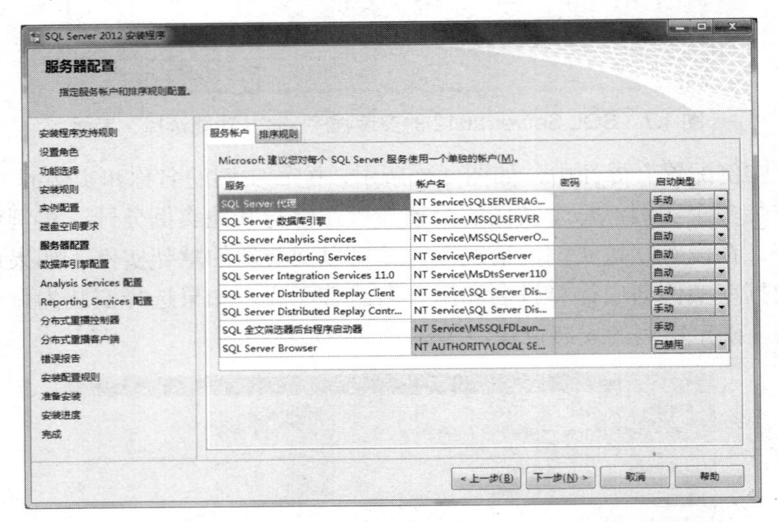

图 1.10　SQL Server 2012 的安装程序——“服务器配置”界面

单击“下一步”按钮，弹出“数据库引擎配置”界面，如图 1.11 所示。切换到“服务器配置”选项卡，可以为数据库引擎指定身份验证模式和管理员。有两种身份验证模式，如果选择 Windows 认证模式，SQL Server 系统根据用户的 Windows 帐号允许或拒绝访问；如果选择 SQL Server 认证模式，则要提供一个 SQL Server 登录用户名和口令，该记录将保存在 SQL Server 内部，而且该记录与任何 Windows 帐号都无关，如果想通过任何一个微软应用程序与 SQL Server 连接，都需要先检查一下 SQL Server 的授权并提供这个登录的用户名称和口令，通过认证后应用程序才可以连接到系统服务器上，否则服务器将拒绝用户的连接请求。

选择“混合模式”单选按钮，并设置 sa 管理员的密码。在此界面可以添加、删除用户，SQL Server 管理员对数据库引擎具有无限制的访问权限。

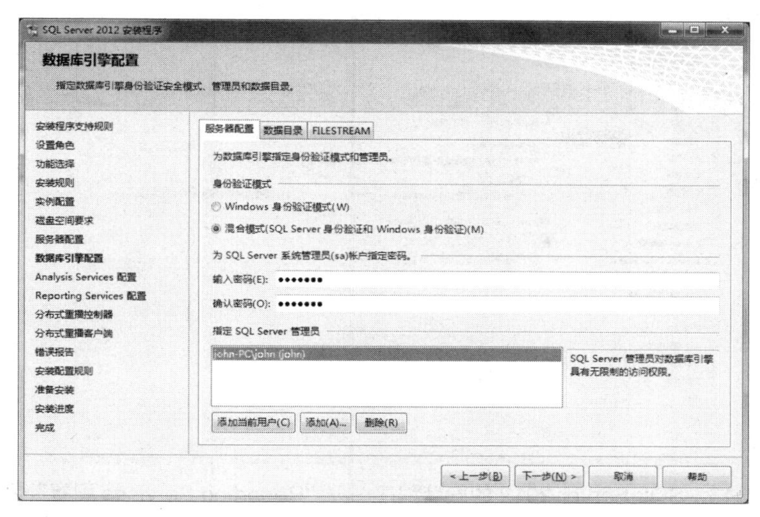

图 1.11　SQL Server 2012 的安装程序——“数据库引擎配置”界面

(7) 单击“下一步”按钮，进入“Analysis Services 配置”界面，如图 1.12 所示，指定 Analysis Services 服务器模式、管理员和数据目录。单击“下一步”按钮，进入“Reporting Services 配置”界面，如图 1.13 所示，指定 Reporting Services 本机模式和集成模式。单击“下一步”按钮，进入“分布式重播控制器”界面，如图 1.14 所示，指定哪些用户有对分布式重播控制器服务的权限。单击“下一步”按钮，进入“分布式重播客户端”界面，如图 1.15 所示，为分布式重播控制器指定相应的控制器和数据目录位置。单击“下一步”按钮，进入“安装配置规则”界面，如图 1.16 所示。单击“下一步”按钮，进入“准备安装”界面，验证要安装的 SQL Server 2012 功能，如图 1.17 所示。单击“安装”按钮，系统开始安装 SQL Server，如图 1.18 所示。安装完成后，单击“下一步”按钮，进入“完成”界面，显示关于安装程序操作或可能的随后步骤的信息，如图 1.19 所示。

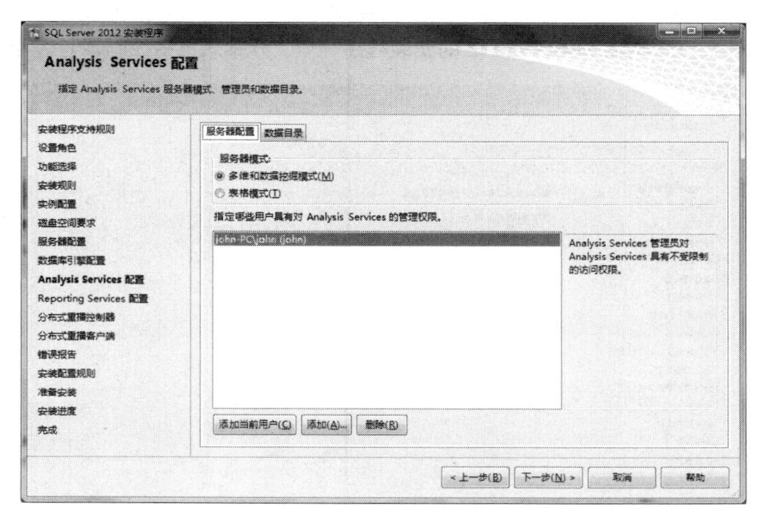

图 1.12　SQL Server 2012 的安装程序——“Analysis Services 配置”界面

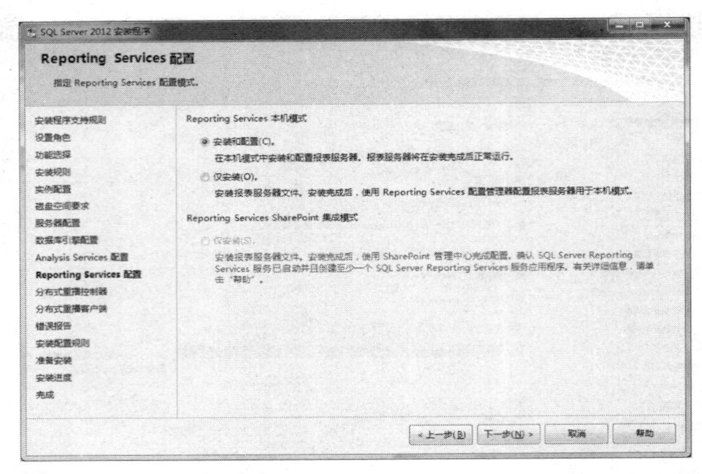

图 1.13　SQL Server 2012 的安装程序——“Reporting Services 配置”界面

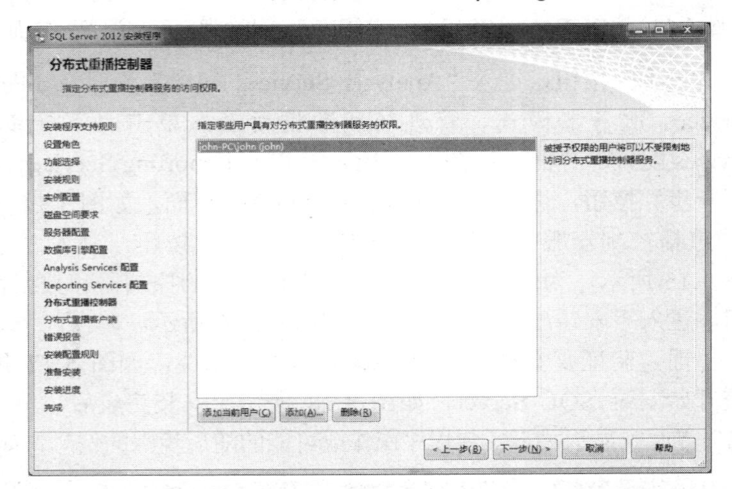

图 1.14　SQL Server 2012 的安装程序——“分布式重播控制器”界面

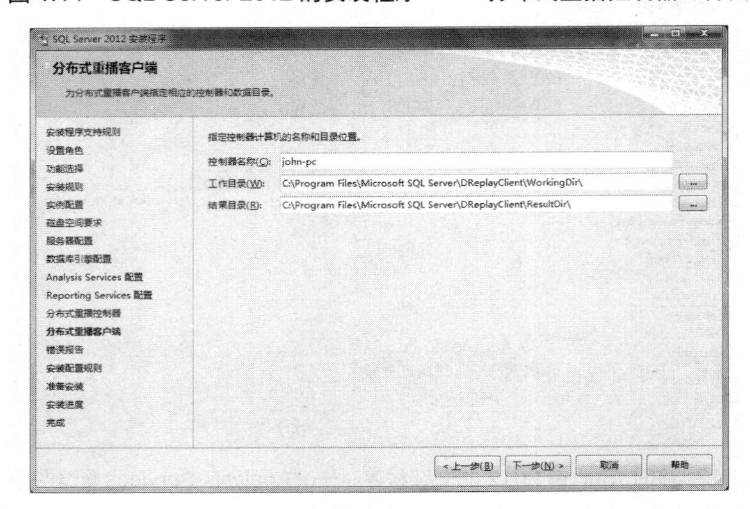

图 1.15　SQL Server 2012 的安装程序——“分布式重播客户端”界面

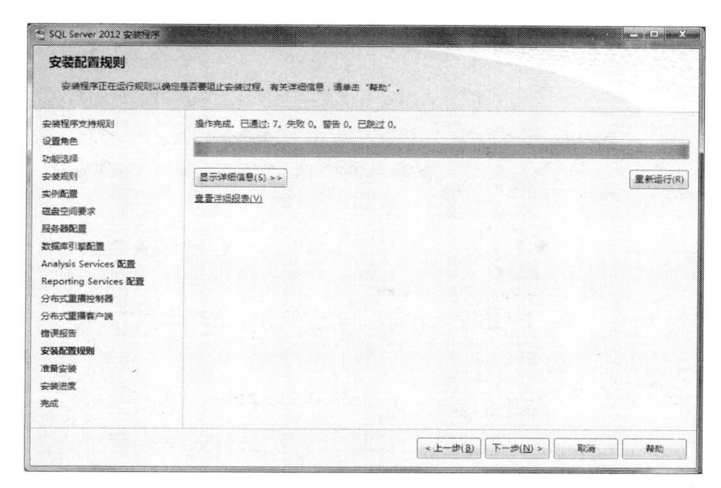

图 1.16　SQL Server 2012 的安装程序——"安装配置规则"界面

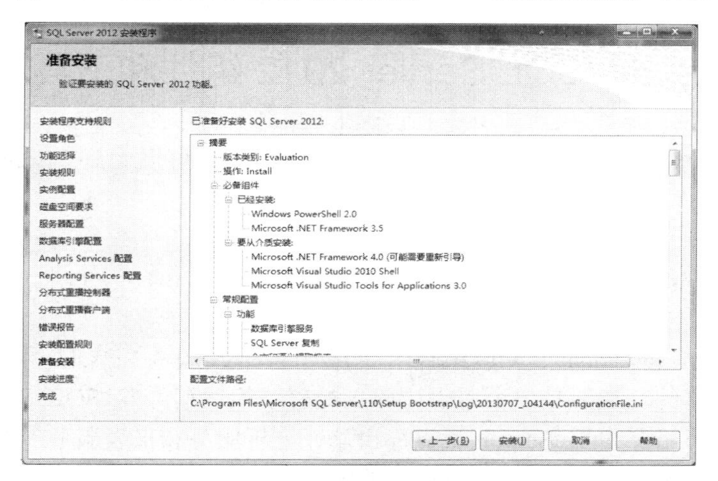

图 1.17　SQL Server 2012 的安装程序——"准备安装"界面

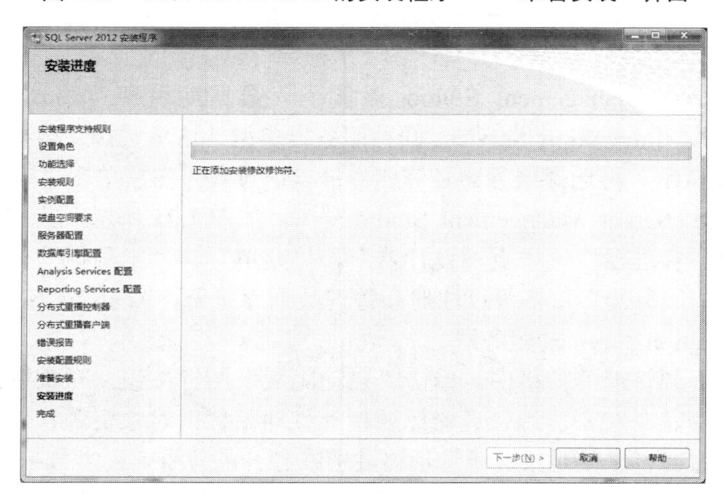

图 1.18　SQL Server 2012 的安装程序——"安装进度"界面

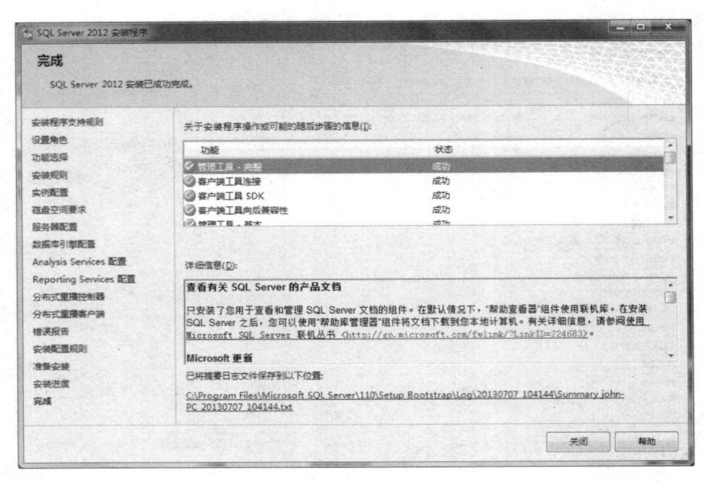

图 1.19　SQL Server 2012 的安装程序——“完成”界面

1.4　SQL Server 2012 组件和工具

完成 SQL Server 2012 的安装后，在“开始”菜单中可以看到 Microsoft SQL Server 程序组。

1.4.1　SQL Server 的管理工具

SQL Server Management Studio 组合了 SQL Server 2000 中包含的企业管理器、查询分析器和分析管理器的功能，是一个用于访问、配置、管理和开发 SQL Server 组件的集成环境，可以管理和配置 SQL Server 数据库引擎、分析服务和报表服务中的对象。

启动 SQL Server Management Studio 的操作步骤如下。

(1) 依次选择“所有程序”→Microsoft SQL Server 2012→SQL Server Management Studio 菜单命令。

(2) SQL Server Management Studio 提供了“数据库引擎”、Analysis Services、Reporting Services、Integration Services 四种服务器类型。这里选择“数据库引擎”服务器类型，如图 1.20 所示，再选择服务器名称和身份验证方式，然后单击“连接”按钮。

(3) 出现 SQL Server Management Studio 窗口，如图 1.21 所示，其由“已注册的服务器”、“对象资源管理器”、“查询设计器”、“菜单”、“工具栏”、“属性”部分组成。在“已注册的服务器”窗格可以注册和管理数据库引擎、Analysis Services、Reporting Services 和 Integration Services 服务器。

(4) 在对象资源管理器窗格中，单击“自动隐藏”图钉按钮，对象资源管理器将被最小化到屏幕的左侧。在对象资源管理器标题栏上移动鼠标，对象资源管理器将重新打开。再次单击图钉按钮，可以使对象资源管理器驻留在打开的位置。

(5) 单击“新建查询”按钮，新建“查询编辑器”，查询编辑器是非常实用的工具，主要用于输入、执行、保存 T-SQL 命令，实现数据库的查询管理。

图 1.20　“连接到服务器”对话框

可以在查询结果窗格浏览查询语句的执行结果，对象资源管理器显示服务器中可以使用的对象，各对象可以被直接拖到查询编辑器。单击工具栏中的！按钮或 F5 键，可以执行 SQL 查询语句，并在查询结果窗格显示查询结果，单击工具栏中的√按钮，可以检查 SQL 语句的正确性。

SQL 语句可以被保存或重新打开，SQL 文件的扩展名为.sql。

保存的操作步骤：选择“文件”→“保存”命令，选择文件存放地址，输入文件名。

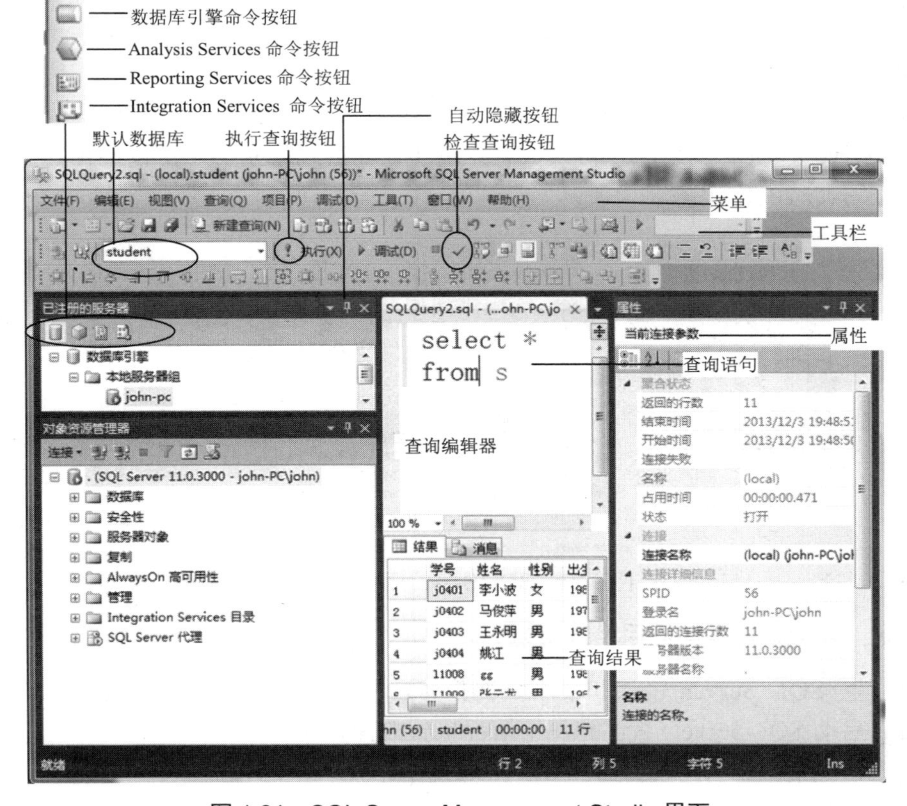

图 1.21　SQL Server Management Studio 界面

1.4.2 SQL Server 的配置工具

SQL Server 配置工具包括 Reporting Services 配置管理器、SQL Server 错误和使用情况报告、SQL Server 安装中心、SQL Server 配置管理器 (Configuration Manager)，如图 1.22 所示。

图 1.22 SQL Server 2012 菜单

1. SQL Server 配置管理器

SQL Server 配置管理器组合了 SQL Server 2000 中的服务器网络实用工具、客户端网络实用工具和服务管理器的功能，启动 SQL Server 配置管理器的操作步骤如下。

依次选择“所有程序”→Microsoft SQL Server 2012→“配置工具”→“SQL Server 配置管理器”命令，如图 1.22 所示。

出现 SQL Server 配置管理器窗口，如图 1.23 所示。SQL Server 配置管理器配置管理各种 SQL Server 服务、网络配置协议、客户端协议和客户端别名，可以停止、启动或暂停各种 SQL Server 2012 服务。

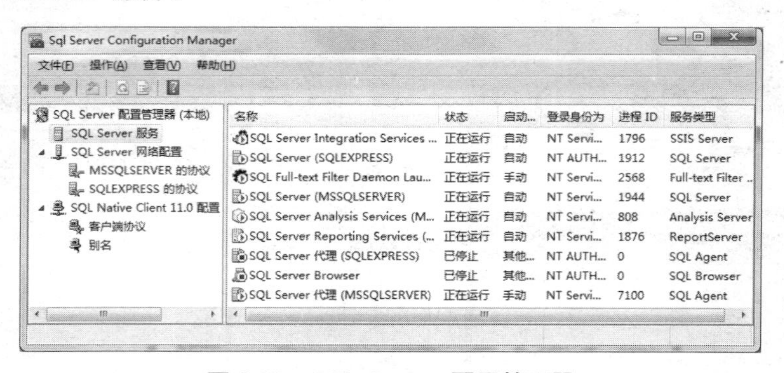

图 1.23 SQL Server 配置管理器

2. SQL Server 错误和使用情况报告

通过设置 SQL Server 错误和使用情况报告，可以将错误报告发送到微软公司错误报告服务器。启动 SQL Server 错误和使用情况报告的操作步骤如下。

(1) 依次选择“所有程序”→Microsoft SQL Server 2012→“配置工具”→“SQL Server 错误和使用情况报告”命令，出现“错误和使用情况报告设置”对话框，如图 1.24

所示。

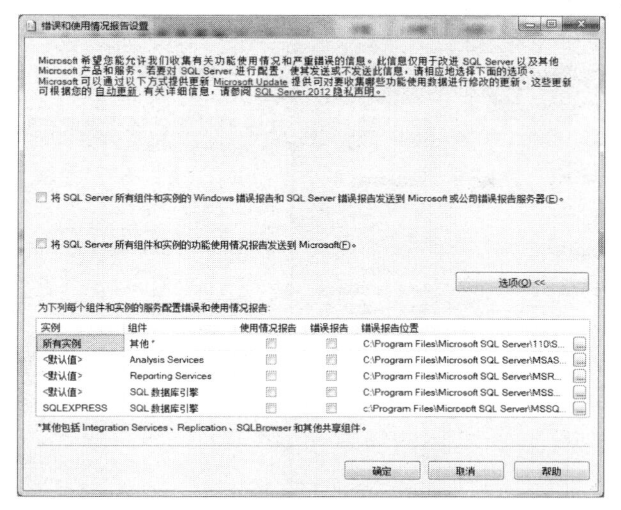

图 1.24　“错误和使用情况报告设置”对话框

(2) 单击“选项”按钮，在对话框下方会出现组件和实例列表，用户可以根据需要选择是否使用情况报告或错误报告。

3. Reporting Services 配置(报表服务器)

只有成功配置报表服务器，才能使用报表服务器。启动报表服务器配置的操作步骤如下。

(1) 依次选择“所有程序”→Microsoft SQL Server 2012→“配置工具”→“Reporting Services 配置”命令，如图 1.22 所示。

(2) 打开“Reporting Services 配置连接”对话框，如图 1.25 所示。输入报表服务器使用的实例和计算机机服务器名称后，单击“连接”按钮，出现“Reporting Services 配置管理器”对话框。

(3) 在“Reporting Services 配置管理器”对话框，可以显示报表服务器状态，为报表服务器和报表管理器指定虚拟目录，更新报表服务器服务帐户，指定报表服务器数据库以及此报表服务器在运行时使用的电子邮件设置，加密密钥设置，如图 1.26 所示。

图 1.25　“Reporting Services 配置连接”对话框

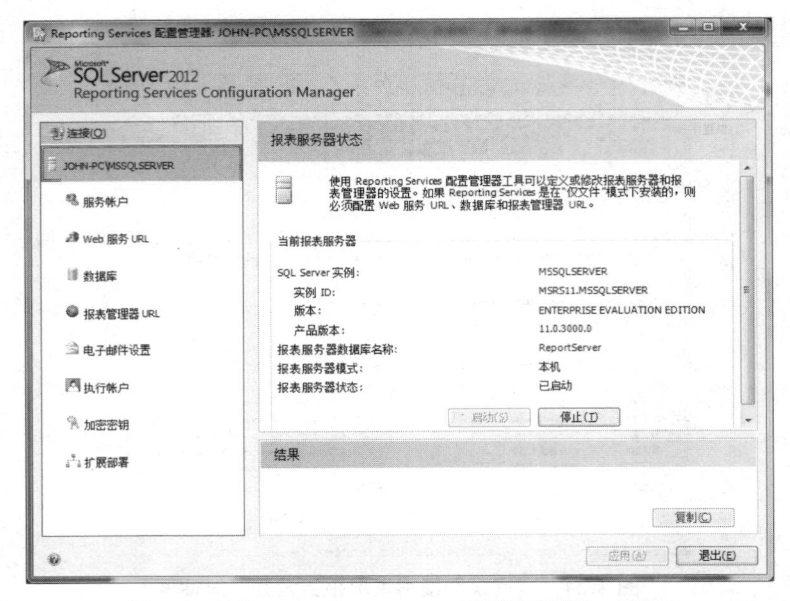

图 1.26 “Reporting Services 配置管理器”对话框

1.4.3 SQL Server 的性能工具

SQL Server 性能工具包括事件探查器 SQL Server Profiler 和数据库引擎优化顾问。

1. 事件探查器 SQL Server Profiler

SQL Server Profiler 能够通过监视数据库引擎实例或 Analysis Services 实例，来识别影响性能的事件。可以通过事件探查器来创建管理事件跟踪文件。

启动事件探查器的方法如下。

方法一：依次选择 “所有程序”→Microsoft SQL Server 2012→ “性能工具” →SQL ServerProfiler 菜单命令。

方法二：可在 SQL Server Management Studio 窗口，如图 1.21 所示，选择菜单命令 “工具” →SQL Server Profiler。

创建跟踪的操作方法如下：

(1) 在事件探查器窗口，依次选择“文件” →“新建跟踪” 菜单命令，在“连接到服务器” 对话框中，设置连接服务器类型、名称，选择身份验证方式后，单击“连接” 按钮，出现“跟踪属性” 对话框，如图 1.27 所示。

(2) 在“常规” 选项卡中输入跟踪名称、跟踪提供程序名称和类型、跟踪文件的文件名，设置启用跟踪停止时间。

(3) 在“事件选择” 选项卡中，选择需要跟踪的事件，对每个事件，可以选择需要监视的信息，例如，计算机名、用户名、命令文本、CPU 的使用情况等。

(4) 单击“运行” 按钮，启动跟踪事件的变化情况，并在跟踪窗口中显示出来，如图 1.28 所示。

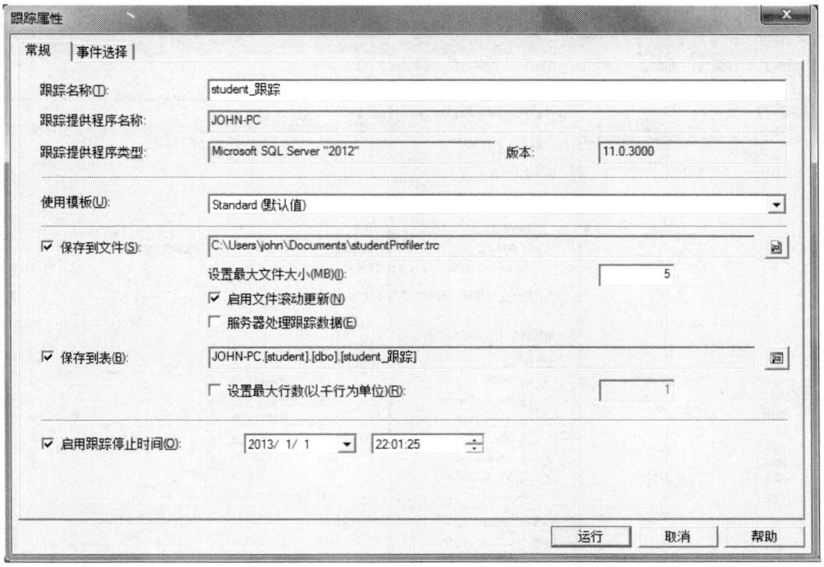

图 1.27　“跟踪属性”中的“常规”选项卡

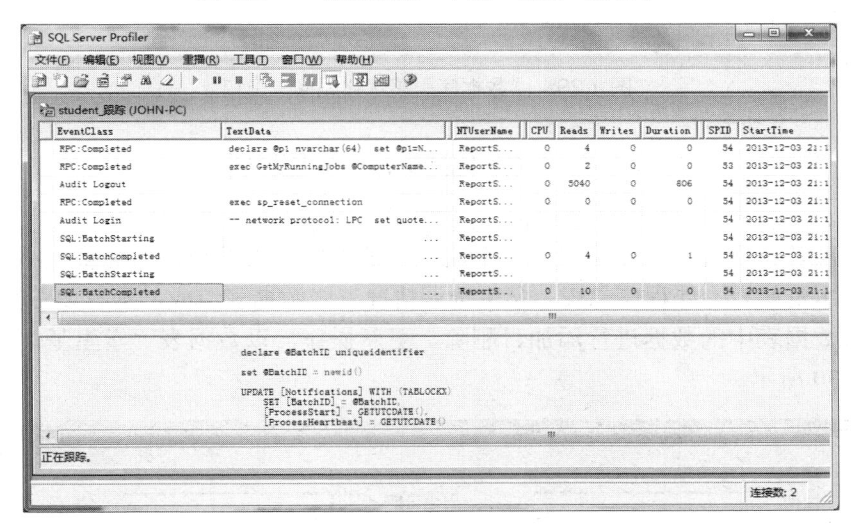

图 1.28　事件查看器跟踪窗口

2. 数据库引擎优化顾问

数据库引擎是用于存储、处理和保护数据的核心服务。数据库引擎优化顾问可以协助创建索引、索引视图和分区的最佳组合。

启动数据库引擎优化顾问的方法如下。

依次选择“开始”→“所有程序”→Microsoft SQL Server 2012→“性能工具”→“数据库引擎优化顾问”命令，在“连接到服务器”对话框中，查看默认设置，再单击“连接”按钮。

也可在 SQL Server Management Studio 窗口，如图 1.21 所示，选择“工具”→“数据库引擎优化顾问”命令。“数据库引擎优化顾问”窗口如图 1.29 所示。

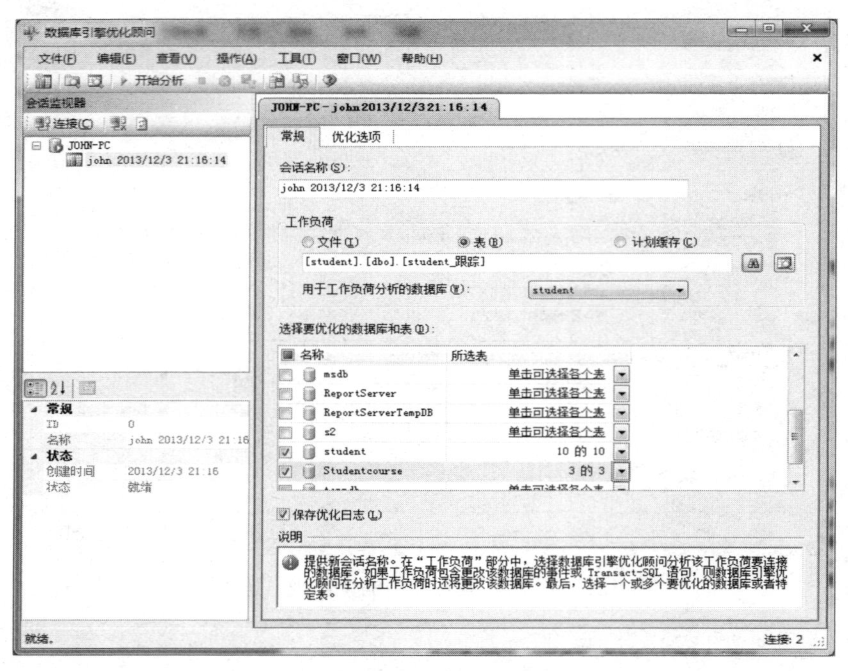

图 1.29 “数据库引擎优化顾问”窗口

1.5 数据库应用案例

学生选课数据库应用系统虽然是一个简化的数据库应用系统，但麻雀虽小五脏俱全，它由学生基本资料表、课程信息表、学生选课情况三张数据表组成，具有如下功能。

(1) 对数据表中的数据进行添加、删除、更新操作，以数据表“学生基本资料表”为例，如图 1.30 所示。

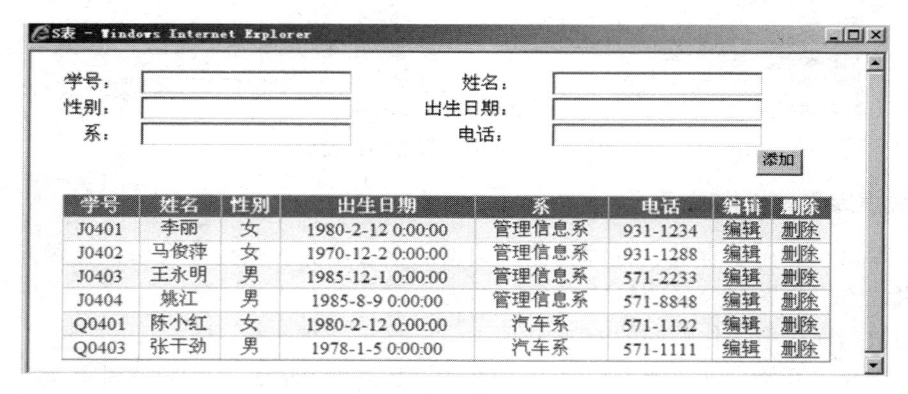

学号	姓名	性别	出生日期	系	电话	编辑	删除
J0401	李丽	女	1980-2-12 0:00:00	管理信息系	931-1234	编辑	删除
J0402	马俊萍	女	1970-12-2 0:00:00	管理信息系	931-1288	编辑	删除
J0403	王永明	男	1985-12-1 0:00:00	管理信息系	571-2233	编辑	删除
J0404	姚江	男	1985-8-9 0:00:00	管理信息系	571-8848	编辑	删除
Q0401	陈小红	女	1980-2-12 0:00:00	汽车系	571-1122	编辑	删除
Q0403	张干劲	男	1978-1-5 0:00:00	汽车系	571-1111	编辑	删除

图 1.30 学生基本资料表

(2) 利用三张数据表中的数据，查询学生或教师关心的信息。例如，根据课程号查询选修这门课程的学生成绩，如图 1.31 所示。根据学号查询学生各科的成绩，如图 1.32 所示。

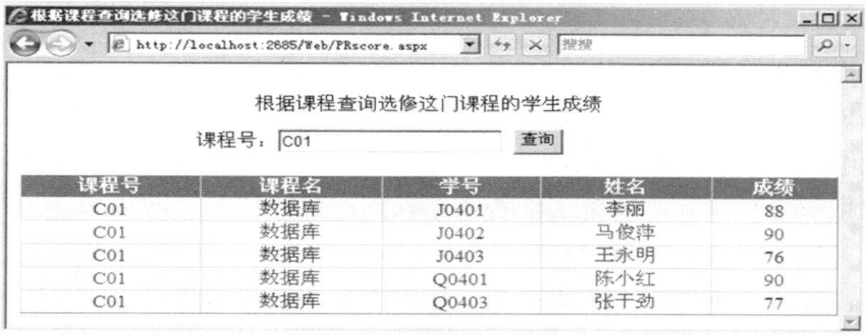

根据课程查询选修这门课程的学生成绩 - Windows Internet Explorer

http://localhost:2685/Web/PRscore.aspx

根据课程查询选修这门课程的学生成绩

课程号：C01　查询

课程号	课程名	学号	姓名	成绩
C01	数据库	J0401	李丽	88
C01	数据库	J0402	马俊萍	90
C01	数据库	J0403	王永明	76
C01	数据库	Q0401	陈小红	90
C01	数据库	Q0403	张干劲	77

图 1.31　根据课程号查询选修这门课程的学生成绩

要设计与实现一个数据库应用系统，一般按照以下步骤操作。

第一步，设计数据库。什么是数据库？数据库(Database)是存储数据的仓库，是一个共享资源，数据间彼此关联且可动态变化。数据库管理系统(Database Management System)主要提供建立数据库、操纵数据、控制与维护数据库等功能。

数据库的设计质量，将直接影响数据库管理系统对数据的控制质量。数据库设计是一项涉及硬件、软件的多学科综合性技术。规范化的数据库设计要求数据库内的数据文件的数据组织应获得最大限度的共享、最小的冗余度，确保数据的一致性与正确性。设计数据的同时，要注重数据行为的设计，将数据和要操作数据的行为紧密结合起来。我们可以利用 SQL Server 所提供的参照完整性规则、触发器等有效性实施机制，完成数据及其关系属性的约束，实现数据与其行为的紧密结合。

根据学号查询学生各科成绩 - Windows Internet Explorer

http://localhost:2685/Web/PRidscore.aspx

根据学号查询学生各科成绩

学号：J0401　查询

学号	姓名	课程名	成绩	学分
J0401	李丽	数据库	88	3
J0401	李丽	C语言	93	4
J0401	李丽	数据结构	99	3
J0401	李丽	计算机应用基础	89	2
J0401	李丽	网络技术	86	

图 1.32　根据学号查询学生各科成绩

在设计规范化数据库之前，应首先分析数据需求，去除不符合语义的数据。在此基础上设计对象的数据结构，确定库中所包含的数据库表、排序机制及数据库表间的永久关系；并进行性能评价与规范化处理，避免数据重复、更正、删除、插入异常，从而提高数据库表的查询性能；通过永久关系组合多数据库表中的信息，创建视图，实现对象模型与关系模型之间的映射。

在教材的第 3 章，介绍了关系数据库简单的设计思路；在教材的第 15 章，详细介绍了数据库设计与关系规范化理论；在教材的第 16 章，提供了综合数据库设计方法，介绍了学生选课管理系统的实现过程。

第二步，创建与管理数据库。

根据数据库设计结果，创建数据库。在教材的第 4 章，主要介绍了数据库的管理

技术。

第三步，操作数据库。

操作数据库主要是指根据用户需求实现添加、删除、更新数据的操作，根据用户需求实现查询数据的操作。在教材的第 5 章，主要介绍了操作对象为数据表的运算，对课程综合案例中的数据表进行运算，使学生理解数据表的运算；在教材的第 6 章，介绍了查询、添加、删除、更新数据的操作命令。

在第 7 章，介绍了根据用户需求，创建虚拟表格的操作命令。

借助触发器、存储过程、参照完整性完成数据行为约束。存储过程是专门操作数据库中数据的代码过程，触发器的主要作用是维护数据的完整性，当数据库表中的数据被操作时，将会触发后台相关数据库表的触发器，系统将自动实现相应的代码过程，建立用户操作界面与后台数据间的动态联接。在教材的第 8 章，介绍了 Transact-SQL 语言，在教材第 9 章，介绍了触发器与存储过程的创建与调用方法。

第四步，实现应用程序功能。

在教材第 14 章，介绍了实现图 1.31～图 1.32 的应用程序功能。

本章小结

通过本章的学习，使学生掌握安装和配置 SQL Server 2012 的方法，掌握简单的数据库应用系统设计步骤，明确课程的教学任务是设计与实现学生选课数据库应用系统。

实训　熟悉 SQL Server 2012 环境

一、实验目的和要求

1. 了解实验的硬件要求和软件要求。
2. 掌握 SQL Server 2012 安装的过程。
3. 了解 SQL Server 2012 的环境。
4. 掌握启动与退出 SQL Server 2012 的方法。

二、实验内容

1. 在Windows 7 中练习 SQL Server 2012 的安装过程。
2. 熟悉 SQL Server 2012 的功能，包括 SQL Server Management Studio、SQL Server 配置工具、性能工具等管理与开发工具。
3. 掌握注册服务器的方法。

习　　题

一、选择题

1. 数据库技术是计算机软件的一个重要分支，产生于 20 世纪(　　)年代末。

A. 70　　B. 60　　C. 80　　D. 30

2. 单击“查询编辑器”窗格中的任意位置，按(　　)键，可以在全屏显示模式和常规显示模式之间进行切换。

A. Shift+Alt+Enter　　B. Shift +Enter　　C. Shift+Alt　　D. Shift

3. 单击工具栏中的(　　)按钮或按 F5 键，将执行 SQL 查询语句，并在查询结果窗口显示查询结果。

A. ✓　　B.　　C.　　D.

二、填空题

1. 数据管理技术的发展大致经历了__________、__________、__________三个阶段。

2. SQL Server 有两种身份验证模式，如果选择_________，SQL Server 系统根据用户的 Windows 帐号允许或拒绝访问；如果选择_________，则要提供一个 SQL Server 登录用户名和口令，该记录将保存在 SQL Server 内部，而且该记录与任何 Windows 帐号无关。

3. 在查询编辑器窗口输入的 SQL 语句，可以被保存或重新打开，SQL 文件的扩展名为_________。

4. SQL Server 配置工具包括__________、__________、__________、__________。

第 2 章　数据库系统的数据模型

本章导读

建立数据库系统离不开数据模型，本章介绍了常用的数据模型，重点介绍了关系数据模型的数据结构、数据操作和数据约束。

学习目的与要求

(1)　理解数据模型的概念。
(2)　理解关系数据模型的数据结构和数据操作。

2.1　数据模型概述

现实世界中的客观事物是相互联系的。一方面，某一事物内部的诸因素和诸属性根据一定的组织原则相互具有联系，构成一个相对独立的系统；另一方面，某一事物同时也作为一个更大系统的一个因素或一种属性而存在，并与系统的其他因素或属性发生联系。

客观事物的这种普遍联系性决定了作为事物属性记录符号的数据与数据之间也存在一定的联系性。具有联系性的相关数据总是按照一定的组织关系排列，从而构成一定的结构，对这种结构的描述就是数据模型。

从理论上来讲，数据模型是指反映客观事物及客观事物之间联系的数据组织的结构和形式，是现实世界数据特征的抽象。不同的数据模型实际上是提供给我们模型化数据和信息的不同工具。数据模型应满足以下三方面的要求。

(1)　数据模型应能够比较真实地模拟现实世界。只有数据模型精确表达了真实的世界，才能正确地在计算机中存储数据信息。比如，利用数据模型正确地表达学生、教师与课程的关系。

(2)　数据模型应容易为人所理解。当设计人员构建数据模型表达客观世界时，他必须首先调查用户的实际需求，借助数据模型抽象用户需求，并通过不断反复的协商，与用户达成共识。因此数据模型不但要被设计人员所理解，而且也要被用户所理解。

(3)　便于在计算机上实现。由于计算机不能直接处理现实世界中的客观事物，所以我们必须通过一定的规则，将客观事物转化成可以存储在计算机中的数据，并有序地存储、管理这些数据，用户利用这些数据能够查询所需的信息。

因此，现实世界中客观对象的抽象过程，是一个将现实世界转变成信息世界、将信息世界转变成机器世界的过程。

2.1.1　数据模型的组成要素

数据库专家 E.F.Codd 认为：一个基本数据模型是一组向用户提供的规则，这些规则规定数据结构如何组织以及允许进行何种操作。通常情况下，数据模型由数据结构、数据操作和完整性约束三部分组成。

1. 数据结构

数据结构是对系统静态特征的描述，它规定了如何把基本的数据项组织成较大的数据单位，以描述数据的类型、内容、性质和数据之间的相互关系。

2. 数据操作

数据操作是对系统动态特征的描述，它是指一组用于数据结构的所有效的操作或推导规则。比如，从数据集合中查询数据，根据现实世界的变化，修改、删除和更新数据。数据模型要给出这些操作的操作规则，比如操作对象是谁，操作结果是什么，实现操作的方法是什么等。

3. 完整性约束

完整性约束是完整性规则的集合。它定义了给定数据模型中数据及其联系所具有的制约和依存规则。只有在满足给定约束规则的条件下，才允许对数据库进行更新、删除等操作。完整性约束有三类：用户自定义完整性，例如，要求学生选修 120 学分后，才可以毕业；空值约束，例如要求每一个入学的学生都有学号，也就是学号不能为空值；参照完整性，例如，学生毕业时，要求学生将所借的书籍全部归还，否则不得办理毕业手续。

2.1.2　最常用的数据模型

客观事物是千变万化的，各种客观事物的数据模型也是千差万别的，但也有其共同性。常用的数据模型有层次模型、网状模型、关系模型和面向对象模型等。数据模型是数据库系统的核心和基础，各种 DBMS 软件都是基于某种数据模型的，所以通常也按照数据模型的特点将传统数据库系统分成层次数据库、网状数据库、关系数据库和面向对象数据库等。

从数据库的发展历史来看，数据库的发展大体可以分成三代，第一代是网状和层次数据库系统，实质上层次模型只是网状模型的特例而已。业界称为“前关系型数据库系统”(pre-relational database)时期。20 世纪 70 年代以前，数据库产品以层次数据库系统为主。最早出现的是网状 DBMS，是美国通用电气公司 Bachman 等人在 1961 年开发成功的 IDS(Integrated DataStore)。最著名和最典型的层次数据库系统是 IBM 公司在 1968 年开发的 IMS(Information Management System)。从 20 世纪 60 年代末产生起，如今已经发展到 IMSV6，也可以提供群集、N 路数据共享、消息队列共享等先进特性的支持。这个具有 30 年历史的数据库产品在如今的 WWW 应用连接、商务智能应用中扮演着新的角色。

下面重点讲解关系模型。

1. 层次模型

层次模型(Hierarchical Model)表示数据之间的从属关系结构，是一种以记录某一事物的类型为根节点的有向树结构。

层次模型的数据结构，像一棵倒置的树，根节点在上，层次最高；子节点在下，逐层

排列。其主要特征是，仅有一个无双亲的根节点，根节点以外的子节点，向上仅有一个父节点，向下有若干子节点。层次模型表示的是从根节点到子节点的一个节点对多个节点，或从子节点到父节点的多个节点对一个节点的数据间的联系。层次模型的示例如图 2.1 所示。

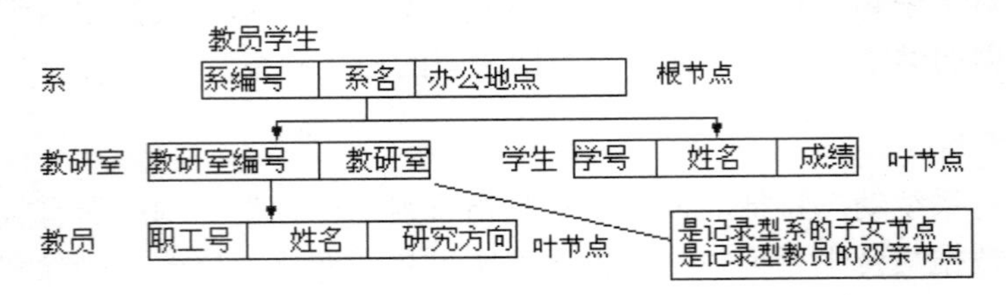

图 2.1　层次模型示例

层次模型的一个基本特点是，任何一个给定的记录值只有按其路径查看时，才能显示出它的全部意义，没有一个子女记录值能够脱离双亲记录值而独立存在。

2. 网状模型

网状模型是层次模型的扩展，表示多个从属关系的层次结构，呈现一种交叉关系的网状结构。

网状模型的数据结构是以记录为节点的网络结构。其主要特征是有一个以上的节点无双亲，至少有一个节点有多个双亲。

网状模型可以表示较复杂的数据结构，即可以表示数据之间的纵向关系与横向关系。这种数据模型在概念上、结构上都比较复杂，操作上也有很多不便。网状模型示例如图 2.2 所示。

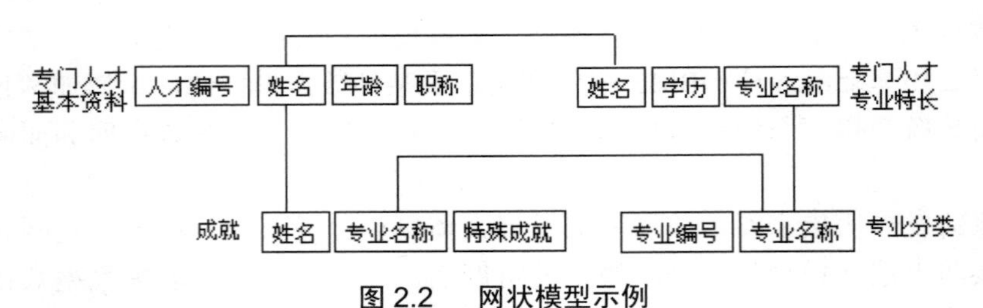

图 2.2　网状模型示例

第二代数据库系统支持关系数据模型。1970 年，IBM 公司的研究员 E.F.Codd 发表了题为《大型数据库的数据关系模型》的论文，提出了关系模型的概念，奠定了关系模型的理论基础。进入了“关系型数据库系统”(relational database)时期。关系模型数据结构简单、清晰，而且有关系数据理论作为理论基础。其代表产品有 Oracle、IBM 公司的 DB2、微软公司的 MS SQL Server 以及 Informix、ADABASD 等。

第三代数据库系统也称为后关系型数据库系统。虽然关系型数据库系统技术成熟，能很好地处理“表格”，却对一些复杂数据类型却无能为力。20 世纪 90 年代，“面向对象数据库系统”出现了，但是它的市场发展情况并不理想。目前技术界一直在研究和寻求“后关系型数据库系统”(Post-relational DataBase)。

3. 关系模型

关系模型(Relational Model)是指虽具有相关性而非从属性的平行的数据按照某种序列

排列而形成的集合关系。层次模型和网状模型已经很少应用，而面向对象模型比较复杂，尚未达到关系模型数据库的普及程度。目前理论成熟、使用普及的模型就是关系模型。关系模型是由若干个关系模式组成的集合，关系模式的实例称为关系，而每个关系实际上就是一张二维表格。下面再详细讲解。

2.2　关系数据模型概述

2.2.1　关系数据模型的数据结构

1．描述功能

关系模型中数据的逻辑结构是一张二维表，它由行和列组成。学生基本资料表如图 2.3 所示。

学号	姓名	性别	出生日期	系	电话
J0401	李丽	女	1980-2-12	管理信息系	931-1234
J0402	马俊萍	女	1970-12-2	管理信息系	931-1288
J0402	马俊萍	女	1970-12-2	管理信息系	931-1288
J0403	王永明	男	1985-12-1	管理信息系	571-2233
J0403	王永明	男	1985-12-1	管理信息系	571-2233
J0403	王永明	男	1985-12-1	管理信息系	571-2233

字段　属性　元组　记录　分量

图 2.3　学生基本资料表

(1) 关系：一个关系对应一张表。

(2) 元组：表中的一行即为一个元组。

(3) 属性：表中的一列即为一个属性，给每一个属性起一个名称，即属性名。

(4) 主码：表中的某个属性组，它可以唯一确定一个元组。

(5) 域：属性的取值范围。

(6) 分量：元组中的一个属性值。

(7) 关系模式：对关系的描述，一般表示为：关系名(属性 1，属性 2，……)。例如，图 2.1 所示关系可描述为：学生(学号，姓名，性别，出生日期，系，电话)。

2．关系的性质

关系是一张简单的二维表格，为了简化相应的数据操作，在关系数据模型中对关系作了适当的限制，限制内容如下。

(1) 关系中每一数据项不可再分，是最基本的单位。

(2) 每一列数据项是同属性的。列数根据需要而设，且各列的顺序是任意的。

(3) 每一行记录由一个事物的诸多属性项构成。记录的顺序可以是任意的。

(4) 一个关系是一张二维表，不允许有相同的字段名，也不允许有相同的记录行。

(5) 每个关系都有称之为关键字的属性集唯一标识各元组。

在关系数据库中，关键码(简称键)是关系模型的一个重要概念，是用来标识行(元组)的

一个或几个列(属性)。如果键是唯一的属性构成，则称为唯一键；若由多个属性组成，则称为复合键。键的主要类型如下。

(1) 超键：在一个关系中，能唯一标识元组的属性或属性集称为关系的超键。

(2) 候选键：如果一个属性集能唯一标识元组，且又不含有多余的属性，那么这个属性集称为关系的候选键。

(3) 主键：如果一个关系中有多个候选键，则选择其中的一个键作为关系的主键。利用主键可以实现关系定义中“表中任意两行(元组)不能相同”的约束。例如，可以选“学号”作为学生基本资料表的主键，那么学号列是唯一的。

(4) 外键：如果一个关系 R 中包含另一个关系 S 的主键所对应的属性组 F，则称此属性组 F 为关系 R 的外键，并称关系 S 为参照关系，关系 R 是依赖关系。为了表示关联，可以将一个关系的主键作为属性放入另外一个关系中，第二个关系中的那些属性就称为外键。

主键与外键的列名称可以是不同的，但它们的取值范围必须相同。

2.2.2 关系模型的数据操作

关系模型提供了关系运算，以支持对数据库的各种操作。关系数据操作语言建立在关系代数基础上，关系模型以关系为单位进行数据操作，操作的结果也是关系，非过程性强。很多操作只需要指出做什么，而不需要步步引导怎么去做。以关系代数为基础，借助于传统的集合运算和专门的关系运算，使关系数据语言具有很强的数据操作能力。

在数据操作语言中，对数据库进行查询和更新等操作的语句有 SELECT、INSERT INTO、DELETE 和 UPDATE 等，分别用于查询、插入、删除和更新操作。JOIN 操作用于组合两个表中的记录，只要在公共字段中有相符的值即可。UNION 操作用于创建一个联合查询，它组合了两个或更多的独立查询或表的结果。更详细的数据操作内容可参见第 5 章。

2.2.3 关系模型的数据约束

关系模型的完整性规则是对数据的约束。关系模型提供了三类完整性规则：实体完整性规则、参照完整性规则和用户定义的完整性规则。其中实体完整性规则和参照完整性规则是关系模型必须满足的完整性的约束条件，称为关系完整性规则。

- 实体完整性：指关系的主属性(主键的组成部分)不能是空值。空值(null)就是指不知道或是不能使用的值，它与数值 0 和空字符串的意义都不一样。
- 参照完整性规则：如果关系的外键 R1 与关系 R2 中的主键相符，那么外键的每个值都必须能在关系 R2 中主键的值中找到或者是空值。
- 用户定义的完整性规则：针对某一具体的实际数据库的约束条件。它由应用环境决定，反映某一具体应用所涉及的数据必须满足的要求。关系模型提供定义和检验这类完整性的机制，以便用统一的、系统的方法处理，而不必由应用程序承担这一功能。

本 章 小 结

关系数据库的数据模型是关系模型，是一组表格框架，每一个表格框架叫作关系模式。自 1970 年 Codd 提出关系数据理论以来，经过四十几年的研究和探索，其已成为一种内容丰富的理论体系。

习　　题

一、选择题

1. 同一个关系模型的任意两个元组值(　　)。

   A. 不能全同　　B. 可全同　　C. 必须全同　　D. 以上都不是

2. (　　)模型是以记录型为节点构成的树，它把客观问题抽象为一个严格的自上而下的层次关系，在层次模型中，只存在一对多的实体关系，每个节点表示一个记录类型，节点之间的连线表示记录类型之间的联系。

   A. 网状　　B. 层次　　C. 关系　　D. 层次和关系

3. 通常情况下，数据模型由(　　)三部分组成。

   A. 数据结构、数据操作和完整性约束

   B. 层次、数据操作和完整性约束

   C. 关系、数据操作和完整性约束

   D. 层次、关系和完整性约束

4. 关系模型中数据的逻辑结构是一张二维表，它由(　　)组成。

   A. 行和列　　B. 行　　C. 关系　　D. 列

二、填空题

1. 数据库是由________组成的一个结构化的集合，这些数据经过整理之后存储在________或________文件中，管理数据库的软件称为________。

2. 只有数据模型精确表达了________，才能正确地在计算机中存储数据信息。数据模型不但要能够被________所理解，而且也要能够被用户所理解。数据模型应________。由于计算机不能直接处理现实世界中的客观事物，所以必须通过一定的规则，将客观事物转化成可以存储在计算机中的数据，并有序地存储、管理这些数据，用户利用这些数据能够查询所需的信息。

3. 关系模型的完整性规则是对数据的约束。关系模型提供了三类完整性规则：________、________和________。

第 3 章　SQL Server 2012 数据库架构

本章导读

本章介绍了数据库系统的三级模式结构，以及各级模式与 SQL Server 数据库中各对象的对应关系；并给出了本书综合案例数据库的设计过程，后续课程内容将逐步实现该设计方案。

学习目的与要求

(1) 理解 SQL Server 2012 数据库系统的体系结构。

(2) 掌握简单的数据库设计方法。

3.1　关系数据库的设计思路

数据库的设计质量，直接影响数据库管理系统对数据的控制质量。数据库设计是一项涉及硬件、软件的多学科综合性技术。数据库设计是指对于一个给定的应用环境，根据用户的信息需求、处理需求和数据库的支撑环境，利用数据模型和应用程序模拟现实世界中该应用环境的数据结构和处理活动的过程；是数据设计与数据处理设计的结合。规范化的数据库设计要求数据库内数据文件的数据组织应获得最大限度的共享、最小的冗余度，消除数据及数据依赖关系中的冗余部分，使依赖于同一个数据模型的数据达到有效的分离。保证在输入、修改数据时，数据的一致性与正确性；保证数据与使用数据的应用程序间的高度独立性。设计数据的同时，要注重数据行为的设计，将数据和要操作数据的行为紧密结合起来，完成数据及其关系属性的约束。

数据库设计包括两个方面：静态特性设计和动态特性设计。静态特性设计又称数据库结构设计；动态特性设计是指数据库结构基础上的应用程序开发。在次序上，一般是结构设计在前，应用设计在后。本节主要介绍静态特性设计。

1. 需求分析阶段

需求分析阶段的任务是收集数据库所需要的信息内容和数据处理规则，确定建立数据库的目的。在需求分析调研中，必须和用户充分讨论，确定数据库所要进行的数据处理的范围。

在需求分析的基础上，设计相应的数据库，并将数据信息分割成数个大小适当的数据表。例如，通过需求分析，我们得到学生选修课程的数据信息，如表 3.1 所示。学生选课数据表包含学号、姓名、性别、出生日期、系、电话、课程名、学分和成绩属性。

表 3.1　学生选课数据表

学号	姓名	性别	出生日期	系	电话	课程名	学分	成绩
J0401	李丽	女	1980-2-12	管理信息系	931-1234	C 语言	4	93
J0401	李丽	女	1980-2-12	管理信息系	931-1234	数据结构	3	99
J0401	李丽	女	1980-2-12	管理信息系	931-1234	计算机应用基础	2	89
J0401	李丽	女	1980-2-12	管理信息系	931-1234	网络技术	4	86
J0402	马俊萍	女	1970-12-2	管理信息系	931-1288	数据库	3	90
J0402	马俊萍	女	1970-12-2	管理信息系	931-1288	C 语言	4	85
J0402	马俊萍	女	1970-12-2	管理信息系	931-1288	数据结构	3	77
J0402	马俊萍	女	1970-12-2	管理信息系	931-1288	网络技术	4	70
J0403	王永明	男	1985-12-1	管理信息系	571-2233	数据库	3	76
J0403	王永明	男	1985-12-1	管理信息系	571-2233	C 语言	4	67
J0403	王永明	男	1985-12-1	管理信息系	571-2233	数据结构	3	58
J0403	王永明	男	1985-12-1	管理信息系	571-2233	计算机应用基础	2	55
J0403	王永明	男	1985-12-1	管理信息系	571-2233	网络技术	4	82
Q0401	陈小红	女	1980-2-12	汽车系	571-1122	数据库	3	90
Q0401	陈小红	女	1980-2-12	汽车系	571-1122	网络技术	4	92
Q0403	张干劲	男	1978-1-5	汽车系	571-1111	数据库	3	77
Q0403	张干劲	男	1978-1-5	汽车系	571-1111	网络技术	4	65

表 3.1 是一个未被规范化的数据表，这张表存在大量的数据冗余。如果陈小红同学选修了三门课程，则学号、姓名以及出生日期等字段数据需重复三遍。当陈小红同学搬家时，所有属于陈小红的记录将要一一更正，效率低。如果在更正过程中，发生意外，如死机或断电等情况，数据不一致的情况就会发生。如果一学生没有选修任何课程，则他的数据将无法输入。如果要取消某个学生的所有课程信息，则要将所有与这个同学有关的信息全部去掉。总之，大量的数据冗余不但浪费了存储空间，而且降低了数据查询效率，提高了维护数据一致性的成本。

2. 数据库规范化理论

关系模型的规范化理论是研究如何将一个不规范的关系模型转化为一个规范的关系模型的理论。数据库的规范化设计，要求分析数据需求，去除不符合语义的数据，确定对象的数据结构，并进行性能评价与规范化处理，避免数据重复、更正、删除或插入异常。它是围绕范式建立的。

规范化理论认为，关系数据库中的每一个关系都要满足一定的规范。根据满足规范的条件不同，可以将其分为五个等级，分别称为第一范式(1NF)，第二范式(2NF)，……，第五范式(5NF)，其中，NF 是 normal form(范式)的缩写。通常在解决一般性问题时，只要把数据规范到第三个范式标准就可以满足需要了。

(1) 第一范式：在一个关系中，消除重复字段，且各字段都是最小的逻辑存储单位。

(2) 第二范式：若关系模型属于第一范式，则关系中每一个非主关键字段都完全依赖于主关键字段，不能只部分依赖于主关键字的一部分。

这里的主关键字是指表中的某个属性组，它可以唯一确定记录中其他属性的值。如

表 3.1 所示，学生选课数据表的主关键字是由学号和课程号共同组成的。属性成绩完全依赖于主关键字，姓名、电话等属性都只依赖于学号，而不完全依赖于主关键字，因此学生选课数据表不符合第二范式的要求。

一个有效的解决办法是把信息分为各个独立的主题。例如“学生基本信息表”，“学生选课成绩表”等。保证关系中每一个非主关键字段都完全依赖于主关键字段。

(3) 第三范式：关系模型属于第一范式，且关系中所有非主关键字段都只依赖于主关键字段。

第三范式要求去除传递依赖。如表 3.2 所示，学生的年龄依赖于出生日期，而出生日期又是由学号决定的，因此学生的年龄就传递依赖于主关键字学号。因此表 3.2 所示关系不符合第三范式的要求。

表 3.2　不规范的学生基本信息表

学　号	姓　名	性　别	出生日期	系	年　龄
J0401	李丽	女	1980-2-12	管理信息系	28
J0402	马俊萍	女	1970-12-2	管理信息系	38
J0403	王永明	男	1985-12-1	管理信息系	23
J0404	姚江	男	1985-8-9	管理信息系	23
Q0401	陈小红	女	1980-2-12	汽车系	28
Q0403	张干劲	男	1978-1-5	汽车系	20

上述问题的解决办法是“不要包含可推导得到或需计算的数据”。实际上，年龄可以由出生日期计算得到，年龄和出生日期作为属性同时出现，本质上就产生了数据冗余。

例如，在订单表中没有必要设置某一类图书订货的总价格字段，只需要在图书表中存储已订购书的数量以及它的单位价格。

3. 规范化的学生选课数据库

规范化处理后的学生选课数据库由三张数据表组成，这三张数据表的关系模式如下。

(1) 学生基本信息表 S(学号,姓名,性别,出生日期,系,电话)，选择学号为主关键字，简称为主键，如表 3.3 所示。

(2) 课程数据表 C(课程号,课程名,学分,预选课程号,教师)，选择课程号为主关键字，其中，预选课程号是某课程的先导课程号，并假定每门课只有一门先导课，如表 3.4 所示。

(3) 学生选课数据表 SC(学号,课程号,成绩)，选择学号，课程号为主关键字，如表 3.5 所示。

表 3.3　学生基本信息表 S

学　号	姓　名	性　别	出生日期	系	电　话
J0401	李丽	女	1980-2-12	管理信息系	931-1234
J0402	马俊萍	女	1970-12-2	管理信息系	931-1288
J0403	王永明	男	1985-12-1	管理信息系	571-2233
J0404	姚江	男	1985-8-9	管理信息系	571-8848
Q0401	陈小红	女	1980-2-12	汽车系	571-1122
Q0403	张干劲	男	1978-1-5	汽车系	571-1111

表 3.4　课程数据表 C

课程号	课程名	学分	预选课程号	教师
C01	数据库	3	C04	陈弄清
C02	C 语言	4	C04	应刻苦
C03	数据结构	3	C02	管功臣
C04	计算机应用基础	2		李学成
C05	网络技术		C04	马努力

表 3.5　学生选课数据表 SC

学号	课程号	成绩
J0401	C01	88
J0401	C02	93
J0401	C03	99
J0401	C04	89
J0401	C05	86
J0402	C01	90
J0402	C02	85
J0402	C03	77
J0402	C05	70
J0403	C01	76
J0403	C02	67
J0403	C03	58
J0403	C04	55
J0403	C05	82
Q0401	C01	90
Q0401	C05	92
Q0403	C01	77
Q0403	C05	65

分析每一个表，确定各数据表之间的关系。两表之间能够建立关系的前提条件是两表拥有相同的字段，因此必要时，可在表中加入字段或创建一个新表来明确关系。

学生基本信息表 S 和学生选课数据表 SC 通过共同的字段学号，建立父子关系。课程数据表 C 和学生选课数据表 SC 通过共同的字段课程号，建立父子关系。假如要查询学生陈小红的课程成绩，则可以根据学生基本信息表 S 以及学生选课数据表 SC 中的学号来获得所需要的信息。

3.2　SQL Server 2012 数据库架构

数据库系统是实现有组织、动态地存储大量相关的结构化数据，方便各类用户访问数据库的计算机软硬件资源的集合。

数据库系统的体系统结构分为如下三级(如图 3.1 所示)。

- 概念模式。它是数据库中全体数据的逻辑结构和特征的描述，一个数据库只有一个概念模式，它由数据库管理系统提供的描述语言 DDL 来定义和描述，定义概念模式时不仅要定义数据的类型、取值范围，而且要定义数据之间的联系及完整性安全性要求。
- 用户模式。它是数据库用户能够看见和使用的局部数据的逻辑结构和特征的描述，是数据库用户的数据视图，是与某一应用有关的数据的逻辑表示，也可将用户模式看作用户视图。
- 存储模式。它是数据物理结构和存储方式的描述，是数据在数据库内部的表示方式。一个数据库只有一个存储模式。

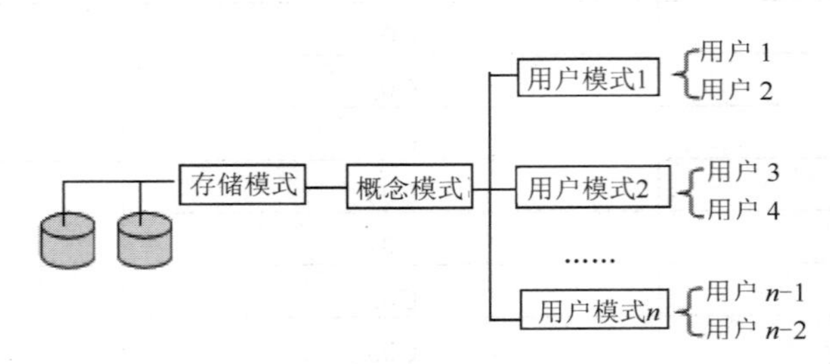

图 3.1　数据库系统的三级模式结构

数据库系统的三级模式结构定义了数据库的三个抽象层次，概念数据库、逻辑数据库(即用户视图)和物理数据库。其中概念模式定义了概念数据库，用户模式定义了用户视图，存储模式定义了物理数据库。学生选课数据库对应的三级模式结构如图 3.2 所示。

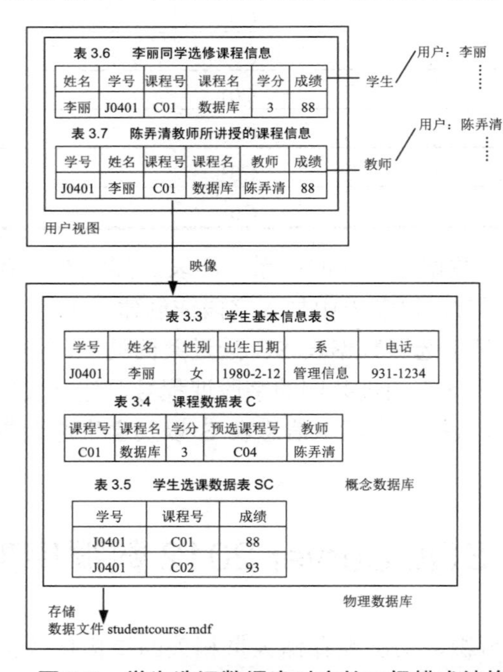

图 3.2　学生选课数据库对应的三级模式结构

3.2.1　概念数据库和逻辑数据库

概念数据库描述数据结构，定义数据之间的联系。关系数据库的设计任务是构造规范的概念数据库。例如，“学生选课”数据库的数据结构定义如下。

学生基本信息表 S(学号,姓名,性别,出生日期,系,电话)

课程数据表 C(课程号,课程名,学分,预选课程号,教师)

学生选课数据表 SC(学号,课程号,成绩)

通常情况下，数据库中的数据并不能对所有用户开放，例如，学生只能看到与他相关的数据信息，教师只能修改指定课程成绩等等。因此，针对不同的用户，我们将为其提供不同的数据。根据不同用户需求，重组概念数据库中的数据，形成的数据集合构成了逻辑数据库，也称为用户视图。

例如，李丽同学选修课程信息如表 3.6 所示，陈弄清教师所讲授的课程信息如表 3.7 所示。这些用户视图是虚拟数据表，表中的数据是概念数据库中数据的映像，并随着概念数据库中数据的变化而变化。

表 3.6　李丽同学选修课程信息

姓　名	学　号	课 程 号	课 程 名	学　分	成　绩
李丽	J0401	C01	数据库	3	88
李丽	J0401	C02	C 语言	4	93
李丽	J0401	C03	数据结构	3	99
李丽	J0401	C04	计算机应用基础	2	89
李丽	J0401	C05	网络技术		86

表 3.7　陈弄清教师所讲授的课程信息

学　号	姓　名	课 程 号	课 程 名	教　师	成　绩
J0401	李丽	C01	数据库	陈弄清	88
J0402	马俊萍	C01	数据库	陈弄清	90
J0403	王永明	C01	数据库	陈弄清	76
Q0401	陈小红	C01	数据库	陈弄清	90
Q0403	张干劲	C01	数据库	陈弄清	77

3.2.2　物理数据库

SQL Server 能够支持多个数据库。在一个服务器上，最多可以创建 32 767 个数据库。创建数据库的用户将成为该数据库的所有者。从数据逻辑组织角度来看，数据库由数据表集合、视图、索引、存储过程和触发器等逻辑对象组成，数据表上的约束、规则、触

发器、默认值和自定义用户数据类型等控制机制用于确保数据的有效性。利用索引可以快速地找到所需的记录行。完整性约束可以确保不同表中相互关联的数据保持一致。数据库中的存储过程对数据库中的数据执行操作。用户使用 Transact-SQL 语言操作数据时，处理的对象主要是逻辑对象，数据库中的数据及各逻辑对象存储在操作系统文件或文件组中。文件的物理实现在很大程度上是透明的。一般由数据库管理员处理物理实现。

1. 文件

根据这文件的作用不同，可以将其分为以下三类。

(1) 主数据文件：每个数据库有且仅有一个主数据文件，它包含数据及数据库的启动信息，是数据库和其他数据文件的起点。主数据文件的扩展名为.mdf。

(2) 次数据文件：这些数据文件用于存储不能存在主数据文件中的数据和数据库对象，默认扩展名为.ndf。一个数据库中可以有多个次数据文件，如果主文件可以包含数据库中的所有数据，那么就可以没有次数据文件。如果数据库很大，可以设置多个次数据文件，次数据文件可以位于不同的磁盘上。

(3) 日志文件：用于存储所有事务对数据库执行修改的记录，利用事务日志备份可以恢复数据库，一个数据库可以有一个或多个日志文件，扩展名为.ldf。日志文件最小为 512 KB。数据和事务日志信息不能存储在同一文件中。

数据文件划分为不同的页，页就是 SQL Server 存储数据的基本单位。每个页的大小为 8KB，表中每一行的数据不能跨页存储，每 8 个连续页称为一簇，每一个表或索引至少占一簇。

SQL Server 2012 文件可以从它们最初指定的容量开始自动增长。在定义文件时，可以指定一个特定的增量。每次填充文件时，其容量均按此增量来增长。如果文件组中有多个文件，则它们在所有文件被填满之前不会自动增长。填满后，这些文件会循环增长。

每个文件还可以指定一个最大容量。如果没有指定最大容量，文件可以一直增长到用完磁盘上的所有可用空间。

2. 文件组

每个数据库都有一个 primary 文件组。在数据库可以创建多个数据文件，并将这些数据文件组织成文件组。在文件组上创建的数据库的数据将分散存放到多个数据文件中，可以添加新文件到文件组中，文件组中的数据文件可以分散存放在不同的磁盘上。文件或文件组只能被一个数据库使用。文件只能属于一个文件组。数据和事务日志信息不能属于同一文件或文件组。日志文件不能作为文件组的一部分。为了提升系统性能，应尽量将数据库分布存储到多个磁盘上，将日志文件存储到单独的磁盘上。

物理数据库与逻辑数据库之间的对应关系如图 3.3 所示。

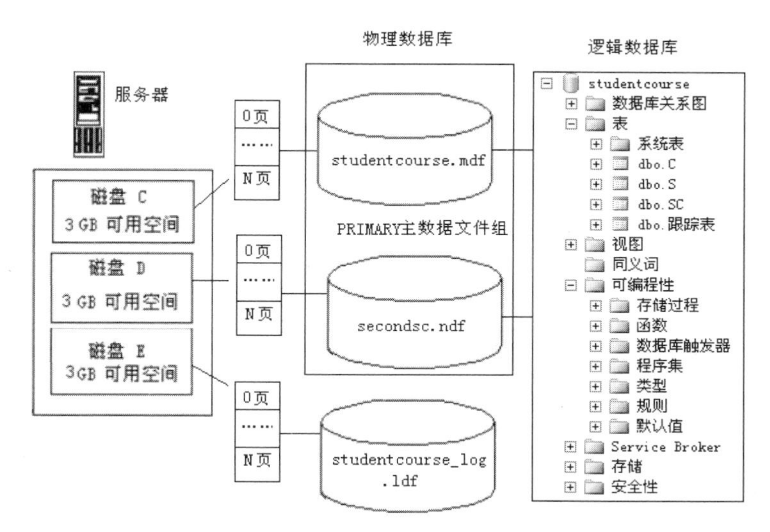

图 3.3　物理数据库与逻辑数据库的关系

3.3　关系数据表结构定义

在 SQL Server 中每个数据库最多可以由 20 亿个数据表组成，一个数据表允许有 1024 列，每行的最大长度为 8092 个字节。定义数据表结构就要明确数据表中各属性的字段名、字段类型、精度与小数位数(仅用于数字数据类型)、字段长度、空值和默认值。

1. 字段名

字段名是用来访问表中具体域的标识符，字段名可以含有 1～128 个字符，它由字母、下划线以及数字组成，并且字母、下划线、#可以是字段名的第一个字符。字段名不能与 CREATE、TABLE 等 SQL Server 关键字相同。字段名最好能表达相关数据的含义。

2. 字段类型

数据表中的每一列都有相应的取值范围，SQL Server 用字段类型表示，字段类型有字符串型(定长 char、变长串 varchar)、货币型、数值型(大整数 bigint、长整数 int、短整数 smallint)和时间型(datetime)等。

3. 精度与小数位数(仅用于数字数据类型)。

精度是指数字可以包含的数字个数。例如，smallint 对象最多能拥有 5 个数字，所以其精度为 5。

小数位数是指能够存储在小数点右边的数字个数。比如 4323.125 的精度是 7，小数位数是 3。也有不含小数的值，如 int 对象不能含有小数点，小数位数为 0。

4. 字段长度

字段长度的大小是指该列能接受多少个字符，以字节数或位数表示。字符类型数据的字段长度表明所需的最大字符数。

5. 空值和默认值

标识指定记录行的数据列是否允许为空，允许为空的 char 类型列被 SQL 存储为 varchar 型。如果一列定义了默认值，则在插入记录时，默认值自动添加到指定的列中。

接下来，我们定义学生选课数据库中的三个数据表的数据结构。学生基本信息表 S 的数据结构定义如表 3.8 所示，课程数据表 C 的数据结构定义如表 3.9 所示，学生选课数据表 SC 的数据结构定义如表 3.10 所示。

表 3.8 学生基本信息表 S

列 名	数据类型	长 度	允 许 空	默 认 值	是否主键
学号	char	6		J0400	PRIMARY KEY
姓名	char	8			
性别	char	2			
出生日期	datetime			1980-01-01	
系	varchar	20			
电话	char	8	√		

表 3.9 课程数据表 C

列 名	数据类型	长 度	允 许 空	默 认 值	是否主键
课程号	char	3			PRIMARY KEY
课程名	varchar	20			
学分	smallint		√		
预选课程号	char	3	√		
教师	char	8	√		

表 3.10 学生选课数据表 SC

列 名	数据类型	长 度	允 许 空	默 认 值	是否主键
学号	char	6			PRIMARY KEY
课程号	char	3			
成绩	smallint	2	√		

3.4 数据库的完整性定义

数据库的完整性设计将直接影响 DBMS 能否真实地体现现实世界。完整性控制机制的使用，能够防止合法用户向数据库添加错误数据，从而降低应用程序的复杂性，提高系统易用性。此阶段要求根据需求分析的结果，对系统实现符合要求的约束，细致规划各类完整性，尽力排除完整性约束间的冲突。通常情况下，SQL Server 2012 主要支持 PRIMARY 约束、UNIQUE 约束、CHECK 约束、DEFAULT 约束和 FOREIGN 约束。

PRIMARY 约束(主键约束)标识了一列或列集，它具有唯一标识表中一行的功能。

UNIQUE 约束(唯一约束)，强制实施列集中值的唯一性。CHECK 约束，约束通过限制可放入列中的值来强制实施域完整性。DEFAULT 约束，在定义列时，它可以为表中的指定列提供默认值。插入一个行时，如果没有为一个列指定值，就会自动以在 DEFAULT 中设置的值填充。默认值可以是计算结果为常量的任何值，例如常量、内置函数或数学表达式。因为要满足参照完整性，FOREIGN 约束的设计非常重要，它要求外键的值必须来源于被参照关系的取值或为空值。例如：C 表的属性学号参照学生基本信息表 S 的属性学号，表示 C.学号的取值必须在 S.学号中可以找到。学生选课 studentcourse 数据库中的三张数据表的完整约束设计如表 3.11～表 3.13 所示，它们之间的关系如图 3.4 所示。

表 3.11　学生基本信息表 S 的约束

列　名	PRIMARY	UNIQUE	CHECK	FOREIGN
学号	√	√	由 J 开头,后面只能取 0～9 之间的数字，限 5 位	
性别			性别的值只能取“男”或“女”	
电话			电话的格式为 021-7777	

表 3.12　课程数据表 C 的约束

列　名	PRIMARY	UNIQUE	CHECK	FOREIGN
课程号	√	√	由 C 开头，后 2 位只能取 0～9 之间的数字	
预选课程号				FK 参照 C.课程号

表 3.13　学生选课数据表 SC 的约束

列　名	PRIMARY	UNIQUE	CHECK	FOREIGN
课程号	√	√		FK 参照 C.课程号
学号				FK 参照 S.学号
成绩			成绩只能在 0 到 100 之间或者是空值	

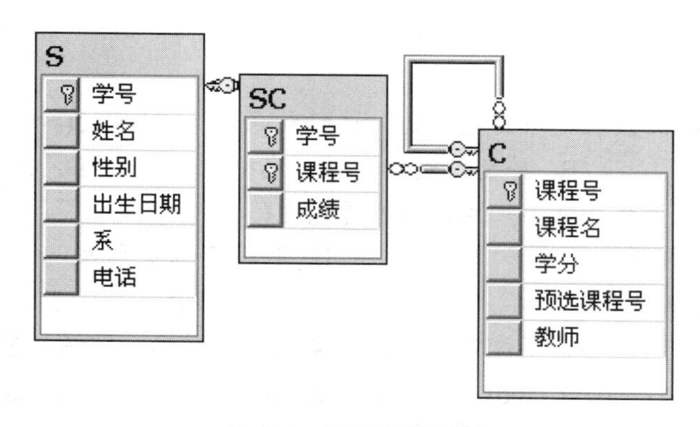

图 3.4　数据库关系图

本 章 小 结

本章详细介绍了物理数据库、概念数据库及逻辑数据库，并以学生选课数据库为例，介绍了物理数据库、逻辑数据库和概念数据库之间的关系，给出了学生选课数据库的设计过程，需要学生认真体会。

实训　数据库管理

一、实验目的和要求

1. 掌握简单的数据库设计方法。
2. 理解数据库完整性的概念。

二、实验内容

根据表 3.14 提供的信息，为某书店设计订货数据库。

表 3.14　书店订货单汇总表

订 单 号	订 货 人	出 版 社	书　号	书　名	单　价	数　量
106	张科家	高教	00835	VF	24.00	300
107	张科家	高教	00899	VF 习题集	16.56	150
321	白明明	清华	10033	C 语言	25.98	200
322	白明明	高教	00835	VF	24.00	400
323	白明明	高教	00899	VF 习题集	16.56	120

习　　题

选择题

1. “借书日期必须在还书日期之前”这种约束属于 DBS 的(　　)功能。
   A. 恢复　　B. 并发控制　　C. 完整性　　D. 安全性
2. 在数据中，产生数据不一致的根本原因是(　　)。
   A. 没有严格保护数据　　B. 数据存储量太大
   C. 数据间联系弱　　D. 数据冗余
3. 次数据文件用于存储不能存在主数据文件中的数据，默认扩展名为(　　)。
   A. .ndf　　B. .mdf　　C. .log　　D. .dat
4. 关系模式中各级范式之间的关系为(　　)。
   A. 3NF⊂2NF⊂1NF　　B. 3NF⊂1NF⊂2NF
   C. 1NF⊂2NF⊂3NF　　D. 2NF⊂1NF⊂3NF

5. 数据库系统的体系结构分为( )三级。

A. 概念模式、用户模式、存储模式

B. 概念模式、用户模式、逻辑结构

C. 概念模式、用户模式、物理结构

D. 概念模式、用户模式、局部数据

6. 存储模式是数据物理结构和存储方式的描述，是数据在数据库内部的表示方式。一个数据库对应( )个存储模式。

A. 2　　B. 多个　　C. 1　　D. 10

7. 字段名是用来访问表中具体域的标识符，字段名可以含有( )个字符，它由字母、下划线以及数字组成，并且字母、下划线、#可以是字段名的第一个字符。

A. 1到128个　　B. 1到100个　　C. 1到8个　　D. 1到12个

8. 通常情况，SQL Server 2012主要支持PRIMARY约束、UNIQUE约束、CHECK约束、DEFAULT约束、FOREIGN约束。( )在定义列时，可以为表中的指定列提供默认值。

A. FOREIGN约束　　B. DEFAULT约束

C. UNIQUE约束　　D. CHECK

第 4 章　数据库管理

本章导读

本章主要介绍了有关数据表的操作，包括表的创建、修改、删除和建立索引等操作以及表中数据维护的有关操作和方法；基本掌握使用 SQL Server Management Studio 和 T-SQL 语句对表和表中数据的操作，包括创建表、删除表、对表中字段建立索引、向表中增加数据、修改数据、删除数据等。

学习目的与要求

(1) 了解数据库的结构，数据库文件的类型、SQL Server 中的系统数据库以及系统表和用户表的相关概念。

(2) 掌握创建、打开、修改及删除数据库的方法。

(3) 掌握创建、修改及删除数据表的方法。

(4) 掌握创建及删除数据表索引的方法。

4.1　数据库的创建与管理

4.1.1　SQL Server 系统数据库

在第一次安装 SQL Server 时，将默认安装系统数据库、数据库快照和示例数据库。示例数据库包含 Northwind 数据库、Pubs 数据库、AdventureWorks 数据库和 AdventureWorksDW 数据库。

1．系统数据库

系统数据库中包含 6 个数据库：Master 数据库、Model 数据库、Msdb 数据库、Tempdb 数据库、Resource 数据库和 Distribution 数据库。

1) Master 数据库

Master 数据库是 SQL Server 系统最重要的数据库。它包含用户登录信息、系统配置设置信息、服务器配置信息、SQL Server 的初始化信息和其他系统数据库及用户数据库的相关文件信息。例如，在一个服务器上创建新数据库时，Master 数据库的 Sysdatabases 视图中就增加一个表项。因为几乎所有描述服务器的信息都放在这个数据库中，因此，如果 Master 数据库不可用，则 SQL Server 将无法启动。

2) Model 数据库

Model 数据库为所有用户数据库提供数据库模板，它含有 Master 数据库所有系统表的子集，这些系统数据库是每个用户定义数据库都需要的。当创建用户数据库时，系统自动把该模板数据库的所有信息复制到新建的数据库中。Model 数据库是 Tempdb 数据库的基础，对 Model 数据库的任何改动都将反映在 Tempdb 数据库中。

由于该数据库充当了其他数据库的模板，所以它是必备的数据库，而且在系统中必须保留，不能删除。任何新建数据库至少要与 Model 数据库一样大。这意味着，如果将 Model 数据库改为 100MB，那么任何新建的数据库都不会小于 100MB。

3)　Msdb 数据库

Msdb 数据库是代理服务数据库，该系统数据库记录有关作业、警报、操作员、调度等信息，是 SQL Agent 处理存储系统任务的地方。如果在数据库上安放一个夜间运行的备份日程表，那么在 Msdb 上就会存在一个对应的表项。

4)　Tempdb 数据库

Tempdb 数据库是一个连接到 SQL Server 实例的所有用户都可用的全局资源的临时数据库，它为所有的临时表、临时存储过程及其他临时操作提供存储空间。当执行复合查询命令时，服务器在 Tempdb 数据库建立一个临时中间表，在 Tempdb 数据库中存储临时数据。Tempdb 数据库与其他数据库的差别在于，不仅其中的对象是临时存在的，而且数据库本身也是临时的。重新启动 SQL Server 时，系统临时重建 Tempdb 数据库。

5)　Resource 数据库

Resource 数据库是一个只读数据库，它包含了 SQL Server 2012 中的所有系统对象。在默认情况下，Resource 数据库存放的物理文件名是 Mssqlsystemresource.Mdf，其存放路径为“\Microsoft SQL Server\MSSQL11.SQL2012\MSSQL\ Binn\Mssqlsystemresource.Mdf”。

注意： 如果重命名或移动 Resource 数据库文件，SQL Server 将不能启动。

6)　Distribution 数据库

Distribution 数据库是一个分发数据库。在利用数据库复制技术实现数据同步更新时要配置出版服务器，它是在完成了出版服务器的设置，并且在系统为该服务器的树形结构添加了一个复制监视器后生成的。

2．数据库快照

数据库快照是 SQL Server 2012 企业版中新增的功能。数据库快照是源数据库的只读、静态视图。多个快照可以位于一个源数据库中，并且可以作为数据库始终驻留在同一服务器实例上。创建快照时，每个数据库快照在事务上与源数据库一致。在被数据库的所有者显式删除之前，快照始终存在。

4.1.2　数据库的创建

创建数据库的过程就是确定数据库的名称、所有者、大小以及存储该数据库的文件和文件组。数据文件有两个名称：逻辑文件名和物理文件名。逻辑文件名是在所有 Transact-SQL 语句中引用物理文件时使用的名称。物理文件名是包括目录路径的物理文件名，它必须符合操作系统文件命名规则。

1．准备创建数据库

“学生选课”数据库的物理存储文件规划如下。

(1) 确定数据库的名称、所有者(创建数据库的用户)。

数据库名称：studentcourse

(2) 确定存储该数据库的数据文件的大小及文件空间增长方式，确定关系、索引，及系统存储参数的配置，确定数据库的存取方法。

① 主数据文件。

逻辑名称：studentcourse；物理文件名：C:\Data\studentcourse.mdf；初始大小：5MB；最大空间：UNLIMITED；空间增加量：1MB；属于文件组 primary。

② 次数据文件。

逻辑名称：secondsc；物理文件名：C:\mydb\secondsc.ndf；初始大小：5MB；最大空间：50MB；空间增加量：1MB；属于文件组 group1。

③ 日志文件。

逻辑名称：studentcourse_log；物理文件名：C:\Log\studentcourse_log.ldf；初始大小：2MB；最大空间：20MB；空间增加量：10%。

④ 索引：每 1 数据表关于主关键字建立索引文件。

2. 使用 SQL Server Management Studio 创建数据库

创建学生选课数据库的操作步骤如下。

(1) 依次单击“开始”→“程序”→Microsoft SQL Server 2012→SQL Server Management Studio 命令。

(2) 连接要用于容纳数据库的数据库引擎。

(3) 在对象资源管理器中，右击“数据库”文件夹，在弹出的快捷菜单中选择“新建数据库”命令，如图 4.1 所示。

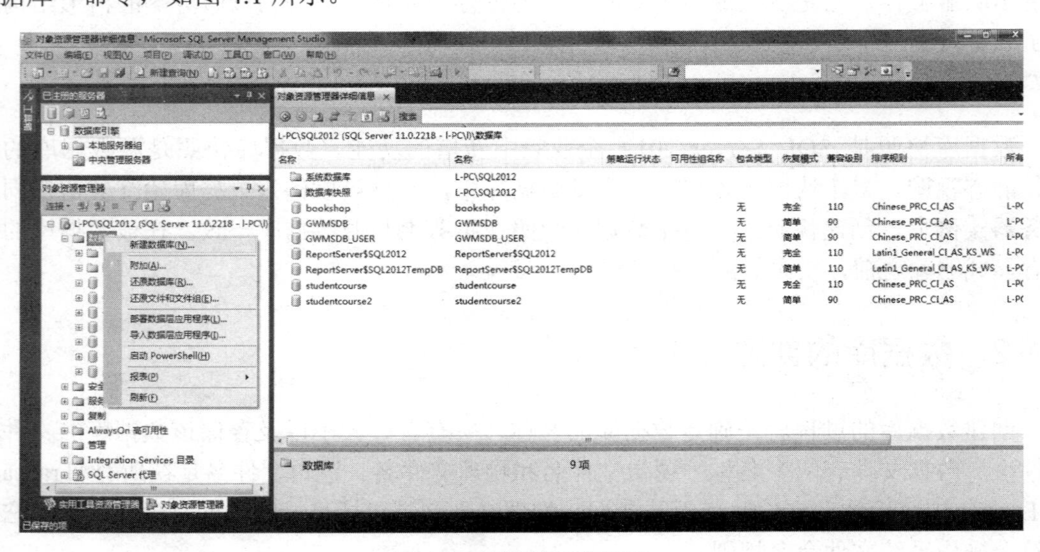

图 4.1 创建数据库界面

(4) 在打开的“新建数据库”对话框中，指定数据库名称，如图 4.2 所示。

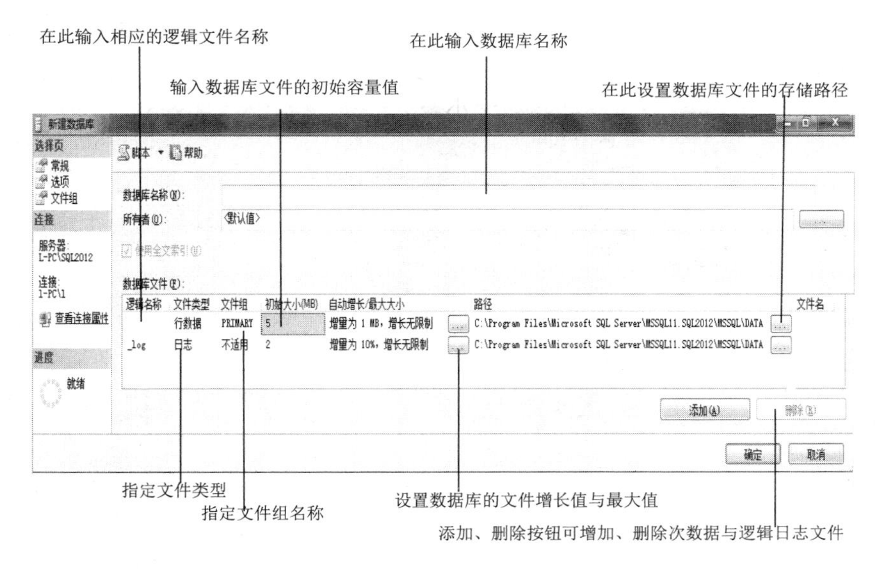

图 4.2　“新建数据库”对话框

在图 4.2 所示中的“常规”界面中的“数据库名称”文本框中输入“Studentcourse”，在“逻辑名称”下输入主数据库文件的逻辑名称为 Studentcourse，在“初始大小”下可以设置主数据库文件的大小，单击“自动增长”下的…按钮，出现如图 4.3 所示的“更改 Studentcourse 的自动增长设置”对话框。

在图 4.2 中的“路径”下单击…按钮，出现如图 4.4 所示的“定位文件夹”对话框。

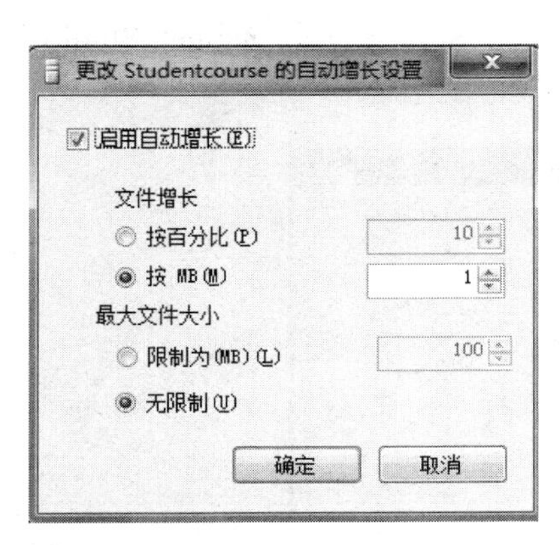

图 4.3　“更改 Studentcourse 的自动增长设置”对话框

图 4.4　“定位文件夹”对话框

在该对话框中可以改变文件存放路径，本例选择默认路径，设置好后单击“确定”按钮，返回图 4.2 中。

在“数据库文件”列表框中的第二行可以同样设置日志文件。

在图 4.2 中可以单击“添加”按钮增加数据库的数据文件及日志文件，也可以单击“删除”按钮删除设置错误的数据库文件。

(5) 在图 4.2 的左侧选择“选项”选项，出现如图 4.5 所示的“选项”界面。该界面显示数据库的各选项及其值。

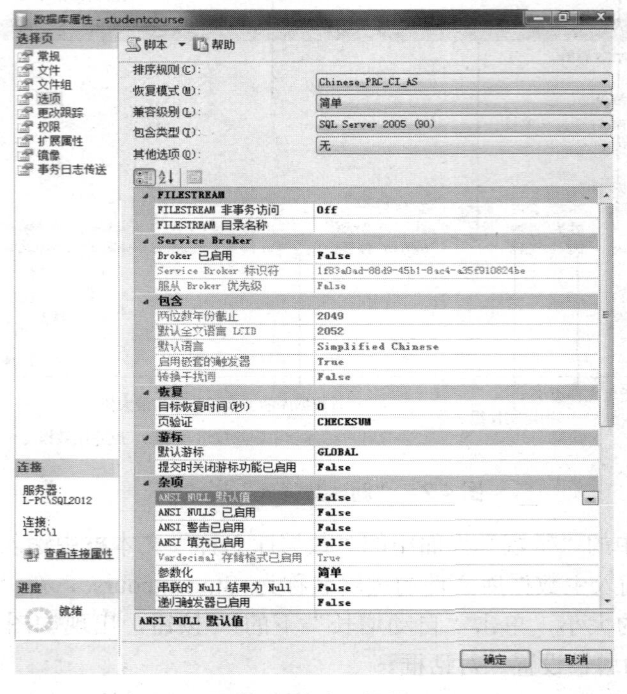

图 4.5 “选项”界面

(6) 在图 4.2 的左侧选择“文件组”选项，出现如图 4.6 所示的“文件组”界面，在该界面可以设置数据库中包含的文件组名称。

(7) 设置好各项后单击“确定”按钮，返回 SQL Server Management Studio 界面，数据库创建完成，如图 4.7 所示。

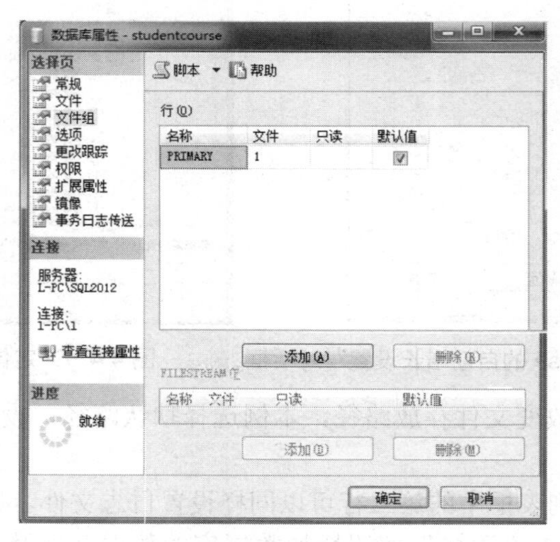

图 4.6 “文件组”界面

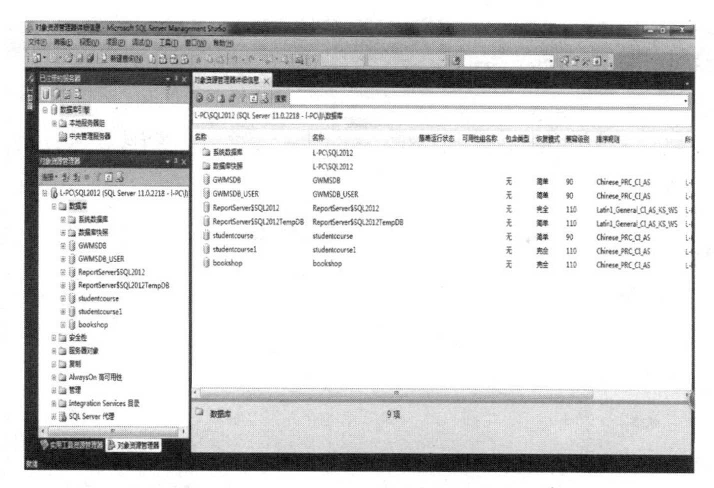

图 4.7　Studentcourse 数据库创建完成界面

最后，当所有步骤都操作结束后再查看相应的选项页结果，如图 4.8～图 4.10 所示。

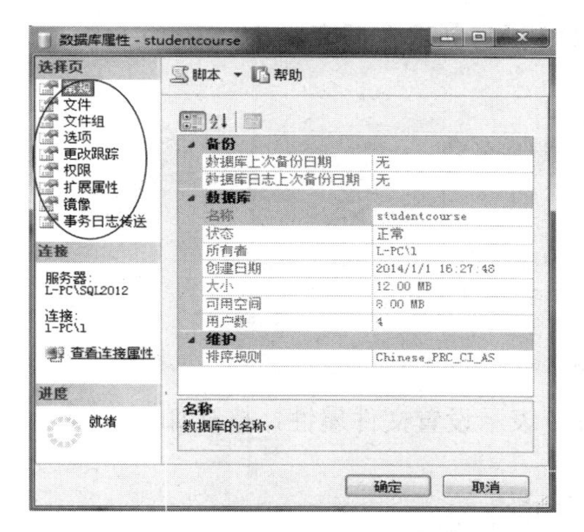

图 4.8　创建 Studentcourse 数据库后的常规属性对话框

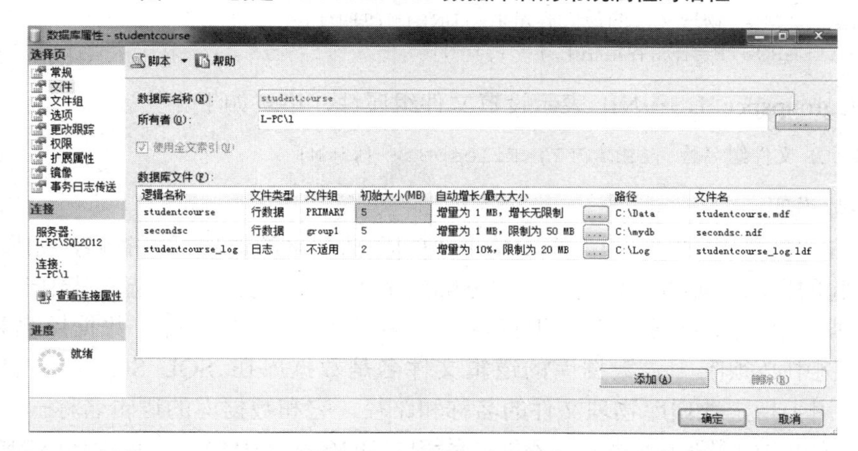

图 4.9　创建 Studentcourse 数据库后“数据库属性”对话框中的“文件”选择页

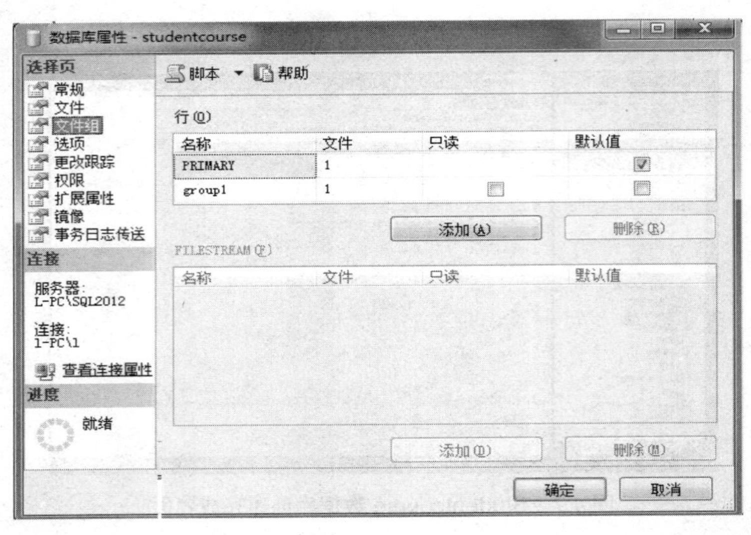

图 4.10　创建 Studentcourse 数据库后“数据库属性”对话框中的“文件组”选择页

3. 使用 Transact-SQL 语言创建数据库

1)　命令格式

```
CREATE DATABASE <数据库名>
 [
    ON[PRIMARY]
     [<Filespec>[,…N] ]
     [,<Filegroupspec>[,…N]]
]
    [LOG ON {<Filespec> [,…N]}]
```

其中，[<Filespec>[，…N]] 表示设置文件属性，格式如下。

```
 ([NAME=逻辑文件名,]
 FILENAME='物理文件名称'
    [,SIZE=数据库文件的初始容量值]
    [,MAXSIZE={物理文件的最大容量值 |UNLIMITED}]
    [,FILEGROWTH=增加容量值] )  [,…N]
```

其中，[<Filegroupspec>[，…N]] 表示设置文件组属性，格式如下。

```
FILEGROUP 文件组名称 [DEFAULT]<Filespec> [,…N]
```

2)　参数说明

(1)　放在“[ ]”中的“< >”表示整个“[ ]”括起来的选项都可省略，如果不省，则“<>”括起的选项不能省。使用“ | ”分隔的多个选项，表示只能选择其中一个。

(2)　数据库的名称必须符合标识符规则，最长为 128 个字符。数据库名称在 SQL Server 的实例中必须唯一。数据库的逻辑文件名是数据库在 SQL Server 中的标识符。FILENAME 用于指定数据库物理文件的名称和路径，它和数据库的逻辑名称一一对应。文件组的逻辑名称必须在数据库中唯一，不能是系统提供的名称 PRIMARY 和 PRIMARY_LOG。

(3)　“ON”定义数据文件；“PRIMARY”定义主文件组中的文件；“LOG ON”定义日志文件。一个数据库只能有一个主文件，如果没有定义主文件，列在数据文件项的第一个文件就是主文件。

(4)　数据库文件容量的单位可以是 KB、MB、GB、TB，默认值为 MB，长度必须为整数，主文件的最小容量是 Model 数据库的主文件长度；对于其他类型文件，最小长度为 512KB。

(5)　MAXSIZE：指定物理文件的最大容量。如果不设置文件的最大尺寸，那么文件的增长最大值将是磁盘的所有空间。UNLIMITED 选项允许文件增长到磁盘已满。

(6)　FILEGROWTH：指定文件每次增加容量的大小或百分比，当 FILEGROWTH=0 时，表示文件不增长。

(7)　DEFAULT：指定命名文件组为数据库中的默认文件组。

3)　创建学生选课数据库

创建学生选课数据库的操作步骤如下。

(1)　在 SQL Server 界面窗口中，单击工具栏上的“新建查询”按钮，打开 SQLQuery 查询窗口。

(2)　在打开的“SQLQuery 查询窗口”中，输入 CREATE DATABASE(创建数据库)命令。

命令如下：

```
CREATE DATABASE   studentcourse               --逻辑数据名称：studentcourse
   ON  PRIMARY     --ON 子句指出新建数据库的数据文件，文件属于 PRIMARY 组
       ( NAME ='studentcourse',              --NAME 指出了对应的逻辑文件名
     FILENAME='C:\DATA\studentcourse.mdf',--FILENAME 指出了对应的物理文件名
   SIZE = 5MB ,                          --Size 指出了初始分配空间
   MAXSIZE = UNLIMITED,                  --MAXSIZE 指出了最大空间
   FILEGROWTH = 1024KB ),                --FILEGROWTH 指出了文件空间的增长量
 FILEGROUP [group1]   -- FILEGROUP 子句指出新建数据库的次数据文件.NDF
   ( NAME = N' secondsc ',
   FILENAME = N'C:\mydb\ secondsc.ndf ' ,
   SIZE = 5120KB ,
   MAXSIZE =51200KB,
   FILEGROWTH = 1024KB )
   LOG ON                       --LOG ON 子句指出新建数据库的日志文件.LDF
   ( NAME = N'studentcourse_log',
   FILENAME=' C:\LOG\studentcourse_log.ldf ' ,
   SIZE = 2048KB ,
   MAXSIZE = 20480KB ,
   FILEGROWTH = 10%)
```

(3)　执行命令，单击工具栏上的“执行”按钮，查看运行结果。

如果语句正确执行，则出现“命令已成功完成”的反馈信息。在数据库节点下增加了 studentcourse 节点，如图 4.7 所示。

如果命令没有成功执行，则出现出错信息，下面列举一些学生可能经常遇到的出错信息：

- 设备激活错误。物理文件名' C:\DATA\studentcourse.mdf ' 可能有误。

出错信息：CREATE DATABASE 失败。未能创建所列出的某些文件名。请检查前面的错误信息。

上述命令失败的主要原因是存储物理文件的目录“C:\DATA\”不存在，解决方法：在 C 盘新建文件夹 DATA。

- MAXSIZE 值比 SIZE 值小的错误。设 Secondsc 次数据文件中 MAXSIZE 值为 2KB，SIZE 值为 3KB。

  出错信息：CREATE DATABASE 失败。无法创建列出的某些文件名。请查看相关错误。

  上述命令失败的主要原因是各数据文件的 MAXSIZE 值不能小于 SIZE 值，解决方法：使 MAXSIZE 值大于 SIZE 值。

- 创建同名数据库的错误。

  出错信息：数据库 'studentcourse' 已存在。

  上述命令失败的主要原因是重新新建了一个与原来数据库名称相同的数据库，解决方法：重新命名。

(4) 保存文件。选择“文件”→“保存”命令，在出现的保存对话框中输入文件名 create_studentcourse.sql，以供日后打开使用。

命令的窗口如图 4.11 所示。

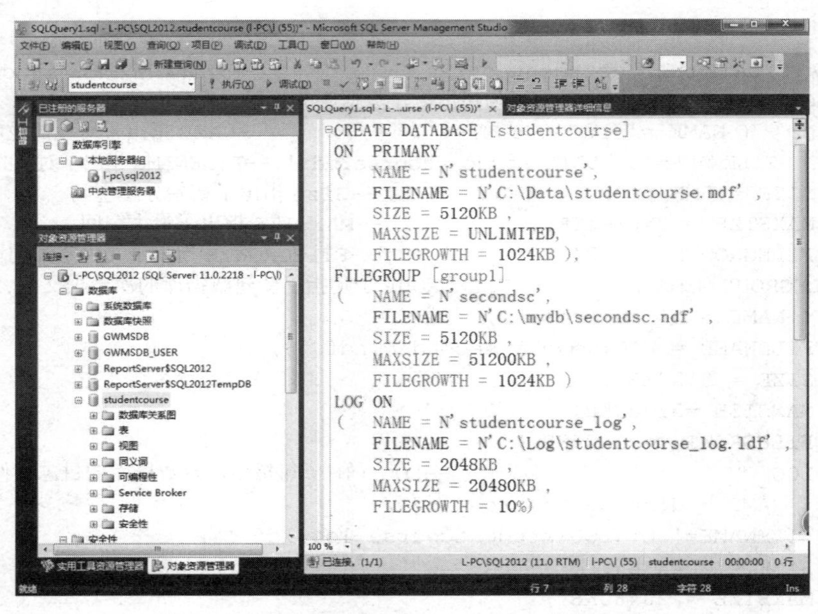

图 4.11　用命令创建 Studentcourse 数据库界面

注意： 如果创建数据库时只给出数据库名而没有给定具体的文件名、大小以及存储的物理位置等内容，则可以用命令 create DATABASE studentcourse 指定数据库名的方法来创建数据库。用此命令创建的“学生选课”数据库的数据文件“.mdf”和日志文件“_log.ldf”存放在默认文件夹 MSSQL\data 中。文件增长不受限制，数据文件按 10%增长，初始大小为 1MB 的默认设置。

4.1.3 管理数据库

1. 查看数据库信息

1) 命令格式

```
EXEC sp_helpdb [数据库名]
```

2) 功能

查看指定数据库的相关数据文件、数据库拥有者、创建时间等信息。若缺省数据库名，则显示所有数据库信息。

【例 4.1】 查看学生选课数据库 studentcourse 的信息。

方法一：使用 SQL Server Management Studio 查看数据库信息。

操作步骤如下。

在“对象资源管理器”窗口中右击要查看的数据库 studentcourse，在弹出的快捷菜单中选择“属性”命令，会出现如图 4.8 所示的 studentcourse 数据库属性对话框。

通过选择左侧圆圈标识中的不同选项，可以查看数据库的相应信息和修改相应参数。

方法二：使用系统存储过程命令查看数据库信息。

```
EXEC sp_helpdb studentcourse
```

结果如图 4.12 所示。

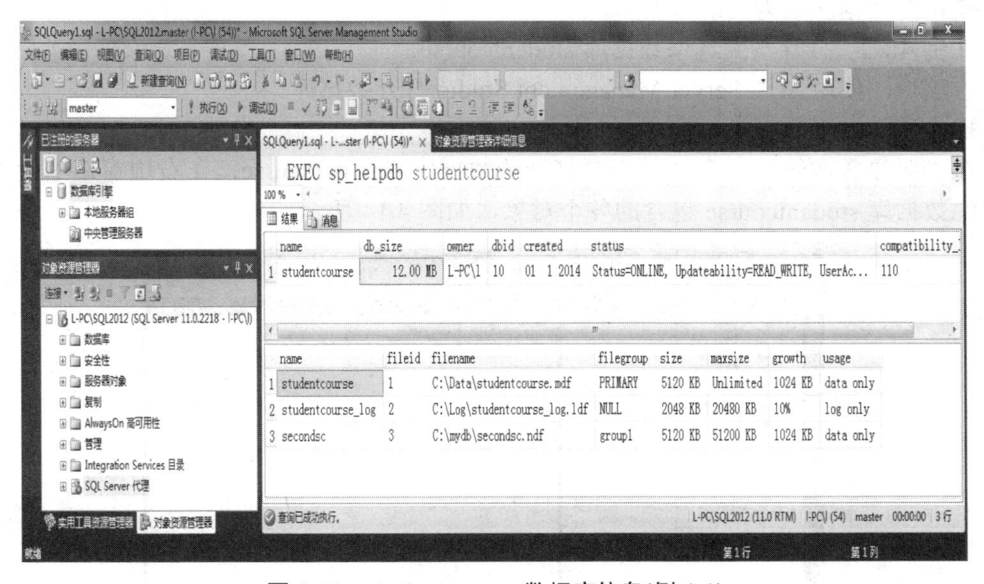

图 4.12 studentcourse 数据库信息(例 4.1)

【例 4.2】 查看所有数据库信息。

```
EXEC sp_helpdb
```

结果如图 4.13 所示。

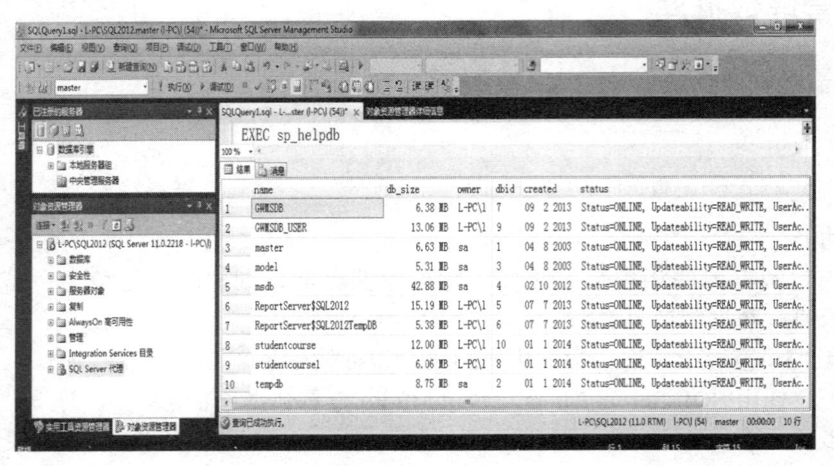

图 4.13　所有数据库信息(例 4.2)

2. 打开数据库

1) 命令格式

```
USE <数据库名>
```

2) 功能

使指定数据库成为当前数据库。

【例 4.3】 打开学生选课数据库 studentcourse。

方法一：使用 SQL Server Management Studio 打开数据库。

操作步骤如下。

在“对象资源管理器”中单击要打开的数据库 studentcourse，在右边窗格中会显示出选中的数据库 studentcourse 包含的各个对象，如图 4.14 所示。

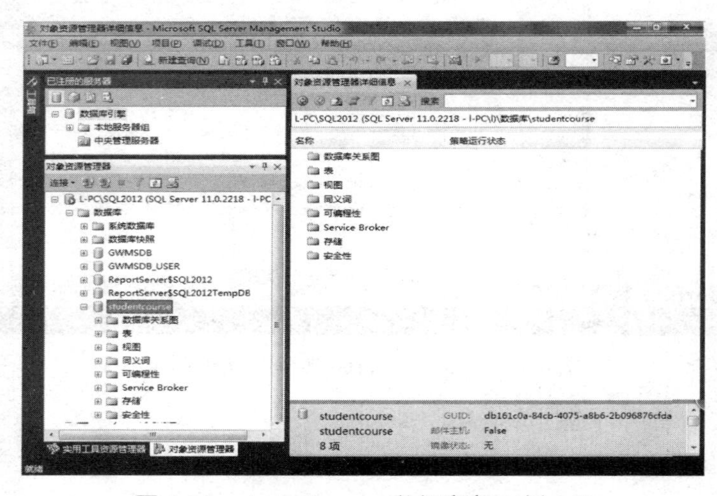

图 4.14　studentcourse 数据库窗口(例 4.3)

方法二：使用 SQL 语句打开数据库。

```
USE studentcourse
```

3．修改数据库

创建数据库后，在使用中，常常会对原来的设置进行修改，包括：扩充或减少数据库文件和日志文件空间，添加或删除数据库文件和日志文件，创建一个文件组，更改数据库设置，更改数据库名或数据库所有者，删除不用的数据库等。

1)　命令格式

```
Alter Database 数据库名
{Add  File<Filespec>[,…N] [To Filegroup 文件组名称]
|Add  Log  File <Filespec>[,…N]
|Remove  File 逻辑文件名称 [With Delete]
|Modify File <Filespec>
|Modify  Name=新数据库名称
|Add  Filegroup 新增文件组名称
|Remove  Filegroup 文件组名称
|Modify  Filegroup 原文件组名称
{文件组属性|Name=新文件组名称}}
```

2)　功能

- Add File：向数据库添加文件。
- Add Logfile：向数据库添加日志文件。
- Remove File：从数据库中删除文件。
- Modify File：对文件进行修改，包括 SIZE、FILEGROWTH 和 MAXSIZE，每次只能对一个属性进行修改。如果修改 SIZE，则新设置的文件容量必须大于现在的文件容量；修改数据文件和日志文件的逻辑名称，NAME 项为需要重命名的文件名称，NEWNAME 为文件的新名称。修改后的属性在 SQL Server 重新启动后生效。
- Modify Name：重新命名数据库。
- Add Filegroup：向数据库中添加文件组。
- Remove Filegroup：从数据库中删除文件组，同时删除文件组中的所有文件。
- Modify Filegroup：修改文件组。

【例 4.4】 向数据库 studentcourse 中添加一个名为 group2 的文件组，并在该文件组中添加一个名为 studentcourse2、路径为默认的次数据文件，初始值大小为 5MB，最大值为 50MB，文件以 1MB 增长；再添加一个名为 Studentcourse_log2 的日志文件，初始值大小为 1MB ，最大值为 100MB，文件以 10%增长。然后将数据库中的 studentcourse2 文件重命名为 studentcourse_2，最后把该文件从数据库中移除。

方法一：使用 SQL Server Management Studio 修改数据库。

操作步骤如下。

在 Microsoft SQL Server Management Studio 中右击要修改的数据库名称 studentcourse，在弹出的快捷菜单中选择“属性”命令，在如图 4.15 所示的数据库属性对话框中可以修改属性。修改的结果如图 4.16 所示。

在数据库中添加或删除文件和文件组，也可以用于更改文件和文件组的属性，例如更改文件的名称和大小。

一般情况下，不能修改数据库文件的物理位置。

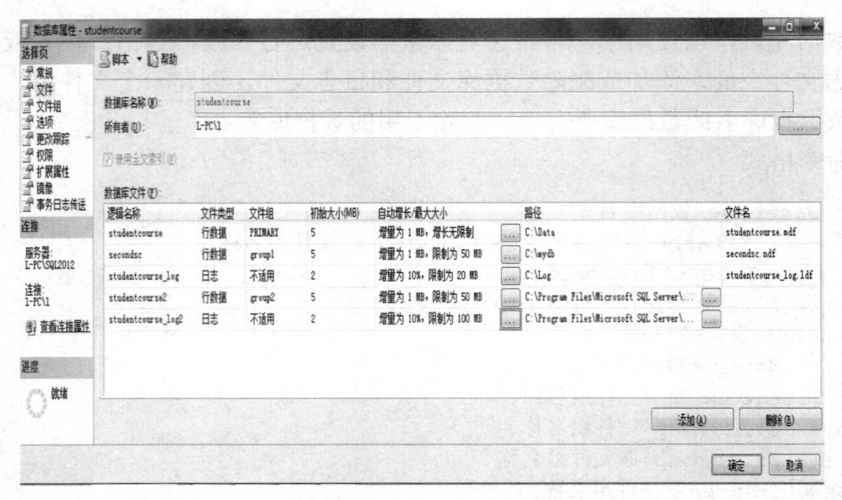

图 4.15　修改数据库的文件属性的界面(例 4.4)

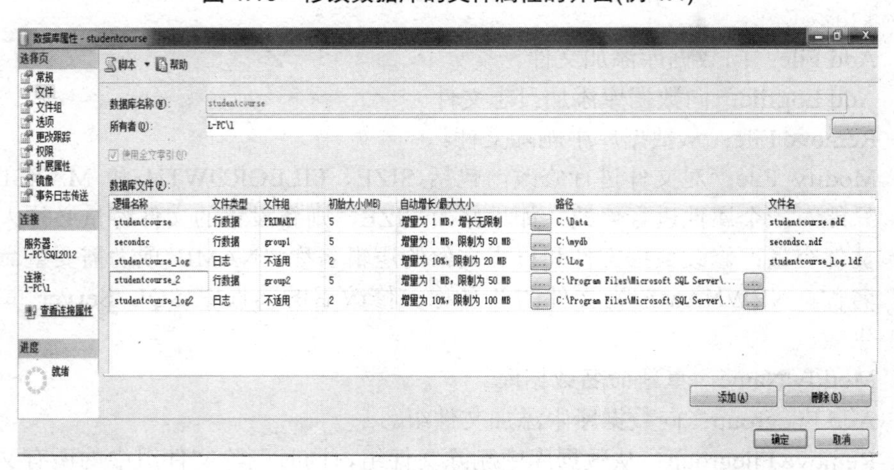

图 4.16　修改结果(例 4.4)

方法二：使用 SQL 语言修改数据库。

命令如下：

```
    alter DATABASE studentcourse
    add filegroup group2              --新增 group2 文件组
GO
alter DATABASE studentcourse
    add file
        (NAME ='studentcourse2',
      --在文件组 group2 中新增 studentcourse2 次数据文件
      FILENAME = N'C:\Program Files\Microsoft SQL
Server\MSSQL.1\MSSQL\DATA\studentcourse2.ndf',
       SIZE = 5MB , MAXSIZE =50MB, FILEGROWTH =1MB ) to filegroup group2
```

```
go
alter DATABASE studentcourse
      modify file                --修改 studentcourse 主数据文件的文件增长为 2MB
           ( NAME ='studentcourse', FILEGROWTH =2MB )
go
alter DATABASE studentcourse
   add LOG file                  --新增 studentcourse_log2 日志文件
( NAME = N'studentcourse_log2',
        FILENAME = N'C:\Program Files\Microsoft SQL
Server\MSSQL.1\MSSQL\DATA\studentcourse_log2.ldf',
        SIZE =1MB , MAXSIZE = 100MB , FILEGROWTH = 10%)
go
alter DATABASE studentcourse
   modify file (name='studentcourse2',newname='studentcourse_2')
   --将数据库中的 studentcourse2 次数据文件重命名为 studentcourse_2
go
alter DATABASE studentcourse
   remove file studentcourse_2   --从数据库中移除 studentcourse_2 次要数据文件
```

4．删除数据库

1)　命令格式

```
DROP DATABASE <数据库名>[,…,N]
```

2)　功能

删除指定数据库。

【例 4.5】 删除学生选课数据库 studentcourse。

方法一：使用 SQL Server Management Studio 删除数据库。

在“对象资源管理器”中右击要删除的数据库 studentcourse，在弹出的快捷菜单中选择“删除”命令，会出现如图 4.17 所示的“删除对象”对话框。

在图 4.17 中单击“确定”按钮，即可删除数据库。

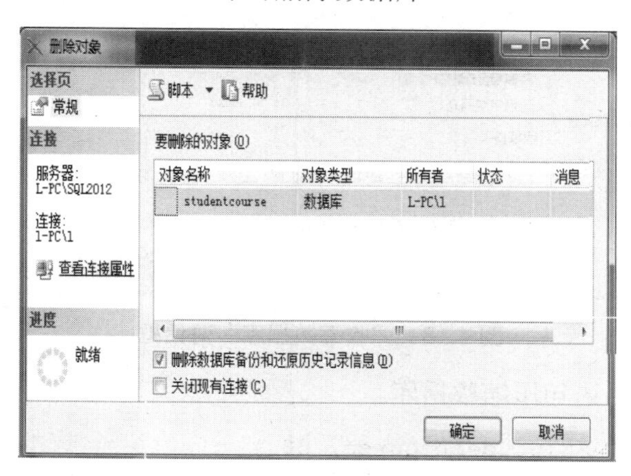

图 4.17　“删除对象”对话框

方法二：使用 SQL 命令删除数据库。

```
DROP DATABASE studentcourse
```

注意：不能删除正在被还原的数据库、任何用户因为读或写而打开的数据库、正在发布它的任何一张表作为 SQL Server 复制组成部分的数据库以及系统数据库。

5. 压缩数据库

1) 命令格式

```
DBCC SHRINKDATABASE (数据库名[,Target_Percent])
[{Notruncate|Truncateonly}]
```

2) 功能

选择 Notruncate 选项可以产生由数据库所保留的自由空间，而且这些空间不被操作系统使用；而 Truncateonly 选项的作用与其相反，它将自由空间留给操作系统。

如果只需要压缩单一的一个文件，则使用 DBCC SHRINKFILE 命令，要注意一个数据库不能被压缩到小于模板数据库的大小。

【例 4.6】 压缩学生选课数据库 studentcourse，使其最大可用空间为 30%。

方法一：使用 SQL Server Management Studio 压缩数据库。

操作步骤如下。

在“对象资源管理器”中右击要压缩的数据库 studentcourse，在弹出的快捷菜单中选择“任务”→“收缩”→“数据库”命令，出现如图 4.18 所示的“收缩数据库”对话框。

选择“在释放未使用的空间前重新组织文件。选中此项可能会影响性能(R)”复选框，可以调整收缩后文件的最大可用空间。在图 4.18 所示对话框中单击“确定”按钮，即可完成一个数据库文件的压缩。

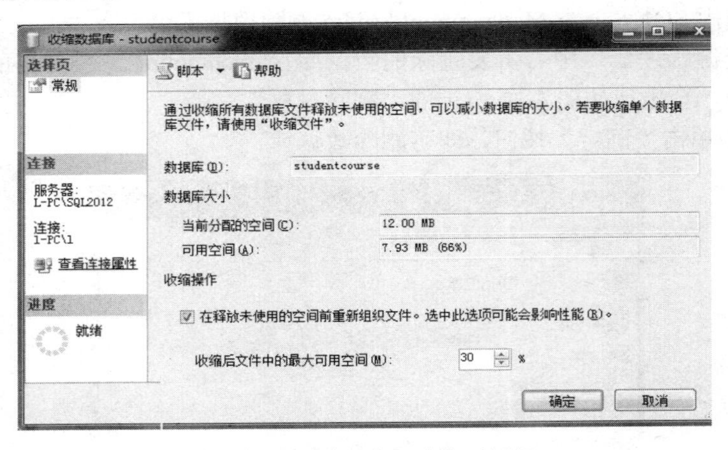

图 4.18 “收缩数据库”对话框

方法二：使用 SQL 语句压缩数据库。

```
DBCC SHRINKDATABASE(Studentcourse, 30 )
```

【例 4.7】 压缩学生选课数据库 studentcourse 中的一个 secondsc 次数据文件，将其压缩为 2MB。

方法一：使用 SQL Server Management Studio 压缩数据库中的一个文件。

在“对象资源管理器”中，右击要压缩的数据库名称 studentcourse，在弹出的快捷菜单中选择“任务”→“收缩”→“文件”命令，出现如图 4.19 所示的“收缩文件”对话框。

选择“在释放未使用的空间前重新组织页”单选按钮，可以调整压缩后文件的大小。在图 4.19 所示对话框中单击“确定”按钮，即可完成一个数据库文件的压缩。

方法二：使用 SQL 语句压缩数据库中的一个文件。

```
DBCC SHRINKFILE (secondsc ,2)
```

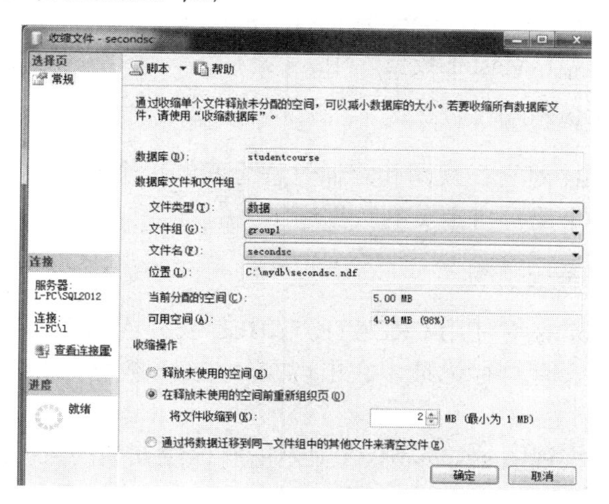

图 4.19　“收缩文件”对话框

4.2　数据表的创建

4.2.1　数据系统视图

SQL Server 2012 除了用户定义的数据表以外，还提供了系统表，它记录了服务器配置及数据存储信息。但在 SQL Server 2012 中用户无法直接查询或更新系统表。SQL Server 2012 将系统数据存储在隐藏“资源”表中。只有通过具有权限的管理员连接，方可调用和查看。低级用户必须使用系统视图，从隐藏表和隐藏函数中获得系统信息。

1．Sysobjects 系统视图

每个数据库都包含 Sysobjects 系统视图，它管理与记录每个数据库对象。

2．Syscolumns 系统视图

系统视图 Syscolumns 出现在 Master 数据库和每个用户自定义的数据库中，它对基表或者视图的每个列和存储过程中的每个参数含有一行记录。

3．Sysindexes 系统视图

系统视图 Sysindexes 出现在 Master 数据库和每个用户自定义的数据库中，它对每个索引和没有聚簇索引的每个表含有一行记录，它还对包括文本/图像数据的每个表含有一行记录。

4. Sysusers 系统视图

系统视图 Sysusers 出现在 Master 数据库和每个用户自定义的数据库中，它对于整个数据库中的每个 Windows NT 用户、Windows NT 用户组、SQL Server 用户或者 SQL Server 角色都含有一行记录。

5. Sysdatabases 系统视图

系统视图 Sysdatabases 对 SQL Server 系统上的每个系统数据库和用户自定义的数据库含有一行记录，它只出现在 Master 数据库中。

6. Sysdepends 系统视图

系统视图 Sysdepends 对表、视图和存储过程之间的每个依赖关系含有一行记录，它出现在 Master 数据库和每个用户自定义的数据库中。

7. Sysconstraints 系统视图

系统视图 Sysconstraints 对使用 CREATE TABLE 或者 ALTER TABLE 语句定义数据库对象的每个完整性约束含有一行记录，它出现在 Master 数据库和每个用户自定义的数据库中。

【例 4.8】 使用系统视图 sysdatabases 显示所有已经安装的数据库名称。

操作步骤如下。

在 SQL Server Management Studio 主窗口中，单击“新建查询”按钮，在新建查询命令窗口输入如下命令。

```
use MASTER
SELECT name,filename FROM sysdatabases
```

运行结果如图 4.20 所示。

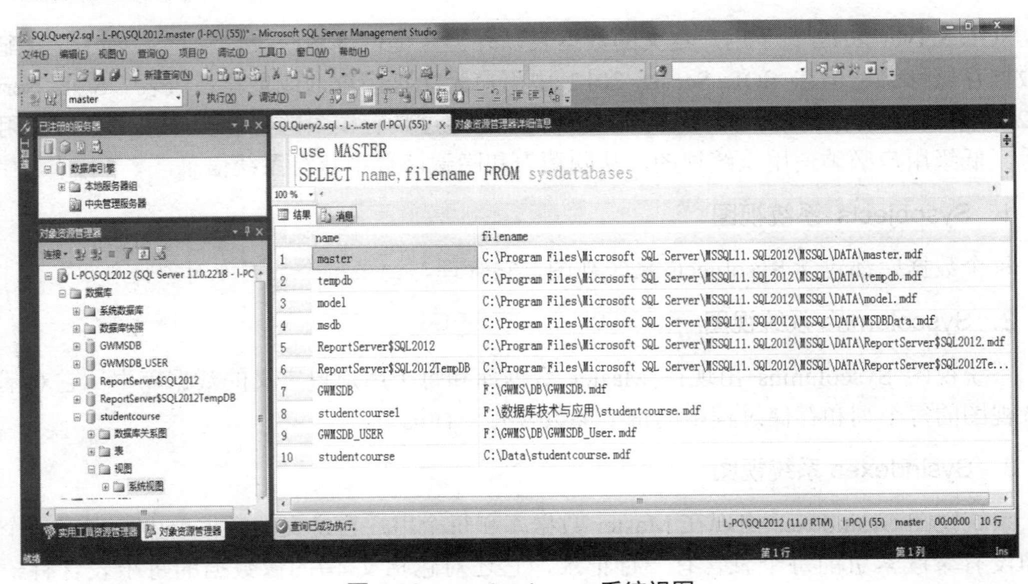

图 4.20 sysdatabases 系统视图

【例 4.9】 使用系统视图 sysobjects 显示 studentcourse 数据库中由用户定义的对象。

操作步骤如下。

在 SQL Server Management Studio 主窗口中，单击“新建查询”按钮，在新建查询命令窗口输入如下命令。

```
use studentcourse
SELECT name,type FROM sysobjects WHERE type='u'
```

运行结果如图 4.21 所示。

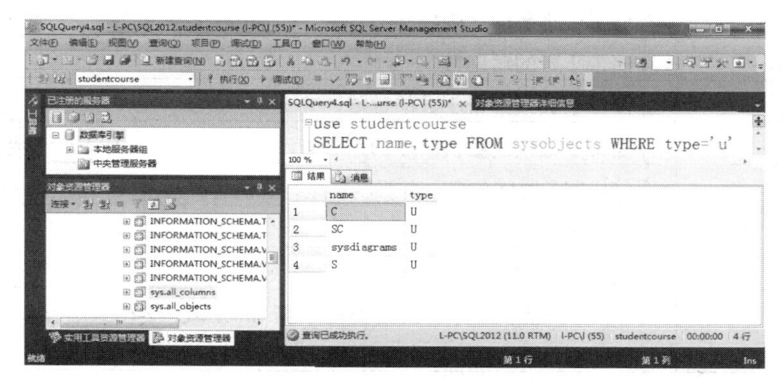

图 4.21　sysobjects 系统视图

概括地说，包括 Master 数据库在内能找到的所有系统视图都非常有用。通过这些视图，用户可以在执行操作之前确定某个对象是否存在。例如，如果在特定的数据库中创建一个已经存在的对象，系统就会报错。如果一定要执行，就要查看该数据库的 Sysobjects 视图中是否已经存在对应的表项，如果确实存在，就必须先删除该对象然后再重新创建。通常应避免使用系统视图，因为不同版本的 Master 数据库不能保证这些系统视图之间的兼容性。更新系统视图的对象会导致 SQL Server 崩溃。但可采用如系统函数、系统存储过程、信息架构视图等办法恢复存储在系统视图中记录描述信息的元数据(Meta Data)。

4.2.2　数据类型

1. 数据类型及其确定原则

数据库表按行和列存储数据，在创建表时将涉及定义数据类型。数据类型决定了每个列存储数据的范围。为一个列选择数据类型时，应选择允许你期望存储的所有数据值的数据类型，同时使所需的空间量最小。使用一个恰当的长度、合适的数据类型有利于数据校验以及更好地利用存储空间，并提升性能。因此，决定要使用的数据类型时，请参照以下原则。

(1)　为列选择一个合适的长度。

(2)　如果属性值的长度不会大幅改变，就使用固定长度数据类型(Char 和 Nchar)，例如存储身份证号码、邮政编码等。如果属性值的长度会大幅变化，就使用变长数据类型(Varchar 和 Nvarchar)，例如存储学生简历等。

(3)　如果用户存储的字符串来源于不同的国家，就使用 Unicode 数据类型。Unicode

比 Char 支持更大范围的字符集。

2. SQL Server 的九大类数据类型

SQL Server 2012 提供了九大类数据类型，如表 4.1 所示。用户也可以创建自定义的数据类型。

表 4.1 SQL Server 2012 的九大类数据类型

数据类型分类	基本目的
整型	存储不带小数的精确数字
精确数字	存储带小数的精确数字
近似数字	存储带小数或不带小数的数值
货币	存储带小数位的数值；专门用于货币值，最多可以有 4 个小数位
日期和时间	存储日期和时间信息，并强制实施特殊的年代规则，如拒绝 2 月 30 日这个值
字符	存储基于字符的可变长度的值
二进制	存储以严格的二进制(0 和 1)表示的数据
专用数据类型	要求专门处理的复杂数据类型，诸如 XML 文档或者全局唯一的标识符(GUID)
自定义数据数据类型	可以定义成 SQL Server 能识别的任意类型

下面对九大类数据类型进行简单分析。

1) 整型数据类型(Integer)

整型数据类型存储的是无小数部分的数值数据，它不支持分数运算。整数属性的例子包括年龄和数量等。其中，Bigint 数据类型只有在需要处理非常大的整数时才使用。例如，科学计算。表 4.2 列出了整型数据类型。

表 4.2 整型数据类型

数据类型	存储字节数	取值范围	使用说明
Bigint	8	-2^{63}～$2^{63}-1$ 即-9,223,372,036,854,775,808～9,223,372,036,854,775,807	存储非常大的正负整数
Int	4	-2^{31}～$2^{31}-1$ 即-2,147,483,648～2,147,483,647	存储正负整数
Smallint	2	-2^{15}～$2^{15}-1$ 即-32,768～32,767	存储正负整数
Tinyint	1	0～$2^{7}-1$ 即 0～255	存储小范围的正整数

2) 精确数字数据类型(Exact Numeric)

精确数字数据类型用来存储有多个小数位的数值。精确数字的“精度”是指小数点前后的所有位数个数，“小数位数”就是指小数点后的位数个数。表 4.3 列出了精确数字数据类型，其中 P 表示精度，S 表示小数位数。

表 4.3　精确数字数据类型

数据类型	存储字节数	取值范围	使用说明
Decimal(P,S)	依据不同的精度，需要 5～17 字节	$-10^{38}+1$～$10^{38}-1$	P 的默认值为 18，最大可以存储 38 位十进制数；S 的默认值是 0，只能取 0～P 之间的值。例如，3.14 的数据类型指定为 Decimal(3,2)
Numeric(P,S)	依据不同的精度，需要 5～17 字节	$-10^{38}+1$～$10^{38}-1$	功能上等价于 Decimal，并可以与 Decimal 交换使用

3)　近似数字数据类型(Approximate Numeric)

近似数字数据类型可以表达非常大或者非常小的数字。例如，行星、恒星或星系的质量与大小。例如，一个 Float(8)列精确存储 7 位数字，任何超过该数的位数，都会对小数点右边的数进行四舍五入。例如，如果把 3.1415926 存储在定义为 Float(8)的数据类型中，则该列只能保证精确地返回 3.141593。表 4.4 列出了 SQL Server 支持的近似数字数据类型。

表 4.4　近似数字数据类型(Approximate Numeric)

数据类型	存储字节数	取值范围	使用说明
Float 或 Float(N)	4 或 8	-1.79E+308～-2.23E-308、0、2.23E-308～1.79E+308	存储大型浮点数，超过十进制数据类型的容量，默认精确到第 15 位数(当 N 取 1～24 时相当于 REAL 类型，4 个字节存储；取 24～53 则 8 个字节)
Real	4	-3.4E+38 ～ -1.18E-38 、0 、1.18E-38 ～3.4E+38	仍然有效，但为了满足 SQL-92 标准，已经被 Float 替换了，精确到第 7 位数

4)　货币数据类型(Monetary)

货币数据类型旨在存储精确到 4 个小数位的货币值，但在涉及大型金额的应用程序中几乎不使用它们，一般都使用 Decimal 数据类型，因为它们需要执行精确到 6 个、8 个甚至 12 个小数位的计算。表 4.5 列出了 SQL Server 支持的货币数据类型。

表 4.5　货币数据类型(Monetary)

数据类型	存储字节数	取值范围	使用说明
Money	8 字节	-2^{63} ～$2^{63}-1$ 即 -922 337 203 685 477.5808～922 337 203 685 477.5807	存储大型货币值，精确到小数点后 4 位，精确至万分之一
Smallmoney	4 字节	-2^{31} ～$2^{31}-1$ 即 -214 748.3648～214 748.3647	存储小型货币值，精确到小数点后 4 位

5)　日期和时间数据类型(Date Time)

日期和时间数据类型在计算机内部是整体作为整数存储的。其中，Datetime 数据类型

存储为一对 4 字节整数，它们一起表示自 1753 年 1 月 1 日午夜 12 点钟经过的毫秒数。前 4 个字节存储日期，而后 4 个字节存储时间。Smalldatetime 数据类型存储为一对 2 字节整数，它们一起表示自 1900 年 1 月 1 日午夜 12 点钟到 2079 年 6 月 6 日午夜 12 点钟经过的分钟数。前两个字节存储日期，后两个字节存储时间。如果只指定时间，则日期默认为 1900 年 1 月 1 日。如果只指定日期，则时间默认为 12:00 AM(午夜)。

日期类型输入格式分为如下 3 类。

(1) 英文+数字：月份可用英文命名或缩写，不区分大小写，年月日之间可不用逗号。年份可 4 位或 2 位，若为 2 位则小于 50 为 2000 年后的年份，大于或等于 50 则为 1900 年后的年份。若日部分省略，则为当月 1 号。

(2) 纯数字：可用连接的 4 位、6 位、8 位数字来表示日期，若输入 6 位或 8 位，系统将按年月日来识别，即 YMD 格式，并且月和日都用 2 位表示。若输入 4 位，系统将认为代表年份，其月份为 1 月 1 日。

(3) 数字+分隔符：允许用“/”、“- ”和“.”作为用数字表示的年月日之间的分隔符。

例如：'4/15/1998'、'1978-04-15'、'1998.04.15'、'19980415'。

输入时间时，必须按小时:分钟:秒.毫秒的顺序来输入，若采用 12 小时制，用 AM 表示午前，PM 表示午后。若不指定默认为 AM。不区分大小写。表 4.6 列出了 SQL Server 支持的日期和时间数据类型。

表 4.6　日期和时间数据类型(Date Time)

数据类型	存储字节数	取值范围	使用说明
Datetime	8	从 1753 年 1 月 1 日到 9999 年 12 月 31 日，精确度为 3.33 毫秒	存储大型日期和时间值
Smalldatetime	4	从 1900 年 1 月 1 日到 2079 年 6 月 6 日，精确度为 1 分钟	存储较小范围的日期和时间值

6)　字符数据类型(Character)

每种字符数据类型使用 1 个或 2 个字节存储每个字符，具体取决于该数据类型使用 ANSI(American National Standards Institute)编码还是 Unicode 编码。Unicode 数据类型前有一个 N。例如，Char(10)最多可以存储 10 个字符，每个字符要求 1 个字节的存储空间，Nchar(10)最多可以存储 10 个字符，每个 Unicode 字符要求使用两个字节的存储空间。若实际输入的字符个数不到 10 个，则会在输入的数据后面填充空格补足到 10 个。例如：输入“SQL”值，定义成 Char(10)和 Nchar(10)的会在后面补 7 个空格。与之相反，若定义成变长数据类型，即 Varchar(10)和 Nvarchar(10)，则会根据列值来调整其存储空间，SQL Server 2012 不会填充额外的空格。

Text 和 Ntext 数据类型旨在存储大量的字符型数据。然而，Text 和 Ntext 列容许的操作不是很多。例如，不能使用“=”运算符比较它们，也不能连接它们。很多系统函数也不能使用 Text。由于这些限制，SQL Server 2012 引入了 Varchar(Max)数据类型。这些数据类型同时结合了 Text 数据类型和 Varchar 数据类型的功能。它们最多可以存储 2GB 数据，并对执行它们的操作或者使用它们的函数没有任何限制。表 4.7 列出了 SQL Server 支持的字符数据类型，其中，字符数据类型每个字符占 1 个字节。

表 4.7　字符数据类型

数据类型	存储字节数	取值范围	使用说明
Char(N)	N 字节	1～8000	固定宽度的 ANSI 数据类型
Varchar(N)	输入的字符个数为实际长度(0～N 字节)	1～8000	可变宽度的 ANSI 数据类型
Varchar(Max)	最大长度为 2GB，输入的字符个数为实际长度(0～N 字节)	1～2^{31}-1，即 1～2G，即 1～214 748 3647	可变宽度的 ANSI 数据类型
Text	最大长度为 2 GB 个字节	1～2^{31}-1，即 1～2G，即 1～214 748 3647	固定宽度的 ANSI 数据类型，已由 VARCHAR(MAX)取代

7)　二进制数据类型

二进制数据类型存储二进制流，通常是文件。Image 数据类型可以存储图像、Word、Excel、PDF 和 Visio 文档。Image 类型的列的数据与行的其他部分是分开保存的，行上只保存了一个指针，SQL Server 通过这个指针找到数据。使用它可以存储任何一个小于或等于 2 GB 的文件。表 4.8 列出了 SQL Server 支持的二进制数据类型。

表 4.8　二进制数据类型

数据类型	存储字节数	取值范围	使用说明
Binary(N)	占 N 字节空间，N 可以取从 1 到 8000 的值。	-2^{63} ～2^{63}-1	存储固定大小的二进制数据，在输入数据时必须在数据前加上字符“0X”作为二进制标识
Varbinary(N)	占实际长度+2 字节，N 可以取从 1 到 8000 的值。	-2^{63} ～2^{63}-1	存储可变大小的二进制数据，若不指定 N 的值，则默认为 1
Image	最大长度 2^{31}-1	0～2^{31}-1 0～2 GB	存储可变大小的二进制数据，在输入数据时必须在数据前加上字符“0X”作为二进制标识

8)　特殊数据类型

SQL Server 还提供了一些特殊的数据类型，如表 4.9 所示。

表 4.9　特殊数据类型(Special)

数据类型	存储字节数	取值范围	使用说明
Bit	1	0，1，Null	存储 0、1 或 Null。用于基本“标记”值。TRUE 被转换为 1，而 FALSE 被转换为 0，输入 0 和 1 之外的任何值，系统都会作为 1 来处理

续表

数据类型	存储字节数	取值范围	使用说明
Timestamp	8	二进制的字符串	可自动生成二进制数字的数据类型，并在插入或修改行时被设置到数据库时间戳，每当行中的某个日期发生变化时，该行上的 TIMESTAMP 型列中的值就自动更新。适合用来检测在一个用户处理数据期间另一个用户是否已修改了该数据
Sql_Variant	0~8016		通配符数据类型，它会自动地将自己“转换为”写到它里面的数据的类型。最多存储 8000 个字节，能保存除 VARCHAR(MAX)，NVARCHAR(MAX)，TEXT，NTEXT，IMAGE，TIMESTAMP 和 SQL_VARIANT 以外的任何其他合法的 SQL 数据类型

9) 自定义数据类型(UDT)

T-SQL 的自定义数据类型 UDT 基于 SQL Server 2012 中的系统数据类型，可用作一种别名机制。当多个表必须在一个列中存储相同类型的数据，又必须确保这些列具有相同的数据类型、长度和为空性时，可以使用自定义数据类型 T-SQL 的 UDT。

(1) 命令格式

```
EXEC  SP_ADDTYPE  {新数据类型名称},[,系统原有数据类型名称][,NULL|NOT NULL]
```

(2) 功能

功能是指定系统原有的数据类型为新数据类型。如果指定“NULL”选项，则表示新定义的数据类型允许输入空值。如果未明确定义为空性，系统将基于数据库或连接的 ANSI NULL 默认设置进行指定。

【例 4.10】 建一个以 Datetime 为基础的出生日期(Birthday)可为空的数据类型。

方法一：使用 SQL Server Management Studio 自定义数据类型

操作步骤如下。

在“对象资源管理器”中，依次选择“数据库”→studentcourse→“可编程性”→“类型”→“用户定义数据类型”节点，右击“用户定义数据类型”，在弹出的快捷菜单中选择“新建用户定义数据类型”命令，在弹出的“新建用户定义数据类型”对话框中输入新数据类型名称等，单击“确定”按钮，即可完成创建，如图 4.22 所示。

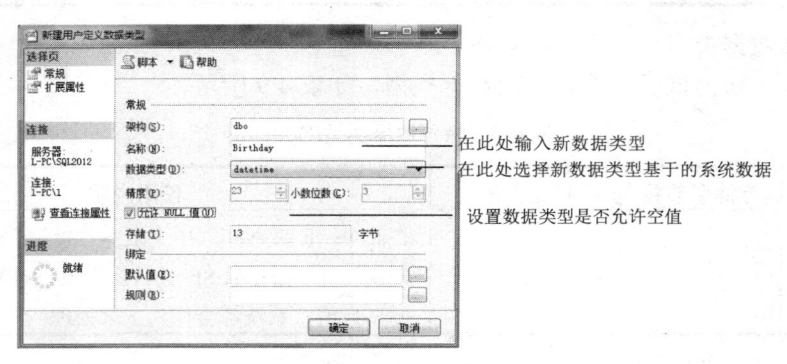

图 4.22 “新建用户定义数据类型”对话框

方法二：使用 SQL 语句。

```
EXEC  SP_ADDTYPE  Birthday, Datetime, Null
```

4.2.3　创建数据表结构

数据表是数据库中的一个数据对象，主要存储各种类型的数据。创建数据表，首先要规划数据内容，定义数据结构。基本表的创建定义中包含了若干列的定义和若干个完整性约束。完整性约束包括主键子句(PRIMARY KEY)、检查子句(CHECK)和外键子句(Foreign KEY)。

CREATE TABLE 语句的格式如下。

1)　CREATE TABLE 语句的简化格式

```
CREATE TABLE [{服务器名.[数据库名].[架构名].|数据库名.[架构名].|架构名.}]数据库表名
(
    列名, 数据类型 [NOT NULL] [identity(初值,步长)] [DEFAULT 默认值] [UNIQUE]
         [PRIMARY KEY] [CLUSTERED | NONCLUSTERED]  [,
    列名, 数据类型 [NOT NULL] [DEFAULT 默认值][UNIQUE] [, …n]] [,
    列名 AS 计算列值的表达式[,…n]] [,
     [CONSTRAINT 主键约束名] PRIMARY KEY(属性名)][,
     [CONSTRAINT 检查约束名] CHECK ( 逻辑表达式)[, …n]][,
     [FOREIGN KEY (外键属性) REFERENCES 参照表(参照属性) [, …n]]
)
[ON {文件组|默认文件组}]
```

2)　CREATE TABLE 语句的说明

【例 4.11】 创建数据库 book_shop 的数据表 book，数据表由书号、书名、出版社、出版日期、单价、数量、总价(单价*数量)、电子邮件地址和数据库表使用者字段组成。其中书号列定义为主键并且为系统自动编号，即标识列，种子值(起始值)为 1000，增量为 1，要求出版社字段的值只能是高教、浙大、电子和中央四个之一，电子邮件地址字段中必须包含@符号，单价必须大于 0，数量必须大于等于 0，出版日期的默认值设置为当前日期函数。

(1)　标识 IDENTITY 属性。

定义列时，还可以为一个表中的其中一列指定一个特殊的自动增长标识属性。每一个表只能有一个“标识”属性，标识属性有两个参数：标识初始值和增量。标识属性的数据类型只能是 Bigint、Int、Smallint、Tinyint、Decimal 和 Numeric。如果对 Decimal 或 Numeric 数据类型设置标识属性，必须把它们定义为有 0 个小数位。标识属性不能是空值，系统自动根据种子值和增量更新标识列值。

例如：设置 book 表中属性“书号”为标识列。

```
CREATE TABLE book
     (……
    书号 int  identity(1000,1)  NOT  FOR  REPLICATION,
    ……
    )
```

书号 int identity(1000,1)的标识 IDENTITY 属性设置可以使书号以从 1000 开始每次加 1 的形式自动生成。设置情况如图 4.23 所示。

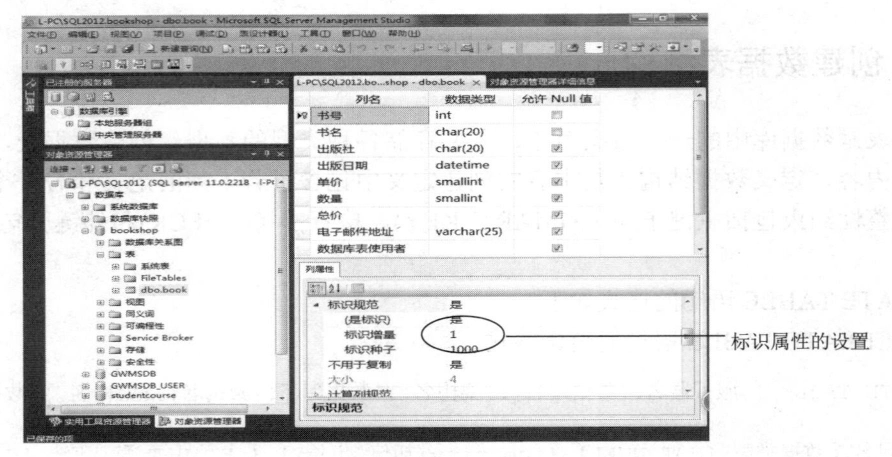

图 4.23 “IDENTITY 属性设置”窗口

注意： 选项 NOT FOR REPLICATION 表示当通过复制向表中插入数据时，不需要遵循 identity 属性要求。

(2) 计算所得的列。

我们还可以创建一种称为计算所得的列的特殊列，它包含一个涉及表中一个或多个其他列的计算公式。在默认情况下，计算所得的列包含计算公式的定义，但在物理上不存储数据。返回数据时，应用该计算公式以返回一个结果值。然而，通过使用 PERSISTED 关键字，可以强制一个计算所得的列在物理上存储数据。该关键字使公式计算在插入或修改行时发生，然后将计算结果存储在表中。

例如：设置 book 表中属性“总价”为计算所得的列。

```
CREATE TABLE book
    (……
    总价 as 单价*数量,
    数据库表使用者 AS  USER_NAME(),
    ……
    )
```

计算所得的列“总价 as 单价*数量”可以求出总价值。设置情况如图 4.24 所示。

计算所得的列数据库表使用者 AS USER_NAME()可以自动获得该数据库的拥有者名称。设置情况如图 4.25 所示。

(3) 空值 NULL 约束。

空值 NULL 约束决定属性值是否允许为空值 (NULL)。NULL 表示没有输入任何内容，它不是零或空白。

timestamp 数据类型只能定义为 NOT NULL。

例如：设置 book 表中属性“书名”不允许为空值。

```
CREATE TABLE book
    (……
```

```
书名 char(20) NOT NULL,
……
)
```

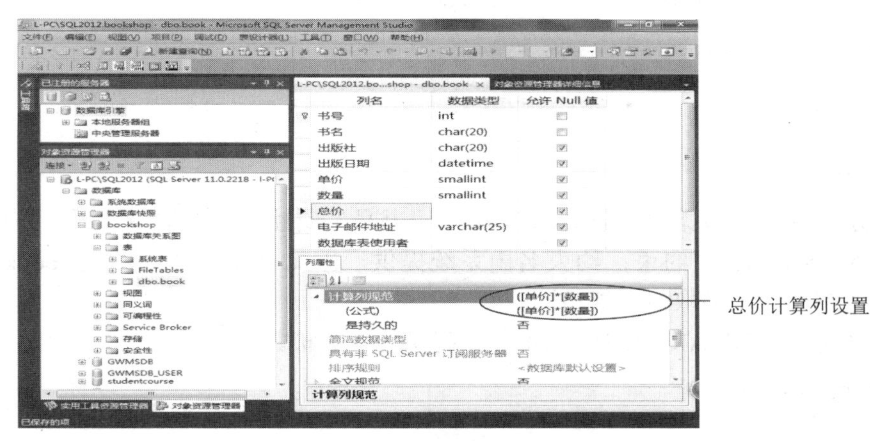

图 4.24　总价计算列的设置界面

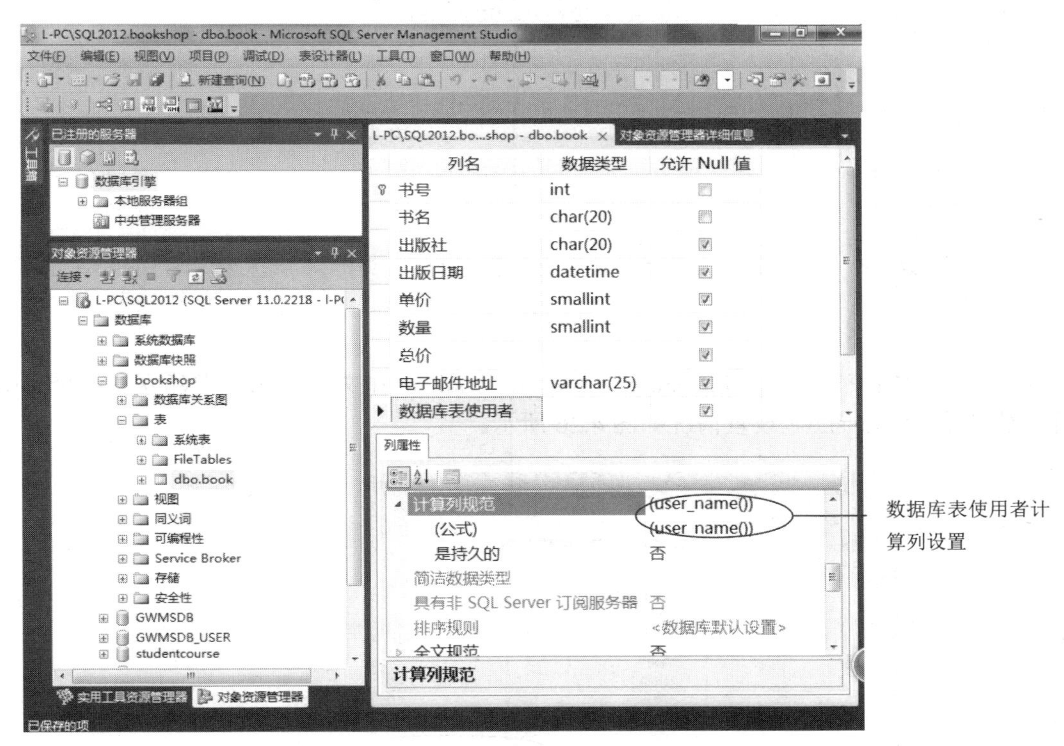

图 4.25　数据库表使用者计算列设置界面

(4) PRIMARY KEY 约束。

当设置属性集为 PRIMARY 约束时，这属性集就是表的主键。主键属性取值要求唯一，一个表只能包含一个 PRIMARY KEY 约束。如果没有在 PRIMARY KEY 约束中指定 CLUSTERED 或 NONCLUSTERED，并且没有为 UNIQUE 约束指定聚集索引，则将对该 PRIMARY KEY 约束使用 CLUSTERED。由 PRIMARY KEY 约束生成的索引不能

使表中的非聚集索引超过 249 个，聚集索引超过 1 个。

在 PRIMARY KEY 约束中定义的所有属性都将设置为 NOT NULL。

例如：建立 book 表中属性“书号”为主键的聚集索引。

```
CREATE TABLE book
  (……
  书号 int  PRIMARY KEY  CLUSTERED,
  ……
  )
```

上例表示建立一个数据表，表名为 book，“书号”属性是整型类型数据，并具有聚集索引的 PRIMARY KEY 约束；约束名由系统提供，因此“book.书号”是 book 表的主键，在属性“书号”上的取值不能相同。

也可以在定义 PRIMARY KEY 约束时，提供约束名称。

```
CREATE TABLE book
  (……
  书号  int,
  CONSTRAINT  PK_sno  PRIMARY KEY  CLUSTERED
  ……
  )
```

或者

```
CREATE TABLE book
  (……
  书号 int,
  CONSTRAINT PK_sno  PRIMARY KEY CLUSTERED (书号)
  ……
  )
```

上例的主键约束名称为：PK_sno。实际上在 book 表中关于“书号”建立了一个索引排序，索引名为 PK_sno。设置情况如图 4.26 所示。

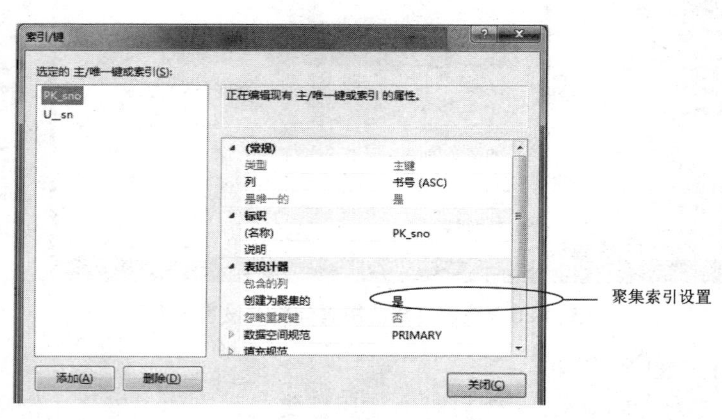

图 4.26　主键约束的设置界面

(5) UNIQUE 约束。

UNIQUE 约束相应属性列的取值必须唯一，允许存在空值。如果 UNIQUE 约束中没有指定 CLUSTERED 或 NONCLUSTERED，则默认为 NONCLUSTERED。每个 UNIQUE 约束都生成一个索引。

例如：对 book 表中的属性“书名”建立唯一约束。

```
CREATE TABLE book
(……
   书名 char(20)  UNIQUE,
   ……
)
```

注意： UNIQUE 约束强制属性“book.书名”唯一，但可以为 NULL 值。

也可以在定义 UNIQUE 约束时，提供约束名称。

```
CREATE TABLE book
(……
   书名 char(20) ,
   CONSTRAINT U_sn UNIQUE (书名)
   ……
)
```

上例的唯一性约束名称为 U_sn。实际上在 book 表中关于“书名”建立了一个索引排序，索引名为 U_sn。设置情况如图 4.27 所示。

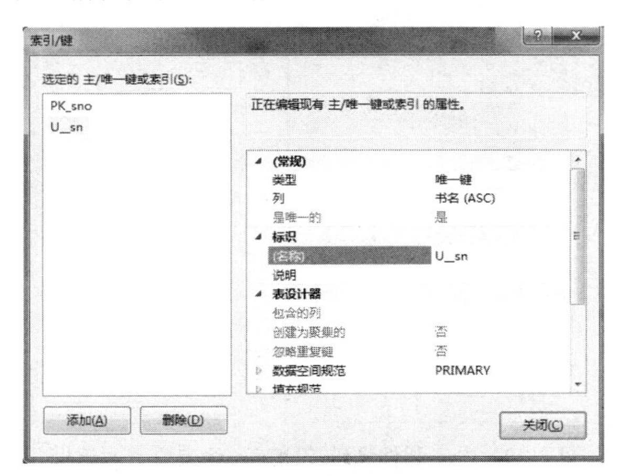

图 4.27　唯一性约束设置对话框

(6)　DEFAULT 约束。

每个属性只能有一个默认值。默认值可以包含常量值、函数或 NULL，但不能引用表中的其他列。数据类型为 timestamp 或具有 IDENTITY 属性的列上不能定义默认值。

使用 INSERT 和 UPDATE 语句时，系统会自动提供默认值。

例如：设置 book 表中属性“出版日期”的默认值为当前日期。

```
CREATE TABLE book
(……
   出版日期 datetime DEFAULT (getdate())
   ……
)
```

(7) CHECK 约束。

每个属性列可以有多个 CHECK 约束，约束条件是逻辑表达式，不能引用其他表。列级 CHECK 约束只能引用被约束的列，表级 CHECK 约束只能引用同一表中的列。当执行 INSERT 和 DELETE 语句时，将检查数据是否满足约束。

例如：约束 book 表中属性“出版社”只能取值为高教、浙大、电子、中央四个之一，电子邮件地址字段中必须包含@符号，单价必须大于 0，数量必须大于等于 0。

```
CREATE TABLE book
(……
    出版社 char(20),
    单价 smallint check(单价>0),
    数量 smallint check(数量>=0),
    电子邮件地址 varchar(25) check(电子邮件地址 like '%@%'),
    check (出版社 in ('高教','浙大','电子','中央')
    ……
)
```

CHECK 约束表达式“check(电子邮件地址 like '%@%')”可以限制电子邮件地址中必须包含“@”符号。设置情况如图 4.28 所示。

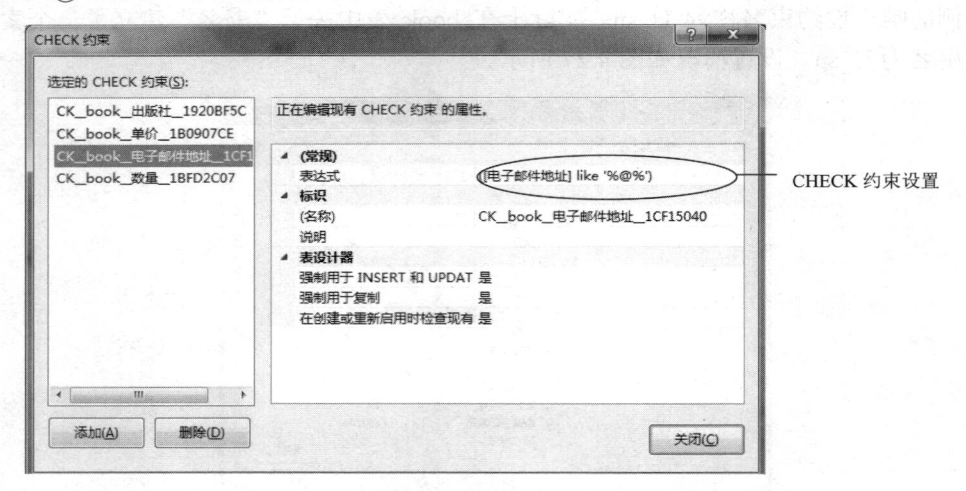

图 4.28 电子邮件地址 CHECK 约束设置对话框

CHECK 约束表达式“check (出版社 in ('高教','浙大','电子','中央'))” 可以限制出版社只能取高教、浙大、电子、中央四个值之一。设置情况如图 4.29 所示。

(8) FOREIGN KEY 约束。

受 FOREIGN KEY 约束的属性的列中只能输入 NULL 值或者在被引用的属性列中存在的值。

FOREIGN KEY(外键)约束可以确保一个特定的列(外键)中可以输入的值存在于一个指定的表的指定列(被参照列)中，用户不能在外键列中输入指定表中主键不存在的值。

被参照属性与定义约束的属性(外键)必须具有相同的数据类型。FOREIGN KEY 约束只能参照 PRIMARY KEY 或 UNIQUE 约束中的属性。

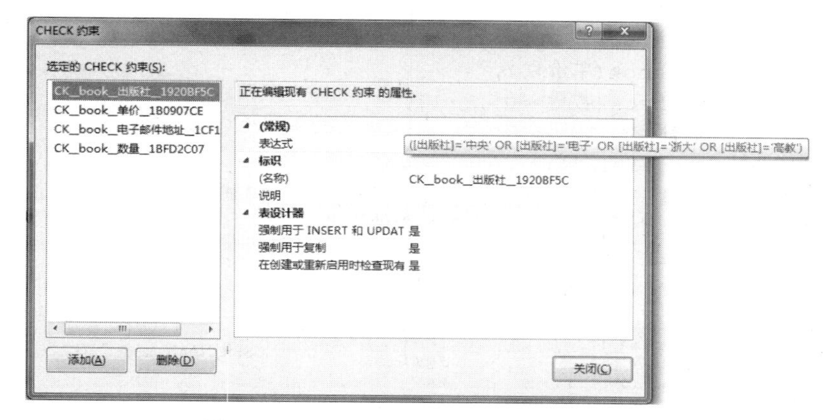

图 4.29　出版社 CHECK 约束设置对话框

一个表最多可包含 253 个 FOREIGN KEY 约束。每个表在其 FOREIGN KEY 约束中最多可以参照 253 个不同的表。

例如：学生选课数据表 SC(如表 3.5 所示)中的属性“课程号”参照课程数据表 C(如表 3.4 所示)中的属性“课程号”的值，则 SC 为外键表，“SC.课程号”为外键，C 表为主键表，“C.课程号”是主键。命令如下：

```
CREATE TABLE SC
(
    课程号  char (3) ,
    FOREIGN KEY(课程号) REFERENCES C(课程号)
)
```

如果在数据表 SC 中输入一条记录，其中属性“SC.课程号”的值为‘C02’，因为这个值在表 C 的属性“课程号”中可以找到，所以允许输入；如果属性“SC.课程号”的输入值为 ‘C99’，因为当前在表 C 的属性“课程号”中找不到一条记录，“C.课程号”的值为‘C99’，所以违反了参照约束，因此属性“SC.课程号”拒绝输入‘C99’。也可以在外键表 SC 的外键“SC.课程号”中输入空值。

也可以在定义 FOREIGN KEY 约束时，提供约束名称。

```
CREATE TABLE SC
(
    课程号  char (3) ,
    CONSTRAINT 课程号_FK  FOREIGN KEY(课程号) REFERENCES C(课程号)
)
```

上例的参照约束名称为课程号_FK。实际上在 C 表与 SC 表之间关于“课程号”建立了父子关系。

例 4.11 中创建 book 表的完整命令如下。

```
CREATE database bookshop
go
CREATE TABLE book
    (书号 int  identity(1000,1) NOT FOR REPLICATION PRIMARY KEY  CLUSTERED,
    书名 char(20) not null,
    出版社 char(20),
```

```
出版日期  datetime DEFAULT (getdate()),
单价 smallint check(单价>0),
数量 smallint check(数量>=0),
总价 as 单价*数量,
电子邮件地址 varchar(25),
数据库表使用者 AS USER_NAME(),    --USER_NAME()函数将返回数据库使用者的名称，
设置情况结果如图 4.30 所示，列名为“数据库表使用者”
check(电子邮件地址 like '%@%'),
check (出版社 in ('高教','浙大','电子','中央')))
```

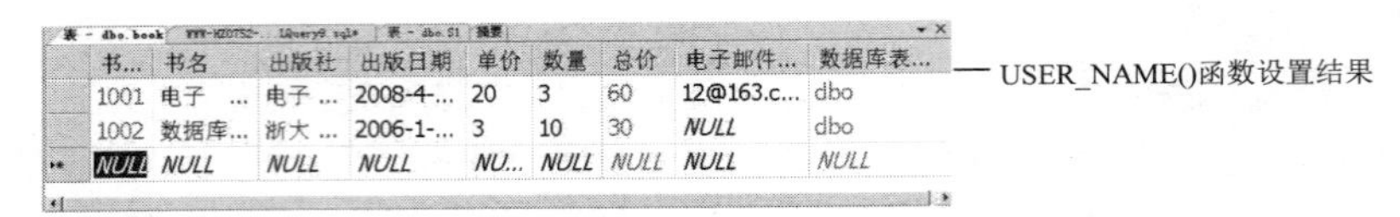

书...	书名	出版社	出版日期	单价	数量	总价	电子邮件...	数据库表...
1001	电子 ...	电子 ...	2008-4-...	20	3	60	12@163.c...	dbo
1002	数据库...	浙大 ...	2006-1-...	3	10	30	NULL	dbo
NULL	NULL	NULL	NULL	NU...	NULL	NULL	NULL	NULL

图 4.30　USER_NAME()函数设置结果

【例 4.12】 创建数据库学生选课 studentcourse 的数据表 S、C、SC，数据表结构如表 3.6～表 3.8 所示，各表的完整性约束如表 3.9～表 3.11 所示。

方法一：使用 SQL Server Management Studio 创建数据表。

第一步设置 S 表的数据表结构，操作步骤如下。

(1) 在 SQL Server Management Studio 中的对象资源管理器中，展开数据库节点，右击需创建数据表的数据库 studentcourse 下的“表”项，在弹出的快捷菜单中选择“新建表”命令，出现如图 4.31 所示的表设计器界面。

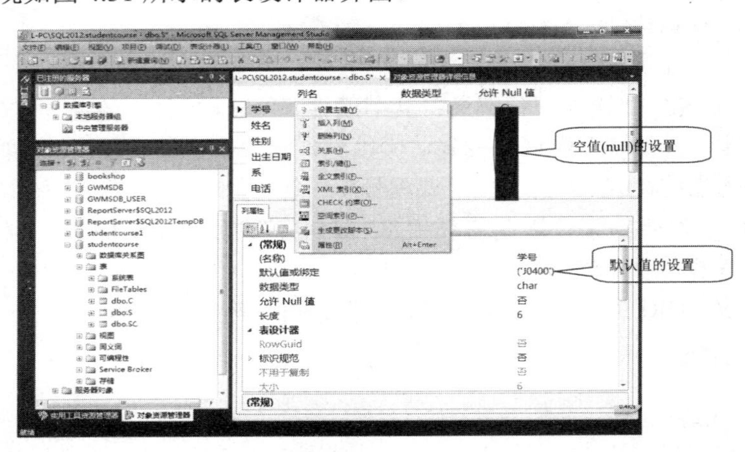

图 4.31　学生基本信息表(S)设计器界面

(2) 在图 4.31 中输入列名，在数据类型下选择数据类型，并选择各个列是否允许空值，也可在下面的列属性对话框中修改某列的属性，完成如图 4.31 所示的学生数据表结构。

(3) 选中学号所在的行，单击工具栏上的“设置主键” 按钮或右击，并在弹出的快捷菜单中选择“设置主键”命令。

(4) 单击工具栏上的“管理 CHECK 约束”按钮或右击，并在弹出的快捷菜单中选择 check 约束命令，设置用户定义约束，如图 4.32 所示。

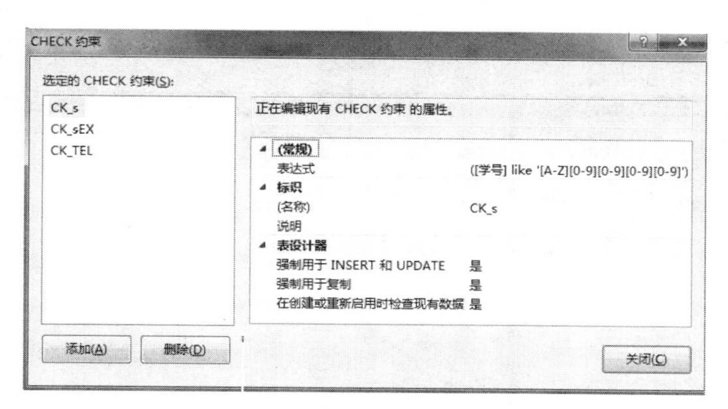

图 4.32　设置 CHECK 约束

(5) 设置好 CHECK 约束后单击“关闭”按钮，返回表设计器界面。

(6) 单击工具栏中的“保存”按钮，出现如图 4.33 所示的“选择名称”对话框，在该对话框中输入表名“S”，然后单击“确定”按钮。

(7) 这时，在“对象资源管理器”中的“表”项就会出现用户表 S。

(8) 根据以上步骤，依次建立课程数据表(C)和学生选课数据表(SC)，如图 4.34 和图 4.35 所示。

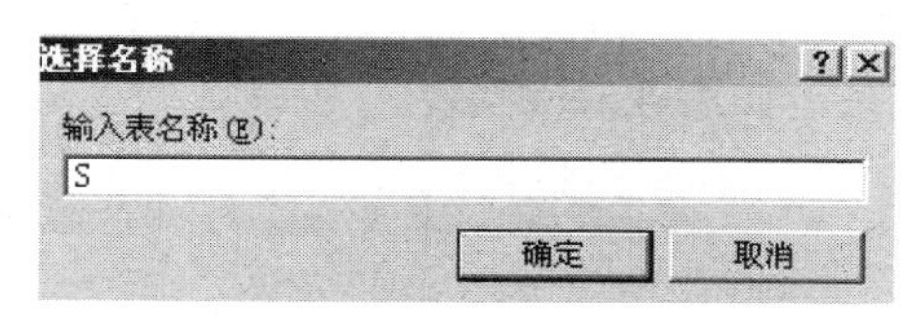

图 4.33　“选择名称”对话框

图 4.34　课程数据表 C 设计器界面

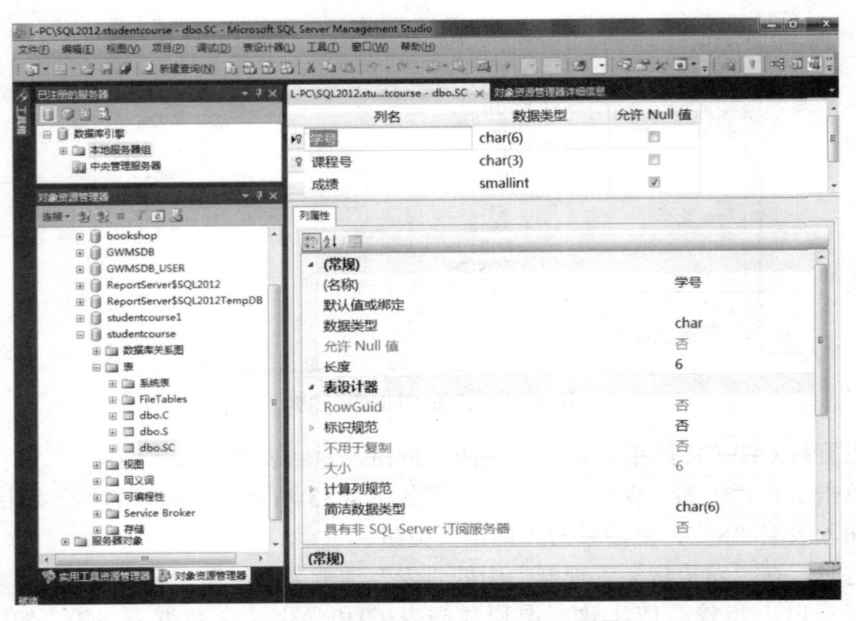
图 4.35　学生选课数据表(SC)设计器界面

(9) 单击工具栏上的“关系”按钮或右击，并在弹出的快捷菜单中选择关系命令，设置各表之间的外键关系，如图 4.36 所示。

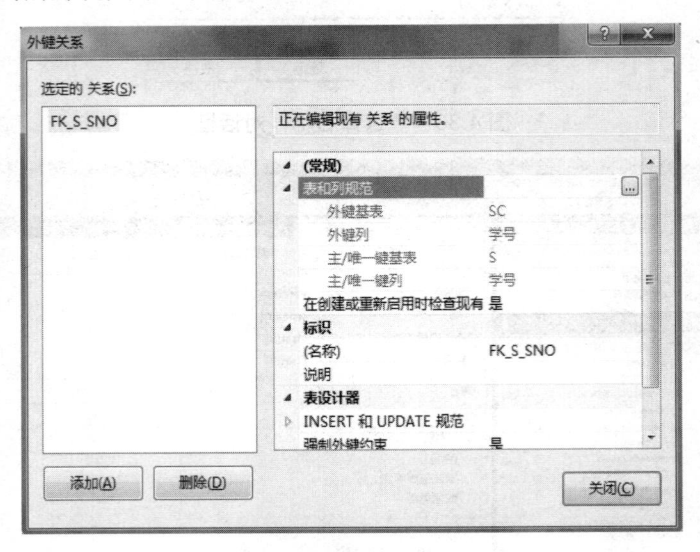

图 4.36　“外键关系”对话框

(10) 单击“外键关系”对话框中“表和列规范”右边的按钮，然后会弹出如图 4.37 所示的“表和列”对话框。在该对话框中选择主键表为 S，选择主键为学号，选择外键表为 SC，外键为学号，然后单击“确定”按钮，返回如图 4.36 所示的“外键关系”对话框，可以在该对话框的“标识”中更改外键的名称，完成外键关系的设置。

(11) 单击工具栏上的“新建查询”按钮，出现一个编写 SQL 查询语句的窗口，在此窗口中输入创建规则的命令，再单击工具栏中的(执行)按钮，可以创建一个新的规则，并绑定到相应的列上，如图 4.38 所示。

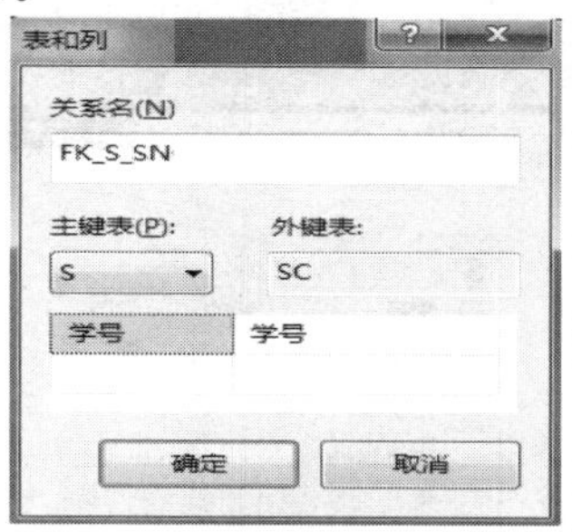

图 4.37　“表和列”对话框

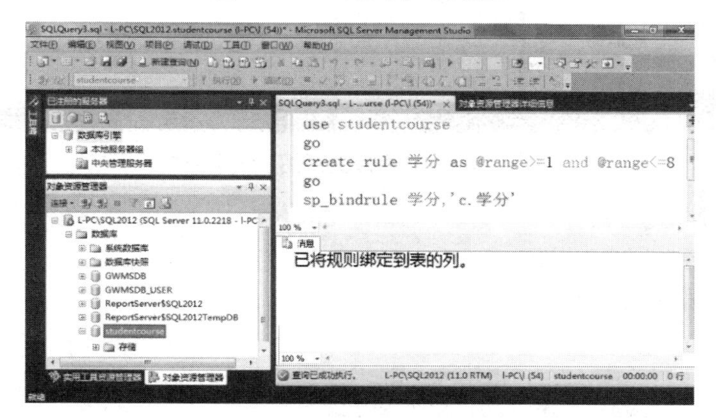

图 4.38　“规则设置”窗口

备注：其中，第(9)与(10)两个步骤也可以通过创建“数据库关系图”的方式来创建外键关系。操作步骤如下。

(1) 选择数据库 Studentcourse→“数据库关系图”，右击“数据库关系图”，在弹出的快捷菜单中选择“新建数据库关系图”命令，弹出如图 4.39 所示的“添加表”对话框，选择要添加的表并单击“添加”按钮，出现如图 4.40 所示的“数据库关系图”设置窗口。

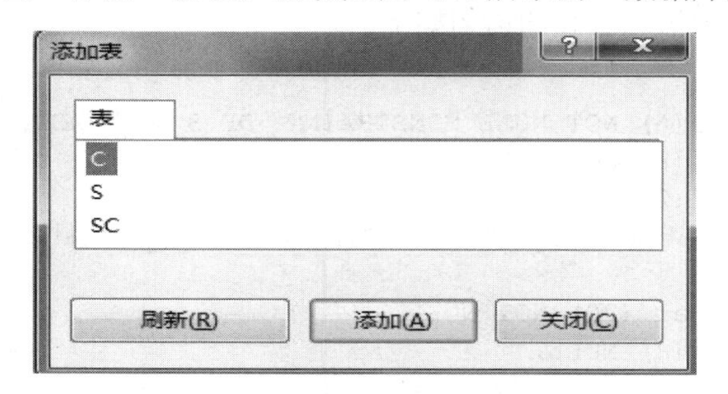

图 4.39　“添加表”对话框

(2) 接着选择要建立关系的两张表，将其中一个表拖动到另一张表上，然后会弹出如图 4.37 所示的“表和列”对话框。在该对话框中选择主键表为 S，选择主键为学号，选择外键表为 SC，外键为学号，最后单击“确定”按钮，返回如图 4.36 所示的“外键关系”对话框，可以在该对话框的“标识”中更改外键的名称，完成外键关系的设置。

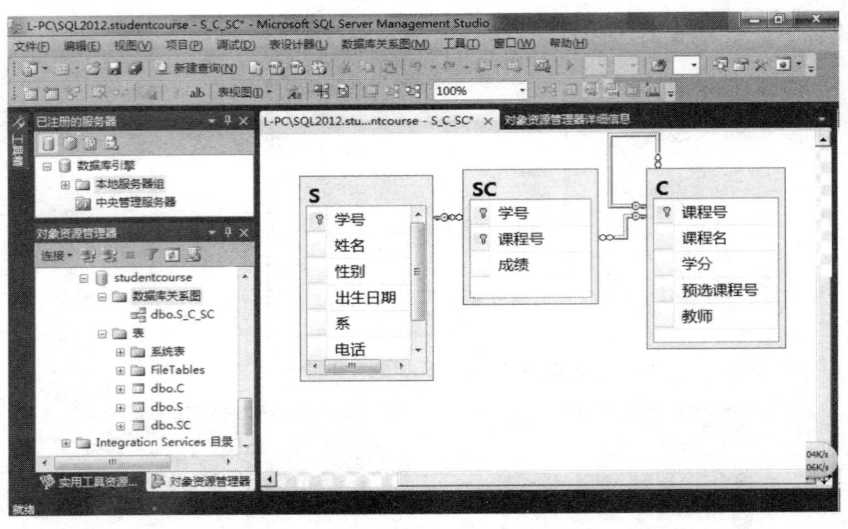

图 4.40 “数据库关系图”设置窗口

方法二：使用 SQL 命令。

(1) 各约束名由用户给定。

① 创建课程表 C 的语句如下。

```
CREATE TABLE  C (
    课程号       Char (3) NOT NULL,
    课程名       Varchar (20) NOT NULL,
    学分         Smallint  NULL,
    预选课程号   Char (3) NULL,
    教师         Char (8) NULL,
    CONSTRAINT  FK_Pcno  FOREIGN KEY( 预选课程号 ) REFERENCES  C (课程号),
    CONSTRAINT  CK_Cno  CHECK  ( 课程号  Like '[C] [0-9] [0-9] '),
    CONSTRAINT  PK_C  PRIMARY KEY CLUSTERED (课程号  ASC )
    ) ON  [PRIMARY]
```

② 创建学生基本信息表 S 的语句如下。

```
CREATE TABLE  S (
     学号  Char (6) NOT NULL CONSTRAINT  DF_S_学号 DEFAULT ('J0400'),
     姓名  Char (8) NOT NULL,
     性别  Char (2) NOT NULL,
     出生日期 Datetime NOT NULL CONSTRAINT  DF_S_出生日期 DEFAULT
('19800101'),
     系    Varchar (20) NOT NULL,
     电话  Char (8) NULL,
     CONSTRAINT  CK_S  CHECK  (学号  Like  [A-Z][0-9][0-9][0-9][0-9] '),
    CONSTRAINT  CK_Sex  CHECK  (性别 ='女' OR  性别 ='男'),
    CONSTRAINT  CK_TEL CHECK (电话 Like '[0-9][0-9][0-9] -[0-9][0-9][0-
9][0-9] '),
    CONSTRAINT  PK_S  PRIMARY KEY  CLUSTERED ( 学号  ASC)
    ) ON  [PRIMARY]
```

③　创建学生选课数据表 SC 的语句如下。

```
CREATE TABLE    SC (
    学号   Char (6) NOT NULL,
    课程号   Char (3) NOT NULL,
    成绩   Smallint  NULL,
    CONSTRAINT  FK_C_CNO FOREIGN KEY(课程号) REFERENCES  C (课程号),
    CONSTRAINT  FK_S_SNO  FOREIGN KEY( 学号 ) REFERENCES  S (学号),
    CONSTRAINT  CK_Grade  CHECK (成绩>=0 AND 成绩<=100 OR 成绩 IS NULL),
    CONSTRAINT  PK_SC  PRIMARY KEY CLUSTERED (学号  ASC, 课程号  ASC)
    ) ON  [PRIMARY]
```

(2)　各约束名也可以由系统自动产生。

①　创建课程数据表 C 的语句如下。

```
CREATE TABLE  C (
        课程号     Char (3) NOT NULL  CHECK (课程号 Like '[A-Z] [0-9] [0-9] ')
PRIMARY  KEY,
         课程名     Varchar (20) NOT NULL,
         学分       Smallint  NULL,
         预选课程号 Char (3) NULL  FOREIGN KEY(预选课程号) REFERENCES  C (课程号),
         教师       Char (8) NULL
    )
```

②　创建学生基本信息表 S 的语句如下。

```
CREATE TABLE  S (
    学号   Char (6) NOT NULL  DEFAULT ('J0400')  CHECK (学号 Like ' [A-
Z][0-9] [0-9] [0-9] [0-9] [0-9]') PRIMARY  KEY,
    姓名   Char (8) NOT  NULL,
    性别   Char (2) NOT  NULL  CHECK (性别 ='女' OR  性别 ='男'),
    出生日期  Datetime  NOT  NULL  DEFAULT ('19800101'),
    系     Varchar (20) NOT  NULL,
    电话  Char(8) NULL CHECK (电话 Like '[0-9][0-9][ 0-9]-[0-9][0-9] [0-9]
[0-9]')
   )
```

③　创建数据表 SC 的语句如下。

```
CREATE TABLE    SC (
        学号  Char (6) NOT NULL FOREIGN KEY( 学号 ) REFERENCES  S (学号),
       课程号  Char (3) NOT NULL FOREIGN KEY(课程号) REFERENCES  C (课程号),
        成绩  Smallint  NULL  CHECK (成绩 >=0  AND  成绩 <=100),
    PRIMARY KEY CLUSTERED (学号  ASC,课程号  ASC)
    )
```

4.2.4　查看数据表

在数据库中创建表之后，可能需要查找有关表属性的信息(例如列的名称、数据类型或其索引的性质)，还可以显示表的依赖关系来确定哪些对象(如视图、存储过程和触发器)是由表决定的。在更改表时，相关对象可能会受到影响。

【例 4.13】 返回有关所有对象的信息。

单击工具栏上的“新建查询”按钮，输入以下代码：

```
USE Master;
GO
EXEC Sp_Help;
GO
```

然后单击工具栏中的“执行”按钮，结果如图 4.41 所示。

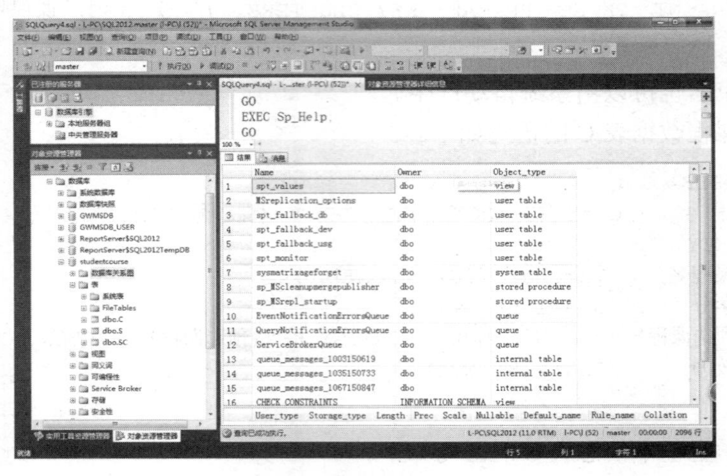

图 4.41　查询结果(例 4.13)

【例 4.14】 返回学生选课数据库 studentcourse 中学生表的信息。

```
USE Studentcourse
GO
EXEC Sp_Help  S
GO
```

结果如图 4.42 所示。

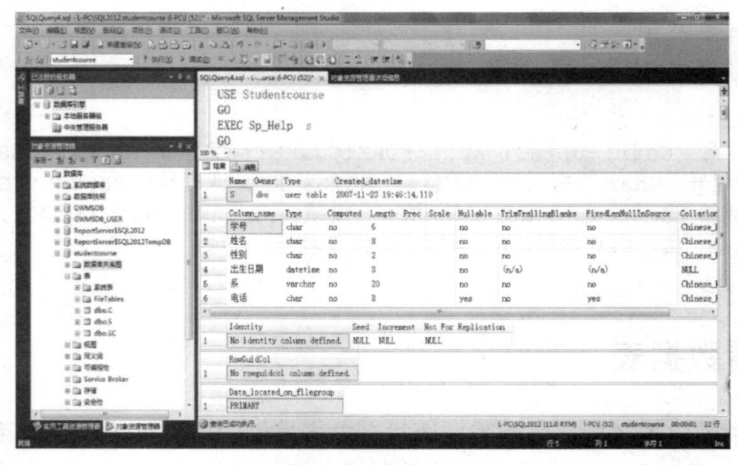

图 4.42　查询结果(例 4.14)

4.2.5　修改数据表

1．修改表的结构

数据表创建以后，经常会需要对原先的某些定义进行一定的修改，例如添加、修改、删除列以及各种约束，修改列属性值。

1)　命令格式

```
ALTER  TABLE  <数据表名>
    {ALTER  COLUMN  <属性列名> 类型(宽度)[NULL|NOT NULL]
    |ADD  <属性列名> 类型(宽度)[NULL|NOT NULL][完整性约束][,…n]
    |DROP  COLUMN [ <属性列名>][,…n]
    |ADD  [ CONSTRAINT<约束名>]CHECK(逻辑表达式) [,…n]}
    |DROP  [ CONSTRAINT<约束名>|ALL] [,…n]}
```

2)　功能

修改当前数据库中指定数据表的指定属性。

- ALTER TABLE：将要修改当前数据库中的指定数据表的表名。
- ALTER COLUMN：修改当前数据库中的指定数据表的指定属性。
- ADD：向当前数据库中的指定数据表增加指定属性或列级完整性约束。
- DROP COLUMN：删除当前数据库中的指定数据表中的指定属性。
- DROP：删除当前数据库中的指定数据表中的指定列级完整性约束。

【例 4.15】 将当前数据库 studentcourse 中 S 表的系属性改成 char(25)，增加一个入学时间字段，数据类型为 datetime，并设置默认值为 getdate()，最后删除入学时间字段。

方法一：使用 SQL Server Management Studio 修改数据表属性。

在 SQL Server Management Studio 中的对象资源管理器中，右击 studentcourse 数据库下的“表”项中要修改的表名，在弹出的快捷菜单中选择“设计”命令，出现如图 4.43 所示的表设计器窗口，然后按图 4.44～图 4.46 所示进行设置。单击“保存”按钮，即完成了表属性的修改。

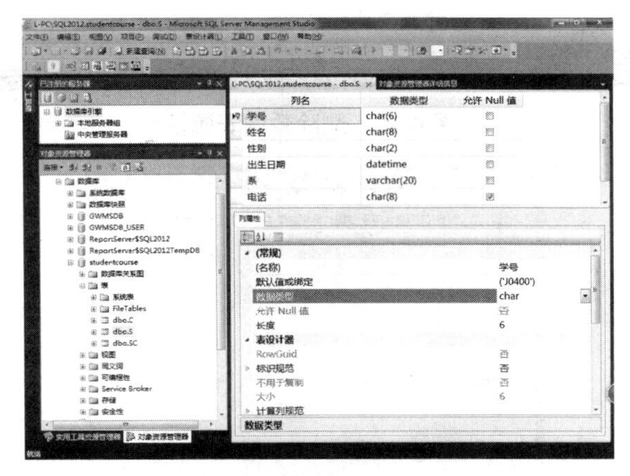

图 4.43　表设计器窗口

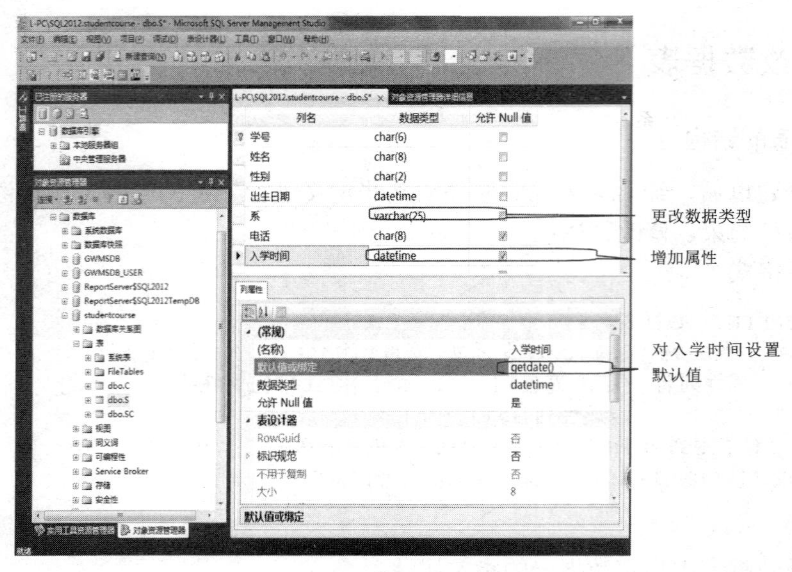

图 4.44　修改数据表属性

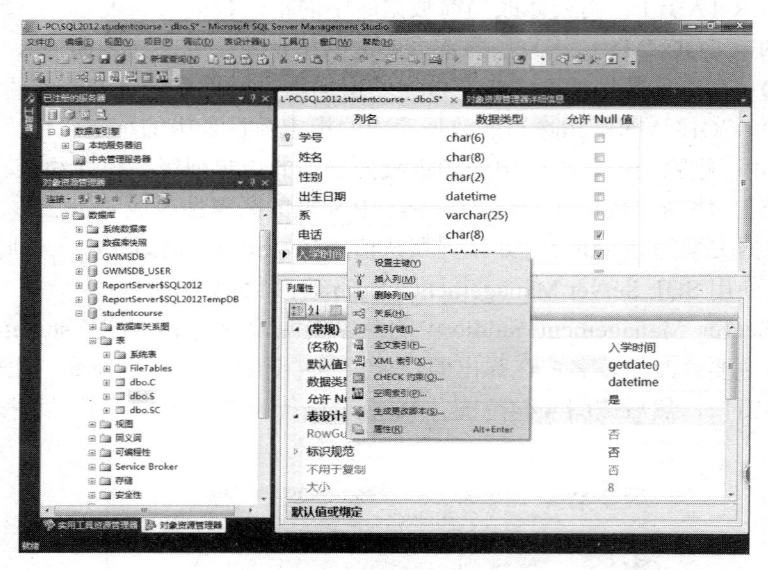

图 4.45　删除数据表属性

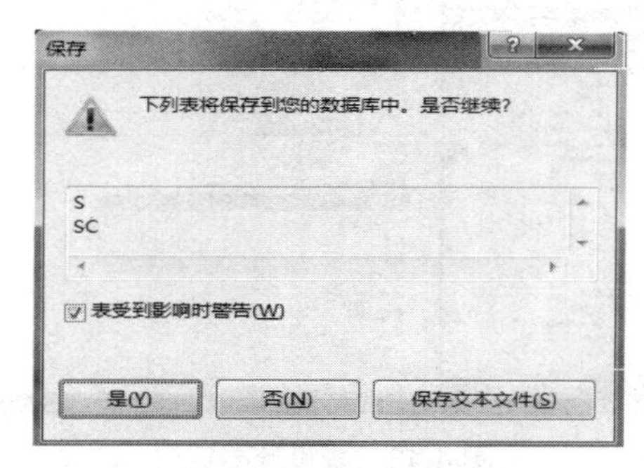

图 4.46　数据表属性修改后提示保存对话框

方法二：使用 SQL 命令。

```
ALTER TABLE S
   ALTER  COLUMN 系 char(25)  --将当前数据库中 S 表的系字段数据类型修改为 char(25)
go
ALTER TABLE S
   ADD 入学时间 datetime;--在当前数据库中的 S 表中添加一个类型为 datetime 的入学时间字段
Go
ALTER TABLE S
   ADD CONSTRAINT DF_sj  DEFAULT(getdate())  for 入学时间;   --给当前数据库中
S 表刚增加的入学时间字段设置默认值为当前日期
```

或增加入学时间字段与默认值进行一次性设置，操作如下：

```
ALTER TABLE S
ADD 入学时间 datetime  CONSTRAINT DF_sj  DEFAULT(getdate());
Go
ALTER TABLE S
   DROP  DF_sj               --从当前数据库的 S 表中删除 DF_SJ 默认值约束
go
ALTER TABLE S
   DROP COLUMN 入学时间       --从当前数据库的 S 表中删除入学时间字段
```

注意： 要删除字段，必须先删除该字段的所有约束。

2．修改表的名称

1)　命令格式

```
Sp_rename  <原数据表名>,<新数据表名>
```

2)　功能

重命名当前数据库中的指定数据表名。

注意： 当重命名表时，表名在包含该表的各数据库关系图中自动更新。当保存表或关系图时，表名在数据库中被更新。在重命名表之前需慎重考虑。如果现有查询、视图、用户定义函数、存储过程或程序引用该表，则更改表名将使这些对象无效。

【例 4.16】 重命名数据库 bookshop 的数据表 book，改为“书籍资料”。

方法一：使用 SQL Server Management Studio 重命名数据表。

操作步骤如下。

在 SQL Server Management Studio 中的对象资源管理器中，右击 bookshop 数据库下的“表”项中要重命名的表，在弹出的快捷菜单中选择“重命名”命令，出现如图 4.47 所示的“数据表重命名”窗口，输入新表名，即可将表重命名。

方法二：使用 SQL 命令。

```
Sp_rename  'book', '书籍资料'
```

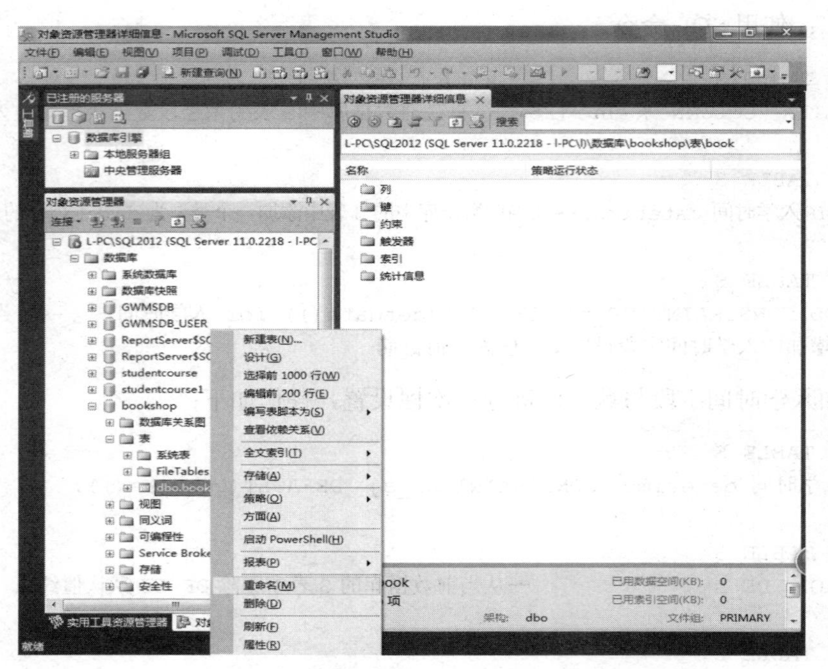

图 4.47　数据表重命名设置窗口

4.2.6　删除数据表

1. 命令格式

```
DROP  TABLE  表名
```

2. 功能

删除表。

【例 4.17】 删除当前数据库中的表 S。

方法一：使用 SQL Server Management Studio 删除数据表。

在 SQL Server Management Studio 中的对象资源管理器中，右击 studentcourse 数据库下的“表”项中要删除的表，在弹出的快捷菜单中选择“删除”命令，出现如图 4.48 所示的“删除对象”对话框。单击“确定”按钮，即可将表删除。

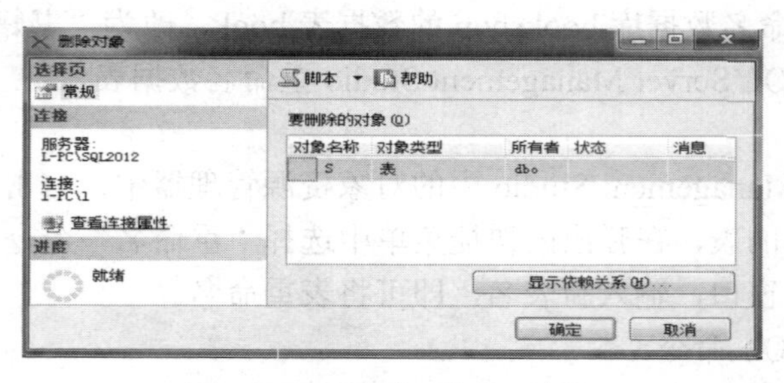

图 4.48　“删除对象”对话框

方法二：使用 SQL 命令。

```
DROP TABLE S;    --从当前数据库中删除 S 表及其数据和索引。
```

【例 4.18】 删除其他数据库中的表。例如，删除 studentcourse 数据库中的 S 表。

```
DROP TABLE Studentcourse.Dbo.s;
```

注意： 基本表定义一旦删除，表中的数据和在此表上建立的索引将自动被删除。DELETE 命令用于从一个表中删除行。而要删除整个表，应使用 DROP TABLE 命令。要执行该命令，执行者必须是 Sysadmin 固定服务器角色的成员、数据库所有者固定数据库角色的成员或者是该表的所有者。

4.3　数据库表的操作

4.3.1　使用 SQL Server Management Studio 插入、修改和删除数据

创建表以后，就要在表中进行维护数据库的日常数据操作，包括在表中插入、修改和删除数据。

使用 SQL Server Management Studio 插入数据的步骤如下。

(1) 在对象管理器中右击要插入数据的表，在出现的快捷菜单中选择“编辑前 200 行”命令，出现如图 4.49 所示的输入、修改和删除数据窗口。

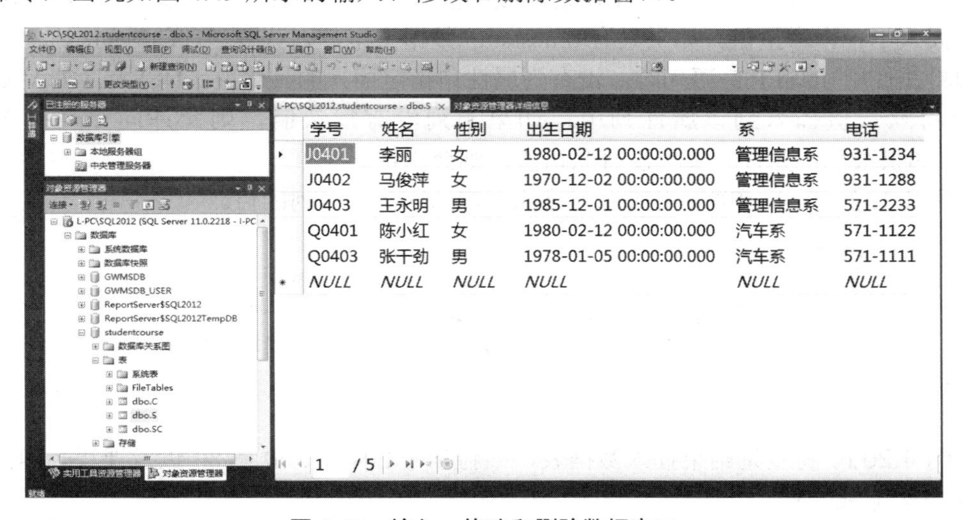

图 4.49　输入、修改和删除数据窗口

(2) 进行输入、修改和删除数据后，单击“执行 SQL”按钮或直接关闭表就能将数据写入数据库引擎中。

注意： 只有在删除数据时才会弹出一个确认对话框，确认操作，而插入和更新成功是不出现任何提示窗口的。

4.3.2 使用 T-SQL 语句插入、修改和删除数据

1. 插入数据

插入数据记录的方法有三种，第一种是利用 SQL Server Management Studio，第二种是使用 SELECT 查询语句(本节暂不介绍)，第三种是使用 INSERT 命令。

1) 命令格式

```
INSERT INTO 数据表名 (列名表) VALUES (元组值)
```

或

```
INSERT INTO 数据表名(列名表) SELECT 查询语句
```

或

```
INSERT INTO 数据表名(列名表) DEFAULT VALUES
```

2) 功能

向指定数据表的属性列插入数据，VALUES 后跟的元组值为属性列提供数据。

列名表中的属性排列顺序和 VALUES 后跟的元组值的排列顺序要一致，对应的数据类型要一致。如果没有指定列名表，则表示数据表中的所有属性列。

如果在列名表中没有列出所有的属性列，对于未指定的列，如果该列有默认值，则以默认值填充。如果允许空值 NULL，则向该列插入空值 NULL。如果具有 IDENTITY 属性，则插入下一个增量值。如果具有 timestamp 数据类型，则获取当前的时间戳值。

如果在使用 INSERT 语句时，没有为属性列指定插入的具体值，DEFAULT VALUES 选项会将默认值插入到该属性列中；如果某列没有默认值，则允许向该列插入空值 NULL；如果某列不允许空值也没有默认值，则会出错。

【例 4.19】 以下示例使用属性列显式指定插入到每个列的值。

```
USE  Studentcourse
GO
INSERT INTO  S(学号,姓名,性别,出生日期,系)
    VALUES ('L0401', '张云龙', '男', '1987-11-11','路桥系')
Go
SELECT * FROM  S
```

【例 4.20】 将查询结果插入数据表，如将学号'L0401'、成绩 80 以及课程表中的所有课程号插入到 SC 中。

```
USE  Studentcourse
GO
INSERT INTO  SC
   SELECT  'L0401',课程号,80  FROM  C
Go
SELECT * FROM  SC
```

2. 更新数据

需要修改基本表中元组的某些列值，可以用 UPDATE 语句实现。

1)　命令格式

```
UPDATE  基本表名
        SET 列名=值表达式[,
        列名=值表达式…]
         [WHERE 条件表达式]
```

2)　功能

更新指定基本表，满足 WHERE 子句条件的记录的指定属性值。其中值表达式可以是常量、变量、表达式。若缺省 WHERE，则修改表中的所有元组。但在进行修改操作时，需注意数据库的一致性。使用 UPDATE 可以一次更新多列的值，这样可以提高效率。

【例 4.21】 使用简单 UPDATE 语句。

以下示例将 S 表中的所有行出生日期列中的值更新为原出生日期值加 1。

```
USE  Studentcourse
GO
UPDATE  S  SET 出生日期=出生日期+1
GO
SELECT  *  FROM  S
GO
```

执行结果如图 4.50 所示。

更新的数据部分

学号	姓名	性别	出生日期	系	电话
J0401	李丽	女	1980-02-14 00:00:00.000	管理信息系	931-1234
J0402	马俊萍	女	1970-12-04 00:00:00.000	管理信息系	931-1288
J0403	王永明	男	1985-12-03 00:00:00.000	管理信息系	571-2233
J0404	姚江	男	1985-08-11 00:00:00.000	管理信息系	571-8848
L0401	张云龙	男	1987-11-12 00:00:00.000	路桥系	NULL
Q0401	陈小红	女	1980-02-14 00:00:00.000	汽车系	571-1122
Q0403	马劲力	男	1978-01-07 00:00:00.000	汽车系	571-1111

图 4.50　执行结果(例 4.21)

【例 4.22】 带 WHERE 子句的 UPDATE 语句。

以下示例使用 WHERE 子句指定要更新的行。将选 C01 课程的学号是 L0401 的学生的成绩改成 85 分。

```
USE  Studentcourse
GO
UPDATE  SC  SET 成绩=85
    WHERE 课程号='C01'  AND 学号='L0401'
GO
```

```
SELECT * FROM  SC
GO
```

【例 4.23】 带子查询的 UPDATE 语句。

下面的示例将张云龙学生的成绩减少 5 分。

```
USE  Studentcourse
GO
UPDATE  SC  SET 成绩=成绩-5
    WHERE  学号 IN (SELECT 学号 FROM  s  WHERE 姓名='张云龙');
GO
SELECT * FROM  SC
```

3. 删除记录

SQL 的删除操作是指从基本表或视图中删除一条或多条元组记录。

1) 命令格式

DELETE FROM 基本表名 [WHERE 条件表达式]

2) 功能

从指定表中删除满足 WHERE 子句条件的所有元组，若默认 WHERE，则删除表中的全部元组，DELETE 语句删除的是表中的数据，而不是表的定义或表的结构。

【例 4.24】 删除学号为 L0401 的学生选课信息。

```
USE  Studentcourse
GO
DELETE  FROM  SC Where 学号='L0401'
GO
SELECT * FROM  SC
```

【例 4.25】 下面的示例从 SC 表中删除所有行，因为该例未使用 WHERE 子句限制删除的行数。

```
USE  Studentcourse
GO
DELETE  FROM  SC
GO
SELECT * FROM  SC
```

4. 删除所有行

1) 命令格式

```
TRUNCATE TABLE
[ { 数据库名.[架构名]. | 架构名. } ] 表名
[ ; ]
```

2) 功能

使用 TRUNCATE TABLE 命令删除所有行。

【例 4.26】 下面的示例使用 TRUNCATE 命令从 SC 表中删除所有行。

```
TRUNCATE TABLE Studentcourse.DBO.SC
GO
SELECT * FROM SC
```

4.4 索 引 管 理

4.4.1 索引概述

索引是数据库中一种特殊的对象，它是对数据表中一个或多个字段的值进行排序而创建的一种存储结构，主要用于提高表中数据的查询速度。数据库中的索引与书籍中的目录类似，在一本书中，利用目录可以快速查找所需要的信息，而无须阅读整本书；在数据库中，可以利用索引快速查找需要的数据，而无须对整个表进行扫描。

1．索引的作用

1) 加速数据检索

索引是一种物理结构，它可以一列或多列的值为基础迅速查找表中的行。如果表上没有任何索引，为了找到满足条件的记录，SQL Server 必须按表的顺序一行一行地查找，对于大型数据表来说，检索可能要花费较长的时间；但如果在表上创建了索引，SQL Server 将首先搜索索引，然后按索引中的位置信息确定表中的行，从而大大加快检索的速度。

2) 优化查询

在执行查询时，SQL Server 会对查询进行优化，而查询优化器是依赖于索引起作用的，它会决定到底选择哪些索引可以使查询速度最快。

3) 强制数据完整性。

不同类型的索引可以起到保证数据完整性的作用，比如唯一索引可以保证表中的数据不重复。

2．索引的分类

如果一个表上没有创建任何索引，则数据行不按任何特定的顺序存储，这样的结构称为堆集，SQL Server 2012 支持在表中任意列上定义索引，按索引的组织方式，可以分为两类：聚集索引和非聚集索引。

1) 聚集索引

在聚集索引中，表中各记录的物理顺序与索引的逻辑顺序相同，只有在表中建立了一个聚集索引后，数据才会按照索引键值的顺序存储到表中。由于一个表中的数据只能按照一种顺序存储，所以在表中只能建立一个聚集索引。通常在主键上创建聚集索引。

2) 非聚集索引

非聚集索引是完全独立于数据行的结构，表中的数据行不按非聚集索引的顺序排序和存储。在非聚集索引内，从索引行指向数据行的指针称为行定位器。在检索数据时，SQL Server 先在非聚集索引上搜索，找到相关信息后，再利用行定位器，找到数据表中的数据行。一个表上可以建立多个非聚集索引。

如果在一个表中既要创建聚集索引，又要创建非聚集索引，则应先创建聚集索引，然后创建非聚集索引。因为创建聚集索引时将改变数据行的物理存放顺序。聚集索引的键值是唯一的，非聚集索引的键值可以重复，当然也可以指定唯一选项，这样任何两行记录的

索引键值就不会相同。

3) 唯一索引

唯一索引要求所有数据行中任意两行中的被索引列不能存在重复值。

对一个已经存在的表创建唯一索引时，系统首先检查表中已有数据，如果被索引的列存在重复键值，系统将停止建立索引，这时 SQL Server 将显示一条错误消息，并列出重复数据。在这种情况下，只有删除存在的重复行后，才能对这些列建立唯一索引。数据表创建唯一索引后，SQL Server 将禁止 INSERT 语句或 UPDATE 语句向表中添加重复的键值行。

例如，关于学生学号建立唯一索引，要求在数据表中，任意两行数据记录的学号字段值不能相同。

如果一个单个的列中有不止一行包含 NULL，则无法在该列上创建唯一索引。同样，如果列的组合中有多行包含 NULL 值，则不能在多个列上创建唯一索引。在创建索引时，这些被视为重复的值。

4.4.2 创建索引

1. 命令格式

```
CREATE  [UNIQUE][CLUSTERED|NONCLUSTERED]
    INDEX  索引名
        ON  数据表名|视图名(字段名表[ASC|DESC][,…n])
             [WITH
                 [PAD_INDEX]
                     [[,]FILLFACTOR=填充因子]
                      [[,]IGNORE_DUP_KEY]
                      [[,]STATISTICS_NORECOMPUTE]]
[ON  文件组名]
```

2. 功能

(1) 同一表中的索引名称是唯一的，索引的名称最多可达 128 个字符，但最好是较短并易于记忆的。

(2) 只有在指定的索引名称已经存在时，才能使用 DROP_EXISTING 选项，该项说明首先删除指定表的索引后再重新构造它。

(3) UNIQUE 表示建立唯一索引。SQL Server 2012 Database Engine 不允许为包含重复值的列创建唯一索引。否则，数据库引擎会显示错误消息。必须先删除重复值，然后才能为一列或多列创建唯一索引。唯一索引中使用的列应设置为 NOT NULL，因为在创建唯一索引时，会将多个空值视为重复值。只有在使用了 UNIQUE 时，IGNORE_DUP_KEY 方可使用。当使用该选项时，表示当插入或更新记录时，忽略重复键值。

(4) 可以指定两个或多个列名创建组合索引，按排序优先级列出组合索引中要包括的列。一个组合索引键中最多可组合 16 个列。组合索引键中的所有列必须在同一个表或视图中。不能将大型对象数据类型 ntext、text、varchar(max)、nvarchar(max)、varbinary(max)、xml 或 image 的列指定为索引的键列。

(5) CLUSTERED 表示建立聚集索引，NONCLUSTERED 表示建立非聚集索引。

(6) 不能对数据类型为 text、ntext 的字段建立索引。ASC 表示升序，DESC 表示降序，默认为升序。

(7) PAD_INDEX 指定索引页保持开放的空间，它必须与“FILLFACTOR=填充因子”同时使用，后者表示索引页叶级的填满程度，即在创建索引时用于每个索引页的数据占索引页大小的百分比。填充因子的值可以是 1～100 的整数, 当 FILLFACTOR 的值没有指定时，默认其值为 0，表示叶节点被完全填满。

(8) STATISTICS_NORECOMPUTE 表示过期的索引不会自动重新计算。

索引可以加快数据检索的速度，但索引作为一种物理结构，也会占用大量的数据空间，如果使用不合理，也有可能降低数据检索效率。一般来说，如果数据表内的数据行很多，而且经常要做查询，甚至是一些复杂查询，比如联接查询、GROUP BY 查询等，我们就要对表创建索引，来加快查询速度。相反，如果数据表内只有很少的数据行，而且该表经常要做插入、更新、删除等操作，而很少做查询，就不适合创建索引。因此我们必须设计有效的索引。

只有表或视图的所有者可以在表或视图上创建索引。下面我们结合一个实例一起来学习如何创建索引，我们这里使用的是 studentcourse 数据库，数据库中包含学生基本信息表 S(学号、姓名、性别、出生日期、系、电话)，课程数据库表 C(课程号、课程名、学分、预选课程号、教师)，和学生选课数据表 SC(学号、课程号、成绩)这三个用户表。数据库 studentcourse 的索引设计如表 4.10 所示。

表 4.10　studentcourse 索引情况表

列　名	聚集索引	唯一索引	非聚集索引	unique	是否主键	索 引 名
S.学号	√			√	√	IN_学号
姓名			√			IN_姓名
C. 课程名		√		√		IN_课程名
C. 课程号	√			√	√	PK_C
C.教师			√			IX_teacher
SC.学号 SC.课程号	√			√	√	PK_学号课程号
SC.成绩			√			IN_成绩

【例 4.27】 我们在 studentcourse 数据库中经常要查询某老师所讲授的课程表，所以可以在课程表 C 上，关于“教师”创建一个非聚集索引 IX_teacher，来优化查询速度。

方法一：在 SQL Server Management Studio 中创建索引。

具体操作步骤如下。

(1) 启动 SQL Server Management Studio，在对象资源管理器中，依次选择“服务器”→“数据库”→studentcourse→“表”节点。

(2) 出现该数据库的所有数据表，在 C 表节点上右击，如图 4.51 所示。在弹出的快捷菜单中选择“设计”命令，出现表设计器。

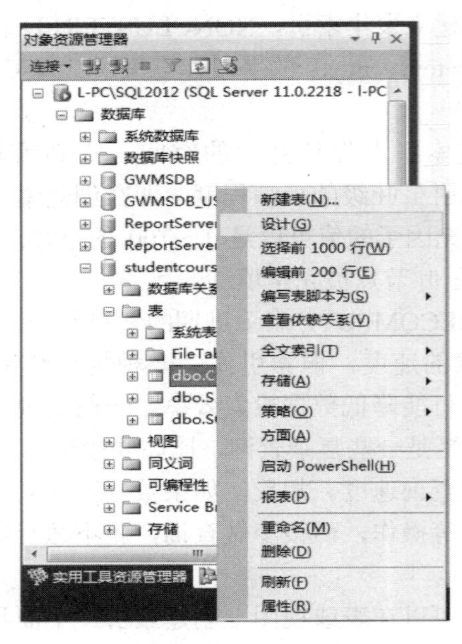

图 4.51　C 表的快捷菜单

(3) 在表设计器的空白处右击，在弹出的快捷菜单中选择“索引/键”命令，如图 4.52 所示(或者，在“表设计器”菜单中，依次选择“表设计器”→“索引/键”命令)，打开“索引/键”对话框。

图 4.52　表设计器上的快捷菜单

(4) “索引/键”对话框的左边窗格显示索引列表，右边窗格设置索引的属性，如图 4.53 所示。单击“添加”按钮，创建新索引。在“名称”属性处，修改索引名为“IX_teacher”，单击“列”属性的 按钮，将出现“索引列”对话框，如图 4.54 所示，选择索引列为“教师”，排序顺序为“升序”。设置完成后，单击“索引列”对话框中的“确定”按钮。

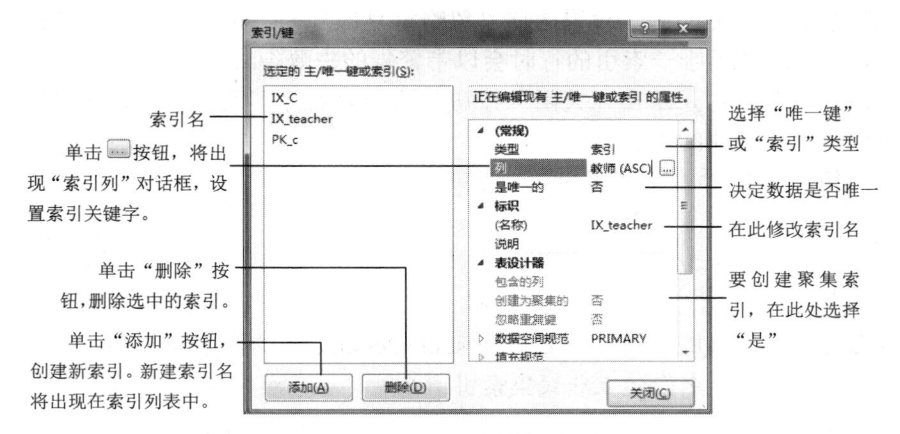

图 4.53　“索引/键”对话框

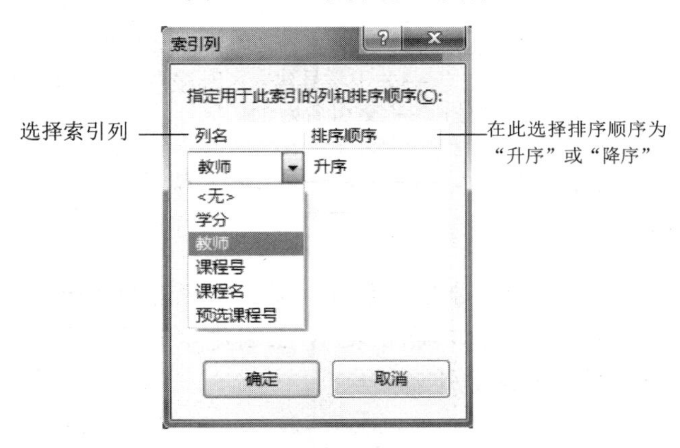

图 4.54　“索引列”对话框

(5) 在本题中因为一个教师可以教多门课程，不是唯一的，所以指定该属性值为“否”。

(6) 如果要创建聚集索引，设置“创建为聚集的”属性值为“是”，由于已经关于 C 表创建了一个聚集索引 PK_c，所以这一项变灰，不可用。

(7) 指定索引的存储位置，展开“数据空间规范”节点，如图 4.55 所示。在“文件组或分区方案名称”下拉列表中指定 PRIMARY 文件组。

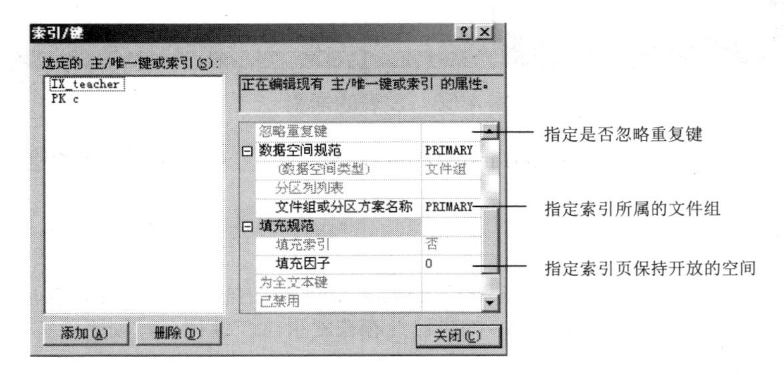

图 4.55　“索引/键”对话框

(8) 如果想忽略重复的键，设置选项“忽略重复键”为“是”，这个选项在创建唯一索引时使用，当插入违反唯一索引的行时会以带警告的失败告终。

(9) 完成索引配置后，单击“关闭”按钮，选择“文件”菜单下的“保存”命令来保存表，继而保存了所创建的索引。

方法二：使用 SQL 命令创建索引。

```
CREATE  NONCLUSTERED
   INDEX   IX_teacher
      ON   C(教师 ASC)
```

【例 4.28】 使用 SQL 命令，在数据库 studentcourse 中的数据表 S 中，关于“学号”建立聚集索引，关于“姓名”建立非聚集索引。

SQL 命令如下：

```
CREATE
   INDEX IN_姓名 on  S(姓名)--关于姓名建立升序非聚集索引，索引名为 IN_姓名
CREATE unique clustered     --关于学号建立了升序唯一性聚集索引
   INDEX  IN_学号  on  S(学号) -- 索引名为 IN_学号
      WITH
         pad_index,fillfactor=100 --填充因子为 100
```

运行结果如图 4.56 所示。

注意： 如果 S 表已经关于学号建立主键，那么系统自动关于学号建立聚集索引，则会出现下列错误信息：不能在表 S 上创建多个聚集索引。请在创建新聚集索引前除去现有的聚集索引。

图 4.56 S 表的索引

【例 4.29】 为数据库 studentcourse 中的数据表关于 C.课程名降序建立唯一索引 IN_课程名。

SQL 命令如下：

```
IF EXISTS(select name from sysindexes where name='IN_课程名')
  DROP INDEX  C.IN_课程名   --如果已经存在索引 IN_课程名，则删除它
go
USE studentcourse            --打开 studentcourse 数据库
```

```
CREATE  unique
   INDEX IN_课程名 on C(课程名 desc)
```

【例 4.30】 为数据库 studentcourse 中的数据表关于、SC.学号降序，SC.课程号升序建立复合唯一索引 PK_学号课程号。填充因子为 90。如果在插入数据时，要求忽略重复的值。如果已经存在 PK_学号课程号索引，则删除后重建。

SQL 命令如下：

```
CREATE  unique
   INDEX  PK_学号课程号 on  SC(学号 DESC,课程号 ASC)
      WITH
      pad_index,fillfactor=90,      --填充因子为 90
      ignore_dup_key,drop_existing --如果已经存在 PK_学号课程号索引，则删除后重建
```

【例 4.31】 为数据库 studentcourse 中的数据表关于 SC.成绩降序建立非聚集索引 IN_成绩。

SQL 命令如下：

```
IF EXISTS(select name from sysindexes where name='IN_成绩')
  DROP INDEX  SC.IN_成绩
go
USE  studentcourse
CREATE
   INDEX  IN_成绩  on  SC(成绩  desc)
```

4.4.3　删除索引

1. 命令格式

```
drop  index  索引名[,…n]
```

2. 功能

删除指定的索引。可以列出多个要删除的索引名。利用 drop index 命令删除通过定义 PRIMARY KEY 或 UNIQUE 约束创建的索引时，必须先删除指定的约束。

系统表中的索引不能使用 drop index 删除。删除表中的聚集索引，将使表中的所有非聚集索引重建。

【例 4.32】 删除数据库 studentcourse 中，数据表 SC 中的索引 IN_成绩、数据表 C 中的索引 IN_课程名。

方法一：使用 SQL Server Management Studio 删除索引。

操作步骤如下。

(1) 启动 SQL Server Management Studio，在“对象资源管理器”中，依次选择“服务器”→“数据库”→studentcourse→“表”→SC→“索引”节点。

(2) 出现数据表 SC 的所有索引，在“IN_成绩”表节点上右击，如图 4.57 所示，在弹出的快捷菜单中选择“删除”命令，出现如图 4.58 所示的“删除对象”对话框。

(3) 在“删除对象”对话框中，单击“确定”按钮。索引“IN_成绩”被删除。

图 4.57　索引快捷菜单

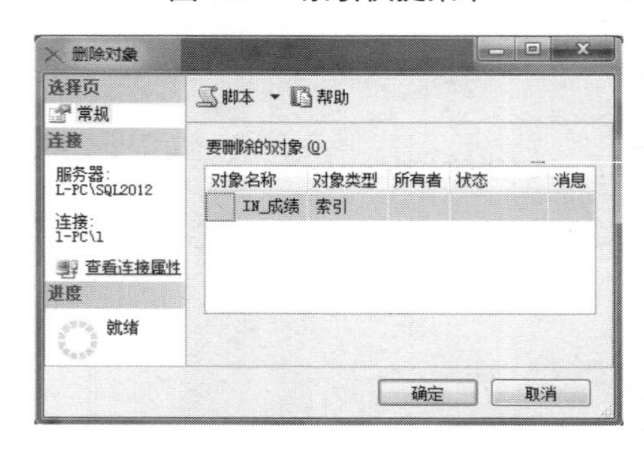

图 4.58　“删除对象”对话框

方法二：使用 SQL 命令。

```
Use studentcourse
DROP INDEX SC. IN_成绩,C.IN_课程名
```

4.4.4　查看索引

1. 查看表中的索引

1)　命令格式

```
sp_helpindex [ @objname = ] '表或视图的名称'
```

2)　功能

报告有关表或视图上索引的信息，当前数据库中表或视图的名称的数据类型为 nvarchar(776)。

sp_helpindex 返回的结果集如表 4.11 所示。

表 4.11　索引结果集

列　名	描　述
index_name	索引名
index_description	索引描述
index_keys	属性列，在这些列上构造索引

被降序索引的列将在结果集中列出，该列的名称后面带有一个减号(−)；当列出被升序索引的列(这是默认情况)时，只带有该列的名称。

【例 4.33】 查看 studentcourse 数据库中的数据表 S 上索引的类型，运行结果如图 4.59 所示。

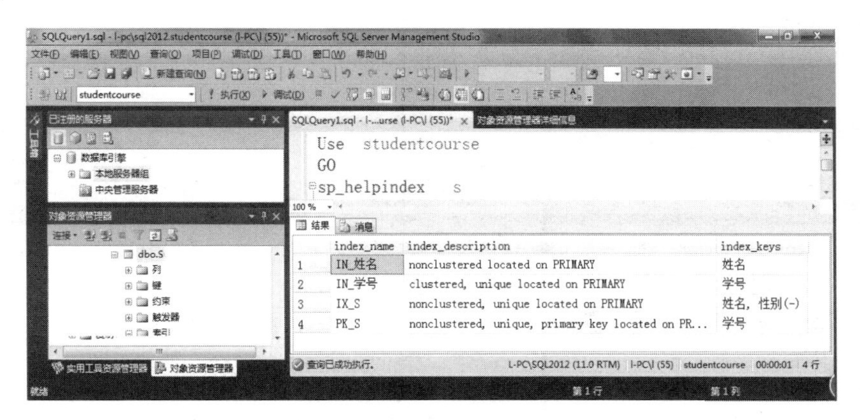

图 4.59　数据表 S 上索引的类型

```
Use  studentcourse
GO
sp_helpindex  S
```

2．查看索引的空间信息

1)　命令格式

```
sp_spaceused ['表的名称 ']
```

2)　功能

显示行数、保留的磁盘空间以及当前数据库中的表所使用的磁盘空间，或显示由整个数据库保留和使用的磁盘空间。

sp_spaceused 返回的结果集如表 4.12 所示。

表 4.12　磁盘空间信息集

列　名	描　述
database_name	当前数据库的名称
database_size	当前数据库的大小
unallocated space	数据库的未分配空间
reserved	保留的空间总量

续表

列　名	描　述
Data	数据使用的空间总量
index_size	索引使用的空间
Unused	未用的空间量
Name	为其请求空间使用信息的表名
Rows	objname 表中现有的行数

【例 4.34】 查看数据库 studentcourse 和数据表 S 上的磁盘空间，运行结果如图 4.60 所示。

```
USE studentcourse
EXEC sp_spaceused 'S'
EXEC sp_spaceused
```

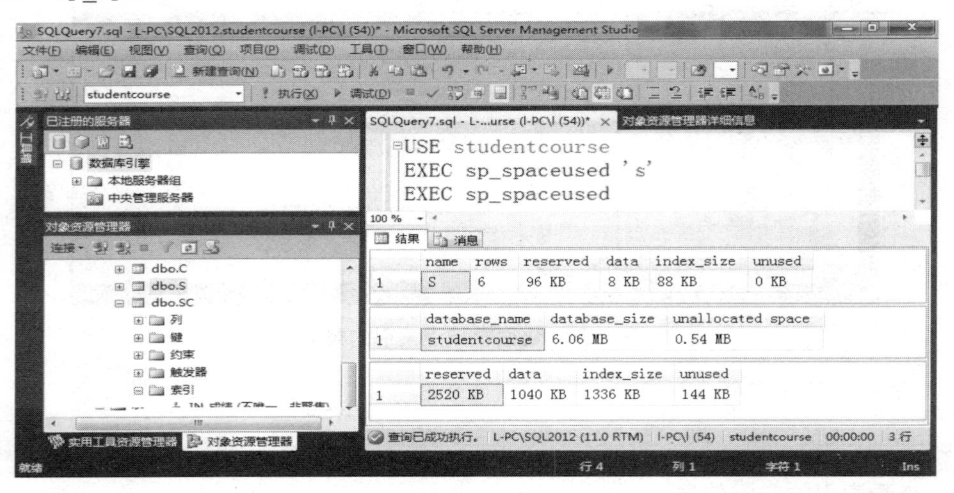

图 4.60　数据库和表的空间

3. 查看索引属性

1)　命令格式

INDEXPROPERTY（表的标识号，索引的名称，属性）

2)　功能

显示表中指定索引的属性信息，可以是下列值中的一个。

属性集如表 4.13 所示。

表 4.13　属性集

属　性	描　述
IndexDepth	返回索引所具有的级别数
IndexFillFactor	索引指定自己的填充因子
IndexID	指定表或索引视图上的索引 ID

续表

属　性	描　述
IsAutoStatistics	索引是由 sp_dboption 的 auto create statistics 选项生成的
IsClustered	索引是簇的。1 = True
IsPadIndex	索引在每个内部节点上指定将要保持空闲的空间。1 = True
IsUnique	索引是唯一的。1 = True

【例 4.35】 为 SC 的 IN_学号课程号索引返回 IsPadIndex 属性的设置。

```
USE studentcourse
SELECT INDEXPROPERTY(OBJECT_ID(' SC '), ' IN_学号课程号 ', 'IsPadIndex')
```

4.4.5　修改索引

在创建了索引之后，可能需要更改它的属性、重命名它或者删除它，我们可以在 SQL Server Management Studio 中处理这些任务。下面结合一个实例来学习管理索引的方法。

【例 4.36】 修改在例 4.27 中创建的索引 IX_teacher，修改后的索引基于“教师”和“课程名”，成为组合索引。

操作步骤如下。

(1) 启动 SQL Server Management Studio，在“对象资源管理器”中，依次选择“服务器”→“数据库”→studentcourse→“表”→C→“索引”节点。在“索引”对象节点里，列出了在表 C 上创建的所有索引，右击索引 IX_teacher，在弹出的快捷菜单中选择“属性”命令，如图 4.61 所示，出现“索引属性”对话框。

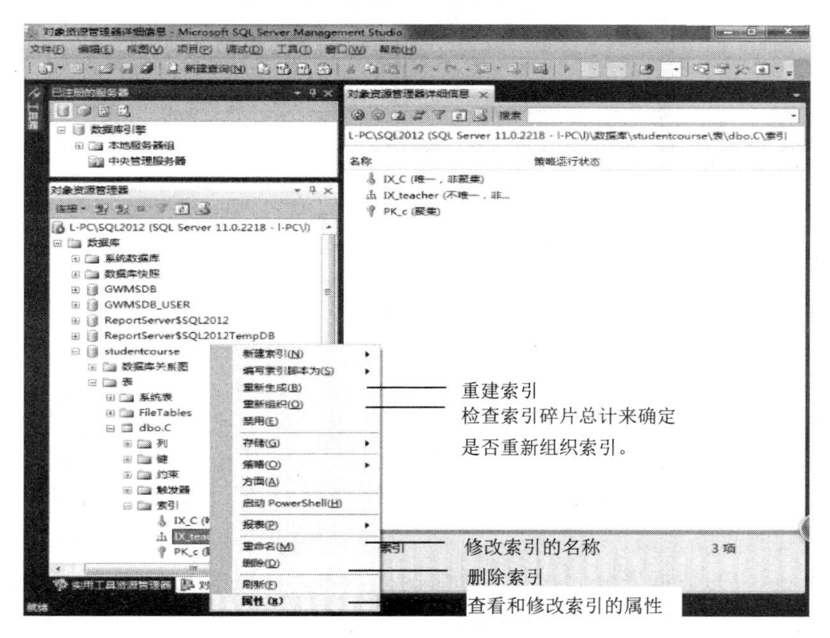

图 4.61　索引的快捷菜单

(2) 如图 4.62 所示，在“索引属性”对话框中的“常规”属性页上，列出了表名、索引名称、索引类型和索引键列，单击“索引键列”右边的“添加”按钮，在弹出的表列窗口中，选中“课程名”字段，如图 4.63 所示，单击“确定”按钮，完成修改后，单击索引属性窗口上的“确定”按钮。

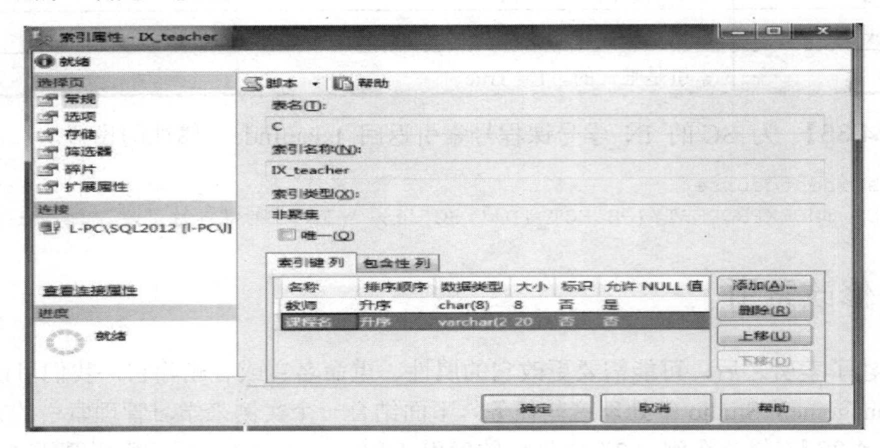

图 4.62　索引属性窗口

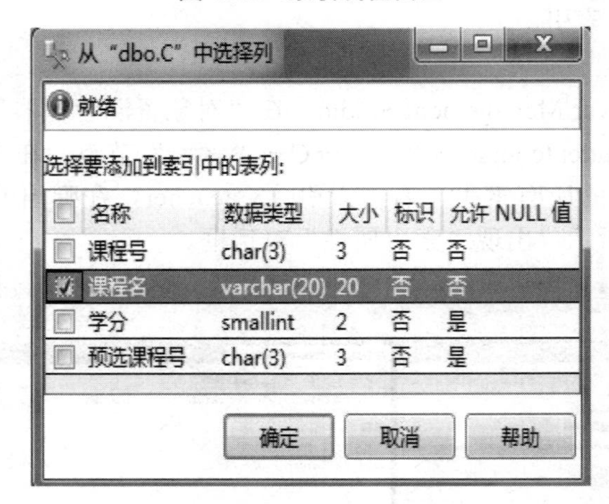

图 4.63　选择列对话框

本 章 小 结

本章重点讲解了数据表的管理和操作。表是 SQL Server 中一种重要的数据库对象，可以存储数据库中的所有数据。生成表时一定要认真分析，需要选择适当的数据类型以保证有效数据存储，在表中适当增加限制以维护数据的完整性，将表格生成和修改保存为脚本，以便在必要时重新生成。

SQL Server 中的数据表分为永久表和临时表两种，永久表在创建后一直存储在数据库文件中，直到用户删除为止，而临时表则在用户退出或系统修复时被自动删除。临时表又分为局部临时表和全局临时表两种，局部临时表只能由创建它的用户使用，在用户连接断开时它被自动删除，全局临时表对系统当前所有的连接用户来说都是可用的。

实训　数据库管理

一、实验目的和要求

1. 掌握 SQL Server Management Studio 工具的使用。
2. 掌握创建、修改、删除数据库和数据表的方法。
3. 理解索引的概念，索引的分类，索引的作用，掌握创建、删除索引的方法。

二、实验内容

1. 每位学生以 Student+自己的学号作为数据库名创建一个数据库(用两种方法)，有一个 10MB 和一个 20MB 的数据文件和两个 10MB 的事务日志文件。数据文件逻辑名称为 Student1 和 Student2，物理文件名为 Student1.Mdf 和 Student2.Ndf。主文件是 Student1，由 Primary 指定，两个数据文件的最大尺寸是 100MB，增长速度分别为 10%和 1MB。事务日志文件的逻辑名为 Studentlog1 和 Studentlog2，物理文件名为 Studentlog1.Ldf 和 Studentlog2.Ldf，最大尺寸均为 50MB，文件增长速度为 1MB。

2. 修改 Student 数据库，增加一个数据文件 Student3，把它存放到 file1 文件组中，初始大小为 5MB，最大尺寸为 20MB，增长速度为 15%。删除数据文件 Student3.ndf。

3. 在 Student 数据库中，创建“学生表”，包括如下字段：学号(char(6))，姓名(char(8)),年龄(int not null)，性别(char(2)))；主键：学号要，求年龄在 16 到 30 岁之间，性别默认值为‘女’。

4. 修改数据表“学生表”，在学生表中增加字段、家庭地址(varchar(30))和学生所在系(char(20))。

5. 修改数据表“学生表”，设置年龄的默认值为 20。

6. 向“学生表”插入 4 条记录

在学生信息表中添加记录，如表 4.14 所示。

表 4.14　添加记录后的学生信息表

学　号	姓　名	年　龄	性　别	家庭地址	学生所在系
021101	王英	20	女	绍兴路	交通工程系
022111	吴波	18	男	延安路	汽车系
034320	李霞	19	女	南山路	管理信息系
031202	张兵	20	男	北山路	汽车系

7. 修改表 4.21 中的数据。

(1) 学生“王英”从交通工程系转到管理信息系，请修改学生信息表。

(2) “吴波”同学的家搬到了“解放路”请修改学生信息表。

(3) 在学生信息表中，管理信息系的学生都毕业了，把他们的记录都删除。

8. 关于学生表的“姓名”字段建立唯一非聚集索引 IX_XM，按姓名降序排列。

9. 为学生表创建一个基于年龄和学号的索引 IX-年龄，其中年龄按降序排列，当年龄

相同时，按学号升序排列。

10. 关于家庭地址建立非聚集索引，要求填充因子为 80，索引名为“address”。使用 SQL 命令查看索引“address”的空间使用情况。

11. 修改索引“address”，要求填充因子为 90。

12. 删除索引“address”、“IX_年龄”。

13. 将 Student 数据库中的“学生表”删除。

14. 删除 Student 数据库。

15. 设计规划创建 studentcourse 数据库。在 studentcourse 中添加三张数据表：学生基本信息表 S 表、课程数据表 C、学生选课数据表 SC，数据结构如表 3.6～表 3.8 所示；完整性约束如表 3.9～表 3.11 所示；记录信息如表 3.3～表 3.5 所示。

习　　题

一、选择题

1. 创建 S 时，要求约束 sex 属性只能取值为男或者女，正确的命令是(　　)。

A.
```
CREATE TABLE S
(
sex char(2),
CHECK( sex in ('男','女'))
)
```

B.
```
CREATE TABLE S
(
  sex char(2),
      CHECK('男','女')
)
```

C.
```
CREATE TABLE S
(
sex char(2),
sex in ('男','女')
)
```

D.
```
CREATE TABLE S
(
  sex in ('男','女')char(2),
     )
```

2. 通过 CREATE　TABLE 语句或者其他方法创建了一个表后，可以使用(　　)语句在表中添加记录。

A. DELETE　　B. INSERT　　C. UPDATE　　D. INSEATER

3. 如果需要删除表中包含的无用数据，可以使用 DELETE 语句从表中删除满足条件的若干条记录，也可以使用(　　)语句从表中快速删除所有记录。

A. DELETE　　B. TRUNCATE TABLE

C. DEL　　D. INSEATER

4. 数据类型(　　)只能取从 1900 年 1 月 1 日到 2079 年 6 月 6 日的日期和时间数据，精确到分钟。每个数值要求 4 个字节的存储空间。如“2000-05-08 12:35:29.998”。

A. smalldatetime　　B. date　　C. datetime　　D. tim

5. 可变长度的字符数据类型 varchar(N)，其最大长度为(　　)个字符。

A. 4000　　B. 8000　　C. 5000　　D. 7000

二、填空题

1. 在 CREATE INDEX 语句中使用________选项创建唯一索引。

2. 在 CREATE INDEX 语句中使用________选项建立非聚集索引。

三、简答题

1. 聚集索引与非聚集索引之间有哪些不同点？在一个表中可以建立多少个聚集索引和非聚集索引？

2. 在哪些情况下，SQL Server 会自动创建索引？

3. 在 studentcourse 数据库中的学生信息表 S 上的学生姓名字段上创建一个非聚集索引。

第 5 章　关系数据库方法

本章导读

本章为次重点章，主要介绍关系模型的关系运算理论、关系代数，使学生理解操作对象为数据表的运算，为后续数据查询奠定基础，同时对课程综合案例中的数据表进行运算，使学生进一步理解数据表的运算。

学习目的与要求

(1) 理解 SQL Server 2012 数据库系统的体系结构。

(2) 掌握简单的数据库设计方法。

5.1　关系数据库的基本概念

5.1.1　关系模型概述

关系数据库系统是支持关系模型的数据库系统，关系模型由三部分组成：数据结构、关系操作集合和关系的完整性。在关系模型中，通过单一的数据结构即关系，来表达实体及实体间的联系。关系是一张二维表格。在关系数据库系统中通过二维表格组织数据，表达信息。关系操作指存储操作和检索操作，且以检索操作为核心。关系操作的数据对象是二维表格。关系模型给出了关系操作的能力和特点。关系操作包括选择、投影、条件连接、除、并、交、差等查询操作、添加、删除和修改操作。关系操作的特点是集合操作方式，即操作的对象和结果都是集合，这种操作方式也称为一次一集合的方式。在关系模型中，为了能够保证在关系操作过程中，保持数据正确与一致性，我们往往要设置关系完整性约束。关系模型有三类完整性约束，分别是实体完整性、参照完整性和用户定义的完整性。实体完整性和参照完整性是关系模型必须满足的完整性约束条件，应该由关系自动支持。

5.1.2　关系数据结构及形式化定义

在关系模型中，无论是实体还是实体之间的联系均由单一的结构类型即关系来表示。

定义 5.1：域(Domain)是值的集合，属性的取值范围。基数是域的取值个数。

例如：　域，姓名={李丽，马俊萍，王永明，姚江}，基数为 4；

域，系={管理信息系，汽车系，海运}，基数为 3；

域，性别={男，女}，基数为 2；

定义 5.2：给定一组域 $D_1,D_2,\cdots$，D_n，则 $D_1\times D_2\times\cdots\times D_n=\{(d_1,d_2,\cdots,d_n)|d_i\in D_i,i=1,2,\cdots,n\}$ 称为 $D_1,D_2,\cdots,D_n$ 的笛卡儿积。其中每一个$(d_1,d_2,\cdots,d_n)$叫作一个 n **元组**(表中的一行，称为一个元组)，元组中的每一个 d_i 是 D_i 域中的一个值，称为一个**分量**(元组中的属性)。若

$D_i(i=1,2,\cdots,n)$为有限集，其基数为 $m_i(i=1,2,\cdots,n)$，则 $D_1\times D_2\times\cdots\times D_n$ 的基数为：$m=m_1\times m_2\times\cdots\times m_n\ (i=1,2,\cdots,n)$；其中：m=笛卡儿积的基数。

例：给定三个域：D_1={李丽，马俊萍},D_2={管理信息系，汽车系},D_3={男，女}，则 $D_1\times D_2\times D_3$ 笛卡儿积是 D_1,D_2,D_3 各域的各元素间的一切可能的组合。如表 5.1 所示，$D_1\times D_2\times D_3$ 的基数为 m，$m=2\times2\times2=8$。

表 5.1　$D_1\times D_2\times D_3$笛卡儿积

姓　名	系	性　别
李丽	管理信息系	男
李丽	管理信息系	女
李丽	汽车系	男
李丽	汽车系	女
马俊萍	管理信息系	男
马俊萍	管理信息系	女
马俊萍	汽车系	男
马俊萍	汽车系	女

定义 5.3 关系的描述称为**关系模式**。它可以形式化地表示为 R(U)，其中 R 为关系名，U 为组成该关系的属性名集合。简记为：关系名(属性 1，属性 2，…，属性 n)。

定义 5.4：给定一组域 $D_1,D_2,\cdots,D_n$，则 $D_1\times D_2\times\cdots\times D_n$ 的子集称为 $D_1\times D_2\times\cdots\times D_n$ 上的**关系**：记作 $R(D_1,D_2,\cdots,D_n)$，其中，R 为关系名，n 为关系 R 的度或目。当 n=1 时，称该关系为**单元**关系，当 n=2 时，称该关系为二元关系。

例如，表 5.1 中有两个元组符合实际情况，构成名为“职工”的关系。如表 5.2 所示，可记作：职工(姓名，系，性别)。

表 5.2　职工

姓　名	系	性　别
李丽	管理信息系	女
马俊萍	管理信息系	女

关系中的某一属性组，若它的值唯一地标识一个元组(记录)，则称该属性组为**候选键(码)**，若一个关系有多个候选键，则选定其中一个为**主键(码)**，主键的诸属性称为**主属性**。关系可以有三种类型：基本关系(通常又称为基本表或基表)、查询表和视图表。关系有以下六种性质，满足这些性质的关系称为规范化关系。

(1) 任意两个元组(即两行)不能完全相同。

(2) 关系中元组(行)的次序是不重要的，可以任意交换。

(3) 属性(列)的次序也是不重要的，可以任意交换。

(4) 同一列中的分量，必须来自同一个域，是同类型的数据。

(5) 属性必须有不同的名称，但不同的属性可以出自相同的域，即它们的分量可以取值于同一个域。

(6) 每一分量必须是原子的，即是不可再分的数据项。

5.1.3 关系数据库模式

多个关系的集合构成了关系数据库，例如，“学生选课”数据库由三个关系模式构成：S(学号，姓名，性别，出生日期，系，电话)、C(课程号，课程名，学分，预选课程号，教师)、SC(学号，课程号，成绩)。

针对关系模式，有四种基本数据操纵功能，分别是数据检索、数据插入、数据删除、数据修改。对关系模式的数据操纵可描述如下：

(1) 操纵的对象。

(2) 基本操纵方式有五种，分别是属性指定、元组选择、关系合并、元组插入、元组删除。

5.2 关系代数

关系数据库的数据操作分为查询和更新两类。查询语句用于各种检索操作，更新操作用于插入、删除和修改等操作。关系查询语言根据其理论基础的不同分成两大类，一类是关系代数语言，查询操作是以集合操作为基础运算的 DML 语言；另一类是关系演算语言，查询操作是以谓词演算为基础运算的 DML 语言。

关系代数是以关系为运算对象的一组高级运算的集合。关系定义为元数相同的元组的集合。集合中的元素为元组，关系代数中的操作可分为两类，传统的集合操作包括并、差、交、广义笛卡儿积，专门的关系操作包括投影、选择、连接、除。

5.2.1 传统的集合运算

传统的集合运算主要指并、交、差、笛卡儿积四种运算。它们传统地用于两个集合之间的运算。当用于关系运算时，参加运算的关系必须是相容的和可并的，即它们应有相同的度(属性个数相等)，且相应的属性值来自同一域。如表 5.3 和表 5.4 中的关系 J 和 K 就是两个相容的关系。

表 5.3 关系 J

学　号	课 程 号	成　绩
J0401	C01	88
J0401	C02	93
J0401	C03	99

表 5.4 关系 K

学　号	课 程 号	成　绩
J0401	C01	88
J0402	C01	90
J0403	C01	76
Q0401	C01	90

1. 并运算

关系 J 与关系 K 之并，记作 J∪K，运算结果如表 5.5 所示，由属于 J 和属于 K 的元组合并而得，但须除去重复的元组。可用于元组的插入操作。

表 5.5　J∪K

学　号	课 程 号	成　绩
J0401	C01	88
J0401	C02	93
J0401	C03	99
J0402	C01	90
J0403	C01	76
Q0401	C01	90

2．差运算

关系 J 与关系 K 之差，记作 J−K，运算结果如表 5.6 所示，由属于 J 但不属于 K 的元组组成。

表 5.6　J−K

学　号	课 程 号	成　绩
J0401	C02	93
J0401	C03	99

3．交运算

关系 J 与关系 K 之交，记作 J∩K，运算结果如表 5.7 所示，由属于 J 又属于 K 的元组组成。

表 5.7　J∩K

学　号	课 程 号	成　绩
J0401	C01	88

4．广义笛卡儿积

两个分别为 n 目和 m 目的关系 J 和 K 的广义笛卡儿积是一个(n+m)列的元组的集合。元组的前 n 列是关系 J 的一个元组，后 m 列是关系 K 的一个元组。若 J 有 k_1 个元组，K 有 k_2 个元组，则关系 J 和关系 K 的广义笛卡儿积有 $k_1 \times k_2$ 个元组。

记作：$J \times K = \{t_r t_s | t_r \in J \wedge t_s \in K \wedge r \in [1-k_1] \wedge s \in [1-k_2]\}$

运算结果如表 5.8 所示，关系 J 和关系 K 的广义笛卡儿积有 3×4 个元组，有 3+3 列。

表 5.8　J×K

学　号	课 程 号	成　绩	学　号	课 程 号	成　绩
J0401	C01	88	J0401	C01	88
J0401	C01	88	J0402	C01	90

续表

学　号	课 程 号	成　绩	学　号	课 程 号	成　绩
J0401	C01	88	J0403	C01	76
J0401	C01	88	Q0401	C01	90
J0401	C02	93	J0401	C01	88
J0401	C02	93	J0402	C01	90
J0401	C02	93	J0403	C01	76
J0401	C02	93	Q0401	C01	90
J0401	C03	99	J0401	C01	88
J0401	C03	99	J0402	C01	90
J0401	C03	99	J0403	C01	76
J0401	C03	99	Q0401	C01	90

在存储操作中，并运算可实现插入；差运算可实现删除；修改相当于“删除加插入”，可先后使用并、差运算实现修改。

5.2.2 专门的关系运算

1. 选择运算

选择运算的操作对象仅有一个关系。

公式表示：<关系名>[<条件>]，记为：σC(J)。

作用：在关系的水平方向上选取符合给定条件的子集。其中，条件是以逻辑表达式给出的，该逻辑表达式的值为真的元组被选取。这是从行的角度进行的运算，即水平方向抽取元组。经过选择运算得到的结果可以形成新的关系，其关系模式不变，但其中元组的数目小于或等于原来的关系中的元组的个数，它是原关系的一个子集。

【例 5.1】 找出关系 J 中成绩大于或等于 90 的学号及其选修的课程号。

这实际上是从关系 J 中找一个水平子集，运算结果如表 5.9 所示，用公式表示可写成：σ成绩≥90(J)。

表 5.9　J90

学　号	课 程 号	成　绩
J0401	C02	93
J0401	C03	99

2. 投影运算

从关系中挑选若干属性组成的新的关系称为投影。这是选列的运算。投影运算的操作对象仅有一个关系。

公式表示：Π[<属性表>](关系名)，记为：Π[U] (J)。

作用：在关系的垂直方向选取含有给定属性的子集。经过投影运算可以得到一个新关系，其关系所包含的属性个数往往比原关系少，或者属性的排列顺序不同。如果新关系中包含重复元组，则要删除重复元组。[U]表示属性列表，可包括一至若干个属性。

【例 5.2】 找出关系 J 中选修了课程的学生学号及其选修的课程号。

这实际上是从关系 J 中找一个垂直子集。运算结果如表 5.10 所示，用公式表示可写成：∏[学号，课程号] (J)。

表 5.10　JK

学　号	课 程 号
J0401	C01
J0401	C02
J0401	C03

【例 5.3】 找出关系 SC 中选修了课程的学生学号。

这实际上是从关系 SC(见表 3.5)中找一个垂直子集，如出现内容完全相同的元组，应将重复的元组删除，运算结果如表 5.11 所示，用公式表示可写成：∏[学号] (SC)。

表 5.11　SNO

学　号
J0401
J0402
J0403
Q0401
Q0403

注意：投影运算不仅会取消一些列，也可能会取消某些行。

3. 连接 JOIN 运算

1)　条件连接

条件连接是二目运算，它的操作对象有两个关系。条件连接是从关系 M 和 N 的笛卡儿积中选取属性值满足连接的元组，连接可看成是有选择的笛卡儿乘积。

记为：$M\bowtie_{i\theta j}N$，这里 i 和 j 分别是关系 M 和 N 中第 i 个、第 j 个属性的序号。它的含义是：$M\bowtie_{i\theta j}N\equiv\sigma_{i\ \theta\ (n+j)}(M\times N)$，θ 是比较运算符，如果 θ 是等号“=”，该连接操作称为“等值连接”。

例：给定两个关系 M、N，如表 5.12 和表 5.13 所示，M 与 N 的条件连接 $M\bowtie_{M..z>>N.z}N$ 如表 5.14 所示。

表 5.12　M

v	w	z
d	2	8
e	7	1
b	4	1
b	4	8

表 5.13　N

y	z
d	9
2	7
b	9
d	7

表 5.14　$M\bowtie_{M..z>N.z}N$

v	w	z	y	z
d	2	8	2	7
d	2	8	d	7
b	4	8	d	7
b	4	8	2	7

2) 自然连接

两个关系 M 和 N 的自然连接用 M⋈N 表示。选择 M 和 N 的公共属性值均相等的元组，并去掉 M×N 中重复的公共属性列。具体计算过程如下。

(1) 计算 M×N。

(2) 设 M 和 N 的公共属性是 A1,…,Ak，挑选 M×N 中满足 M.A1=N.A1,…, M.Ak=N.Ak 的那些元组。

(3) 去掉 N.A1,…, N.Ak 的这些列。

如果 M 与 N 的等值属性表中含有 n(n≥1)个属性，则新关系 P 的度数 dp 与原关系 M 的度数 dm 与 N 的度数 dn 之间应满足以下条件：dp=dm+dn−n，如果两个关系中没有公共属性，那么其自然连接就转化为广义笛卡儿积操作。

【例 5.4】 利用数据表 C、SC，如表 5.15 和表 5.16 所示，求选修了课程“数据库”的学生学号及课程成绩。

表 5.15 课程数据表 C

课程号	课程名	学分	预选课程号	教师
C01	数据库	3	C04	陈弄清
C02	C 语言	4	C04	应刻苦
C03	数据结构	3	C02	管功臣
C04	计算机应用基础	2		李学成
C05	网络技术		C04	马努力

表 5.16 学生选课数据表 SC

学号	课程号	成绩
J0401	C01	88
J0401	C02	93
J0401	C03	99
J0402	C03	77
J0402	C05	70
J0403	C01	76
Q0403	C05	65

第一步，将 C 与 SC 建立自然连接(两数据表的公共属性相等 C.课程号=SC.课程号)，得出新关系 NEW=C⋈SC，如表 5.17 所示。

表 5.17 NEW

课程号	课程名	学分	预选课程号	教师	SC.学号	SC.课程号	SC.成绩
C01	数据库	3	C04	陈弄清	J0401	C01	88
C02	C 语言	4	C04	应刻苦	J0401	C02	93
C03	数据结构	3	C02	管功臣	J0401	C03	99
C03	数据结构	3	C02	管功臣	J0402	C03	77
C05	网络技术		C04	马努力	J0402	C05	70

续表

课 程 号	课 程 名	学　分	预选课程号	教　师	SC.学号	SC.课程号	SC.成绩
C01	数据库	3	C04	陈弄清	J0403	C01	76
C05	网络技术		C04	马努力	Q0403	C05	65

第二步，对关系 NEW 进行条件[课程名= ‘数据库’]选择，运算结果如表 5.18 所示，得到新关系 NEW1 =σ课程名= ‘数据库’(NEW)。

表 5.18　NEW1

课 程 号	课 程 名	学　分	预选课程号	教　师	SC.学号	SC.课程号	SC.成绩
C01	数据库	3	C04	陈弄清	J0401	C01	88
C01	数据库	3	C04	陈弄清	J0403	C01	76

第三步，对关系 NEW1 进行投影运算，运算结果如表 5.19 所示，得到新关系 NEW2，NEW2=Π[学号，课程名，成绩](NEW1)。

表 5.19　NEW2

课 程 名	SC.学号	SC.成绩
数据库	J0401	88
数据库	J0403	76

用选择和投影求得关系 NWE2 是我们要求的信息。完整的公式如下：

NEW2 =Π[学号，课程名，成绩](σ程名= ‘数据库’ (C$\bowtie$SC))

4．除法运算

除法运算是二目运算，要求被除数关系必须包含除数关系的全部属性。

公式表示：<关系 1> / <关系 2>。设 T=M/N，关系M包含了关系 N 的全部属性，也可以表示为 T=M(X,Y)/N(Y)，其中，X、Y 均可为单个属性或属性组。

作用：在商关系 T 中，只包含属性组 X(或者说关系 M 中的属性组 X、Y 已除去 N 中的属性组 Y)。T 中只允许保留这样的元组：当它们与 N 连接时，所组成的新元组全部能在原来的关系 M 中找到。

【例 5.5】 利用数据表 SC(见表 5.16)，求同时选修了课程号为 C01 和 C02 的学生学号。

第一步，组建数据表 N，如表 5.20 所示。

表 5.20　N

课程号
C01
C02

第二步，完成除法运算，设 M=Π[学号，课程号] (SC)，T=M/N，如表 5.21 和表 5.22 所示。首先除法的结果中列数为两个表的列数之差，我们可以直接用观察法来得到结果，把 N 看作一个块，拿到 M 中去和相同属性集中的元组作比较，如果有相同的块，且除去

此块后留下的属性组的相应后记录的值均相同，那么可以得到 T 中的一条元组，所有这些元组的集合就是除法的结果。

验证：当 T 与 N 连接时，所组成的新元组全部能在原来的关系 M 中找到。T 与 N 的连接所形成的表格如表 5.23 所示。

表 5.21 M

学 号	课 程 号
J0401	C01
J0401	C02
J0401	C03
J0402	C03
J0402	C05
J0403	C01
Q0403	C05

表 5.22 T

学号
J0401

表 5.23 T×N

学 号	课 程 号
J0401	C01
J0401	C02

5.2.3 查询优化

查询优化的目的是为了使系统执行查询命令时，能提高查询效率。在关系代数运算中，根据给出的关系代数表达式计算关系值，一般应首先找出查询涉及的关系，执行广义笛卡儿积或自然连接操作，得到一张大的表格，然后对大表格执行水平分割(选择)和垂直分割(投影)操作，但笛卡儿积运算往往会产生大量的数据，它将浪费空间和降低查询效率，因此恰当地安排选择、投影和连接的顺序，就可以实现查询优化。优化的策略主要从算法步骤入手，在关系代数表达式中尽可能早地执行选择操作，把广义笛卡儿积和随后的选择操作合并成连接运算。

【例 5.6】 利用数据表 S(表 5.24)、SC，求“李丽”同学选修的课程号及课程成绩。

表 5.24 学生基本信息表 S

学 号	姓 名	性 别	出生日期	系	电 话
J0401	李丽	女	1980-2-12	管理信息系	931-1234
J0402	马俊萍	女	1970-12-2	管理信息系	931-1288
J0403	王永明	男	1985-12-1	管理信息系	571-2233
J0404	姚江	男	1985-8-9	管理信息系	571-8848
Q0401	陈小红	女	1980-2-12	汽车系	571-1122
Q0403	张干劲	男	1978-1-5	汽车系	571-1111

方法一：先进行连接运算，后执行选择操作。

第一步，将 S 与 SC 建立自然连接(两数据表的公共属性相等 S.学号=SC.学号)，得出新关系 SNEW=S⋈SC，如表 5.25 所示。

表 5.25　SNEW

学　号	姓　名	性　别	出生日期	系	电　话	SC.学号	课程号	成　绩
J0401	李丽	女	1980-2-12	管理信息系	931-1234	J0401	C01	88
J0401	李丽	女	1980-2-12	管理信息系	931-1234	J0401	C02	93
J0401	李丽	女	1980-2-12	管理信息系	931-1234	J0401	C03	99
J0402	马俊萍	女	1970-12-2	管理信息系	931-1288	J0402	C03	77
J0402	马俊萍	女	1970-12-2	管理信息系	931-1288	J0402	C05	70
J0403	王永明	男	1985-12-1	管理信息系	571-2233	J0403	C01	76
Q0403	张干劲	男	1978-1-5	汽车系	571-1111	Q0403	C05	65

第二步，对关系 sNEW 进行条件[姓名= “李丽”]选择，运算结果如表 5.26 所示，得到新关系 SNEW1 =σ姓名= “李丽”(SNEW)。

表 5.26　SNEW1

学　号	姓　名	性　别	出生日期	系	电　话	SC.学号	课 程 号	成　绩
J0401	李丽	女	1980-2-12	管理信息系	931-1234	J0401	C01	88
J0401	李丽	女	1980-2-12	管理信息系	931-1234	J0401	C02	93
J0401	李丽	女	1980-2-12	管理信息系	931-1234	J0401	C03	99

第三步，对关系 SNEW1 进行投影运算，运算结果如表 5.27 所示，得到新关系 SNEW2，SNEW2=Π[姓名，课程号，成绩](SNEW1)。

表 5. 27　SNEW2

姓　名	课 程 号	成　绩
李丽	C01	88
李丽	C02	93
李丽	C03	99

用选择和投影求得关系 SNWE2 是我们要求的信息。完整的公式如下。

SNEW2 =Π[姓名，课程号，成绩](σ姓名=“李丽”(S⋈SC))

方法二：根据“在关系代数表达式中尽可能早地执行选择操作”的思路，调整操作步骤。

第一步，对关系 S 进行条件[姓名=“李丽”]选择，运算结果如表 5.28 所示，得到新关系 SLI =σ姓名=“李丽”(S)。

表 5.28　SLI

学　号	姓　名	性　别	出生日期	系	电　话
J0401	李丽	女	1980-2-12	管理信息系	931-1234

第二步，将 SLI 与 SC 建立自然连接(两数据表的公共属性相等 SLI.学号=SC.学号)，得出新关系 SLINEW=SLI ⋈ SC，如表 5.29 所示。

表 5.29　SLINEW

学　号	姓　名	性　别	出生日期	系	电　话	SC.学号	课 程 号	成　绩
J0401	李丽	女	1980-2-12	管理信息系	931-1234	J0401	C01	88
J0401	李丽	女	1980-2-12	管理信息系	931-1234	J0401	C02	93
J0401	李丽	女	1980-2-12	管理信息系	931-1234	J0401	C03	99

第三步，对关系 SLINEW 进行投影运算，运算结果如表 5.30 所示，得到新关系 SLINEW1，SLINEW1=Π[姓名,课程号,成绩](SLINEW)。

表 5.30　SLINEW1

姓　名	课 程 号	成　绩
李丽	C01	88
李丽	C02	93
李丽	C03	99

完整的公式如下：

SLINEW1=Π[姓名，课程号，成绩]((σ姓名=“李丽”(S))⋈SC)

方法二与方法一进行比较，大家不难发现，在方法二中提早减少了参与连接运算的数据量，从而提高了查询速度。

5.2.4　关系代数应用举例

设“学生选课”数据库中存在三个关系，具体内容如表 5.15～表 5.24 所示。

学生基本资料表 S(学号，姓名，性别，出生日期，系，电话)

课程数据表 C(课程号，课程名，学分，预选课程号，教师)

学生选课数据表 SC(学号，课程号，成绩)

用关系代数表达式表达以下各个查询。

1. 检索选修课程号为 C03 的学生学号与成绩

公式：Π[学号,成绩](σ课程号=‘C03’(SC))，运算结果如表 5.31 所示。

表 5.31　SC03

学　号	成　绩
J0401	99
J0402	77

2．检索选修课程号为 C02 的学生学号与姓名

公式：Π[学号，姓名]((σ课程号='C02'(SC))⋈Π[学号，姓名](S))

第一步，对关系 SC 进行条件[课程号='C02']选择，运算结果如表 5.32 所示，得到新关系 SC02，SC02=σ课程号='C02'(SC)。

表 5.32　SC02

学　号	课 程 号	成　绩
J0401	C02	93

第二步，对关系 S 进行投影运算[学号,姓名]，运算结果如表 5.33 所示，得到新关系 SC2，SC2=Π[学号,姓名](S)。

表 5.33　SC2

学　号	姓　名
J0401	李丽
J0402	马俊萍
J0403	王永明
J0404	姚江
Q0401	陈小红
Q0403	张干劲

第三步，将 SC2 与 SC02 建立自然连接(两数据表的公共属性相等 SC2.学号=SC02.学号)，得出新关系 SC02NEW= SC2⋈SC02，如表 5.34 所示。

表 5.34　SC02NEW

学　号	课 程 号	成　绩	SC2.学号	SC2.姓名
J0401	C02	93	J0401	李丽

第四步，对关系 SC02NEW 进行投影运算[学号,姓名]，运算结果如表 5.35 所示，得到新关系 SC2 NEW，SC2 NEW =Π[学号,姓名](SC02NEW)。

表 5.35　SC2NEW

学　号	姓　名
J0401	李丽

3．检索选修课程名为“数据库”的学生学号与姓名

公式：Π[学号,姓名]((σ课程名='数据库'(C))⋈SC⋈Π[学号,姓名](S))

第一步，对关系 C 进行条件[课程名='数据库']选择，运算结果如表 5.36 所示，得到新关系 S3，S3=σ课程名='数据库'(C)。

表 5.36　S3

课 程 号	课 程 名	学　分	预选课程号	教　师
C01	数据库	3	C04	陈弄清

第二步，对关系 S 进行投影运算[学号,姓名]，运算结果如表 5.33 所示，得到新关系 SC2，SC2=Π[学号,姓名](S)。

第三步，将 SC2 与 SC、S3 建立自然连接(两数据表的公共属性相等 SC2.学号=SC.学号，S3.课程号=SC.课程号)，得出新关系 S3NEW= S3⋈SC⋈SC2，如表 5.37 所示。

表 5.37　S3NEW

课 程 号	课 程 名	学　分	预选课程号	教　师	学　号	成　绩	姓　名
C01	数据库	3	C04	陈弄清	J0401	88	李丽
C01	数据库	3	C04	陈弄清	J0403	76	王永明

第四步，对关系 S3NEW 进行投影运算[学号,姓名]，运算结果如表 5.38 所示，得到新关系 S3NEW1，S3NEW1=Π[学号,姓名](S3NEW)。

表 5.38　S3NEW1

学　号	成　绩	姓　名
J0401	88	李丽
J0403	76	王永明

4．检索选修课程号为 C02 或 C03 的学生学号

公式：(Π[学号](σ课程号='C03'(SC)))∪(Π[学号](σ课程号='C02'(SC)))

第一步，对关系 SC 进行条件选择和投影运算，得到新关系 SCc03 和 SCc02。

SCc03=Π[学号](σ课程号='C03'(SC))，运算结果如表 5.39 所示。

SCc02=Π[学号](σ课程号='C02'(SC)，运算结果如表 5.40 所示。

第二步，对关系 SCc03 、SCc02 进行并运算。

SCc32=SCc03∪SCc02，运算结果如表 5.41 所示。

表 5.39　SCc03

学号
J0401
J0402

表 5.40　SCc02

学号
J0401

表 5.41　SCc32

学号
J0401
J0402

5．检索至少选修课程号为 C03 和 C05 的学生学号

公式：(Π[学号](σ课程号='C03'(SC)))∩(Π[学号](σ课程号='C05'(SC)))

第一步，对关系 SC 进行条件选择和投影运算，得到新关系 SCc03 和 SCc05。

SCc03=Π[学号] (σ课程号='C03'(SC))，运算结果如表 5.39 所示。

SCc05=Π[学号] (σ课程号='C05'(SC)，运算结果如表 5.42 所示。

第二步，对关系 SCc03 、SCc05 进行交运算。

SCc35=SCc03∩SCc05，运算结果如表 5.43 所示。

表 5.42　SCc05

学号
J0402
Q0403

表 5.43　SCc35

学号
J0402

本 章 小 结

关系模型的关系代数，是操作对象为数据表的运算。掌握传统的集合运算和专门的关系运算，有助于学习者理解数据查询操作。

习　　题

一、选择题

1. 关系代数的交操作由(　　)操作组合而成。

A. 并　　B. 投影　　C. 差　　D. 笛卡儿积

2. 下列式子中不正确的是(　　)。

A. R∪S=R∪(S−R)　　B. R∪S=S∪(S−R)

C. R∩S=R−(R−S)　　D. R∩S=S−(S−R)

3. 在关系数据库系统中，一个关系就是(　　)。

A. 一张二维表　　B. 一条记录

C. 一个关系数据库　　D. 一个关系代数运算

4. 有关系：R(A,B,C)，主键 = A；S(D,A)，主键 = D，外键 = A。参照 R 的属性 A，关系 R 的元组如表 5.44 所示。则 S 表中的 A 可以取(　　)值。

表 5.44　R

A	B	C
1	2	3
2	1	3

A. 1 和 2　　B. 1　　C. 2　　D. NULL

5. 给定三个域：D_1={王芳,刘吉},D_2={高工,助工},D_3={男,女}，求 $D_1 \times D_2 \times D_3$ 笛卡儿积的基数(　　)。

A. 2　　B. 4　　C. 6　　D. 8

6. 进行自然连接运算的两个关系必须具有(　　)。

A. 相同的属性个数　　　　B. 公共属性

C. 相同关系名　　　　　　D. 相同关键字

二、简答题

1. 已知数据库中包含四张数据表，如下。

PRODUCT(生产厂家,型号); PC(型号,内存容量,硬盘容量,价格); PRINTER(型号,是否彩色,价格)。试用关系代数表达下列查询。

(1) 找出价格在 8000 元以下的 PC 机的型号、内存容量和硬盘容量。

(2) 找出彩色打印机的所有信息。

(3) 找出生产打印机的所有厂家。

2. 设“学生选课”数据库中存在三个关系，学生基本资料表 S(学号,姓名,性别,出生日期,系,电话); 课程数据表 C(课程号,课程名,学分,预选课程号,教师); 学生选课数据表 SC(学号,课程号,成绩)。

请用关系代数表达式表达下列查询。

(1) 检索选修了教师“陈弄清”所讲授的课程的学生学号与成绩。

(2) 检索选修课程号为 C04 的学生姓名与成绩。

(3) 检索选修课程名为“数据库”的学生学号与姓名。

(4) 检索选修课程“数据库”或“计算机应用基础”的学生学号。

(5) 检索同时选修课程号为“数据库”和“网络技术”的学生学号。

第6章　查 询 管 理

本章导读

本章主要介绍 SELECT 语法结构，详细介绍了条件子句、排序子句、分组子句等各类子句，及它们的执行规则。

学习目的与要求

(1) 掌握 SELECT 语句的语法格式。

(2) 掌握简单查询、排序子句、分组汇总、连接查询、嵌套查询(子查询)以及并运算等相关 SELECT 语句的应用。

(3) 掌握 SELECT 常用函数的应用。

6.1　SELECT 查询语句

管理数据的根本目的是有效地存储数据，快速地查询、统计数据。SELECT 查询语句是 SQL Server 中最基本和最重要的语句之一，通过查询可以从表或视图中迅速方便地检索数据。SELECT 语句除了用于查询外，还可以对记录进行排序、对字段进行汇总以及用检索到的记录创建新表等。

6.1.1　SELECT 语句的执行窗口

在 SQL Server 2012 中，执行 SELECT 查询语句的方式有两种。

方法一：使用查询设计器。

操作步骤如下。

(1) 打开 SQL Server Management Studio，在对象资源管理器中，右击要查询的数据表，在弹出的快捷菜单中选择“编辑前 200 行”命令，出现查询设计器，如图 6.1 所示，系统默认打开结果窗格。

(2) 通过单击工具栏上的“关系图窗格”、“条件窗格”、“SQL 窗格”和“结果窗格”4 个按钮，可以显示或隐藏对应窗格。

查询设计器中的四个窗格的功能分别如下。

- 关系图窗格：用于选择查询中使用的表、视图，以及选择在表或视图中要输出的字段，并允许相关联的表连接起来。
- 条件窗格：用于设置输出字段、排序类型、排序顺序、分组依据及相关条件等。
- SQL 窗格：用于输入或编辑 SELECT 语句。
- 结果窗格：显示 SQL 语句执行的结果，并允许复制、删除记录。

(3) 在“SQL 窗格”中输入查询语句或在条件窗格中设置查询选项后，单击工具栏上的 ! 执行(X) 按钮，可以在结果窗格显示 SELECT 查询语句的结果。

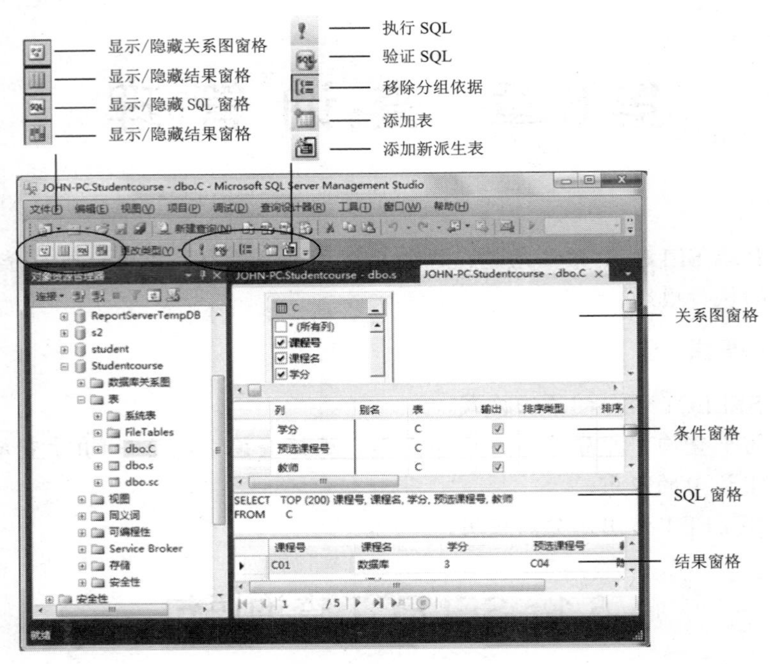

图 6.1　查询设计器

方法二：使用 SQL 编辑器。

操作步骤如下。

(1) 在 SQL Server Management Studio 窗口中选择相应的数据库，单击工具栏上的“新建查询”按钮，出现 SQL 编辑器，如图 6.2 所示，可在编辑器中编辑与执行 SELECT 语句。

(2) 在 SQL 编辑器窗格中输入 SQL 语句后，单击工具栏上的按钮，分析检查语法，检查通过后，再单击工具栏上的 执行(X) 按钮，在 SQL 语句的下方就会显示 SELECT 查询语句的结果。

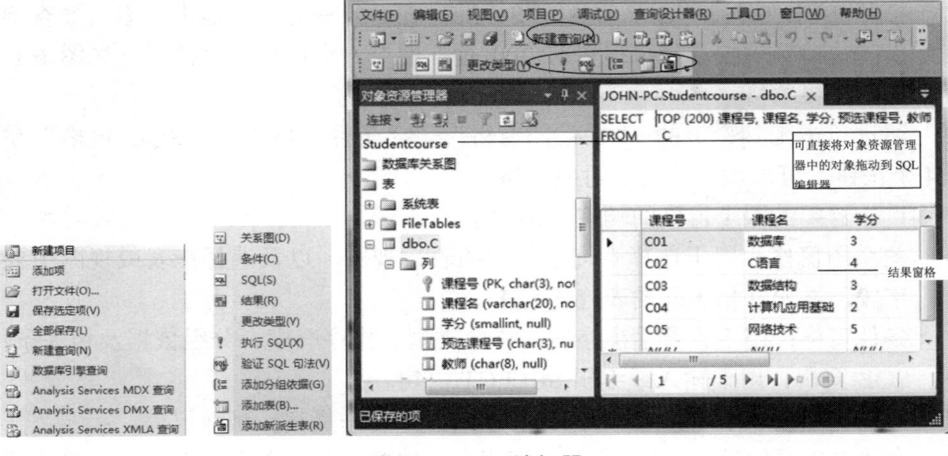

图 6.2　SQL 编辑器

高等学校应用型特色规划教材

6.1.2　简单查询

1. SELECT-FROM-WHERE 句型

1)　格式

```
SELECT <列表> [INTO <新表> ]
    FROM <基本表>(或视图序列)
        WHERE <条件表达式>
```

2)　功能

“<列表>”指定要选择的属性或表达式，子句“INTO <新表>”将查询结果存放到指定新表，“FROM <基本表>(或视图序列) ”指定数据来源表，“WHERE <条件表达式>”指定查询出的记录行需满足的条件。格式中出现的[]，表示可选语法项；< >(尖括号)用于对可在语句中的多个位置使用的语法段或语法单元进行分组和标记，是不可默认的语法项。

关系代数表达式：新表=Π列表(δ条件表达式(基本表))

2. 简单查询示例

1)　选择指定的属性列

【例 6.1】 查询所有学生可选的课程信息。

```
SELECT  *  FROM  C        --*表示选择当前表的所有属性列
```

执行结果如表 6.1 所示。

表 6.1　执行结果(例 6.1)

课 程 号	课 程 名	学　分	预选课程号	教　师
C01	数据库	3	C04	陈弄清
C02	C 语言	4	C04	应刻苦
C03	数据结构	3	C02	管功臣
C04	计算机应用基础	2	NULL	李学成
C05	网络技术	NULL	C04	马努力

【例 6.2】 查询数据库 studentcourse 学生基本信息表 S 中学生的学号、姓名、所在系。

```
SELECT  学号,姓名,系  FROM  S
```

执行结果如表 6.2 所示。

表 6.2　执行结果(例 6.2)

学　号	姓　名	系
J0401	李丽	管理信息系
J0402	马俊萍	管理信息系
J0403	王永明	管理信息系

续表

学　号	姓　名	系
J0404	姚江	管理信息系
L0401	张云龙	路桥系
Q0401	陈小红	汽车系
Q0403	马劲力	汽车系

2)　消除结果集中的重复行

要求输出表格中不能有重复元组，则在 SELECT 后加 DISTINCT 关键字。

命令格式如下。

```
SELECT  DISTINCT  [属性列表]
```

【例 6.3】 查询所有被选修的课程。

```
SELECT  DISTINCT  课程号  FROM  SC
```

执行结果如表 6.3 所示。

表 6.3　执行结果(例 6.3)

课 程 号
C01
C02
C03
C04
C05

3)　设置属性列的别名

【例 6.4】 查询表 S 的学号和姓名信息，其中设置学号的别名为 xh，设置姓名的别名为 xm。

```
SELECT  学号  AS  xh, 姓名  AS  xm  FROM  S
```

或

```
SELECT  学号 AS  'xh ', 姓名  AS  'xm '  FROM  S
```

或

```
SELECT  学号 AS  [xh ], 姓名  AS  [xm]  FROM  S
```

或

```
SELECT  'xh'=学号, 'xm'=姓名  FROM  S
```

当自定义的别名有空格时，要用中括号或单引号括起来，并且可以省略 AS 关键字。

执行结果如表 6.4 所示。

表 6.4　执行结果(例 6.4)

xh	xm
J0401	李丽
J0402	马俊萍
J0403	王永明
…	…

4)　使用查询表达式

查询语句 SELECT 可直接查询表达式的值。

【例 6.5】 列出表 S 中学生的学号和出生年份情况。

```
SELECT  学号, 出生年份=year(出生日期)  FROM  S
```

或

```
SELECT  学号, year(出生日期)  as  出生年份  FROM  S
--year()返回日期所对应的年份
--year(出生日期) as 出生年份, 其中的 as 为指定的列定义别名(列标题)
```

执行结果如表 6.5 所示。

表 6.5　执行结果(例 6.5)

学　号	出生年份
J0401	1980
J0402	1970
J0403	1985
…	…

5)　限制结果集输出的行数

可以通过 TOP 子句限制输出记录行数。

(1)　命令格式。

```
SELECT  [TOP  n  [PERCENT ]]  [属性列表]
```

(2)　功能。

n 是一个介于 0 到 4294967295 之间的正整数，如果指定 PERCENT 关键字，则返回前百分之 n 条记录，n 必须是介于 0 到 100 之间的正整数。比如 SELECT TOP 3 表示输出查询结果集的前 3 行，SELECT TOP 3 PERCENT 表示输出查询结果集的前 3%记录行。

【例 6.6】 列出表 SC 中前 10%的记录信息。

```
SELECT  TOP  10  PERCENT  *  FROM  SC
```

运行结果如表 6.6 所示。

表 6.6　执行结果(例 6.6)

学　号	课 程 号	成　绩
C01	J0401	88
C01	J0402	90
C01	J0403	76

【例 6.7】 查询学生选课数据表 SC 中的前三条记录的信息。

```
SELECT TOP 3 * FROM SC
```

执行结果如表 6.7 所示。

表 6.7 执行结果(例 6.7)

学 号	课 程 号	成 绩
J0401	C01	88
J0401	C02	93
J0401	C03	99

6) INTO 子句的使用

【例 6.8】 将课程成绩 70 分以下的同学的成绩提高 5 分，然后把结果存储到新数据表“最新成绩”中。

```
SELECT 成绩+5 as 最新成绩 INTO 最新成绩 FROM SC WHERE 成绩<70
```

执行结果如表 6.8 所示。

表 6.8 执行结果(例 6.8)

最新成绩
72
63
60
70

【例 6.9】 求管理信息系学生的详细信息，并将这些信息另存到数据表“管理信息系”中。

```
SELECT * INTO 管理信息系 FROM S WHERE 系='管理信息系'
```

执行结果如表 6.9 所示。

表 6.9 执行结果(例 6.9)

学 号	姓 名	性 别	出生日期	系	电 话
J0401	李丽	女	1980-02-13 00:00:00.000	管理信息系	931-1234
J0402	马俊萍	女	1970-12-03 00:00:00.000	管理信息系	931-1288
J0403	王永明	男	1985-12-02 00:00:00.000	管理信息系	571-2233
J0404	姚江	男	1985-08-10 00:00:00.000	管理信息系	571-8848

6.1.3 表达式运算符

在 SELECT 查询语句中，WHERE 子句是可选的，条件表达式用于指定查询的记录所满足的条件。WHERE 子句实现了针对二维表格的选择运算，条件表达式中可以使用比较运算符、逻辑运算符、字符串运算符、连接运算符、日期时间比较运算符、集合成员资格运算符等，各类条件运算符如表 6.10 所示。

表 6.10　条件运算符

运算符分类	运 算 符	功 能
比较运算符	=、<、<=、>、>=	依次为等于、小于、小于或等于、大于、大于或等于
	!=、!< 、!>	依次为不等于(等同于<>)、不小于(等同于>=)、不大于(等同于<=)
逻辑运算符	AND 或&&	二元运算，当参与运算的子表达式全部返回 TRUE 时，整个表达式的最终结果为 TRUE
	OR 或|	二元运算，当参与运算的子表达式中有一个返回为 TRUE 时，整个表达式返回 TRUE
	NOT 或！	对参与运行的表达式结果取反
指定范围运算符	BETWEEN…AND 或 NOT BETWEEN…AND	如果操作数位于或不位于某一指定范围，则返回 TRUE(加 NOT 表示不位于某一指定范围)
集合成员资格运算符	IN 或 NOT IN	如果操作数与表达式列表中的任何一项匹配，则返回 TRUE(加 NOT 表示不匹配)
字符串运算符	LIKE 或 NOT LIKE	如果操作数与一种模式相匹配或不匹配，那么就为 TRUE(加 NOT 表示不匹配)
空值比较运算符	NULL 或 NOT NULL	如果操作的值为空，就为 TRUE(加 NOT 表示不为空)
谓词运算符	EXISTS	如果表达式的执行结果不为空，则返回 TRUE
	ANY	对 OR 操作符的扩展，将二元运算推广为多元运算
	ALL	对 AND 运算符的扩展，将二元运算推广为多元运算
	SOME	如果在一系列比较中，有某些子表达式的值为 TRUE，那么整个表达式返回 TRUE

下面通过举例来说明各运算符的功能。

1)　比较运算符

比较运算符如表 6.10 所示，用于比较两个表达式的值。比较运算返回的值为 TRUE 或 FLASE，当其中一个表达式的值为空值时，则返回 Unknow。

【例 6.10】 在基本表 S 中检索 1978-01-06 出生的学生情况。

```
SELECT  *  FROM  S
   WHERE  出生日期='1978-01-06'
```

执行结果如表 6.11 所示。

表 6.11　执行结果(例 6.10)

学 号	姓 名	性 别	出生日期	系	电 话
Q0403	马劲力	男	1978-01-0600:00:00.000	汽车系	571-1111

【例 6.11】 在基本表 S 中检索 1978 年及以后出生的学生情况。

```
SELECT  *  FROM  S  WHERE  year(出生日期)>=1978
```

或

```
SELECT  *  FROM  S  WHERE  year(出生日期)!<1978
```

执行结果如表 6.12 所示。

表 6.12　执行结果(例 6.11)

学　号	姓　名	性　别	出生日期	系	电　话
J0401	李丽	女	1980-02-13 00:00:00.000	管理信息系	931-1234
J0403	王永明	男	1985-12-02 00:00:00.000	管理信息系	571-2233
J0404	姚江	男	1985-08-10 00:00:00.000	管理信息系	571-8848
L0401	张云龙	男	1987-11-12 00:00:00.000	路桥系	NULL
Q0401	陈小红	女	1980-02-13 00:00:00.000	汽车系	571-1122

【例 6.12】 在基本表 S 中检索 1985-01-05 以后出生的学生情况。

```
SELECT  *  FROM  S  WHERE  出生日期>'1985-01-05'
```

或

```
SELECT  *  FROM  S  WHERE  出生日期>'1985.01.05'
```

执行结果如表 6.13 所示。

表 6.13　执行结果(例 6.12)

学　号	姓　名	性　别	出生日期	系	电　话
J0403	王永明	男	1985-12-02 00:00:00.000	管理信息系	571-2233
J0404	姚江	男	1985-08-10 00:00:00.000	管理信息系	571-8848
L0401	张云龙	男	1987-11-12 00:00:00.000	路桥系	NULL

【例 6.13】 在基本表 S 中检索 1980-04-15 以前出生的学生情况。

```
SELECT * FROM  S  WHERE  出生日期<'4/15/1980'
```

或

```
SELECT * FROM  S  WHERE  出生日期<'19800415'
```

执行结果如表 6.14 所示。

表 6.14　执行结果(例 6.13)

学　号	姓　名	性　别	出生日期	系	电　话
J0401	李丽	女	1980-02-13 00:00:00.000	管理信息系	931-1234
J0402	马俊萍	女	1970-12-03 00:00:00.000	管理信息系	931-1288
Q0401	陈小红	女	1980-02-13 00:00:00.000	汽车系	571-1122
Q0403	马劲力	男	1978-01-06 00:00:00.000	汽车系	571-1111

【例 6.14】 列出表 S 中管理信息系年龄小于 28 岁的学生的学号和出生年份情况。

```
SELECT  学号, year(出生日期)  as  出生年份  FROM  S
   WHERE  系 ='管理信息系'  and  (year(getdate())-year(出生日期))<28
```

执行结果如表 6.15 所示。

表 6.15　执行结果(例 6.14)

学　号	出生年份
J0403	1985
J0404	1985

注意： 函数 getdate()表示返回当前机器日期，year(getdate()) 函数可获得今年年份。表达式 year(getdate())-year(出生日期)表示年龄。

从上面这些与日期有关的例子中可得到以下信息。

使用系统日期函数可以进行 datetime 数据的算术运算。

使用等号(=)可以对日期和时间进行精确搜索匹配。以 12:00:00:000 AM(默认值)的精确时间形式返回年、月、日都完全匹配的日期和时间值。

若要搜寻日期或时间的一部分，可以使用 LIKE 运算符。SQL Server 首先把数据转换为 datetime 格式然后再转换为 varchar 格式。(参见例 6.17)

2)　字符串运算符

(1)　字符串比较运算符 LIKE。

通过比较运算符可以对字符串进行比较，根据模式匹配原理比较字符串，实现模糊查找。

格式如下。

```
s [NOT] LIKE  p  [ESCAPE'通配符字符']
```

s、p 是字符表达式，它们中可以出现通配符，ESCAPE 要求其后的每个字符作为实际的字符进行处理。通配符是特殊字符，用来匹配原字符串中的特定字符模式。这些注释符和通配符如表 6.16 所示。

表 6.16　T-SQL 注释符和通配符

模　式	含　义
%	s 中任意序列的 0 个或多个字符串进行匹配
-	可以与 s 中任意序列的一个字符串进行匹配
[a-d]	a 到 d 范围内的任一字符(包括它们自己)
[aef]	单个字符 aef
[^a-d]	a 到 d 范围(包括它们自己)以外字符
[^aef]	单个字符 aef 之外的任一字符

【例 6.15】 在表 S 中查询管理信息系学生的姓名。

```
SELECT  姓名  as  姓名,系  as  所在院系
   FROM  S
   WHERE 系  LIKE  '管理信息系'
```

执行结果如表 6.17 所示。

表 6.17　执行结果(例 6.15)

姓　名	所在院系
李丽	管理信息系
马俊萍	管理信息系
王永明	管理信息系
姚江	管理信息系

【例 6.16】 查询陈老师所教的课程信息。

```
SELECT  *  FROM  C
   WHERE  教师  LIKE  '陈%'
```

执行结果如表 6.18 所示。

表 6.18　执行结果(例 6.16)

课 程 号	课程名	学　分	预选课程号	教　师
C01	数据库	3	C04	陈弄清

【例 6.17】 在基本表 S 中检索出生日期包含 13 的学生情况。

```
SELECT * FROM  S  WHERE  出生日期  like  '%13%'
```

执行结果如表 6.19 所示。

表 6.19　执行结果(例 6.17)

学　号	姓　名	性　别	出生日期	系	电　话
J0401	李丽	女	1980-02-13 00:00:00.000	管理信息系	931-1234
Q0401	陈小红	女	1980-02-13 00:00:00.000	汽车系	571-1122

【例 6.18】 如果要找出姓名中不含有“红”字的学生情况，则在 LIKE 前增加 NOT。

```
SELECT  *  FROM  S
   WHERE  姓名  NOT  LIKE  '%红%'
```

执行结果如表 6.20 所示。

表 6.20　执行结果(例 6.18)

学　号	姓　名	性　别	出生日期	系	电　话
J0401	李丽	女	1980-02-13 00:00:00.000	管理信息系	931-1234
J0402	马俊萍	女	1970-12-03 00:00:00.000	管理信息系	931-1288
J0403	王永明	男	1985-12-02 00:00:00.000	管理信息系	571-2233
J0404	姚江	男	1985-08-10 00:00:00.000	管理信息系	571-8848
L0401	张云龙	男	1987-11-12 00:00:00.000	路桥系	NULL
Q0403	马劲力	男	1978-01-06 00:00:00.000	汽车系	571-1111

【例 6.19】 在基本表 S 中检索以“王”姓打头，名字由 1 个汉字组成的学生姓名。

```
SELECT 姓名 FROM S WHERE 姓名 LIKE '王_'
```

【例 6.20】 在基本表 S 中检索姓名为“王_”的学生姓名情况。

```
SELECT 姓名 FROM S WHERE 姓名 LIKE '王_'escape '_'
```

(2) 连接运算符。

“+”：连接运算符，把两个字符串连接起来，形成一个新的字符串。

例如命令 select 'abc'+'def'的运行结果为 abcdefgh。

3) 逻辑运算符

由逻辑运算符、逻辑常量、变量、函数及关系表达式组成，其结果仍是逻辑值。几种运算的结果如表 6.21 所示。

表 6.21　逻辑运算符对照表

逻辑表达式 A	逻辑表达式 B	逻辑非 NOT A	逻辑与 A.AND.B	逻辑或 A.OR.B
T	T	F	T	T
T	F	F	F	T
F	T	T	F	T
F	F	T	F	F

【例 6.21】 在基本表 S 中检索 1975 年出生或者姓王的学生情况。

```
SELECT * FROM S
  WHERE year(出生日期)=1975 OR 姓名 LIKE '王%'
```

执行结果如表 6.22 所示。

表 6.22　执行结果(例 6.21)

学　号	姓　名	性　别	出生日期	系	电　话
J0403	王永明	男	1985-12-02 00:00:00.000	管理信息系	571-2233

【例 6.22】 在基本表 S 中检索在 1970 年到 1980 年之间出生的学生情况。

```
SELECT * FROM S
  WHERE year(出生日期)>1970  and  year(出生日期)<1980
```

执行结果如表 6.23 所示。

表 6.23　执行结果(例 6.22)

学　号	姓　名	性　别	出生日期	系	电　话
Q0403	马劲力	男	1978-01-06 00:00:00.000	汽车系	571-1111

【例 6.23】 在基本表 S 中检索不在管理信息系的学生情况。

```
SELECT * FROM S WHERE not (系='管理信息系')
```

或

```
SELECT * FROM S WHERE 系!='管理信息系'
```

执行结果如表 6.24 所示。

表 6.24　执行结果(例 6.23)

学　号	姓　名	性　别	出生日期	系	电　话
L0401	张云龙	男	1987-11-12 00:00:00.000	路桥系	NULL
Q0401	陈小红	女	1980-02-13 00:00:00.000	汽车系	571-1122
Q0403	马劲力	男	1978-01-06 00:00:00.000	汽车系	571-1111

4)　指定范围运算符

WHERE 子句中可以用 BETWEEN…AND…来限定一个值的范围。

(1)　格式。

```
表达式 1 [NOT] BETWEEN 表达式 2 AND 表达式 3
```

注意，表达式 2 的值不能大于表达式 3 的值。

(2)　功能。

表达式“成绩 BETWEEN 65 AND 70”与表达式“成绩>=65 and 成绩<=70”等价。

表达式“成绩 NOT BETWEEN 65 AND 70”与表达式“成绩<65 and 成绩>70”等价。

【例 6.24】　查询成绩在 65 到 70 之间的学生学号、课程号、成绩。

```
SELECT  学号,课程号,成绩 FROM SC  WHERE  成绩  BETWEEN  65 AND 70
```

或

```
SELECT 学号,课程号,成绩 FROM  SC WHERE 成绩>=65 AND 成绩<=70
```

执行结果如表 6.25 所示。

表 6.25　执行结果(例 6.24)

学　号	课 程 号	成　绩
J0402	C05	70
J0403	C02	67
Q0403	C05	65

【例 6.25】　在 S 中检索不在 1980 年出生的学生学号与姓名信息。

```
SELECT  *  FROM  S  WHERE  出生日期  not  BETWEEN  '1980-01-01'  AND  '1980-
12-31'
```

执行结果如表 6.26 所示。

表 6.26　执行结果(例 6.25)

学　号	姓　名	性　别	出生日期	系	电　话
J0402	马俊萍	女	1970-12-03 00:00:00.000	管理信息系	931-1288
J0403	王永明	男	1985-12-02 00:00:00.000	管理信息系	571-2233
J0404	姚江	男	1985-08-10 00:00:00.000	管理信息系	571-8848
L0401	张云龙	男	1987-11-12 00:00:00.000	路桥系	NULL
Q0403	马劲力	男	1978-01-06 00:00:00.000	汽车系	571-1111

5)　集合成员资格运算符

集合成员资格运算符 IN 可以比较表达式的值与值表中的值是否匹配，如果匹配，则返回 TRUE，否则返回 FALSE。格式如下：

```
表达式 1 [NOT] IN (表达式 2[,…n])
```

【例 6.26】 查询成绩为 70、80、90 分的学生的学号、课程号、成绩。

```
SELECT 学号,课程号,成绩 FROM SC WHERE 成绩 IN (70,80,90)
```

执行结果如表 6.27 所示。

表 6.27　执行结果(例 6.26)

学　号	课 程 号	成　绩
J0402	C01	90
J0402	C05	70
L0401	C01	80
Q0401	C01	90

【例 6.27】 在 S 中检索学生学号不是 G0401、G0402 和 J0403 的学生信息。

```
SELECT * FROM S
    WHERE 学号
        not in ('G0401','G0402','J0403')
```

等价于

```
SELECT * FROM S
    WHERE 学号 <>'G0401'
        and 学号 <>'G0402'
        and 学号 <>'J0403'
```

执行结果如表 6.28 所示。

表 6.28　执行结果(例 6.27)

学　号	姓　名	性　别	出生日期	系	电　话
J0401	李丽	女	1980-02-13 00:00:00.000	管理信息系	931-1234
J0402	马俊萍	女	1970-12-03 00:00:00.000	管理信息系	931-1288
J0404	姚江	男	1985-08-10 00:00:00.000	管理信息系	571-8848
L0401	张云龙	男	1987-11-12 00:00:00.000	路桥系	NULL
Q0401	陈小红	女	1980-02-13 00:00:00.000	汽车系	571-1122
Q0403	马劲力	男	1978-01-06 00:00:00.000	汽车系	571-1111

【例 6.28】 在 SC 中检索课程号是 C01、C02 和 C03 的学生成绩信息。

```
SELECT 学号,成绩 FROM SC
    WHERE 课程号 in ('c01','c02','c03')
```

等价于

```
SELECT 学号,成绩 FROM  SC
    WHERE  课程号 ='c01'or 课程号 ='c02' or 课程号 ='c03'
```

6) 空值比较运算符

SQL 中允许列值为空，空值用保留字 NULL 表示。查询空值操作不是用='null'，而是用 IS NULL 来测试。

(1) 格式。

```
表达式 IS [NOT]  NULL
```

(2) 功能。

默认为 NOT 时，若表达式的值为空，返回 TRUE，否则返回 FLASE。

【例 6.29】 查询缺少成绩的学生的学号和相应的课程号。(某些学生选修课程后没有参加考试，所以有选课记录，但没有考试成绩。)

```
SELECT 学号,课程号  FROM SC   WHERE 成绩 IS NULL
```

【例 6.30】 查询有选修成绩的学生的学号和相应的课程号。

```
SELECT 学号,课程号  FROM SC   WHERE 成绩 IS NOT NULL
```

6.2 排 序 子 句

1．格式

```
SELECT <列表> [INTO <新表> ]
    FROM <基本表>(或视图序列)
         [WHERE <条件表达式>]
         [ORDER BY 属性名[ASC|DESC] [,…n]]     --排序子句
```

2．功能

排序子句“ORDER BY[属性名[ASC|DESC][,…n]]”设置信息输出的排序规则，用户可以按照一个或多个属性列升序(ASC)或降序(DESC)排列查询结果。默认[ASC|DESC]选项时，系统默认为升序排列。当指定 ASC 选项时，将最先显示属性列为空值的记录。当指定 DESC 选项时，将最后显示属性列为空值的记录。

除非同时指定了 TOP，否则 ORDER BY 子句在视图、内联函数、派生表和子查询中无效。ORDER BY 子句中不能使用 ntext、text 和 image 列。

【例 6.31】 将所有女生按年龄升序排序。

```
SELECT  *
   FROM  S
      WHERE  性别='女'
      ORDER  BY  出生日期  ASC
```

执行结果如表 6.29 所示。

表 6.29 执行结果(例 6.31)

学 号	姓 名	性 别	出生日期	系	电 话
J0402	马俊萍	女	1970-12-03 00:00:00.000	管理信息系	931-1288
Q0401	陈小红	女	1980-02-13 00:00:00.000	汽车系	571-1122
J0401	李丽	女	1980-02-13 00:00:00.000	管理信息系	931-1234

【例 6.32】 将 SC 数据表中的信息按学生学号升序，课程号降序排列。

```
SELECT  *
    FROM  SC
        ORDER  BY  学号,课程号  DESC
```

执行结果如表 6.30 所示。

表 6.30 执行结果(例 6.32)

学 号	课 程 号	成 绩
J0401	C05	86
J0401	C04	89
J0401	C03	99
J0401	C02	93
J0401	C01	88
J0402	C02	85
J0402	C01	90
J0403	C05	82
L0401	C01	80
Q0401	C05	92
Q0401	C01	90

【例 6.33】 在 SC 表中，查询学号为 J0401 的学生获得最高成绩的课程号。

```
SELECT  TOP  1  学号,课程号,成绩  FROM  SC
    WHERE  学号='J0401'
    ORDER  BY  成绩  DESC
```

执行结果如表 6.31 所示。

表 6.31 执行结果(例 6.33)

学 号	课 程 号	成 绩
J0401	C03	99

【例 6.34】 在 SC 表中，找出选修了课程号为 C02 的学生选课信息，而且课程成绩最高的前两位同学。

```
SELECT  TOP  2  *  FROM  SC
    WHERE  课程号='c02'
```

```
ORDER BY 成绩 DESC
```

执行结果如表 6.32 所示。

表 6.32 执行结果(例 6.34)

学　号	课 程 号	成　绩
J0401	C02	93
J0402	C02	85

6.3 连 接 运 算

一个数据库中的多个表之间一般都存在某种内在联系，若一个查询同时涉及两个以上的表，则称之为连接查询。

6.3.1 谓词连接

1. 条件连接

在 WHERE 子句中使用比较运算符给出连接条件对表进行连接。

1) 格式。

```
WHERE 表名1. 列名1 比较运算符 表名2. 列名2
```

2) 功能。

各连接列名的类型必须是可以比较的。当查询的信息涉及多张数据表时，往往先读取 FORM 子句中基本表或视图的数据，执行广义笛卡儿积，在广义笛卡儿积中选取满足 WHERE 子句中给出的条件表达式的记录行。当引用一个在多张数据表中均存在的属性时，则要明确指出这个属性的来源表。关系中属性的引用格式为<关系名>.<属性名。

当比较运算符是“=”时，就是自然连接，即按照两个表中的相同属性进行等值连接，并且目标列中去掉了重复的属性列，保留了所有不重复的属性列。

【例 6.35】 查询数据库中管理信息系学生的学号、姓名、选修的课程号及成绩。

```
SELECT S.学号,姓名,课程号,成绩
FROM S,SC
WHERE S.学号=SC.学号 AND 系='管理信息系'
```

执行结果如表 6.33 所示。

表 6.33 执行结果(例 6.35)

学　号	姓　名	课 程 号	成　绩
J0401	李丽	C01	88
J0401	李丽	C02	93
J0401	李丽	C03	99
J0401	李丽	C04	89

续表

学　号	姓　名	课 程 号	成　绩
J0401	李丽	C05	86
J0402	马俊萍	C01	90
…	…	…	…

【例 6.36】 查询所有学生的情况，以及他们选修的课程号和成绩。

```
SELECT  S.*,SC.课程号,SC.成绩
   FROM   S,SC
      WHERE   S.学号=SC.学号
```

S.*表示 S 数据表中的所有属性信息。SC.课程号表示引用 SC 表中的课程号属性。上述命令在 S 与 SC 表进行广义笛卡儿的基础上选择满足两表学号相等(S.学号=SC.学号)的条件的记录行。

【例 6.37】 查询所有学生的姓名，及他们选修的课程名和得分。

```
SELECT S.姓名 ,C.课程名 ,SC.成绩
   FROM S,C,SC
      WHERE S.学号=SC.学号 AND C.课程号=SC.课程号
```

上述命令在 S、C、SC 表进行广义笛卡儿的基础上选择满足三个数据表学号相等(S.学号=SC.学号　AND　C.课程号=SC.课程号)的记录行。

2. 自身连接

1)　格式

```
SELECT  [表名1或表名2].列名  FROM  表1 as 表名1,表1 as 表名2
   WHERE  表名1. 列名1   比较运算符   表名2. 列名2
```

2)　功能

自身连接时，查询涉及同一个关系数据表的两个甚至更多个记录，也就是参与连接的两个表都是某一基本表的副表。

【例 6.38】 查询与“王永明”在同一个系学习的学生。

```
SELECT  S1.学号,S1.姓名,S1.系
    FROM     S  S1,S  S2
        WHERE  S1.系 = S2.系 AND   S2.姓名= '王永明'
```

执行结果如表 6.34 所示。

表 6.34　执行结果(例 6.38)

学　号	姓　名	系
J0401	李丽	管理信息系
J0402	马俊萍	管理信息系
J0403	王永明	管理信息系
J0404	姚江	管理信息系

【例 6.39】 在数据表 C 中求每一门课程的间接先行课。如果 Y 是 X 的先行课程，Z 是 Y 的先行课程，则 Z 是 X 的间接先行课程。

```
SELECT  first.课程号,second. 预选课程号
   FROM  C  AS  first,C  AS  second
      WHERE  first. 预选课程号 = second.课程号
```

在例 6.39 中，实际上是要找出每一门课程的先行课的先行课，即间接先行课。数据信息只来源于一张表，因此，我们通过子句 FROM C AS first,C AS second 定义 C 表的别名为 first、second，将 C 表看作两张数据表，通过 C 表自身连接产生广义笛卡儿积(4 列 25 行)，这 4 列分别是 first.课程号、first.预选课程号、second.课程号、second. 预选课程号，当一记录行满足条件 first. 预选课程号=second.课程号时，则列 second. 预选课程号的值是列 first.课程号的预选课程。

当为表指定别名时，如果在 SELECT 子句中需要限定源表的属性列名，则必须使用源表的别名。如果使用表名来限定，则会出现“列前缀 C 与查询中所用的表名或别名不匹配”的出错信息。

执行结果如表 6.35 所示。

表 6.35 执行结果(例 6.39)

FIRST 表

课程号	预选课程号
C01	C04
C02	C04
C03	C02
C04	NULL
C05	C04

SECOND 表

课程号	预选课程号
C01	C04
C02	C04
C03	C02
C04	NULL
C05	C04

结果表

课程号	预选课程号
C01	NULL
C02	NULL
C03	C04
C05	NULL

6.3.2 JOIN 连接

1. 内连接

1) 格式

```
SELECT  列名  FROM  表 1  INNER  JOIN  表 2  ON  <连接的条件>
```

2) 功能

INNER JOIN 内连接按照 ON 指定的连接条件合并两个表，只返回满足条件的行，也可用于多个表的连接。只返回符合查询条件或连接条件的行作为结果集，即删除所有不符合限定条件的行。

【例 6.40】 查询选修了 C01 号课程且成绩及格的学生姓名及成绩。其中，INNER 关键字可省略。

```
SELECT  姓名,成绩
    FROM S  JOIN  SC ON S.学号=SC.学号          --左表是 S,右表是 SC
```

```
        WHERE 课程号='C01' AND 成绩 >=60
```

或

```
SELECT  姓名,成绩
   FROM S,SC
       WHERE S.学号=SC.学号   and  课程号='C01' AND 成绩 >=60
```

执行结果如表 6.36 所示。

表 6.36　执行结果(例 6.40)

姓　名	成　绩
李丽	88
马俊萍	90
王永明	76
张云龙	80
陈小红	90
马劲力	77

2．外连接

外连接不但包含满足条件的行，还包括相应表中的所有行，只能用于两个表的连接。实际上基本表的外连接操作可以分为 3 类。

1)　左外连接

(1)　格式。

```
SELECT  列名  FROM  表 1   LEFT  OUTER  JOIN  表 2  ON  <连接的条件>
```

(2)　功能。

返回满足条件的行及左表中所有的行。如果左表的某条记录在右表中没有匹配记录，则在查询结果中右表的所有选择属性列用 NULL 填充。

2)　右外连接

(1)　格式。

```
SELECT  列名  FROM  表 1  RIGHT  OUTER   JOIN  表 2  ON  <连接的条件>
```

(2)　功能。

返回满足条件的行及右表所有的行。如果右表的某条记录在左表中没有匹配记录，则在查询结果中左表的所有选择属性列用 NULL 填充。

3)　全外连接

(1)　格式。

```
SELECT  列名  FROM  表 1  FULL  OUTER  JOIN  表 2  ON  <连接的条件>
```

(2)　功能。

返回满足条件的行及左右表所有的行。当某条记录在另一表中没有匹配记录，则在查

询结果中对应的选择属性列用 NULL 填充。

其中，OUTER 关键字均可省略。

【例 6.41】 检索每个学生的姓名、选修课程和成绩，没有选修的同学也列出。

方法一：左连接，将左表 S 中的所有记录显示出来，不管右边 SC 表中有没有对应记录。

```
SELECT  S.姓名, SC.课程号,SC.成绩
    FROM  S   LEFT   JOIN  SC  ON  S.学号 = SC.学号       --左表是 S,右表是 SC
```

或

方法二：右连接，将右表 S 中的所有记录显示出来，不管左表 SC 表中有没有对应记录。

```
SELECT  S.姓名, SC.课程号,SC.成绩
    FROM  SC  RIGHT  JOIN  S  ON  S.学号 = SC.学号       --左表是 SC,右表是 S
```

执行结果如表 6.37 所示。

表 6.37 执行结果(例 6.41)

姓 名	课 程 号	成 绩
李丽	C01	88
李丽	C02	93
李丽	C03	99
李丽	C04	89
李丽	C05	86
马俊萍	C01	90
…	…	…
王永明	C01	76
…	…	…
姚江	NULL	NULL
…	…	…

【例 6.42】 检索每个学生的姓名、选修课程，没有选修的同学和没有被选修的课程也列出。

```
SELECT  SSC.姓名,C.课程号
    FROM  C  FULL  JOIN (
        SELECT  S.姓名, SC.课程号,SC.成绩
            FROM  S  LEFT  JOIN  SC  ON S.学号 = SC.学号  )
    AS  SSC          --子查询,查询结果为记录集，定义结果记录集别名为 SSC。
    ON C.课程号 = SSC.课程号
```

数据表 C 与子查询结果集 SSC 完全外连接。

执行结果如表 6.38 所示。

表 6.38　执行结果(例 6.42)

姓　名	课 程 号
李丽	C01
马俊萍	C01
王永明	C01
张云龙	C01
陈小红	C01
马劲力	C01
李丽	C02
姚江	NULL

3．交叉连接

1)　格式

```
SELECT 列名 FROM 表1 CROSS JOIN 表2
```

2)　功能

相当于广义笛卡儿积。不能加筛选条件，即不能带 WHERE 子句。结果表是第一个表的每行与第二个表的每行拼接后形成的表，结果表的行数等于两个表行数之积。

【例 6.43】 列出所有学生所有可能的选课情况。

```
SELECT 学号,姓名,课程号,课程名 FROM S CROSS JOIN C
```

如果有七名学生，五门课程，则交叉连接后，记录行数为 35 行。

6.4　聚合函数

1．聚合函数

SQL 提供了许多集合函数，用来统计汇总信息，常用的包括以下几种。

COUNT([DISTINCT/ALL] *)：统计元组的个数。

COUNT([DISTINCT/ALL] 数值表达式)：统计一列中值的个数，除非使用 DISTINCT，否则，重复元组的个数也计算在内。

SUM([DISTINCT/ALL] 数值表达式)：计算一列值的总和(该列必须是数值型)。

AVG([DISTINCT/ALL] 数值表达式)：计算一类值的平均值(该列必须是数值型)。

MAX([DISTINCT/ALL] 表达式)：求一列值中的最大值。

MIN([DISTINCT/ALL] 表达式)：求一列值中的最小值。

聚合函数对一组值执行计算，并返回单个值。除了 COUNT 以外，聚合函数都会忽略空值。在 SELECT 子句、HAVING 子句和 COMPUTE 子句或 COMPUTE BY 子句中可以使用聚合函数，在 WHERE 子句中不能使用聚合函数。

2. 示例

【例 6.44】 求男学生的总人数和平均年龄。

```
SELECT  COUNT(*)  AS  RENCOUNT,avg(year(getdate())-year(出生日期)) as  平均
年龄
 FROM   S WHERE 性别= '男'
```

执行结果如表 6.39 所示。

表 6.39　执行结果(例 6.44)

RENCOUNT
7

【例 6.45】 查询选修了 c01 课程的总人数及这门课的平均成绩。

```
SELECT  COUNT(DISTINCT  学号)  AS  选修 C01 课程人数,AVG(成绩)  AS  平均成绩
    FROM  SC   WHERE  课程号='C01'
```

执行结果如表表 6.40 所示。

表 6.40　执行结果(例 6.45)

选修 C01 课程人数	平均成绩
6	83

【例 6.46】 查询选修了 C01 课程的学生的最高分和最低分

```
SELECT  MAX(成绩)  AS  课程 C01 最高分,MIN(成绩)  AS  课程 C01 最低分
    FROM  SC   WHERE  课程号='C01'
```

执行结果如表 6.41 所示。

表 6.41　执行结果(例 6.46)

课程 C01 最高分	课程 C01 最低分
90	76

6.5　分组汇总与分类汇总

6.5.1　分组汇总

1. 格式

```
SELECT  列名表(逗号隔开)
    FROM  基本表或视图序列
        [WHERE  条件表达式] --条件子句
        [GROUP  BY  [ALL]  属性名表] --分组子句
            [HAVING  组条件表达式] --组条件子句
```

2. 功能

根据分组子句[GROUP BY 属性名表]对表中的记录行进行分组。使用了 GROUP BY 子句后，将为结果集中的每一行产生聚合值。

(1) text、ntext、image 类型的属性列不能用于分组表达式。

(2) SELECT 子句中的列表只能包含在 GROUP BY 中指定的列或在聚合函数中指定的列。例如执行如下命令。

```
SELECT  学号，课程号  FROM  SC  GROUP  BY  课程号
```

将会出现“列 'SC.学号' 在选择列表中无效，因为该列既不包含在聚合函数中，也不包含在 GROUP BY 子句中”的错误信息。

解决方法：

方法一：将 SELECT 子句中的字段学号删除。

```
SELECT  课程号  FROM  SC  GROUP  BY  课程号
```

方法二：在 GROUP BY 子句中增加学号字段。

```
SELECT 学号，课程号  FROM  SC  GROUP  BY 学号，课程号
```

(3) 如果 SELECT 子句不包含汇总函数，查询结果将按分类字段排序。

【例 6.47】 从 SC 表中查询被学生选修了的课程。

```
SELECT 课程号  FROM  SC  GROUP  BY 课程号
```

执行结果如表 6.42 所示。

表 6.42　执行结果(例 6.47)

课 程 号
C01
C02
C03
C04
C05

子句“GROUP BY 课程号”不但使查询结果按分类字段排序，而且去除了重复的元组。如果没有分组子句“GROUP BY”课程号，则查询结果不会排序，而且存在重复的元组。例如：

```
SELECT  课程号  FROM  SC
```

(4) SELECT 子句如果包含汇总函数，则分类计算。

【例 6.48】 查询数据库中各个系的学生人数。

```
SELECT  系,COUNT(*)  AS  各系学生人数
    FROM  S
    GROUP  BY  系
```

执行结果如表 6.43 所示。

表 6.43　执行结果(例 6.48)

各系学生人数
4
1
2

(5) SELECT 子句中还可以包含 ALL 关键字与 WHERE 子句。

① 包含 WHERE 子句。

如果查询命令在使用 WHERE 子句的同时，又进行分组，则语句的执行顺序是先筛选出满足条件子句的记录集，然后对此记录集进行分组。

【例 6.49】 查询每个学生的课程成绩在 88 分以上的课程的平均成绩。

```
SELECT 学号 ,avg(成绩) as 平均成绩
   FROM SC
      WHERE 成绩>88
      GROUP  BY 学号
```

上述命令首先筛选出成绩大于 88 分的记录集，然后在此记录集的基础上按照学号进行分组。

执行结果如表 6.44 所示。

表 6.44　执行结果(例 6.49)

学　号	平均成绩
J0401	93
J0402	90
Q0401	91

② 包含 ALL 关键字。

如果在分组子句中使用 ALL 关键字，则忽略 WHERE 子句指定的条件，查询结果包含不满足 WHERE 子句的分组，相应属性列的值用空值填充。

【例 6.50】 查询每个学生的课程成绩在 88 分以上的课程的平均成绩(不满足的成绩以空值代替)。

```
SELECT  学号 ,avg(成绩)  as 平均成绩
   FROM  SC
      where 成绩>88
      GROUP  BY all 学号
```

执行结果如表 6.45 所示。

表 6.45　执行结果(例 6.50)

学　号	平均成绩
J0401	93
J0402	90
J0403	NULL
L0401	NULL
Q0401	91
Q0403	NULL

(6)　HAVING 子句。

先分组，后使用 HAVING 子句对分组后的记录进行筛选。

【例 6.51】 查询选修课程在 4 门及以上并且成绩都在 65 分以上的学生的学号和平均成绩。

```
SELECT  学号,AVG(成绩) AS  平均成绩  FROM  sc
    WHERE  成绩>=65
    GROUP  BY  学号   HAVING  COUNT(课程号)>=4
```

执行结果如表 6.46 所示。

表 6.46　执行结果(例 6.51)

学　号	平均成绩
J0401	91
J0402	80
L0401	76

6.5.2　分类汇总

使用汇总功能可以轻松实现分类汇总等功能。COMPUTE 子句用于分类汇总，它将产生额外的汇总行，非常清晰直观，而且可以使用集函数。WITH　CUBE 子句对所有分组字段执行汇总。功能如表 6.47 所示。

表 6.47　分类汇总功能

关 键 字	功　能
COMPUTE	将汇总信息以独立结果集的形式显示出来，即生成的合计信息作为附加的汇总列出，显示在结果集的最后
WITH CUBE	用于显示各个字段所有组合的聚合值

1. COMPUTE 子句

1)　格式

```
SELECT <列表> [INTO <新表> ]
    FROM <基本表>(或视图序列)
        [WHERE <条件表达式>]
        [COMPUTE     集函数(列名)]
```

2)　功能

COMPUTE 子句后直接跟需要被汇总(聚合)的字段，并通过其自带的 BY 子句指定分组依据，但要求 COMPUTE BY 后跟的关键字，必须出现在 ORDER BY 中。否则不能正确执行。

【例 6.52】 查询管理信息系学生的学号，姓名，并产生一个学生总人数行.

```
SELECT  学号,姓名,系  FROM  S
    WHERE  系='管理信息系'
```

```
COMPUTE  COUNT(学号)
```

执行结果如表 6.48 所示。

表 6.48 执行结果(例 6.52)

(a)

学 号	姓 名	系
J0401	李丽	管理信息系
J0402	马俊萍	管理信息系
J0403	王永明	管理信息系
J0404	姚江	管理信息系

(b)

cnt
4

2. WITH CUBE 子句

1) 格式

```
SELECT <列表> [INTO <新表> ]
   FROM <基本表>(或视图序列)
       [WHERE <条件表达式>]
       [ORDER BY 属性名[ASC|DESC] [,…n]]     --排序子句
       [GROUP BY  [ALL] 属性名表] --分组子句
       [WITH  CUBE]
```

2) 功能

CUBE 子句与 GROUP WITH 联合使用，可以按照 GROUP WITH 中指定的字段对整个数据表进行分类汇总。分类汇总时，会对 GROUP BY 中指定的所有字段进行组合汇总。并且使用 GROUPING 函数将执行汇总所得的那条记录标识为‘1’，可以很清楚地区分查询结果中带‘NULL’值的记录，哪些是原记录中含有 NULL 值字段的记录，而哪些是新生成的汇总记录。

【例 6.53】 查询每个学生的平均成绩，并汇总所有学生所有课程成绩的平均分。

```
SELECT  学号 ,avg(成绩)  as  平均成绩  FROM  SC
   GROUP  BY  学号  WITH  CUBE        ---所有学生所有课程成绩的平均分。
```

执行结果如表 6.49 所示。

表 6.49 执行结果(例 6.53)

学 号	平均成绩
J0401	91
J0402	80
J0403	67
L0401	76
Q0401	91
Q0403	71
NULL	79

6.6　子　查　询

子查询(也叫嵌套查询)是一个嵌套在 SELECT、INSERT、UPDATE 或 DELETE 语句或其他子查询中的 WHERE 子句或 HAVING 子句的条件中的 SELECT 查询，它要用圆括号括起来，即在查询条件中，可以使用另一个查询的结果作为条件的一部分的查询。如果子查询返回的是单个值，则任何允许使用表达式的地方都可以使用子查询。子查询与外查询的语法相同，包含子查询的语句也称为外部查询。子查询的层层嵌套方式反映了 SQL 语言的结构化。一个 SELECT-FROM-WHERE 语句称为一个查询块。子查询不能使用 ORDER BY 子句，但有些子查询可以用连接运算替代。通常使用子查询表示时可以使复杂的查询分解为一系列的逻辑步骤，条理清晰，但它的查询最终结果只能来自于一张表，而使用连接查询时，它的查询结果可以来自于多张表并有执行速度快的优点。

6.6.1　子查询的制约规则

根据可用内存和查询中其他表达式的复杂程度不同，嵌套限制也有所不同，个别查询可能不支持 32 层嵌套，但嵌套到 32 层是可能的。子查询的使用规则如下。

(1) 子查询的选择列表中不允许出现 ntext、text 和 image 数据类型。

(2) 包括 GROUP BY 的子查询不能使用 DISTINCT 关键字。

(3) 不能指定 COMPUTE 和 INTO 子句。

(4) 只有在子查询中使用 TOP 关键字，才可以指定 ORDER BY 子句。

(5) 由子查询创建的视图不能更新。

(6) 如果外部查询的 WHERE 子句包括某个列名，则该子句必须与子查询选择列表中的该列在连接上兼容。

(7) 通过比较运算符引入的子查询选择列表只能包括一个表达式或列名称(对 SELECT * 执行的 EXISTS 或对列表执行的 IN 子查询除外)。

(8) 由于必须返回单个值，所以由未修改的比较运算符(即后面未跟关键字 ANY 或 ALL 的运算符)引入的子查询不能包含 GROUP BY 和 HAVING 子句。

(9) 不能在 ORDER BY、GROUP BY 或 COMPUTE BY 之后使用子查询。

(10) 子查询中不能使用 UNION 关键字。

(11) LOB(大对象数据)类型的字段不能作为子查询的比较条件。

6.6.2　无关子查询(不相关子查询)

不相关子查询的查询条件不依赖于父查询，是由里向外逐层处理。即每个子查询在上一级查询处理之前求解，子查询的结果用于建立其父查询的查找条件。

许多包含子查询的 T-SQL 语句都可以改为用连接表示。例如，那些在语义上等效但在性能方面通常没有区别的查询都可以采用子查询的语句或不包括子查询的连接语句。但是，在一些必须检查存在性的情况中，使用连接会产生更好的性能。因为包括子查询的语

句为确保消除重复值，必须为外部查询的每个结果都处理嵌套查询。

1. 用作查询语句中的列表达式的子查询

子查询用作表达式时不能包括 GROUP BY 和 HAVING 子句，引入的子查询必须返回单个值而不是值列表。

【例 6.54】 查询学生的学号、姓名、所有学生所有课程的最高成绩。

```
SELECT  distinct  S.学号,S.姓名,(SELECT  MAX(成绩) FROM  SC) AS  max成绩
    FROM  S ,SC
        WHERE  S.学号 = SC.学号
```

执行结果如表 6.50 所示。

表 6.50 执行结果(例 6.54)

学 号	姓 名	max 成绩
J0401	李丽	99
J0402	马俊萍	99
J0403	王永明	99
L0401	张云龙	99
Q0401	陈小红	99
Q0403	马劲力	99

【例 6.55】 查询学生的学号、课程号及对应成绩与所有学生所有课程的最高成绩的百分比。

```
SELECT  学号,课程号,与最高成绩之百分比=成绩*100/(SELECT  max(成绩)  from  SC )
    FROM  SC
```

执行结果如表 6.51 所示。

表 6.51 执行结果(例 6.55)

学 号	课 程 号	与最高成绩之百分比
J0401	C01	88
J0401	C02	93
J0401	C03	100
J0401	C04	89
J0401	C05	86
…	…	…

【例 6.56】 查找学号为 J0401 的成绩、全部课程的平均成绩，以及每门成绩与全部课程的平均成绩之间的距离。

```
SELECT 学号, 成绩,(SELECT AVG(成绩) FROM SC) AS average,
    成绩 -(SELECT AVG(成绩) FROM SC) AS difference
    FROM SC
    WHERE 学号='J0401'
```

执行结果如表 6.52 所示。

表 6.52　执行结果(例 6.56)

学　号	成　绩	average	difference
J0401	88	77	11
J0401	93	77	16
J0401	99	77	22
J0401	89	77	12
J0401	86	77	9

2. 使用比较运算符的子查询

当用户能确切知道内层查询返回的是单值时，可以在父查询和子查询之间用比较运算符(=，>，<，>=，<=，!=，<>)进行连接。也可以结合谓词 ANY 和 ALL 进行查询，比较运算符之后未接关键字 ANY 或 ALL 时，引入的子查询不能包括 GROUP BY 和 HAVING 子句，引入的子查询必须返回单个值而不是值列表。

【例 6.57】 查询陈小红同学的学号及所选修的课程号。

方法一：SELECT 子查询。

```
SELECT 学号,课程号  FROM  SC
   WHERE 学号=(SELECT 学号  FROM  S   WHERE 姓名 = '陈小红')
```

该示例也可以用以下 SELECT 连接查询获得相同的结果集。

方法二：SELECT　连接。

```
SELECT 学号,课程号
FROM S JOIN SC
     ON (S.学号 = SC.学号)
WHERE 姓名 = '陈小红'
```

执行结果如表 6.53 所示。

表 6.53　执行结果(例 6.57)

学　号	课 程 号
Q0401	C01
Q0401	C05

如果上面示例的查询结果加一个“姓名”属性，则会出错。

```
SELECT 学号,课程号,S.姓名   FROM   SC
    WHERE 学号=
       (SELECT 学号  FROM   S   WHERE 姓名 = '陈小红')
```

执行结果将会出现错误信息“列前缀‘S’与查询中所用的表名或别名不匹配”。

因为只出现在子查询中而不出现在外部查询中的数据表的属性列，不能在外部查询的选择列表中出现。而上述命令中的外部查询出现了属性列 s.姓名，它来源于子查询中的数据表。

【例 6.58】 查找所有成绩高于平均成绩的学生的学号。

```
SELECT  DISTINCT  学号    FROM   SC
    WHERE  成绩 >(SELECT  avg(成绩)   FROM  SC)
```

执行结果如表 6.54 所示。

表 6.54　执行结果(例 6.58)

学　号
J0401
J0402
J0403
L0401
Q0401

3. 使用谓词 ALL 的子查询

谓词 ALL 用于指定表达式与子查询结果集中的每个值都进行比较，当表达式与每个值都满足比较关系时，才返回 TRUE，否则返回 FALSE。

ALL 引入的子查询语法如下。

```
WHERE  表达式 1  比较运算符 [ NOT ] ALL ( 子查询)
```

子查询的结果集的列必须与表达式 1 有相同的数据类型。结果类型为布尔型。

S>ALL　R：当 S 大于子查询 R 中的每一个值时，该条件为真(TRUE)。

NOT　S>ALL　R：当且仅当 S 不是 R 中的最大值时，该条件为真(TRUE)。

【例 6.59】　查询比所有汽车系的学生年龄都小的学生。

```
SELECT  *  FROM  S
    WHERE  出生日期> ALL(SELECT 出生日期  FROM S WHERE  系='汽车系')
```

执行结果如表 6.55 所示。

表 6.55　执行结果(例 6.59)

学　号	姓　名	性　别	出生日期	系	电　话
J0403	王永明	男	1985-12-02 00:00:00.000	管理信息系	571-2233
J0404	姚江	男	1985-08-10 00:00:00.000	管理信息系	571-8848
L0401	张云龙	男	1987-11-12 00:00:00.000	路桥系	NULL

【例 6.60】　检索不选修 C02 课程的学生的姓名与年龄。

```
SELECT  姓名,year(getdate())-year(出生日期)  as  年龄   FROM S
      WHERE  学号< >ALL (SELECT  学号  FROM  SC   WHERE  课程号='C02')
```

或用谓词 IN 的子查询(该语句在后面介绍)：

```
SELECT  姓名,year(getdate())-year(出生日期)  as  age
    FROM  S
        WHERE   学号  NOT  IN
            (SELECT  学号   FROM  SC   WHERE  课程号='C02')
```

执行结果如表 6.56 所示。

表 6.56　执行结果(例 6.60)

姓　名	年　龄
姚江	23
陈小红	28
马劲力	30

4. 使用谓词 ANY 的子查询

ANY 用于确定给定的值是否满足子查询或列表中的部分值。ANY 引入的子查询语法如下：

```
WHERE 比较运算符[ NOT ] ANY ( 子查询)
```

S>ANY　R：当且仅当 S 至少大于子查询 R 中的一个值时，该条件为真(TRUE)。

NOT　S>ANY　R：当且仅当 S 是子查询 R 中的最小值时，该条件为真(TRUE)。

谓词 SOME 或 ANY 表示表达式只要与子查询结果集中的某个值满足比较的关系时，就返回 TRUE，否则返回 FALSE。

【例 6.61】 检索成绩小于任何一个选修 C02 课程的学生的成绩的学生学号。

```
SELECT  distinct  学号  FROM  SC
            WHERE  成绩<Any (SELECT  成绩  FROM  SC  WHERE  课程号='C02')
```

实际上，上例是检索成绩小于所有选修 C02 课程的学生的最高成绩的学生学号。

执行结果如表 6.57 所示。

表 6.57　执行结果(例 6.61)

学　号
J0401
J0402
J0403
L0401
Q0401
Q0403

【例 6.62】 查询选修 C02 课程且成绩不低于选修 C01 课程的最低成绩的学生的学号。

```
SELECT  学号  FROM  SC
    WHERE  课程号='C02' AND 成绩!< ANY(SELECT 成绩  FROM  SC WHERE  课程号='C01')
```

执行结果如表 6.58 所示。

表 6.58　执行结果(例 6.62)

学号
J0401
J0402

5. 使用谓词IN的子查询

在父查询和子查询之间用 IN(或 NOT IN)进行连接，判断某个属性列值是否在子查询的结果中。它的结果是包含零个值或多个值的列表(即往往是一个用 IN 或 NOT IN 限定的某一范围内的集合)。子查询返回结果之后，外部查询将利用这些结果。

IN 确定给定的值是否与子查询或列表中的值相匹配。使用 IN 引入的子查询语法如下：

```
WHERE 表达式 [ NOT ] IN ( 子查询| 表达式1 [ ,…n ] )
```

子查询的结果集的列必须与表达式1有相同的数据类型。结果类型为布尔型。

S IN R：当且仅当S等于R中的一个值时，该条件为真(TRUE)。

S NOT IN R：当且仅当S不属于R中的一个值时，该条件为真(TRUE)。

【例6.63】 查询选修了数据库课程成绩在80分以上的学生的学号及成绩。

```
SELECT 学号,成绩 FROM SC
  WHERE 课程号 IN
     (SELECT 课程号 FROM C WHERE 课程名='数据库') AND 成绩>=80
```

执行结果如表6.59所示。

表6.59 执行结果(例6.63)

学　号	成　绩
J0401	88
J0402	90
L0401	80
Q0401	90

【例6.64】 求选修了课程C02和C04的学生的学号和姓名。

```
SELECT S.学号,S.姓名 FROM S,SC
   WHERE S.学号=SC.学号 AND 课程号 ='C02' AND S.学号 IN
      (SELECT 学号 FROM SC WHERE 课程号 ='C04')
```

执行结果如表6.60所示。

表6.60 执行结果(例6.64)

学　号	姓　名
J0401	李丽
J0403	王永明
L0401	张云龙

【例6.65】 求选修了课程C02但没有选修课程C04的学生的学号和姓名。

```
SELECT S.学号,S.姓名 FROM S,SC
WHERE S.学号= SC.学号 AND 课程号 ='C02' AND
      S.学号 not IN
       (SELECT 学号 FROM SC
          WHERE 课程号 ='C04')
```

执行结果如表 6.61 所示。

表 6.61　执行结果(例 6.65)

学　号	姓　名
J0402	马俊萍

【例 6.66】 查询没有选修 C01 课程的学生姓名。

```
SELECT  学号,姓名  FROM  S WHERE  学号
    NOT  IN(SELECT 学号 FROM sc WHERE 课程号= 'C01')
```

执行结果如表 6.62 所示。

表 6.62　执行结果(例 6.66)

学　号	姓　名
J0404	姚江

在子查询中限定列名，一般的规则是，语句中的列名通过同级 FROM 子句中引用的表来隐性限定。显式表述一个表名绝对不会出错。

在例 6.66 中，外部查询的 WHERE 子句中的“学号”属性列是由外部查询的 FROM 子句中的 S 表限定的，对子查询的选择列表中“学号”的引用则通过子查询的 FROM 子句(即通过 SC 表)来限定。

6.6.3　相关子查询

内层子查询中查询条件依赖于外层父查询中某个属性值的嵌套查询，称为相关子查询。相关子查询的处理过程是首先取外层查询中表的第一个元组，根据它与内层查询相关的属性值处理内层查询，若 WHERE 子句返回值为真(即内层查询结果非空)，则取此元组放入结果表，然后再取外层表的下一个元组，重复这一过程，直至外层表全部检查完为止。

1．谓词运算符 EXISTS

EXISTS 谓词用于测试子查询的结果是否为空表，带有 EXISTS 的子查询不返回任何实际数据，它只产生逻辑值 TRUE 或 FALSE，若内层查询结果为非空，则外层的 WHERE 子句返回真值，否则返回假值。EXISTS 还可以与 NOT 结合使用。

使用 EXISTS 引入的子查询语法如下：

```
WHERE [NOT] EXISTS (子查询)
```

按约定，通过 EXISTS 引入的子查询的选择列表由星号 (*) 组成，而不使用单个列名。由于通过 EXISTS 引入的子查询进行了存在测试，外部查询的 WHERE 子句测试子查询返回的行是否存在。

EXISTS　R：当且仅当 R 非空时，该条件为真。

NOT　EXISTS　R：当且仅当 R 为空时，该条件为真。

子查询实际上不产生任何数据；只返回 TRUE 或 FALSE，所以这些子查询的规则与标准选择列表的规则完全相同。

【例 6.67】 查询所有选修了 C01 课程的学生姓名。

```
SELECT  姓名    FROM  S
    WHERE  EXISTS
      (SELECT *  FROM SC  WHERE 学号=S.学号 AND 课程号= 'C01')
```

【例 6.68】 查询没有选修 C01 课程的学生姓名及性别。

```
SELECT  姓名,性别  FROM  S
    WHERE  NOT  EXISTS
      (SELECT *  FROM SC WHERE 学号=S.学号 AND 课程号= 'C01')
```

在这种情况下，必须使用表的别名(也称为相关名)明确指定要使用哪个表引用。

2. HAVING 子句中的相关子查询

相关子查询还可以用于外部查询的 HAVING 子句。

【例 6.69】 查找最高成绩超过给定学生平均成绩 10 分的学生。

方法一:

```
SELECT t1.学号   FROM  SC  t1
   GROUP BY  t1.学号
      HAVING MAX(t1.成绩) >=ALL
       (SELECT 10+AVG(t2.成绩)   FROM  SC  t2
            WHERE  t1.学号 = t2.学号)
```

在上例中，为外部查询中定义的每一个组各评估一次子查询(每次一个学生)。

方法二:

```
SELECT t1.学号   FROM  SC  t1
   GROUP BY  t1.学号
      HAVING MAX(t1.成绩) >=10+ MAX(t1.成绩)
```

6.6.4 子查询的多层嵌套

子查询自身可以包括一个或多个子查询。一个语句中可以嵌套任意数量的子查询，执行时从里向外逐层处理。

【例 6.70】 求选修了“C 语言”课程的学生的学号和姓名。

```
SELECT 学号,姓名  FROM  S   WHERE 学号 IN
    (SELECT 学号 FROM  SC   WHERE 课程号 IN
       (SELECT 课程号 FROM C   WHERE 课程名=' C语言'))
```

执行结果如表 6.63 所示。

表 6.63 执行结果(例 6.70)

学 号	姓 名
J0401	李丽
J0402	马俊萍
J0403	王永明
L0401	张云龙

【例 6.71】 检索学习全部课程的学生姓名。

方法一：

```
SELECT  姓名  FROM  S
    WHERE  NOT  EXISTS
         (SELECT  *    FROM  C
            WHERE NOT EXISTS
                 (SELECT  *   FROM SC
                    WHERE  SC.学号=S.学号  AND  SC.课程号=C.课程号))
```

本例的内层查询要处理多次，因为内层查询

```
(SELECT  *   FROM SC
  WHERE  SC.学号=S.学号  AND  SC.课程号=C.课程号)
```

只从数据表 SC 获取数据，但 WHERE 子句与 S.学号和 C.课程号有关，S.学号和 C.课程号的值来源于外层查询中的 S 表和 C 表，外层查询的不同行有不同的数据值。因此子查询的条件依赖于外层查询中的某些值。这类查询称为相关子查询。当外查询的记录值确定后，执行内查询，当内查询执行结束后，回到外查询，重新确定外查询的记录值，重复执行内查询。直到外查询的最后一条记录。因此内查询被重复执行。当执行到内查询时，S.学号和 C.课程号的值是确定的。因此内层查询从 C 表中查询出指定学号指定课程号的记录信息。其中，子查询语句

```
(SELECT  *   FROM  C
   WHERE NOT EXISTS
        (SELECT  *   FROM SC
           WHERE  SC.学号=S.学号  AND  SC.课程号=C.课程号))
```

查询指定学号“没有选修的课程集合”。所有“没有选修课程集合”是空的学生，是选修了全部课程的学生。

方法二：

```
SELECT  姓名  FROM  S
      WHERE  (SELECT  count(*)  FROM  SC
              WHERE S.学号=SC.学号)=(SELECT  count(*)   FROM  C)
```

若一个学生所选修的课程数与总课程数相同，则这位学生选修了所有课程。

执行结果如表 6.64 所示。

表 6.64　执行结果(例 6.71)

姓　名
李丽
王永明
张云龙

通常情况下，由谓词 EXISTS 引出的子查询 SELECT 之后通常使用通配符*。关键字 IN 与“=ANY”是等价的，代词 SOME 与 ANY 的效果相同，而 ALL 与 ANY 效果不相同。例如“> ANY(子查询)”表示只需大于子查询集中最小的那个比较值即可。而“> ALL”则表示必须大于子查询集中最大的那个比较值。

一些带 EXISTS 或 NOT EXISTS 谓词的子查询不能被其他形式的子查询等价替换。

所有带 IN 谓词、比较运算符、ANY 和 ALL 谓词的子查询都能用带 EXISTS 谓词的子查询等价替换。

6.6.5 UPDATE、INSERT 和 DELETE 语句中的子查询

子查询可以嵌套在 UPDATE、DELETE 和 INSERT 语句中。

【例 6.72】 陈小红的成绩加 2 分。该查询更新 SC 表；其子查询引用 S 表。

```
UPDATE  SC
   SET 成绩 = 成绩 + 2
      WHERE  学号  IN
          (SELECT  学号   FROM  S   WHERE  姓名 = '陈小红')
```

下面是使用连接的等效 UPDATE 语句：

```
UPDATE  SC
   SET 成绩 = 成绩 +2
      FROM  SC  INNER  JOIN  S  ON  S.学号 = SC.学号  AND  姓名 = '陈小红'
go
select  *  from  SC
```

【例 6.73】 当 C04 课的成绩低于该门课程平均成绩时，提高 5%。

```
UPDATE SC
    SET 成绩 = 成绩 *1.05
       WHERE 课程号='C04'  AND 成绩 <(SELECT AVG(成绩)  FROM SC   WHERE 课程
号='C04')
```

【例 6.74】 将 SC 表中成绩最高的减去 20 分。

```
update SC
     set 成绩=成绩-20 where SC.成绩=(select max(成绩) from SC)
```

【例 6.75】 将学生成绩排在前 5 名的成绩减去 20 分。

```
Update  SC  set  SC.成绩=SC.成绩-20
    from (select  top  5  *  from  SC  order  by  成绩  desc) as  t1
       where  t1.成绩=SC.成绩
```

【例 6.76】 将总分在前 10%的学生的成绩减去 20 分。

```
update SC  set SC.成绩=SC.成绩-20
    from (select  top 10  percent  学号,sum(成绩) as  总分 from  SC
       group by  学号 order by  总分  desc) as  t1
    where  t1.学号=SC.学号
```

【例 6.77】 把目前为止还没有选修课程的学生自动增加选修 C01 的课程的记录并插入到 SC 表中。

```
INSERT  INTO  SC(学号,课程号)
    Select  学号,课程号='C01'  FROM  S
       WHERE  学号  NOT  IN (SELECT  DISTINCT  学号  FROM  SC)
```

【例6.78】 删除陈小红的所有选修记录。

```
DELETE FROM SC  WHERE 学号 IN(SELECT 学号 FROM S  WHERE 姓名 = '陈小红')
```

下面是使用连接的等效 DELETE 语句：

```
DELETE  SC
   FROM  SC  INNER  JOIN  S  ON  S.学号 = SC.学号  AND  姓名 = '陈小红'
```

【例6.79】 把C04课程中小于该课程平均成绩的成绩记录从基本表SC中删除。

```
DELETE  FROM  SC
    WHERE  课程号='C04' AND 成绩<(SELECT AVG(成绩)  FROM SC  WHERE 课程号='C04')
```

请考虑以上子查询是否可以通过连接查询来实现。

6.7 并 运 算

1. 格式

```
SELECT 查询语句 1
    UNION  [ALL]
SELECT 查询语句 2 [⋯n]
```

2. 功能

查询结果的结构一致时可将两个查询进行并(UNION)操作，要求查询属性列的数目和顺序都必须相同，对应属性列的数据类型兼容。

如果合并后的结果集中存在重复记录，则在合并时默认只显示一条记录，可使用ALL关键字包含重复的记录。

【例6.80】 查询成绩表中课程号为C02的学生学号及课程成绩大于65分的学生学号。

```
SELECT *  FROM  SC  WHERE  课程号='C02'
UNION
SELECT *  FROM  SC  WHERE 成绩>65
```

【例6.81】 求选修了课程C02或C04的学生的学号、姓名，不包含重复的记录行。

```
(SELECT  S.学号,S.姓名  FROM  S,SC
    WHERE  S.学号=SC.学号 AND 课程号 ='C02' )
UNION
(SELECT  S.学号,S.姓名  FROM  S,SC
    WHERE  S.学号=SC.学号 AND 课程号 ='C04' )
```

【例6.82】 求选修了课程C02或C04的学生的学号、姓名，包含重复记录行。

```
(SELECT  S.学号,S.姓名  FROM  S,SC
    WHERE  S.学号=SC.学号 AND 课程号 ='C02' )
UNION  all
(SELECT  S.学号,S.姓名  FROM  S,SC
    WHERE  S.学号=SC.学号 AND 课程号 ='C04' )
```

【例6.83】 求选修了课程C01、C02、C03的学生的学号、姓名，不包含重复记录行。

```
(SELECT  S.学号,S.姓名  FROM  S,SC  WHERE  S.学号=SC.学号 AND 课程号 ='C01' )
UNION
(SELECT  S.学号,S.姓名  FROM  S,SC  WHERE  S.学号=SC.学号 AND 课程号 ='C02' )
UNION
(SELECT  S.学号,S.姓名  FROM  S,SC  WHERE  S.学号=SC.学号 AND 课程号='C03' )
```

6.8 SELECT 查询语句总结

1．语法结构

```
SELECT <属性列表>--它可以是星号(*)、表达式、列表、变量等。
     [INTO 新表] --用查询结果集合创建一个新表
    FROM <基本表>(或视图序列)--最多可以指定 16 个表或者视图，用逗号相互隔开
         [WHERE 条件表达式]
         [GROUP BY 属性名表] --分组子句
              [HAVING  组条件表达式] --组条件子句
         [ORDER BY 属性名[ASC|DESC]..] --排序子句
         [COMPUTE  集函数(列名)] --汇总子句
```

2．功能

在上面的语法结构中，SELECT 子句用于指出查询结果集合中的列数和属性；FROM 子句指出所查询的表名以及各表之间的逻辑关系；WHERE 子句指出查询条件，说明将表中的哪些数据行返回到结果集合中；ORDER BY 子句说明查询结果行的排列顺序；GROUP BY、HAVING 子句查询结果集合中各行的统计方法；COMPUTE 子句后面跟集函数(列名)，具有统计汇总该列相关值的功能。

在上面的子句中除了 SELECT 和 FROM 子句外，其他的子句均可省略。

(1) SELECT 子句中的目标列要具有明确的顺序指定。对数据库对象的每个引用都不得引起歧义。下列情况可能会导致多义性：

- 在一个系统中可能有多个对象具有相同的名称。
- 在执行 SELECT 语句时，对象所驻留的数据库不一定总是当前数据库。
- 在 FROM 子句中所指定的表和视图可能有相同的列名。

(2) SELECT 子句中选择列表的含义如下。

- 选择列表用于定义 SELECT 语句的结果集中的列。
- 选择列表是一系列以逗号分隔的表达式。
- 每个表达式定义结果集中的一列。
- 结果集中列的排列顺序与选择列表中表达式的排列顺序相同。
- 结果集列的名称与定义该列的表达式的名称相关联。
- 可选的 AS 关键字可用于更改名称，或者在表达式没有名称时为其分配名称。

(3) 选择列表中的项目可包括以下几个。

- 简单表达式：对函数、局部变量、常量或者表或视图中的列的引用。
- 标量子查询：用于对结果集的每一行求得单个值的 SELECT 语句。
- 通过对一个或多个简单表达式使用运算符创建的复杂表达式。

- *关键字：可指定返回表中的所有列。

3．语句执行过程

(1) 读取 FROM 子句中的基本表、视图和数据，执行广义笛卡儿积操作。

(2) 选取满足 WHERE 子句中给出的条件表达式的元组。

(3) 按 GROUP BY 子句中指定列的值分组，同时提取满足 HAVING 子句中组条件表达式的那些组。

(4) 按 SELECT 子句中给出的列名或列表达式求值输出。

(5) ORDER BY 子句对输出的目标表进行排序，按 ASC 升序排列，或按 DESC 降序排列。

设学生选课库中有三个数据表：

```
S(学号,姓名,出生日期,系,电话,性别)
SC(学号,课程号,成绩)
C(课程号,课程名,教师,预选课程号)
```

完成下面查询任务。

【例 6.84】 为学生基本信息表 S 增加一个字段，字段名为性别，类型为 char(2)。

```
USE 学生选课
ALTER  TABLE  S  ADD 性别 char(2)
```

【例 6.85】 检索学习课程号为 C02 的学生学号与成绩。

```
SELECT  学号,成绩
       FROM  SC
           WHERE  课程号='C02'
```

【例 6.86】 检索学习课程号为 C02 的学生学号与姓名。

```
SELECT  S.学号,姓名
       FROM   S,SC
           WHERE  S.学号=SC.学号   AND  课程号='C02'
```

【例 6.87】 在 SC 中检索预选课程预选课程号为空值的课程信息。

```
SELECT  *  FROM  C
    WHERE  预选课程号  is  NULL
```

【例 6.88】 在 C 中检索预选课程预选课程号不为空值的课程信息。

```
SELECT  *  FROM  C
    WHERE  预选课程号  is  not  NULL
```

【例 6.89】 检索选修课程名为“数据库”的学生学号与姓名。

```
SELECT  S.学号,姓名
     FROM  S,SC,C
         WHERE  S.学号=SC.学号  AND  SC.课程号=C.课程号  AND  课程名='数据库'
```

【例 6.90】 检索选修课程号为 C02 或 C04 的学生学号。

```
SELECT  学号
```

```
    FROM  SC
        WHERE  课程号='C02'  OR  课程号='C04'
```

【例 6.91】 检索至少选修课程号为 C02 和 C04 的学生学号。

方法一：SELECT 自身连接。

```
SELECT  x.学号
    FROM  SC  AS  x,SC  AS  y
        WHERE  x.学号=y.学号  AND  x.课程号='C02'  AND  y.课程号='C04'
```

方法二：SELECT 子查询。

```
SELECT  学号 FROM  SC
    WHERE  课程号 ='C02'  AND  学号 IN
         (SELECT  学号  FROM  SC
            WHERE 课程号 ='C04')
```

【例 6.92】 在 SC 中检索男同学选修的课程号。

```
SELECT  DISTINCT  课程号
    FROM S,SC
        WHERE  S.学号=SC.学号  AND  性别='男'
```

【例 6.93】 在 S 中检索 18～20 岁的学生姓名。

```
SELECT 姓名
    FROM S
    WHERE  (year(getdate())-year(出生日期))>=18 AND
         (year(getdate())-year(出生日期))<=20
```

【例 6.94】 查找每个学生的学号及选修课程的平均成绩情况，按学号排序。

```
SELECT  S.学号, AVG(SC.成绩)  AS  平均成绩
    FROM  SC  INNER  JOIN  S  ON  dbo.SC.学号 = S.学号
        GROUP  BY  S.学号
        ORDER  BY  S.学号
```

【例 6.95】 列出每个学生的学号及选修课程的平均成绩情况，没有选修的学生也列出。

```
SELECT  S.学号, AVG(SC.成绩)  AS  平均成绩
    FROM  SC  RIGHT  JOIN  S  ON  SC.学号 = S.学号
        GROUP  BY  S.学号
        ORDER  BY  S.学号
```

或

```
SELECT  S.学号, AVG(SC.成绩)  AS  平均成绩
    FROM  S  left  JOIN  SC  ON   SC.学号 =S.学号
        GROUP  BY  S.学号
        ORDER  BY  S.学号
```

【例 6.96】 检索至少选修两门课程的学生学号。

```
SELECT 学号
    FROM  SC
```

```
        GROUP BY  学号  HAVING   COUNT(课程号)>=2
```

【例 6.97】 在基本表 SC 中删除尚无成绩的选课元组。

```
DELETE   FROM   SC
    WHERE   成绩   IS   NULL
```

【例 6.98】 检索学号比 WANG 同学大的学生姓名。

```
SELECT  姓名   FROM  S  AS  x
    WHERE  x.学号>SOME
        (SELECT  学号  FROM  S  AS  y  where 姓名='WANG')
```

【例 6.99】 求年龄大于女同学平均年龄的男学生姓名和年龄。

```
SELECT  姓名, year(getdate())-year(出生日期)as  年龄  FROM  S  AS  x
    WHERE  x.性别='男' AND   year(getdate())-year(出生日期)>
     (SELECT  AVG(year(getdate())-year(出生日期))  FROM  S  AS  y  WHERE y.
性别='女')
```

【例 6.100】 检索每一门课程成绩都大于等于 80 分的学生学号、姓名和性别，并把检索到的记录信息存到基本表 student(学号，姓名，性别)中。

```
SELECT  SC.学号,姓名,性别  INTO  student
    FROM  S,SC
        WHERE  NOT  EXISTS
             (SELECT  *   FROM   SC
            WHERE  成绩<80  AND  S.学号=SC.学号) AND  S.学号=SC.学号
```

【例 6.101】 检索至少选修“陈”老师所授课程中一门课程的女学生姓名。

```
SELECT   姓名  FROM   S
    WHERE  性别='女'  AND  学号 IN
        (SELECT 学号   FROM  SC
           WHERE  课程号 IN
                (SELECT  课程号   FROM  C
                   WHERE  教师 like  '陈%'))
```

【例 6.102】 检索所有姓王的同学没有选修的课程号。

```
SELECT 课程号 FROM C
    WHERE 课程号 NOT IN
        (SELECT 课程号  FROM  SC
           WHERE 学号 IN
                (SELECT 学号  FROM  S
                   WHERE 姓名 like '王%'))
```

【例 6.103】 检索全部学生都选修的课程的课程号与课程名。

```
SELECT  课程号,课程名  FROM   C
    WHERE  NOT  EXISTS
        (SELECT  *  FROM  S
           WHERE  NOT  EXISTS
                (SELECT  *  FROM  SC
                   WHERE  SC.学号=S.学号  AND  SC.课程号=C.课程号))
```

【例 6.104】 把选修“高等数学”课不及格的成绩全改为空值。

```
UPDATE  SC
    SET  成绩=NULL
        WHERE  学号  IN
             (SELECT  学号  FROM  C
                WHERE  课程名='高等数学') AND  SC.成绩<60
```

【例 6.105】 把低于总平均成绩的女同学成绩提高 10%。

```
UPDATE SC
    SET  成绩=成绩*1.1
        WHERE  成绩<(SELECT  AVG(成绩)  FROM  SC)
            AND
            学号  IN(SELECT  学号  FROM  S  WHERE  性别='女')
```

【例 6.106】 在基本表 SC 中修改 C04 课程的成绩，若成绩小于等于 75 分时提高 8%，若成绩大于 80 分时提高 5%(用两个 UPDATE 语句实现)。

```
UPDATE SC
    SET 成绩=成绩*1.08
    WHERE 课程号='C04' AND 成绩<=75
UPDATE sc
    SET 成绩=成绩*1.05
    WHERE 课程号='C04' AND 成绩>80
```

【例 6.107】设有两个基本表 R(A,B,C)和 S(D,E,F)，试用 SQL 查询语句表达下列关系代数表达式。

(1) ΠA(R)

```
    SELECT  A   FROM  R
```

(2) σ B='17'(R)

```
    SELECT  *   FROM  R   WHERE  B='17'
```

(3) R×S

```
    SELECT  A,B,C,D,E,F   FROM   R,S
```

(4) πA,F(σC=D(R×S))

```
    SELECT  A,F   FROM  R,S  WHERE  R.C=S.D
```

【例 6.108】 设有两个基本表 R(A,B,C)和 S(A,B,C)试用 SQL 查询语句表达下列关系代数表达式。

(1) R∪S

```
SELECT  R.*   FROM  R
UNION
SELECT  S.*   FROM  R,S   WHERE  R.A!=S.A  or  R.B!=S.B  or  R.C!=S.C)
```

(2) R∩S

```
SELECT  R.*
    FROM  R,S
        WHERE  R.A=S.A  AND  R.B=S.B  AND  R.C=S.C
```

(3) R-S

```
SELECT  A,B,C
    FROM  R
        WHERE  NOT  EXISTS
            (
                SELECT  A,B,C
                    FROM  S
                        WHERE  R.A=S.A  AND  R.B=S.B  AND  R.C=S.C
                )
```

本章小结

所谓查询就是对 SQL Server 发出一个数据请求。查询可以分为两类：一种是用于检索数据的选择查询；另一种是用于更新数据的行为查询。

SELECT 语句是 SQL Server 中基本、最重要的语句之一，其基本功能是从数据库中检索出满足条件的记录。SELECT 语句中包含各种子句，其中，SELECT 子句用于指定输出字段；INTO 子句用于将检索结果存放在一个新的数据表中；FROM 子句用于指定检索的数据来源；WHERE 子句用于指定对记录的过滤条件；GROUP BY 子句的作用是对检索到的记录进行分组；ORDER BY 子句的作用是对检索到的记录进行排序。除此之外，还介绍了复杂的嵌套查询语句，它是构建数据库应用服务的基本手段之一。

实训　查询管理

一、实验目的和要求

1. 理解查询的概念。
2. 理解五种连接的概念。
3. 熟悉 SELECT 语句的结构。
4. 掌握简单查询、排序子句、分组汇总、连接查询的相关 SELECT 语句的应用。
5. 理解嵌套查询(子查询) 、并运算的相关 SELECT 语句的使用。

二、实验内容

1. 设学生选课库中有三个数据表:

S(学号,姓名,出生日期,系,电话,性别)、SC(学号,课程号,成绩)、C(课程号,课程名,教师,预选课程号)。完成下面查询任务。

(1) 查询所有数学系学生的信息。

(2) 查询李老师所教的课程号、课程名。

(3) 查询年龄大于 20 岁的女学生的学号和姓名。

(4) 查询学号为 H0301 的学生所选修的全部课程成绩。

(5) 查询平均成绩都在 80 分以上的学生学号及平均成绩。

(6) 查询至少有 6 人选修的课程号。

(7) 查询 C02 号课程得最高分的学生的学号(可用单表查询、嵌套查询)。

(8) 取出学号为 J0101 的学生选修的课程号和课程名。

(9) 查询“李小波”所选修的全部课程名称。

(10) 查询所有成绩都在 70 分以上的学生姓名及所在系(可用嵌套查询)。

(11) 查询英语成绩比数学成绩好的学生(自身连接)。

(12) 查询至少选修了两门课及以上的学生姓名、性别(可用嵌套查询)。

(13) 查询选修了李老师所讲课程的学生人数。

(14) 查询“操作系统”课程得最高分的学生的姓名、性别、所在系(可用嵌套查询)。

(15) 查询所有课程的选修情况，包括没有被选修的课程。

(16) 查询没有选修“操作系统”课程的学生姓名和年龄。

(17) 查询没有选修李老师所讲课程的学生。

(18) 查询选修了全部课程的学生姓名和性别。

(19) 检索至少选修课程“数据结构”和“C 语言”的学生学号。

(20) 检索选修课程号为 C02 的学生学号与姓名。

(21) 检索选修课程号为 C01 或 C02 的学生学号、姓名和所在系系。

(22) 检索至少选修课程号为 C01 和 C03 的学生姓名。

(23) 检索每个学生的年龄。

(24) 在 S 中检索学生的姓名和出生年份，输出的列名为 STUDENT_NAME 和 BIRTH_YEAR。

(25) 向基本表 SC 中插入一个元组(S0404,C06,90)。

(26) 把课程名为 vb 的成绩从基本表 SC 中删除。

(27) 把女同学的成绩提高 10%。

(28) 列出选修课程超过 3 门的学生姓名及选修门数。

(29) 求选修了各课程的学生的人数。

(30) 在 SC 中，求选修课程 C01 的学生的学号和得分，并将结果按分数降序排序。

(31) 查找每个同学的学号及选修课程的平均成绩情况。

(32) 列出学生所有可能的选课情况。

(33) 列出每个同学的学号、姓名及选修课程的平均成绩情况，没有选修的同学也列出。

(34) 列出每个同学的学号及选修课程号，没有选修的同学也列出。

(35) 如果学号为 J0404 的学生的成绩少于 90，则加上 10 分。

(36) 将成绩最低的学生的成绩加上 10 分。

(37) 将前 3 名成绩最高的学生的成绩减去 10 分。

(38) 将前 10%成绩最低的学生的成绩减去 5 分。

(39) 检索至少有两名男生选修的课程名。

(40) 检索 S 中不姓“王”的同学记录。

(41) 检索和“李军”同性别并同系的学生的姓名。

(42) 统计被学生选修的课程门数。

(43) 求选修 C04 课程的学生的平均年龄。

(44) 求 LIU 老师所授课程的每门课程的学生平均成绩。

(45) 统计每门课程的学生选修人数(超过 10 人的课程才统计)。要求输出课程号和选修人数，查询结果按人数降序排列，若人数相同，按课程号升序排列。

具体的操作步骤如下。

(1) 选择相应的数据库，单击工具栏上的新建查询按钮，弹出 SQL 查询窗口。

(2) 在查询窗口中输入相应的 SQL 语句。

(3) 单击工具栏上的执行按钮执行上述 SQL 语句。语句执行后，在结果显示窗格中显示相应的查询结果。

习　　题

一、选择题

1. 语句 SELECT name,性别,出生日期 FROM xs 返回(　　)列。

   A. 1　　B. 2　　C. 3　　D. 4

2. 语句 SELECT count(*) FROM xs 返回(　　)行。

   A. 1　　B. 2　　C. 3　　D. 4

3. 语句 SELECT　1.2*0.5 的结果是(　　)。

   A. NULL　　B. 1　　C. 0　　D. 0.6

4. 在关系数据库系统中，为了简化用户的查询操作，而又不增加数据的存储空间，常用的方法是创建(　　)。

   A. 另一个表　　B. 游标　　C. 视图　　D. 索引

5. 一个查询的结果成为另一个查询的条件，这种查询被称为(　　)。

   A. 连接查询　　B. 内查询　　C. 自查询　　D. 子查询

6. 为了对表中的各行进行快速访问，应对此表建立(　　)。

   A. 约束　　B. 规则　　C. 索引　　D. 视图

7. SELECT 语句中，下列(　　)子句用于对数据按照某个字段分组，(　　)子句用于对分组统计进一步设置条件。

   A. HAVING　　B. GROUP BY

   C. ORDER BY　　D. WHERE

8. 在 SELECT 语句中，下列(　　)子句用于选择列表。

   A. SELECT　　B. INTO

   C. FROM　　D. WHERE

9. 在 SELECT 语句中，下列(　　)子句用于将查询结果存储在一个新表中。

   A. SELECT　　B. INTO

C. FROM　　D. WHERE

10. 在 SELECT 语句中，下列(　　)子句用于指出所查询的数据表名。

A. SELECT　　B. INTO

C. FROM　　D. WHERE

11. 在 SELECT 语句中，下列(　　)子句用于对搜索的结果进行排序。

A. HAVING　　B. GROUP BY

C. ORDER BY　　D. WHERE

12. 在 SELECT 语句中，如果想要返回的结果集中不包含相同的行，应该使用关键字(　　)。

A. TOP　　B. AS　　C. DISTINCT　　D. JOIN

13. 在 SQL 中，谓词操作 "EXISTS R(集合)" 与(　　)等价。

A. 当且仅当 R 空时，该条件为真

B. <>SOME

C. 当且仅当 R 非空时，该条件为真

D. = SOME

14. SQL 的聚合函数 COUNT，不允许出现在下列查询语句的(　　)子句中。

A. SELECT　　B. HAVING　　C. WHERE　　D. GROUP BY

15. 与 WHERE AGE BETWEEN 18 AND 23 完全等价的是(　　)。

A. WHERE AGE > 18AND AGE < 23

B. WHERE AGE > = 18AND AGE < 23

C. WHERE AGE > 18AND AGE < = 23

D. WHERE AGE > = 18AND AGE < = 23

二、填空题

1. 在 SQL 语句中，________语句使用频率最高。

2. WHERE 子句后一般跟着________。

3. 使用 SELECT INTO 创建查询结果表时，若只需要临时表则要在表名前加________。

4. 在查询条件中，可以使用另一个查询的结果作为条件的一部分，例如判定列值是否与某个查询的结果集中的值相等，作为查询条件一部分的查询称为________。

5. EXISTS 谓词用于测试子查询的结果是否为空表。若子查询的结果集不为空，则 EXISTS 返回________，否则返回________。EXISTS 还可以与 NOT 结合使用，即 NOT EXISTS，其返回值与 EXISTS 刚好________。

6. SELECT 语句中，主要子句包括________、________、________、________及________等。

7. SQL 中文全称是________。

8. 数据对象的引用由________，________，________和________四部分所组成。

9. 在查询窗口中用户可以输入 SQL 语句，并按________键，或单击工具栏上的运行按钮，将其送到服务器执行，执行的结果将显示在输出窗口中。

10. 保存当前的查询命令或查询结果，系统默认的文件扩展名为________。
11. 连接查询的类型有________、________和________3 种。
12. 内连接有________、________、________等。
13. 外连接有________、________、________等。

三、简答题

1. SELECT 语句的语法结构是怎样的？
2. 举例说明什么是内连接、外连接和交叉连接。

第7章　视 图 管 理

本章导读

本章将介绍视图的概念和优点，并结合实例介绍在 SQL Server 2012 中如何创建、修改和管理视图。

学习目的与要求

(1) 了解视图的概念和优点。

(2) 掌握在 SQL Server 2012 中创建、修改和管理视图的方法。

7.1　设计与创建数据库视图

7.1.1　设计视图

1. 视图的概念

视图是关系数据库为用户提供的以多种角度观察数据库中数据的重要机制。视图具有将预定义的查询作为对象存储在数据库中的能力。视图是一个虚拟表，用户可以通过视图从一个表或多个表中提取一组记录，在基本表的基础上自定义数据表格。数据库中只存放视图的定义，而不存放视图中对应的数据，数据仍然存放在导出视图的基础表中，视图并不是对基本表的实物提取，而是架设一个可供今后观察基本表的窗口。窗口是动态的，即观察到的是基本表的最新动态，同时窗口也是固定的，用户只能看到视图中所定义的数据，而不是基础表中的数据。保证了对视图以外的数据的安全性。

视图能像真实的表一样显示数据行和数据列。视图实际上是保存在数据库中的 SELECT 查询，没有自己独立的数据实体。可将经常使用的连接、投影、选择查询定义为视图，这样，就简化了对数据的访问，用户每次对特定的数据提交查询时，不必指定所有的条件和限定，而是查询视图即可。

对视图的操作与对表的操作一样，可以对其进行查询、修改与删除，但对数据的操作要满足一定的条件。当对通过视图看到的数据进行修改时，相应的基础表的数据也会发生变化，同样，若基础表的数据发生变化，也会自动反映到视图中。

SQL SELECT 语句是视图和检索查询的基础，但视图与查询是不同的，视图可以更新表的内容，并把更新结果送回到源表中。而查询则不行。视图存储为数据库设计的一部分，而查询则不是。设计数据库时，要将视图包括在设计中。

2. 视图的作用

视图具有可以为用户定制数据，隐藏数据库复杂性，简化操作，提供安全机制，改进性能等优点，主要表现在以下几个方面。

1)　定制数据

视图允许用户以不同的方式查看数据，用户可以像在表中那样在视图中控制数据的显示，而把不需要的、敏感的或不适当的数据排除在视图之外，从而满足了不同用户群对数据显示的需求。

2)　简化操作

视图可以简化用户操作数据的方式，隐藏数据库设计的复杂性。可将经常使用的选择、连接、投影和联合查询定义为视图，方便用户查看数据。或者利用视图存储复杂查询的结果，其他查询可以使用这些简化后的结果，从而提高查询的性能。

3)　提供安全机制

视图在为用户定制数据的同时，也可以隐藏一些信息，从而保证了数据库中某些数据的安全性。数据库的所有者可以不用授予用户在基表中的查询权限，而只允许用户通过视图查询数据，这也保护了基表的设计结构不被改变。

4)　改进性能

可以在视图上创建索引改进查询性能，视图也允许分区数据，分区视图上的表位于不同的服务器上，可以并发地扫描查询所涉及的每个表，从而改进查询的性能。

针对不同用户的需求，通过规划多个视图，分类获取用户需求的数据，是设计视图要达到的目标。

7.1.2　创建视图

1．语句格式

```
CREATE VIEW [ 架构名. ] 视图名 [ (列名 [ ,… n ] ) ]
[WITH ENCRYPTION ]
AS
SQL 语句
[WITH CHECK OPTION ]
```

2．功能

(1)　架构名：视图绑定的架构名称，默认为 dbo。

(2)　WITH ENCRYPTION 选项：对 CREATE VIEW 的文本进行加密。

(3)　WITH CHECK OPTION 选项：强制视图上执行的所有数据修改语句都必须符合由 select_statement 设置的准则。通过视图修改数据行时，WITH CHECK OPTION 可确保提交修改后，仍可通过视图看到修改的数据。

本章的例子主要利用学生选课数据库 studentcourse 来完成，该数据库中包含学生基本信息表 S(学号,姓名,性别,出生年月,系,电话)，课程表 C(课程号,课程名,学分,预选课程号,教师)，和学生选课表 SC(学号,课程号,成绩)三个主要的用户表。

【例 7.1】 创建一个视图 studentview，用于显示管理信息系所有学生的学号和姓名。

方法一：使用 Management Studio 视图设计器创建视图。

操作步骤如下：

①　在 SQL Server Management Studio 的“对象资源管理器”中，展开 studentcourse

数据库的视图节点。此时可以看到 studentcourse 数据库中已存在的视图，系统视图提供数据库信息的摘要报告，用户视图是由数据库用户定义的，如图 7.1 所示。

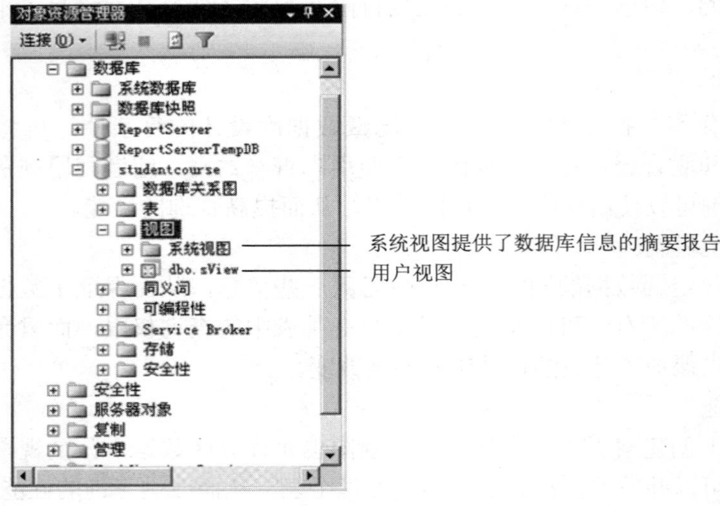

图 7.1 “视图”节点

② 右击“视图”节点，从弹出的快捷菜单中选择“新建视图”命令，出现“添加表”对话框，如图 7.2 所示。

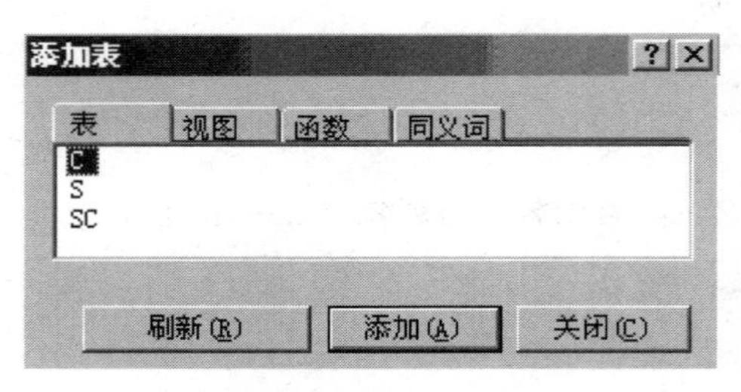

图 7.2 “添加表”对话框

③ 在“添加表”对话框中，有表、视图、函数和同义词四个选项卡。切换到要添加到视图中的对象类型选项卡，选择包含想添加到视图中的数据的表或其他对象，然后单击“添加”按钮，在视图 studentview 中包含了学生表 S 中的信息，所以把这个表添加进来。

④ 使用所提供的视图窗格来选择用于视图中的列，如图 7.3 所示。在视图窗格中显示了在上一步中添加的表 S，由于在视图 studentview 中要显示学号和成绩，所以我们选中学号和姓名这两个字段；在中间的窗格中会显示视图所包含的列，可以为列取别名；在下面的窗格中会自动创建生成视图的 SELECT 语句。根据需要对 SELECT 语句做一些修改，本例中要显示管理信息系所有学生的学号和姓名，完整的 SELECT 语句如下。

```
SELECT  学号, 姓名
   FROM   dbo.S
   WHERE     系='管理信息系'
```

⑤ 当完成配置视图时，单击查询设计器菜单或工具栏上的“验证 SQL 语法”来检验 SQL 的语法，修正在验证过程期间报告的错误或问题。

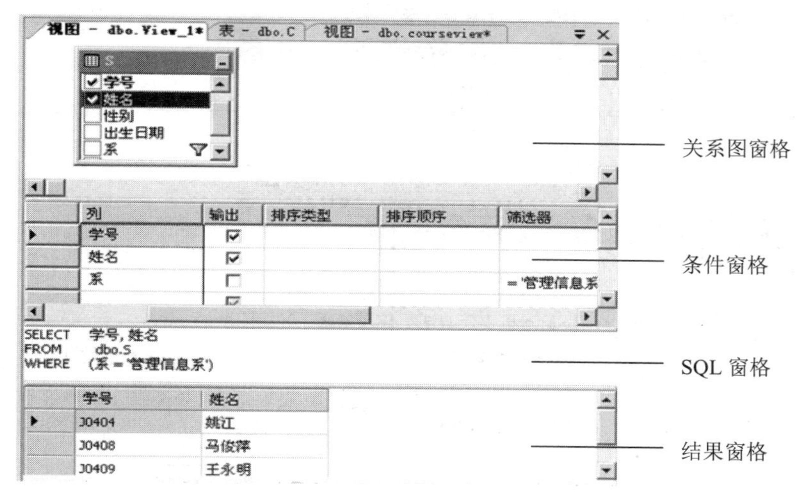

图 7.3　视图窗格

⑥　运行视图有以下两种方法。

- 单击查询设计器菜单或工具栏上的“执行 SQL”按钮。
- 在视图设计器窗口的空白处右击，在弹出的快捷菜单中选择“!执行 SQL”命令，将在结果窗格显示运行结果，如图 7.3 所示。

⑦　保存视图，在工具栏中单击“保存”按钮，弹出选择名称窗口，输入视图的名称，单击“确定”按钮完成保存，如图 7.4 所示。

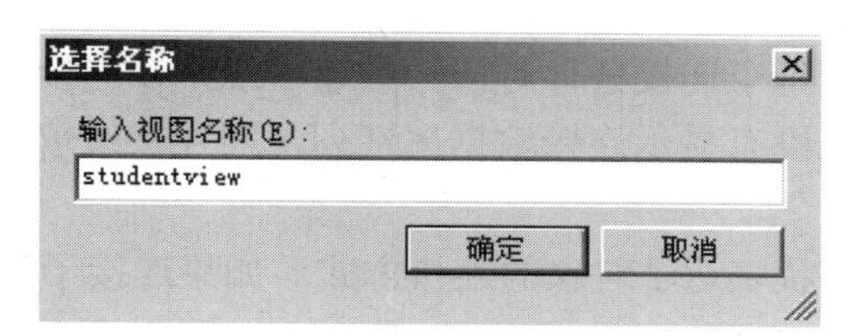

图 7.4　选择名称

方法二：使用 CREATE　VIEW 语句创建视图。

```
CREATE   VIEW   dbo.studentview
AS
    SELECT      学号, 姓名
        FROM       dbo.S
        WHERE      系='管理信息系'
```

3. 视图设计器

通过一个简单的例子，我们对视图的创建有了基本的认识，下面来深入了解视图设计器的使用。视图设计器由四个窗格组成：关系图窗格、条件窗格、SQL 窗格以及结果窗格，如图 7.5 所示。

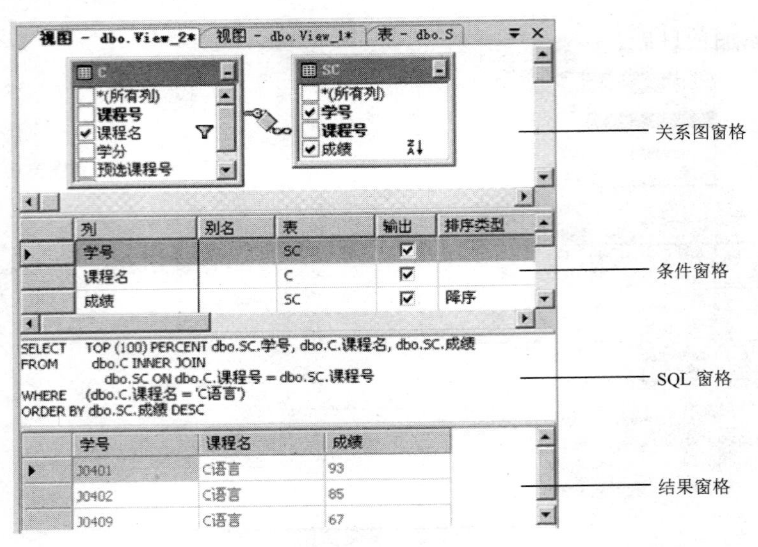

图 7.5　视图设计器

1)　关系图窗格

关系图窗格用图形显示选择的表对象及它们之间的连接关系。每个表对象在关系图窗格中以单独的窗口出现。窗口标题栏中的图标表示该窗口所代表的对象类型，图标表示对象类型为表，图标表示对象类型为视图，图标表示对象类型为链接表，图标表示对象类型为用户定义函数，图标表示对象类型为子查询(在 FROM 子句中)，图标表示对象类型为链接视图。

如果查询涉及连接，每个连接条件对应一条连接线，在连接所涉及的数据属性列之间将出现一条连接线。如果没有显示连接数据属性列，则连接线放在表示“表对象”的窗口的标题栏中。

连接线中间的图标形状表达了对象的连接方式。如果连接子句使用等于(=)以外的运算符，该运算符将显示在连接线图标中。在连接线中显示的图标表示连接子句使用等于，是内连接；图标表示基于“大于”运算符的内连接；图标表示外连接，其中含有左边所表示的表中的全部行；图标表示外连接，其中含有出现在右表中的所有行；图标表示完整外部连接，其中含有两个表中的全部行。

在连接线末端的图标表示连接的类型。图标表示一对一连接；图标表示一对多连接；图标表示查询设计器无法确定连接类型。

在关系图窗格中可以进行如下操作：

(1) 添加或删除表对象，指定输出的数据列。

将表、视图或用户定义函数添加到关系图窗格中，操作步骤如下。

①　右击视图设计器中的关系图窗格，在弹出的快捷菜单中选择“添加表”命令。

②　在“添加表”对话框中，有表、视图、函数、同义词四个选项卡，选择要添加到视图中的对象类型的选项卡。

③　在“添加表”对话框中，选择要添加的对象，然后单击“添加”按钮。

④　完成添加项目后，单击“关闭”按钮。

⑤　查询设计器将相应地更新关系图窗格、条件窗格和 SQL 窗格。

或者可以从对象资源管理器中拖动表、视图或用户定义函数到关系图窗格上。

(2)　删除表。

在视图设计器中删除表，不会删除数据库中的任何对象，操作步骤如下。

①　在关系图窗格中选择表、视图、用户定义函数或查询，然后按 Delete 键，或右击对象，在弹出的快捷菜单中选择“删除”命令。

②　删除表对象后，视图设计器将自动删除包含该表对象的连接，并从 SQL 和条件窗格中删除对该对象列的引用。但是，如果查询包含涉及对象的复杂表达式，则在删除对该对象的所有引用后才自动删除该对象。

(3)　指定用于排序或输出的列。

指定用于输出的列的操作步骤如下。

在关系图窗格中选择表中对应的列(复选框中出现“√”)，或者右击，在弹出的快捷菜单中选择“添加到选择”命令。若取消选中命令复选框，或者右击，在弹出的快捷菜单中选择“从选择中删除”命令，则表示对应的列不输出。

指定用于排序的列的操作步骤如下。

在关系图窗格中选择表中对应的列，右击，在弹出的快捷菜单中选择“升序排序”或“降序排序”命令，可以对显示的结果进行排序。

(4)　指定分组。

如果条件窗格中没有“分组”列，则可在条件图窗格中，右击，在弹出的快捷菜单中选择“添加分组依据”命令，则可以在条件窗格中增加“分组”列。

(5)　创建或修改表对象之间的连接。

数据库中可以包含多个表，表间存在着各种联系。通过建立联系，可以将数据库中的表在逻辑上形成一个整体。

建立连接的操作步骤如下。

将鼠标指针指向关系图窗格中选择表中对应的列，按住鼠标左键拖到另一表中的相应属性处，建立连接。

编辑连接线的操作步骤如下。

①　单击关系线，此时关系线将变成粗黑线。

②　右击该连接线，在弹出的快捷菜单中选择“属性”命令，打开“属性”对话框，如图 7.6 所示。

图 7.6　关系线属性对话框

③ 在“属性”对话框中，可以单击“联接条件和类型”按钮[...]，出现关系线联接对话框，如图 7.7 所示，在“包括行”中选中 “所有行：来自 C”或“所有行：来自 sc”复选框，可以调整连接的类型。

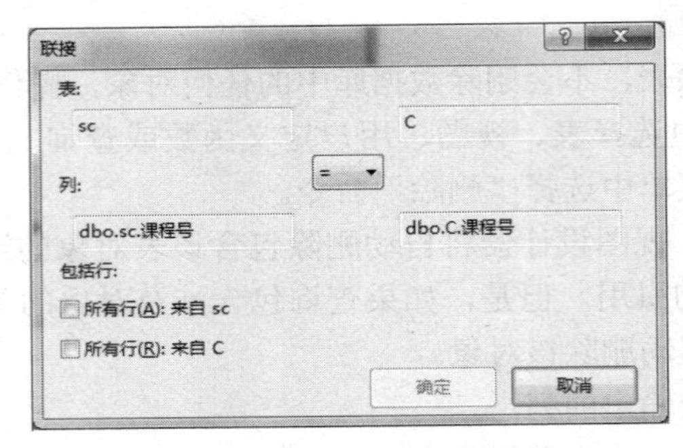

图 7.7 关系线联接对话框

选择快捷菜单中的“删除”，即删除连接。

2) 窗格

“条件窗格”包含一个类似电子表格的网格，在条件窗格中，用户可以在其中指定要显示的列和列名别名、列所属的表、计算列的表达式、查询的排序次序、搜索条件、分组准则，包括聚合函数。

表 7.1 列出了可以出现在条件窗格中的网格列。

表 7.1 条件窗格列的描述

列	描 述
列	显示数据列名或计算列的表达式。水平滚动屏幕时，该列始终在屏幕上
别名	指定列的可选名或可以用作计算列的名称
表	指定表名。对于计算列，该列是空白的
输出	指定某个数据列是否出现在查询输出中。 注意：可以将某个数据列用于排序或搜索子句，但不在结果集内显示该数据列
排序类型	指定排序的数据列，并指定排序是升序还是降序
排序顺序	指定用于对结果集进行排序的数据列排序优先级。当更改某个数据列的排序次序时，所有其他列的排序次序都将随之更新
分组依据	指定用于创建聚合查询的数据列。只有选择工具栏上的“添加分组依据”，或者向 SQL 窗格中添加 GROUP BY 子句时，该网格列才会出现。当选择一个聚合函数应用到数据列时，在默认情况下结果表达式将作为结果集的输出列添加进来
筛选器	指定筛选搜索条件。如果关联的数据列是 GROUP BY 子句的一部分，则输入的表达式用于 HAVING 子句。如果在“准则”网格列的多个单元中输入值，则所得到的搜索条件将自动由逻辑 AND 链接起来。如要为单个数据库列指定多个搜索条件表达式，如(grade>80) 和 (grade <90)，需将数据列添加到关系窗格中两次，并在准则列中为数据列的每个实例输入不同的值
或	指定数据列的附加搜索条件表达式，并用逻辑 OR 链接到先前的表达式。可以在最右边的“或”列中按 TAB 键，添加“或”网格列

在条件窗格中可以进行如下操作。

(1) 使用表达式进行排序。

操作步骤如下。

① 在条件窗格中，插入一个新网格行。

② 在新网格行的“列”列中，输入排序所依据的表达式。

③ 如果不想在查询中显示表达式，则清除新行的“输出”列。

④ 在“排序类型”列中，选择“升序”或“降序”，在“排序次序”列中选择排序优先级。

(2) 将表达式作为条件使用。

操作步骤如下。

① 在新网格行的“列”列中，输入要作为条件使用的表达式。

② 在新行的“准则”列中，输入要同条件进行比较的值。

(3) 将表达式作为搜索值使用。

操作步骤如下。

① 在条件窗格中添加要搜索的数据列或表达式。

② 在该数据列或表达式的“准则”列中，输入作为搜索值的表达式。

(4) 设置视图属性。

操作步骤如下。

① 在条件窗格中，右击，在弹出的快捷菜单中选择“属性”命令。

② 在视图“属性”对话框中，可以设置加密、绑定到架构、输出的记录数等属性。

3) SQL 窗格

“SQL 窗格”显示用于查询或视图的 SQL 语句，可以编辑输入的 SQL 语句。对于不能用关系图窗格和条件窗格创建的 SQL 语句(如联合查询)，可以直接输入 SQL 语句。

4) 结果窗格

在视图设计器中，“结果窗格”显示视图的内容。

可以在任意窗格内进行操作以创建视图。可以在关系图窗格中选择属性列，或者在 SQL 窗格中使用 SQL 语句指定要显示的列。关系图窗格、条件窗格和 SQL 窗格都是同步的，当在某一窗格中进行更改时，其他窗格自动反映所做的更改。

【例 7.2】 创建一个视图 clanguageview 用于显示所有选修了 C 语言课程的学生的学号、课程名和成绩，并按成绩从高到低排列。

方法一：使用 Management Studio 视图设计器创建视图。

操作步骤如下。

① 在 SQL Server Management Studio 的“对象资源管理器”中，展开 studentcourse 数据库的视图节点，右击“视图”节点，从弹出的快捷菜单中选择“新建视图”命令。

② 在关系图窗格中添加表 C 和表 SC，两个表自动创建自然连接。

③ 在关系图窗格中将表 SC 中的学号和成绩列和表 C 中的课程名列前的复选框，表示输出显示，如图 7.8 所示。

④ 在关系图窗格中选择表中的成绩列并右击，在弹出的快捷菜单中选择“降序排序”命令，表示对结果集按成绩从高到低进行排序，如图 7.9 所示。

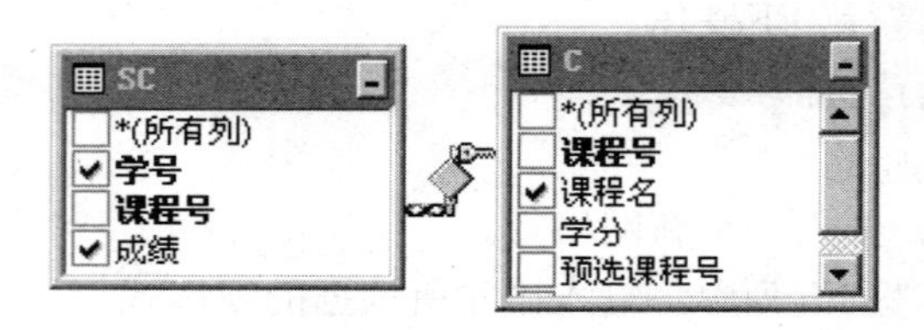

图 7.8　关系图窗格

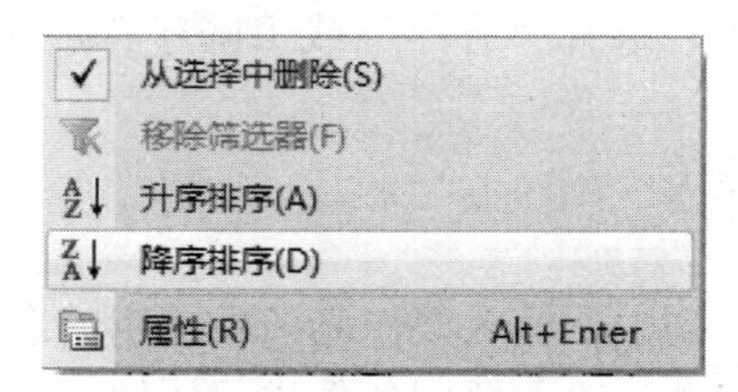

图 7.9　按降序排序

⑤　在条件窗格中，在“课程名”列的筛选器中指定筛选条件为= 'C 语言'。

⑥　单击查询设计器的菜单或工具栏上的“验证 SQL 语法”按钮，来检验 SQL 的语法，修正在验证过程期间报告的错误或问题。

⑦　单击工具栏上的执行 SQL 按钮，运行视图。

⑧　保存视图，在工具栏中选择“保存”按钮，弹出选择名称窗口，输入视图的名称。

方法二：使用 CREATE VIEW 语句创建视图。

```
CREATE VIEW dbo.clanguageview
As
    SELECT   C.学号, SC.课程名,SC.成绩
        FROM  C  INNER JOIN  SC ON C.课程号 =SC.课程号
        WHERE  C.课程名 = 'C 语言'
        ORDER BY  SC.成绩 DESC
```

7.1.3　修改视图

1. 语句格式

```
ALTER VIEW [架构名 . ] 视图名 [ (列名 [ ,… n ] ) ]
[ WITH ENCRYPTION |  | VIEW_METADATA ]
AS
SQL 语句
[ WITH CHECK OPTION ]
```

2. 功能

ALTER VIEW 的用法和 CREATE VIEW 基本类似，各参数的作用相同，参照 CREATE VIEW 语句。

【例 7.3】 修改视图 clanguageview 用于显示所有选修了“C 语言”课程，并且是“管理信息系”的学生的学号、课程名、成绩和所在系，并按成绩从高到低排列。

方法一：使用 Management Studio 视图设计器修改视图。

操作步骤如下。

① 在 SQL Server Management Studio 的“对象资源管理器”中，展开 studentcourse 数据库的视图节点。右击刚刚创建的 clanguageview 视图，从弹出的快捷菜单中选择“设计”命令，在右边出现视图设计器。

② 在视图设计器的关系图窗格中右击，在弹出的快捷菜单中选择“添加表”命令，在弹出的“添加表”对话框中，把表 S 添加进来，并选中表 S 中的“系”列前的复选框，表示输出显示，如图 7.10 所示。

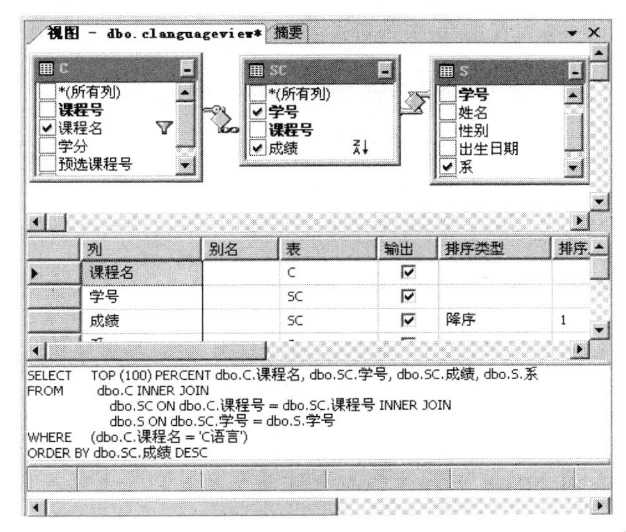

图 7.10　修改视图

③ 在条件窗格中，在“系”列的筛选器中指定筛选条件为'= '管理信息系'。

④ 单击查询设计器的菜单或工具栏上的“验证 SQL 语法”按钮来检验 SQL 的语法，修正在验证过程期间报告的错误或问题。

⑤ 单击工具栏上的执行 SQL 按钮 ! ，运行视图。

⑥ 保存视图，在工具栏中单击“保存”按钮，完成修改。

方法二：使用 ALTER VIEW 语句修改视图。

```
ALTER VIEW dbo.clanguageview
   As
   SELECT  dbo.SC.学号, dbo.SC.成绩
FROM  dbo.C INNER JOIN dbo.SC ON dbo.C.课程号 = dbo.SC.课程号
      INNER JOIN dbo.S ON dbo.SC.学号 = dbo.S.学号
   WHERE  dbo.C.课程名 = 'C语言'  AND  dbo.S.系 = '管理信息系'
   ORDER BY   dbo.SC.成绩 DESC
```

7.1.4　删除视图

1. 语句格式

```
DROP VIEW [ 架构名 . ] 视图名 […,n ]
```

2. 功能

删除指定名称的视图。

【例 7.4】 删除视图 clanguageview。

方法一：使用 Management Studio 视图设计器删除视图。

操作步骤如下。

① 在 SQL Server Management Studio 的“对象资源管理器”中，展开 studentcourse 数据库的视图节点。右击刚刚创建的 clanguageview 视图，从弹出的快捷菜单中选择“删除”命令，弹出“删除对象”对话框，如图 7.11 所示。

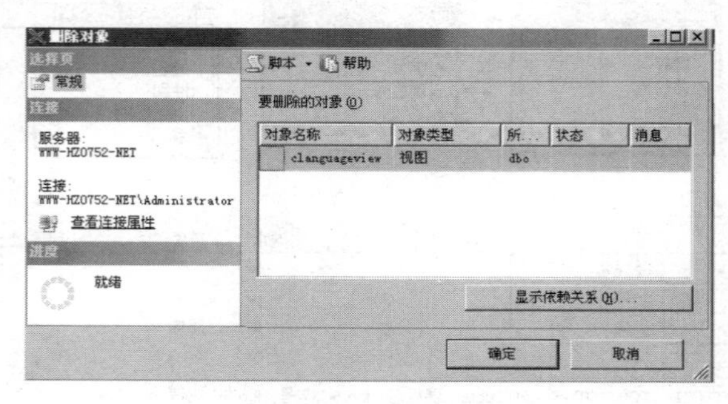

图 7.11 删除视图

② 单击“删除对象”对话框中的“确定”按钮，即可删除该视图。

方法二：使用 DROP VIEW 语句删除视图。

```
DROP  VIEW dbo.clanguageview
```

7.1.5 重命名视图

在 SQL Server 中可以为已经创建的视图修改名字。

【例 7.5】 重命名视图 clanguageview 为 cview。

方法一：使用 Management Studio 视图设计器为视图重命名。

操作步骤如下。

① 在 SQL Server Management Studio 的“对象资源管理器”中，展开 studentcourse 数据库的视图节点。右击刚刚创建的 clanguageview 视图，在弹出的快捷菜单中选择“重命名”命令，如图 7.12 所示。

图 7.12 选择“重命名”命令

② 直接修改视图的名字为 cview。

方法二：利用系统存储过程 sp_rename 为视图重命名。

语法格式：

```
sp_rename [ @objname = ] '对象名' , [ @newname = ] '新对象名' ,
          [ @objtype = ] '对象类型' ]
   sp_rename 'clanguageview', 'cview'
```

7.1.6　显示视图相关性

在 SQL Server 中可以查看创建的视图与其他数据库对象之间的依赖关系。

【例 7.6】 为例 7.3 中修改好的视图 clanguageview 显示依赖关系。

方法：使用 Management Studio 视图设计器查看视图依赖关系。

操作步骤如下。

① 在 SQL Server Management Studio 的“对象资源管理器”中，展开 studentcourse 数据库的视图节点。右击 clanguageview 视图，在弹出的快捷菜单中选择“查看依赖关系”命令。

② 此时弹出“对象依赖关系”对话框，如图 7.13 和图 7.14 所示，在该对话框中可以查看依赖于视图 clanguageview 的对象和视图 clanguageview 依赖的对象。

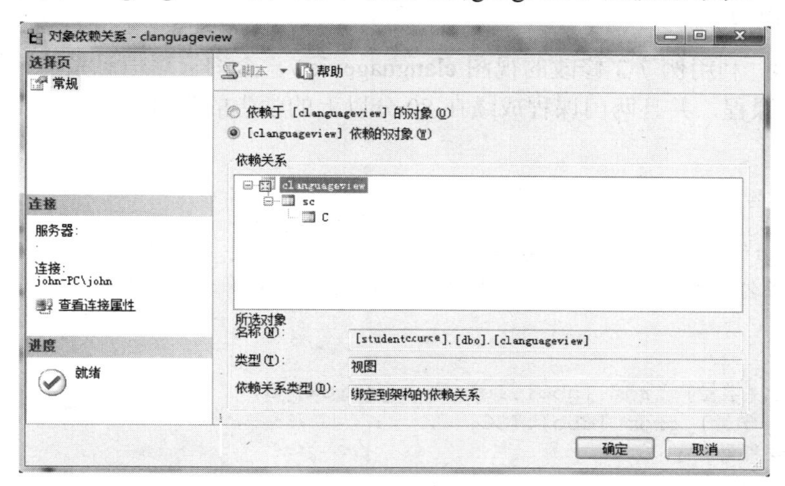

图 7.13　对象依赖关系——依赖的对象

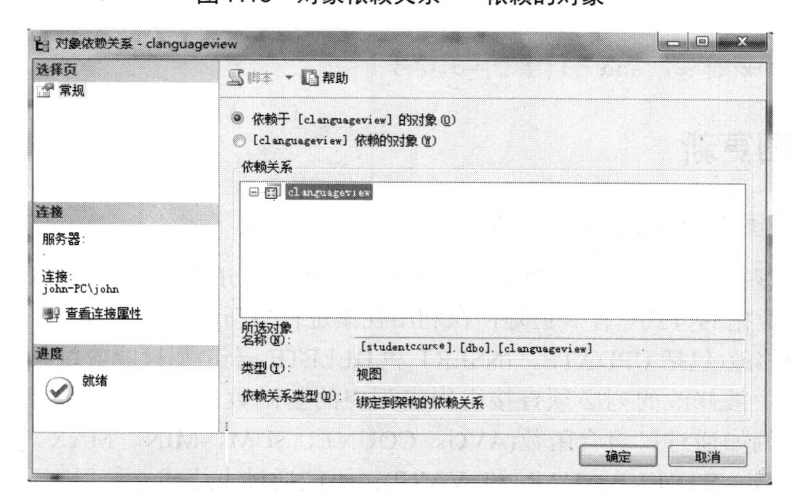

图 7.14　对象依赖关系——依赖于 clanguageview 对话框

7.2 管 理 视 图

7.2.1 视图查询

建立视图后，对视图可以像对表一样使用连接、GROUP BY 子句、子查询等，实现各种条件的查询。在通过视图检索数据时，SQL Server 将首先检查视图所参照的数据库对象是否存在，如果视图所依赖的数据库对象不存在或被删除了，将导致语句执行错误。

【例 7.7】 利用例 7-2 创建的视图 clanguageview，查询“C 语言”课程成绩在 80 分以上的学生的学号和成绩，并按成绩从高到低排列。

```
SELECT 学号，成绩
FROM clanguageview
WHERE 成绩>80
```

【例 7.8】 利用例 7-3 修改的视图 clanguageview，查询管理信息系选修了“C 语言”和“数据库”课程，并且两门课程成绩在 80 分以上的学生的学号。

方法一：

```
SELECT 学号
FROM clanguageview a JOIN SC b on a.学号=b.学号
and b.课程号 in (select 课程号 from C
WHERE 课程名='数据库')and a.成绩>80 and b.成绩>80
```

方法二：

```
select a.[学号] from [dbo].[clanguageview] a,
(select [学号] from [dbo].[SC]
where [课程号] in(
select [课程号] from C
where  [课程名]='数据库')and
[成绩]>80) b
where a.[成绩]>80 and a.[学号]=b.学号
```

7.2.2 视图更新

1. 通过视图更新数据的更新规则

可以通过视图更新基础表的数据，修改方式与通过 UPDATE、INSERT 和 DELETE 语句修改表中数据的方式一样。但是，在利用视图进行更新时有以下规则：

- 任何修改(包括 UPDATE、INSERT 和 DELETE 语句)都只能引用一个基表的列。
- 视图中被修改的列必须直接引用表列中的基础数据。它们不能通过其他方式派生，例如通过：聚合函数(AVG、COUNT、SUM、MIN、MAX、GROUPING、STDEV、STDEVP、VAR 和 VARP)；不能通过表达式并使用列计算出其他列。使用集合运算符(UNION、UNION ALL、CROSS OIN、EXCEPT 和 INTERSECT)形成的列得出的计算结果不可更新。

- 正在修改的列不受 GROUP BY、HAVING 或 DISTINCT 子句的影响。
- 在基础表的列中修改的数据必须符合对这些列的约束，如为空性、约束及 DEFAULT 定义等。例如，如果要删除一行，则相关表中的所有基础 FOREIGN KEY 约束必须仍然得到满足，删除操作才能成功。

2．通过视图插入数据

1)　语法格式

```
INSERT INTO 视图名 (列名 1，列名 2…)
    VALUES (列值 1，列值 2，…)
```

2)　注意

(1)　插入视图的列值个数、数据类型应和视图定义的列数、基础表中对应的数据类型保持一致。

(2)　如果视图的定义中只选择了基础表的部分列，基础表的其余列至少有一列不允许为空，且该列未设置默认值，则无法通过视图插入数据。

(3)　如果视图的定义中只选择了基础表的部分列，基础表的其余列都允许空，或有列不允许为空，但设置了默认值，此时视图可以成功地向基础表插入数据。

(4)　利用视图插入数据必须为不允许空值，并且没有 DEFAULT 定义的基础表中的所有列指定值。

(5)　如果在视图定义中使用了 WITH CHECK OPTION 子句，则在视图上执行的数据插入语句必须定义视图的 SELECT 语句中所设定的条件。

【例 7.9】 创建一个视图 courseview，用于显示每门课程的课程号、课程名和任课教师名，并利用视图向课程表插入一行数据。

```
CREATE VIEW courseview
AS
SELECT 课程号, 课程名, 教师
FROM C
GO
INSERT INTO courseview (课程号, 课程名, 教师)
VALUES ('C06', '英语', '王强')
```

在课程表 C 中，学分列和预选课程号列允许为空值，所以可以成功插入；如果学分列和预选课程号列不允许为空值，又没有设置过默认值，则利用视图插入数据将失败。

3．通过视图修改数据

可以利用视图修改基础表中的数据列值，语法格式如下。

```
UPDATE 视图名
SET 列 1=列值 1，列 2=列值 2，…
WHERE 条件表达式
```

利用视图修改表数据时应注意以下几个方面。

(1)　若视图包含了多个基础表中的数据，且要更改的列属于同一个基础表，则可以通过视图更改对应基础表的列数据。

(2) 若视图包含了多个基础表中的数据，且要更改的列分别属于不同的基础表，则不能通过视图更改对应基础表的列数据。

(3) 若视图包含了多个基础表中的数据，且要更改的列为多个基础表的公共列，则不能通过视图更改对应基础表的列数据。

(4) 若视图的定义中使用了 WITH CHECK OPTION 选项，且要更改的数据不符合视图定义中的限制条件时，则无法更改对应基础表的数据。

【例 7.10】 创建一个视图 scview，用于显示学生选修课程的情况，返回学生的姓名、选修的课程名和成绩，并利用视图将姚江的数据库课程成绩改为 95 分。

```
CREATE VIEW scview
AS
SELECT  S.姓名,  C.课程名,  SC.成绩
FROM    C  JOIN  SC  ON  C.课程号 = SC.课程号
           JOIN  S   ON  S.学号= SC.学号
    UPDATE    scview
    SET       成绩 = 95
    WHERE     (姓名 = '姚江') AND (课程名 = '数据库')
```

4．通过视图删除数据

1) 语法格式

```
DELETE FROM 视图名
WHERE 条件表达式
```

2) 注意

(1) 若删除语句的条件指定的列是视图未包含的列，则无法通过视图删除基础表的数据行。

(2) 若通过视图要删除的数据行不包含在视图的定义中，无论视图定义中是否设置了 WITH CHECK OPTION 选项，该数据行都不能成功删除。

【例 7.11】 利用例 7-9 中创建的视图 courseview，把英语这门课程记录删除。

```
DELETE    FROM   courseview
WHERE     课程名 = '英语'
```

本 章 小 结

本章详细介绍了视图的优点，并以学生选课数据库为例，介绍了在 SQL Server 2012 中创建、修改和管理视图的方法。

实训　设计和管理视图

一、实验目的和要求

1. 掌握在 SQL Server 2012 中创建视图的两种方法。

2. 掌握在 SQL Server 2012 中修改和管理视图的方法。

二、实验内容

1. 在学生选课数据库 studentcourse 中新建一名为 stud_view 的视图，该视图可以让我们看到每个学生的姓名、选修的课程名和成绩。

2. 利用 stud_view 1 视图，查看平均成绩在 80 分以上的学生姓名。

3. 在学生选课数据库 studentcourse 中新建视图 teacher_view，该视图显示每个教师所教的课程名，和选修该课程的学生人数。

4. 修改 teacher_view 视图，在视图中增加一列，显示选修该课程的所有学生的平均成绩。

5. 在学生选课数据库 studentcourse 中创建视图 depart_view，该视图可以用来查看每个系的学生人数。

6. 在学生选课数据库 studentcourse 中创建视图 stud_view，该视图可以用来查看每个学生选修课程的门数和平均成绩。

7. 利用题 6 中建好的视图 stud_view，查询平均成绩在 80 分以上的学生学号。

8. 修改题 6 中创建的视图 stud_view，该视图可以用来查看每个学生选修课程的门数、平均成绩和所在的系。

9. 能否利用题 6 中创建的 stud_view 视图，修改某个学生的平均成绩？请试一试。

习　　题

一、选择题

1. SQL 的视图是从(　　)中导出的。
   A. 基本表　　B. 视图　　C. 基本表或视图　　D. 数据库
2. 创建视图的命令是(　　)。
   A. CREATE VIEW　　B. DROP VIEW
   C. CREATE TABLE　　D. CREATE RULE
3. 修改视图时，使用(　　)选项，可以对 CREATE VIEW 的文本进行加密。
   A. WITH　ENCRYPTION　　B. WITH CHECK OPTION
   C. VIEW_METADATA　　D. AS　SQL 语句

二、填空题

1. 对视图的操作与对表的操作一样，可以对其进行________、________与________，但对数据的操作要满足一定的条件。当对通过视图看到的数据进行修改时，相应的基础表的数据也会发生变化，同样，若基础表的数据发生变化，也会自动反映到________中。

2. WITH CHECK OPTION 选项强制视图上执行的所有数据修改语句都必须符合由________设置的准则。通过视图修改数据行时，WITH CHECK OPTION 可确保提交修改后，仍可通过视图看到修改的数据。

3. 关系图窗格以图形显示选择的表对象及它们之间的连接关系。每个表对象在关系图窗格中以单独的窗口出现。窗口标题栏中的图标表示该窗口所代表的对象类型，图标▦表示对象类型为______，图标▦表示对象类型为______，图标▦表示对象类型为_______，图标▦表示对象类型为________，图标▣表示对象类型为________，图标▦表示对象类型为________。

第 8 章　Transact-SQL 程序设计

本章导读

本章主要介绍变量、运算符、函数、流程控制语句和注解等语言元素。

学习目的与要求

(1) 理解变量、运算符和流程控制语句。

(2) 掌握函数的使用方法，能够使用流程控制语句编程。

8.1　Transact-SQL 常用语言元素

在 SQL Server 数据库中，T-SQL 语言是由数据定义语言(DLL)、数据操纵语言(DML)、数据控制语言(DCL)和增加的语言元素组成的。

数据定义语言(DLL)主要执行数据库的任务，对数据库以及数据库中的各种对象进行创建、修改、删除等操作，主要有 CREATE、ALTER、DROP 语句。数据操纵语言(DML)用于操纵数据库中的各种对象，检索和修改数据，主要有 SELECT、INSERT、UPDATE、DELETE 语句。数据控制语言(DCL)用于安全控制，主要有 GRANT、REVOKE、DENY 等语句。微软为了用户编程的方便，增加了变量、运算符、函数、流程控制语句和注解等语言元素。

8.1.1　变量

变量有两种形式：用户自定义的局部变量和系统提供的全局变量。

局部变量是一个拥有特定数据类型的对象，它的作用范围仅限制在程序内部。局部变量必须先定义后使用，被引用时要在其名称前加上标志“@”。

全局变量是系统内部使用的变量，全局变量在任何程序范围内均起作用。全局变量被引用时要在其名称前加上标志“@@”。全局变量是在服务器定义的，用户只能使用预先定义的全局变量。局部变量的名称不能与全局变量的名称相同。

8.1.2　DECLARE 语句

1. 格式

格式一：

```
DECLARE  @变量的名称 数据类型[ ,…n]
```

格式二：

```
SELECT @变量的名称=表达式[ , … n]
```

2．功能

(1) DECLARE 语句声明局部变量，声明后的变量初始化为 NULL。可以用 SET 或 SELECT 语句为局部变量赋值。局部变量的作用域是声明局部变量的批处理、存储过程或语句块。

(2) 格式二，在声明局部变量的同时，给变量赋值。

(3) 局部变量名必须以@开头，并且必须符合标识符规则。

(4) 变量不能设置为 text、ntext 或 image 数据类型。

(5) 局部变量只能在表达式中出现。

【例 8.1】 定义局部变量@varname,@vardepartment，并为@varname 赋值“李丽”，为@vardepartment 赋值“是管理信息系的学生”。

```
DECLARE @varname char(8),@vardepartment char(30)
SET @varname ='李丽'
SET @vardepartment =@varname+'是管理信息系的学生'
SELECT @varname as 姓名,@vardepartment as 介绍
```

【例 8.2】 定义局部变量@varsex,@varsno，并利用这些变量去查找女同学的姓名与学号。

```
use studentcourse
DECLARE @varsex char(2), @varsno char(8)
SET @varsex='女'
SELECT 学号,姓名
   FROM S
   WHERE 性别=@varsex
```

运行结果如表 8.1 所示。

表 8.1　执行结果(例 8.2)

学　号	姓　名
J0401	李丽
J0402	马俊萍
Q0401	陈小红

注意下述命令与上述命令的区别。下面命令组的功能是将最后一个女同学的学号赋值给变量@varsno。

```
DECLARE @varsex char(2), @varsno char(8)
SET @varsex='女'
SELECT @varsno=学号
   FROM S
   WHERE 性别=@varsex
SELECT @varsno as 学号
```

运行结果如表 8.2 所示。

表 8.2　执行结果(例 8.2)

学　号
Q0401

向变量赋值的 SELECT 语句不能与数据检索操作结合使用。下述命令是错误的。

```
SELECT @varsno=学号,姓名
    FROM S
    WHERE 性别=@varsex
```

【例 8.3】 使用名为 @find 的局部变量检索所有陈姓学生的信息。

```
USE STUDENTCOURSE
DECLARE @find varchar(30)
SET @find ='陈%'
SELECT  姓名,学号,系
    FROM S
    WHERE 姓名 LIKE @find
```

运行结果如表 8.3 所示。

表 8.3　执行结果(例 8.3)

姓　名	学　号	系
陈小红	Q0401	汽车系

【例 8.4】 从 S 中检索 1995 年 1 月 5 日后出生的学生姓名与学号信息。

```
DECLARE @varsex char(2), @vardate datetime
SET @varsex = '女'
SET @vardate = '80/01/05'
SELECT 姓名,学号,出生日期
    FROM S
    WHERE 性别=@varsex and 出生日期>=@vardate
```

运行结果如表 8.4 所示。

表 8.4　执行结果(例 8.4)

姓　名	学　号	出生日期
李丽	J0401	1980-02-12
陈小红	Q0401	1980-02-12

8.1.3　注释

1. 格式

格式一：

```
/ * 注释文本* /
```

格式二：

-- 注释文本

2．功能

多行的注释必须用 /* 和 */ 指明。用于多行注释的样式规则是，第一行用 /* 开始，接下来的注释行用 ** 开始，并且用 */ 结束注释。

-- 注释可插入到单独行中或嵌套(只限 --)在命令行的末端，用 -- 插入的注释由换行字符分界。

注释没有最大长度限制。服务器将不运行注释文本。

8.1.4 函数

1．字符函数

1) SUBSTRING 函数

格式：SUBSTRING (<字符表达式>,<m>[,<n>])

功能：从字符表达式中的第 m 个字符开始截取 n 个字符，形成一个新字符串，m,n 都是数值表达式。

【例 8.5】 检索所有学生的姓。

```
SELECT distinct SUBSTRING(姓名, 1,1)
    FROM S
```

运行结果如表 8.5 所示。

表 8.5 执行结果(例 8.5)

无列名
陈
李
马
王
姚
张

【例 8.6】 按要求显示字符串变量子串。

```
DECLARE @ss VARCHAR(20)
SET @ss='我们是管理信息系学生'
SELECT x1 =substring(@ss,4,5), x2 =substring(@ss,9,2)
```

运行结果如表 8.6 所示。

表 8.6 执行结果(例 8.6)

x1	x2
管理信息系	学生

2)　LTRIM 函数

格式：LTRIM (<字符表达式>)

功能：删除字符串起始空格函数，返回 varchar 类型数据。

3)　RTRIM 函数

格式：RTRIM (<字符表达式>)

功能：删除字符串尾随空格函数，返回 varchar 类型数据。

```
DECLARE @ss VARCHAR(20)
set @ss='   中华人民共和国'
SELECT '我爱'+ LTRIM (@ss)+ RTRIM( ' 她是我们的祖国     ')
```

运行结果如表 8.7 所示。

表 8.7　执行结果(例 8.6)

无列名
我爱中华人民共和国 她是我们的祖国

4)　RIGHT 函数

格式：RIGHT (<字符表达式>,<数据表达式>)

功能：返回字符串中从右边开始指定个数的字符，返回 varchar 类型数据。

5)　LEFT 函数

格式：LEFT (<字符表达式>,<数据表达式>)

功能：返回字符串中从左边开始指定个数的字符，返回 varchar 类型数据。

【例 8.7】 返回每个课程名最右边的 5 个字符。返回每个学生名字中最左边的 1 个字符。

```
SELECT LEFT(姓名, 1) as 姓,RIGHT (电话, 4) as 电话后四位
   FROM S
   ORDER BY 学号
```

运行结果如表 8.8 所示。

表 8.8　执行结果(例 8.7)

姓	电话后四位
李	1234
马	1288
王	2233
姚	8848
陈	1122
张	1111

6)　UPPER 函数

格式：UPPER(<字符表达式>)

功能：将小写字符数据转换为大写的字符表达式，返回 varchar 类型数据。

7) LOWER 函数

格式：LOWER (<字符表达式>)

功能：将大写字符数据转换为小写的字符表达式，返回 varchar 类型数据。

8) REVERSE 函数

格式：REVERSE (<字符表达式>)

功能：返回字符表达式的反转。返回 varchar 类型数据。

【例 8.8】 以大写、小写两种方式显示课程号，显示反转的课程号。

```
SELECT top 3 LOWER(课程号) as Lower, UPPER(课程号) as Upper,REVERSE(课程号)
as Reverse
    FROM SC
```

运行结果如表 8.9 所示。

表 8.9 执行结果(例 8.8)

Lower	Upper	Reverse
c01	C01	10C
c02	C02	20C
c03	C03	30C

9) SPACE 函数

格式：SPACE(<整数表达式>)

功能：返回由重复的空格组成的字符串。整数表达式的值表示空格个数。返回 char 类型数据。

【例 8.9】 显示学生的姓名和所在系，之间用逗号和 2 个空格分隔。

```
SELECT RTRIM(姓名) + ',' + SPACE(2) + LTRIM(系) as 学生所在系
    FROM S
    ORDER BY 姓名
```

运行结果如如表 8.10 所示。

表 8.10 执行结果(例 8.9)

学生所在系
陈小红，汽车系
李丽，管理信息系
马俊萍，管理信息系
王永明，管理信息系
姚江，管理信息系
张干劲，汽车系

10) STUFF 函数

格式：STUFF(字符表达式 1, m ,n，字符表达式 2)

功能：删除指定长度的字符并在指定的起始点插入另一组字符。m,n 是整数，m 指定

删除和插入的开始位置，n 指定要删除的字符数，最多删除到最后一个字符。如果 m 或 n 是负数，则返回空字符串。如果 m 比字符表达式 1 长，则返回空字符串。返回 char 类型数据。

11) CHARINDEX 函数

格式：CHARINDEX (表达式 1，表达式 2 [, m])

功能：在表达式 2 的第 m 个字符开始查找表达式 1 起始字符位置。m 是整数表达式，如果 m 是负数或默认，则将从表达式 2 的起始位置开始搜索。返回 int 类型数据。

12) LEN 函数

格式：LEN (字符表达式)

功能：返回给定字符串表达式的字符个数，不包含尾随空格。

13) ASCII 函数

格式：ASCII(字符表达式)

功能：返回给定字符串表达式的最左端字符的 ASCII 码值。返回整型值。

14) CHAR 函数

格式：CHAR(整数表达式)

功能：用于将 ASCII 码转换为字符，整数表达式的取值范围为 0～255 之间的整数，返回字符型数据值。

【例 8.10】 将字符串 redgreenblue 中的 green 替换成 black。判断 blue 在字符串 redgreenblue 中的起始位置。判断 blue 字符的长度。

```
SELECT STUFF('redgreenblue', 4, 5, 'black')
GO
SELECT CHARINDEX('blue', 'redgreenblue') as 起始位置,LEN ('blue') as 长度
```

运行结果如表 8.11 所示。

表 8.11　执行结果(例 8.10)

无列名	起始位置	长　度
redblackblue	9	4

2. 数学函数

1) ABS 函数

格式：ABS(数字表达式)

功能：返回给定数字表达式的绝对值。

2) EXP 函数

格式：EXP (数字表达式)

功能：返回给定数字表达式的指数值。参数数字表达式是 float 类型的表达式。返回类型为 float。

3) SQRT 函数

格式：SQRT(数字表达式)

功能：返回给定数字表达式的平方根。参数数字表达式是 float 类型的表达式。返回类型为 float。

4) ROUND 函数

格式：ROUND (数字表达式，m)

功能：返回数字表达式并四舍五入为指定的长度或精度。

m 是四舍五入的精度。m 必须是 tinyint、smallint 或 int。使用 ROUND 函数返回值的最后一个数字始终是估计值，如表 8.12 所示。

表 8.12 ROUND 函数的使用

m	ROUND (321.45678，m)
−2	300.00000
−1	320.00000
0	321
1	321.5
2	321.46

5) RAND 函数

格式：RAND ([seed])

功能：返回 0 到 1 之间的随机 float 值。参数 seed 为整型表达式。

```
SELECT rand() Random_Number
SELECT exp(1),sqrt(4),abs(-5.3)
SELECT round(123.123456,0),round(123.123456,2),round(123.123456,-2)
SELECT abs(-1.0), abs(0.0), abs(1.0)
```

3. 日期和时间函数

日期和时间函数可以处理日期和时间数据，并返回一个字符串、数字值或日期时间值。

1) DATEADD 函数

格式：DATEADD (日期参数, 数字, 日期)

功能：在向指定日期加上一段时间的基础上，返回新的 datetime 值。日期参数规定了新值的类型，参数有 Year、Month、Day、Week、Hour。

【例 8.11】 查询每个学生出生 21 天和 21 年后的日期。

```
SELECT 姓名,出生日期,DATEADD(day, 21, 出生日期) AS newtime
FROM S
```

运行结果如表 8.13 所示。

表 8.13 执行结果(例 8.11)

姓 名	出生日期	newtime
李丽	1980-02-12	1980-03-04
马俊萍	1970-12-02	1970-12-23
王永明	1985-12-01	1985-12-22
姚江	1985-08-09	1985-08-30
陈小红	1980-02-12	1980-03-04
张干劲	1978-01-05	1978-01-26

```
SELECT 姓名,出生日期,DATEADD(year, 21, 出生日期) AS newtime
FROM S
```

运行结果如表 8.14 所示。

表 8.14 执行结果(例 8.11)

姓 名	出生日期	newtime
李丽	1980-02-12	2001-02-12
马俊萍	1970-12-02	1991-12-02
王永明	1985-12-01	2006-12-01
姚江	1985-08-09	2006-08-09
陈小红	1980-02-12	2001-02-12
张干劲	1978-01-05	1999-01-05

2) GETDATE 函数

格式：GETDATE ()

功能：返回当前系统的日期和时间。

【例 8.12】 返回当前系统的日期和时间。

```
SELECT GETDATE()
```

3) DAY 函数

格式：DAY (日期)

功能：返回代表指定日期的“日”部分的整数。返回类型为 int。

【例 8.13】 返回日期 03/12/2008 中的日。

```
SELECT DAY('03/12/2008') AS 'Day Number'
```

运行结果如表 8.15 所示。

表 8.15 执行结果(例 8.13)

Day Number
12

4) YEAR 函数

格式：YEAR(日期)

功能：返回表示指定日期中的年份的整数。返回类型为 int。

【例 8.14】 从日期 03/12/2008 中返回年份数。

```
SELECT "Year Number" = YEAR('03/12/2008')
```

运行结果如表 8.16 所示。

表 8.16 执行结果(例 8.14)

Year Number
2008

5) MONTH 函数

格式：MONTH (日期)

功能：返回表示指定日期中的月份的整数。返回类型为 int。

【例 8.15】 从日期 03/12/2008 中返回月份。

```
SELECT MONTH ('03/12/2008') as 'Month Number'
```

运行结果如表 8.17 所示。

表 8.17 执行结果(例 8.15)

Month Number
3

4．数据转换函数

SQL Server 能够自动处理某些数据类型的转换。例如，如果比较 char 和 datetime 表达式、smallint 和 int 表达式或不同长度的 char 表达式，这种转换称为隐性转换。SQL Server 提供了转换函数 CAST 和 CONVERT 进行转换数据类型。使用 CAST 或 CONVERT 时，要明确要转换的表达式，要转换成的数据类型。

1) CAST 函数

格式：CAST (表达式 AS 数据类型)

功能：将指定的表达式转换成对应的数据类型。

2) CONVERT 函数

格式：CONVERT (数据类型[(长度)], 表达式[,样式])

功能：样式是指日期格式样式，借以将 datetime 或 smalldatetime 数据转换为字符数据(nchar、nvarchar、char、varchar、nchar 或 nvarchar 数据类型)；或者字符串格式样式，借以将 float、real、money 或 smallmoney 数据转换为字符数据(nchar、nvarchar、char、varchar、nchar 或 nvarchar 数据类型)。

【例 8.16】 将 SC 表中的成绩列转换为 char(10)，并显示成绩在 80 分以上的学生的学号。

```
SELECT 学号+'的成绩为：  '+CAST(成绩 AS varchar(6)) as '80 分以上成绩'
    FROM SC
    WHERE CAST(成绩 AS char(6)) LIKE '8_'
```

或

```
SELECT 学号+'的成绩为：  '+CONVERT(varchar(6),成绩) as '80 分以上成绩'
    FROM SC
    WHERE CONVERT(varchar(6),成绩) LIKE '8_'
```

运行结果如表 8.18 所示。

表 8.18 执行结果(例 8.16)

80 分以上成绩
J0401 的成绩为： 88
J0401 的成绩为： 89
J0401 的成绩为： 86
J0402 的成绩为： 85
J0403 的成绩为： 82

5．系统函数

常用系统函数如下。

函数 DB_NAME()的功能是返回数据库的名称。

函数 HOST_ NAME()的功能是返回服务器端计算机的名称。

函数 HOST_ID()的功能是返回服务器端计算机的 ID 号。

函数 USER_NAME()的功能是返回用户的数据库用户名。

【例 8.17】 返回服务器端计算机的名称，服务器端计算机的 ID 号，数据库的用户名，数据库的名称。

```
SELECT HOST_NAME() as 服务器端计算机的名称, HOST_ID() as 服务器端计算机的 ID 号,
USER_NAME() as 数据库的用户名, DB_NAME() as 数据库的名称
```

运行结果如表 8.19 所示。

表 8.19　执行结果(例 8.17)

服务器端计算机的名称	服务器端计算机的 ID 号	数据库的用户名	数据库的名称
WWW-HZ0752-NET	3796	dbo	studentcourse

8.1.5　PRINT

1．格式

PRINT　文本字符串| @字符数据类型变量| @@返回字符串结果的函数|字符串表达式

2．功能

将用户定义的消息返回客户端，必须是 char 或 varchar，或者能够隐式转换为这些数据类型。

若要打印用户定义的错误信息(该消息中包含可由 @@ERROR 返回的错误号)，请使用 RAISERROR 而不要使用 PRINT。

【例 8.18】 使用 CONVERT 函数，将 GETDATE 函数的结果转换为 varchar 数据类型，以字符的形式打印机器当前的时间。

```
PRINT '今天的日期是：'+ RTRIM(CONVERT(varchar(30), GETDATE())) + '.'
```

运行结果如表 8.20 所示。

表 8.20　执行结果(例 8.18)

今天的日期是：02 19 2008 3:32PM.

8.2　T-SQL 控制流语句

8.2.1　BEGIN…END 语句

1．格式

```
BEGIN
{ Transact-SQL 语句
```

```
        | 语句块
}
END
```

2. 功能

BEGIN…END 语句将多个 SQL 语句组合成一组语句块，并将些语句块视为一个单元。BEGIN …END 语句块允许嵌套。

8.2.2 IF…ELSE 语句

1. 格式

```
IF 逻辑表达式
    〈SQL 语句 1|语句块 1〉
[ ELSE
    〈SQL 语句 2|语句块 2〉 ]
```

2. 功能

IF…ELSE 语句是双分支条件判断语句，根据某个条件的成立与否，来决定执行哪组语句。

如果逻辑表达式返回 TRUE，则执行 IF 关键字条件之后的〈SQL 语句 1|语句块 1〉；否则执行 ELSE 关键字后的〈 SQL 语句 2|语句块 2〉。执行流程如图 8.1 所示。

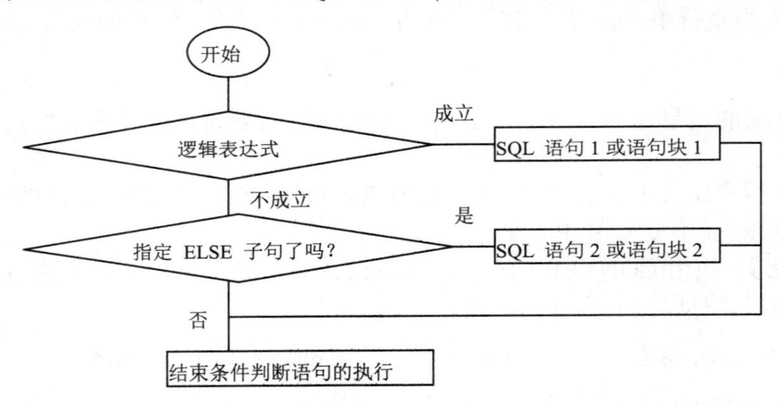

图 8.1 条件判断语句的执行流程

ELSE 关键字是可选的，如果省略 ELSE 关键字，就成为单分支结构语句。如果逻辑表达式中含有 SELECT 语句，必须用圆括号将 SELECT 语句括起来。

IF…ELSE 语句只能影响一个 SQL 语句，如果有多个语句，则使用控制流关键字 BEGIN 和 END 定义语句块。如果在 IF 区和 ELSE 区都使用了 CREATE TABLE 语句或 SELECT INTO 语句，则必须使用相同的表名。

可以嵌套使用 IF…ELSE 语句。嵌套层数没有限制。

【例 8.19】 至少有一门课程成绩大于 80 分的学生人数。

```
DECLARE @num int
SELECT @num=(SELECT  count(distinct 学号)
```

```
                    From sc
                    WHERE 成绩>80)
IF @num<>0
   SELECT @num as '成绩>80 的人数'
```

运行结果如表 8.21 所示。

表 8.21　执行结果(例 8.19)

成绩>80 的人数
4

【例 8.20】 如果数据库平均成绩高于 75 分，则显示信息“平均成绩高于 75 分”。

```
DECLARE @text1 char(20)
SET @text1='平均成绩高于 75 分'
IF (SELECT avg(成绩)
        FROM SC,C
        WHERE SC.课程号=C.课程号 and C.课程名='数据库')<=75
    BEGIN
    SET @text1='平均成绩<=75 分'
    END
SELECT @text1 AS 平均成绩
```

运行结果如表 8.22 所示。

表 8.22　执行结果(例 8.20)

平均成绩
平均成绩高于 75 分

【例 8.21】 如果课程 C03 的平均成绩低于 60，显示“不及格”；如果高于 90，显示“优秀”；其他则显示“合格”。

```
USE STUDENTCOURSE
DECLARE @g int
SET @g=(SELECT avg(成绩) FROM SC WHERE 课程号 = 'C03')
IF (@g)<60
    BEGIN
        SELECT cast(@g  as char(3))+'不及格'
    END
ELSE
    IF (@g)>90
        SELECT cast(@g  as char(3))+'优秀'
    ELSE
        SELECT cast(@g  as char(3))+'合格'
```

运行结果如表 8.23 所示。

表 8.23　执行结果(例 8.21)

78	合格

8.2.3 CASE 函数

CASE 函数具备多条件分支结构，计算多个条件表达式的值，并返回符合条件的一个结果表达式的值。

1. 格式

CASE 具有以下两种格式。

格式 1：简单 CASE 函数

```
CASE Input_表达式
    WHEN when_表达式 1 THEN result_表达式 1
    [WHEN when_表达式 2 THEN result_表达式 2]
    [ …n]
    [
    ELSE result_表达式 n]
END
```

格式 2： 搜索 CASE 函数

```
CASE
    WHEN 逻辑表达式 1 THEN result_表达式 1
     [WHEN 逻辑表达式 2 THEN result_表达式 2]
     […n ]
     [
    ELSE result_表达式 n]
END
```

2. 功能

(1) ELSE 参数是可选的。

(2) 简单 CASE 函数的执行过程：

计算 Input_表达式的值，按书写顺序计算每个逻辑条件“Input_表达式= when_表达式”。返回第一个使逻辑条件“Input_表达式= when_表达式”为 TRUE 的 result_表达式。

如果所有的逻辑条件“Input_表达式= when_表达式”为 FLASE，则返回 ELSE 后的 result_表达式 n；如果没有指定 ELSE 子句，则返回 NULL 值。

简单 CASE 函数语句的执行流程如图 8.2 所示。

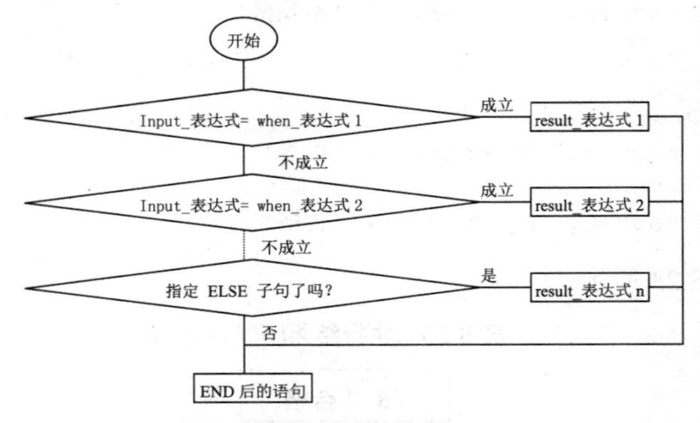

图 8.2 简单 CASE 函数语句的执行流程

(3) CASE 搜索函数的执行过程。

按顺序计算每个 WHEN 子句的逻辑表达式。返回第一个使逻辑表达式为 TRUE 的 result_表达式。如果所有的逻辑表达式为 FLASE，则返回 ELSE 后的 result_表达式 n；如果没有指定 ELSE 子句，则返回 NULL 值。

CASE 搜索函数的执行流程如图 8.3 所示。

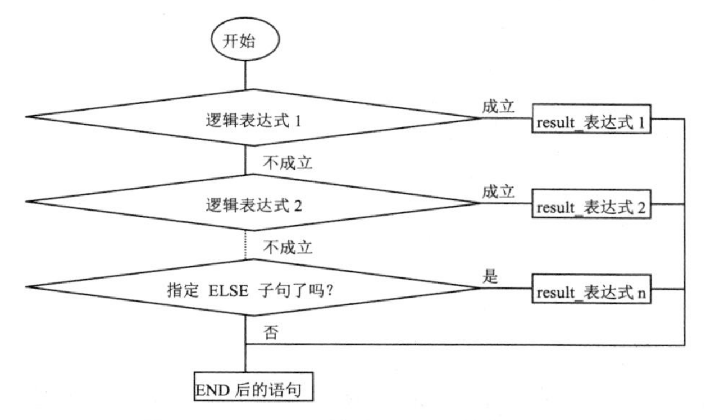

图 8.3　CASE 搜索函数的执行流程

(4) Input_表达式= when_表达式 2 的数据类型必须相同，或者是隐性转换。

【例 8.22】 使用 CASE 函数设置课程号为 C01 的课程的成绩级别，如果学生课程成绩小于 60，设置类型为“不及格”；如果大于或等于 90，设置类型为优秀；其他则设置合格。最后将信息存到“等级”数据表中。

```
USE STUDENTCOURSE
GO
SELECT 学号， 级别 =
     CASE
        WHEN 成绩<60 THEN '不及格'
        WHEN 成绩>=90 THEN '优秀'
        ELSE '合格'
     END,
   成绩 into 等级
FROM SC
WHERE 成绩 IS NOT NULL and 课程号='C01'
```

运行结果产生了一个新的数据表“等级”，内容如表 8.24 所示。

表 8.24　执行结果(例 8.22)

学　号	级　别	成　绩
J0401	合格	88
J0402	优秀	90
J0403	合格	76
Q0401	优秀	90
Q0403	合格	77

【例 8.23】 使用 CASE 函数获得学生选修课程名、姓名、成绩信息，并将信息存入

到数据表“课程成绩表”中。

```
USE STUDENTCOURSE
GO
SELECT  姓名,课程名 =
     CASE 课程号
       WHEN 'C01' THEN '数据库'
       WHEN 'C02' THEN 'C语言'
       WHEN 'C03' THEN '数据结构'
       WHEN 'C04' THEN '计算机导论'
       WHEN 'C09' THEN '操作系统'
       ELSE 'NULL'
     END ,
       成绩 as 成绩 into 课程成绩表
       FROM SC,S
       WHERE 成绩 IS NOT NULL and S.学号=SC.学号
GO
```

运行结果产生了一个新的数据表“课程成绩表”，内容如表 8.25 所示。

表 8.25　执行结果(例 8.23)

姓　名	课 程 名	成　绩
李丽	数据库	88
李丽	C 语言	93
李丽	数据结构	99
李丽	计算机导论	89
李丽	'NULL'	86
马俊萍	数据库	90
马俊萍	C 语言	85
马俊萍	数据结构	77
马俊萍	'NULL'	70
王永明	数据库	76
王永明	C 语言	67
王永明	数据结构	58
王永明	计算机导论	55
王永明	'NULL'	82
陈小红	数据库	90
陈小红	'NULL'	92
张干劲	数据库	77

【例 8.24】 建立视图 cgrade，要求显示学生的学号和课程“数据结构”的成绩，如果学生没有选修此课程，则显示“没有成绩”信息。

```
CREATE VIEW cgrade(学号,成绩)
   as select distinct S.学号,c_grade=
```

```
    case
       when exists
           (select 课程号
          from  SC
          where  SC.学号=S.学号 and SC.课程号=(
             select 课程号
             from C
             where C.课程名='数据结构'))
          then  CAST(SC.成绩 as CHAR(4))
       else  '没有成绩'
       end
    from S left outer join SC on S.学号=SC.学号
             and
             SC.课程号=(
             select 课程号
             from C
             where C.课程名='数据结构')
```

运行结果产生了一个新的视图 cgrade，内容如表 8.26 所示。

表 8.26　新视图 cgrade

学　号	成　绩
J0401	99
J0402	77
J0403	58
J0404	没有成绩
Q0401	没有成绩
Q0403	没有成绩

8.2.4　GOTO

1. 格式

```
GOTO label                  --改变执行
…
label :                     --定义标签
```

2. 功能

GOTO 语句将程序流程直接跳到指定标签处。标签定义位置可以在 GOTO 之前或之后。

标签符可以是数字和字符的组合，但必须以“：”结尾。在 GOTO 语句之后的标签不能跟“：”。

GOTO 语句和标签可在过程、批处理或语句块中的任意位置使用，但不可跳转到批处理之外的标签处。GOTO 语句可嵌套使用。

【例 8.25】 利用 GOTO 语句求 1，2，3，4，5 之和。

```
DECLARE @sum int,@count int
SELECT @sum=0,@count=1
LABEL1:
SELECT @sum=@sum+@count
SELECT @count=@count+1
IF @count<=5
   GOTO label1
SELECT @count-1 as 计数,@sum as 累和
```

运行结果如表 8.27 所示。

表 8.27　执行结果(例 8.25)

计　数	累　和
5	15

8.2.5　WHILE…CONTINUE…BREAK 语句

1. 格式

```
WHILE 逻辑表达式
   { SQL 语句|语句块 }
   [ BREAK ]
   { SQL 语句|语句块 }
[ CONTINUE ]
```

2. 功能

(1) 如果逻辑表达式中含有 SELECT 语句，必须用圆括号将 SELECT 语句括起来。

(2) 当逻辑表达式为真时，重复执行 SQL 语句或语句块，直到逻辑表达式为假。可以使用 BREAK 和 CONTINUE 语句改变 WHILE 循环的执行。

(3) END 关键字为循环结束标记。

(4) BREAK 语句可以完全退出本层 WHILE 循环，执行 END 后面的语句。

(5) CONTINUE 语句回到循环的第一行命令，重新开始循环。CONTINUE 关键字后的语句被忽略。

【例 8.26】 如果平均成绩少于 60，就将成绩加倍，然后选择最高成绩。如果最高成绩少于或等于 80，继续将成绩加倍。直到最高成绩超过 80，并打印最高成绩。

```
USE STUDENTCOURSE
GO
WHILE (SELECT AVG(成绩) FROM sc) < 60
BEGIN
   UPDATE SC
      SET 成绩 = 成绩 * 2
   SELECT MAX(成绩) FROM SC
   IF (SELECT MAX(成绩) FROM SC) > 80
      BREAK
   ELSE
      CONTINUE
```

```
END
PRINT '平均成绩大于 60 分或者最高成绩大于 80 分。'
```

【例 8.27】 显示字符串 green 中每个字符的 ASCII 的值和字符。

```
DECLARE @position int, @string char(8)
SET @position=1
SET @string='green'
WHILE @position<=datalength(@string)
BEGIN
   SELECT ASCII(SUBSTRING(@string,@position,1)) as 'ASCII 码',
   CHAR(ASCII(SUBSTRING(@string,@position,1))) as '字母'
   SET @position=@position+1
END
```

运行结果如表 8.28 所示。

表 8.28　执行结果(例 8.27)

ASCII 码	字母
103	g

ASCII 码	字母
114	r

ASCII 码	字母
101	e

ASCII 码	字母
101	e

ASCII 码	字母
110	n

8.3　用户自定义函数

8.3.1　标量函数

1. 格式

```
CREATE FUNCTION [ 拥有者.] 函数名
([{ @形参名 1[AS]数据类型 1[=默认值]}[,…n]])
RETURNS 返回值的类型
[ WITH <{ ENCRYPTION | SCHEMABINDING }> [,…n]]
[AS]
BEGIN
   函数体
   RETURN 标量表达式
END
```

2. 功能

(1) 函数可以声明一个或多个形参数，最多可达 1024 个形参。执行函数时，需要提供形参的值，除非该形参定义了默认值。指定“default”关键字，就能获得默认值。

(2) 每个函数的形参仅用于该函数本身；不同的函数，可以使用相同的形参。

(3) 函数体由一组 SQL 语句构成。

(4) 建立函数命令必须是批处理命令的第一条命令。

【例 8.28】 建立标量函数 studentsum，计算某个学生各科成绩之和。

```
USE STUDENTCOURSE
GO
CREATE FUNCTION studentsum(@st_sname char(8)) returns int
    AS
    BEGIN
        DECLARE @sumgrade int
        SELECT @sumgrade=
              (
            SELECT sum(SC.成绩)
                FROM SC
                WHERE 学号=(
                    select 学号
                        from S
                        where 姓名=@st_sname)
                GROUP BY  学号
            )
    RETURN @sumgrade
END
GO
```

3. 标量函数的调用

1) 在 SELECT 语句中调用

格式：SELECT 拥有者.函数名(实参 1,…,实参 n)

说明：实参可为已赋值的局部变量或表达式。实参与形参要顺序一致。

2) 使用 EXEC 语句调用

格式 1：EXEC 拥有者.函数名 实参 1,…,实参 n

格式 2：EXEC 拥有者.函数名 形参 1=实参 1,…,形参 n=实参 n

说明：格式 1 要求实参与形参顺序一致，格式 2 的参数顺序可与定义时的参数顺序不一致。

【例 8.29】 调用标量函数 studentsum，计算陈小红同学各科成绩之和。

方法一：

```
USE STUDENTCOURSE
select dbo.studentsum('陈小红')
```

方法二：

```
USE STUDENTCOURSE
DECLARE @st_grade int
```

```
EXEC @st_grade=dbo.studentsum '陈小红'
SELECT @st_grade as 总成绩
```

方法三：

```
USE STUDENTCOURSE
exec dbo.studentsum '陈小红'
```

方法四：

```
USE STUDENTCOURSE
DECLARE @st_grade int
EXEC @st_grade=dbo.studentsum @st_sname='陈小红'
SELECT @st_grade as 总成绩
```

运行结果如表 8.29 所示。

表 8.29　执行结果(例 8.29)

总成绩
182

【例 8.30】 在学生选课数据库中，函数 studentsum 已经定义，建立数据表 s_g，要求包含学生姓名、各科成绩之和。

```
use STUDENTCOURSE
CREATE TABLE s_g
(
姓名 char(8),
sumgrade as dbo.studentsum(姓名)
)
```

在对象资源管理器中，打开数据表 s_g，在列姓名输入姓名“陈小红”，单击工具栏上的按钮“！”，相应列 sumgrade 上的成绩自动出现。

8.3.2　内嵌表值函数

1．格式

```
CREATE FUNCTION  [ 拥有者.] 函数名
 ([{ @参数名 1[AS]数据类型 1[=默认值]}[,…n]])
RETURNS Table
[ WITH <{ ENCRYPTION | SCHEMABINDING }> [,…n]]
 [ AS ]
RETURN [ (内嵌表) ]
```

2．功能

在内嵌表值函数中，返回值是一个表。内嵌函数体没有相关联的返回变量。通过 SELECT 语句返回内嵌表。RETURN [(内嵌表)] 定义了单个 SELECT 语句，它是返回值。

内嵌表值函数可以实现参数视图。例如，下述命令创建了一个视图，此视图可以完成查询数据结构课程的学生成绩列表。

```
CREATE view coursegradeview as
SELECT 学号,课程名,成绩
     FROM C,SC
     WHERE SC.课程号 =C.课程号 and C.课程名='数据结构'
```

如果要让用户指定课程进行查询，则不能将命令改成如下形式：

```
DECLARE @para1 varchar(30)
GO
CREATE view coursegradeview as
SELECT 学号,课程名,成绩
     FROM C,SC
     WHERE SC.课程号 =C.课程号 and C.课程名= @para1
```

上述命令企图借用参数@para1 来传递数据，但视图不支持在 WHERE 子句中指定搜索条件。

【例 8.31】 定义内嵌表值函数 coursegrade，要求能够查询某一课程所有学生成绩列表。

```
USE STUDENTCOURSE
GO
CREATE FUNCTION coursegrade
(@course varchar(30))
RETURNS TABLE
AS
RETURN (SELECT 学号,课程名,成绩
     FROM C,SC
     WHERE SC.课程号 =C.课程号 and C.课程名=@course )
```

运行结果是在函数节点上，增加了表值函数 coursegrade，如图 8.4 所示。

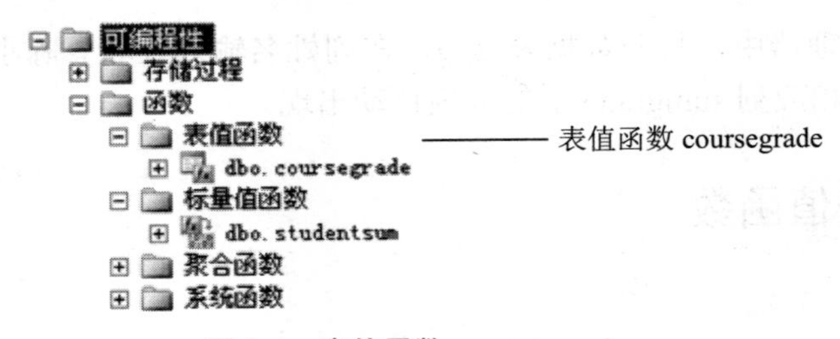

图 8.4 表值函数 coursegrade

3. 内嵌表值函数调用

格式：select * from [数据库名][.拥有者](实参 1,…实参 n)

说明：内嵌表值函数只能使用 SELECT 语句调用。

【例 8.32】 查询课程“数据结构”的成绩列表。

```
select *
   from coursegrade('数据结构')
```

运行结果如表 8.30 所示。

表 8.30 执行结果(例 8.32)

课 程 号	课 程 名	成 绩
J0401	数据结构 99	
J0402	数据结构 77	
J0403	数据结构 58	

8.3.3 多语句表值函数

1. 格式

```
CREATE FUNCTION [ 拥有者.] 函数名
([{ @参数名 1[AS]数据类型 1[=默认值]}[,…n]])
RETURNS @表变量 TABLE < 表的属性定义>
[ WITH <{ ENCRYPTION | SCHEMABINDING }> [,…n]]
 [ AS ]
BEGIN
    函数体
RETURN
END
```

2. 功能

在多语句表值函数中，@表变量用于存储和累积应作为函数值返回的行集。 函数体由一组在表变量中插入记录行的语句组成。

【例 8.33】 定义多语句表值函数 course_grade，要求能够查询某一课程所有学生成绩列表。

```
USE STUDENTCOURSE
GO
CREATE FUNCTION course_grade
(@course varchar(30))
RETURNS @score TABLE
(s_sno char(6),
s_cname char(30),
成绩 smallint
)
AS
BEGIN
    INSERT @score
    SELECT 学号,课程名,成绩
         FROM C,SC
         WHERE SC.课程号 =C.课程号 and C.课程名=@course
     RETURN
END
```

3. 调用

调用方式与内嵌表值函数的调用方法相同。

【例 8.34】 查询课程“数据结构”的成绩列表。

```
SELECT *
    FROM course_grade('数据结构')
```

运行结果如表 8.31 所示。

表 8.31　执行结果(例 8.34)

s_sno	s_cname	成　绩
J0401	数据结构	99
J0402	数据结构	77
J0403	数据结构	58

8.3.4　使用对象资源管理器管理用户自定义函数

1. 新建自定义函数

操作步骤如下。

(1) 依次展开“数据库”→“可编程性”→“函数”节点。

(2) 右击“函数”节点，在弹出的快捷菜单中选择“新建”命令，选择自定义函数类型，如图 8.5 所示。

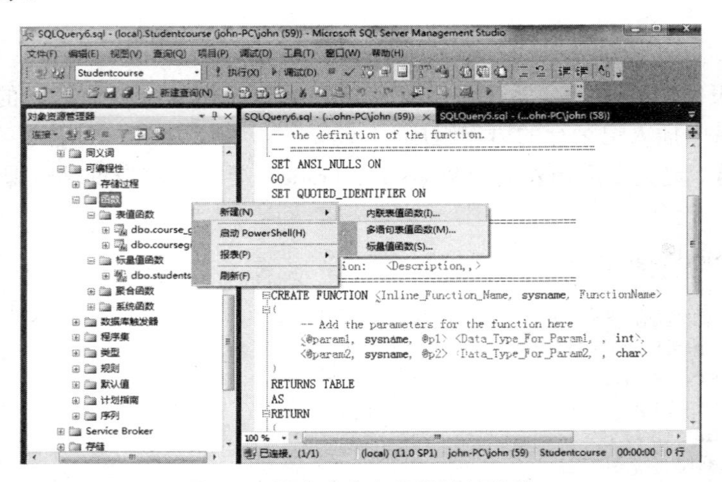

图 8.5　用户自定义函数快捷菜单

(3) 在右边窗口输入命令。右击自定义函数名，在快捷菜单上选择“属性”命令，出现自定义函数的属性窗口，如图 8.6 所示。

2. 修改自定义函数

操作步骤如下。

(1) 依次展开 “数据库”→“可编程性”→“函数”节点。

(2) 选中要修改的函数并右击。

(3) 在弹出的快捷菜单中选择“修改”命令，在右边窗口出现修改函数命令，如图 8.7 所示。

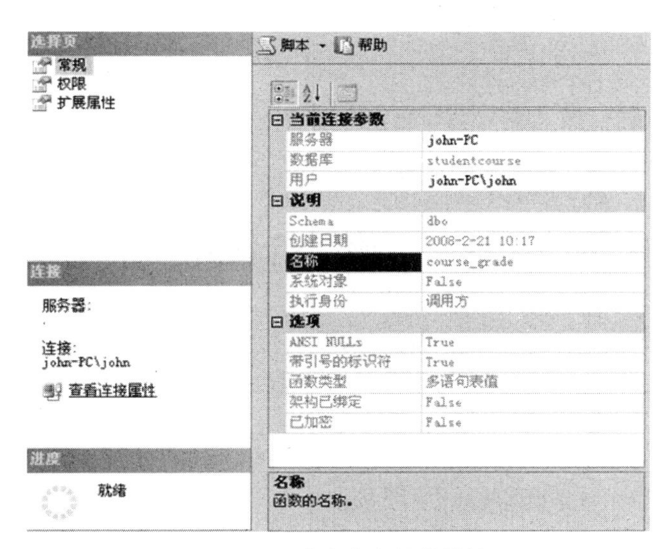

图 8.6　用户自定义函数属性

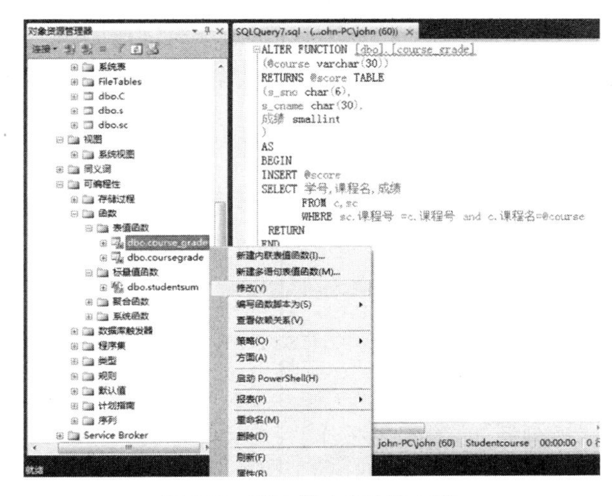

图 8.7　修改用户自定义函数

8.3.5　删除用户自定义函数

方法一：使用对象资源管理器。

操作步骤如下。

(1)　依次展开 studentcourse 数据库→“可编程性”→“函数”节点。

(2)　在右边内容窗格中，右击要删除的函数，在弹出的快捷菜单中选择“删除”命令。

方法二：使用 SQL 命令。

1)　格式

DROP FUNCTION { [拥有者.] 函数名} [,…n]

2) 功能

删除指定用户定义的函数名称。

【例 8.35】 删除自定义函数 course_grade。

```
DROP FUNCTION course_grade
```

8.4 游标的使用

关系数据操作的操作对象和操作结果是由行和列构成的二维表格，应用程序(如 C、VB、PowerBuilder 等)需要能够自由处理表格中的一行或一部分行，并能自由定位和处理指定行。

T-SQL 中的游标就像一个指针，在二维表格中，实现定位和逐行处理的能力。使用游标的顺序是：声明游标→打开游标→读取数据→关闭游标→删除游标。

8.4.1 声明游标

定义 Transact-SQL 服务器游标的特性，例如游标的滚动行为和用于生成游标对其进行操作的结果集的查询。

1. 格式

```
DECLARE 游标名 CURSOR
[ LOCAL | GLOBAL ]
[ FORWARD_ONLY | SCROLL ]
[ STATIC | KEYSET | DYNAMIC | FAST_FORWARD ]
[ READ_ONLY | SCROLL_LOCKS | OPTIMISTIC ]
[ TYPE_WARNING ]
FOR select_statement
[ FOR UPDATE [ OF 列名 [ ,…n ] ] ]
```

2. 功能

1) 指定作用域

- LOCAL：指定局部游标，它的作用域为创建它的批处理、存储过程或触发器。在批处理、存储过程、触发器或存储过程 OUTPUT 参数中，该游标可由局部游标变量引用。OUTPUT 参数用于将局部游标传递回调用批处理、存储过程或触发器，游标将在批处理、存储过程或触发器终止时隐性释放。如果 OUTPUT 参数将游标传递回来，游标在最后引用它的变量释放或离开作用域时释放。
- GLOBAL：指定全局游标，它的作用域为连接执行的任何存储过程或批处理。该游标仅在脱接时隐性释放。

如果 GLOBAL 和 LOCAL 参数都未指定，则默认值由 default to local cursor 数据库选项的设置控制。

2) 指定游标方向

- FORWARD_ONLY：指定游标只能从第一行滚动到最后一行。支持 FETCH

NEXT 提取选项。如果在指定 FORWARD_ONLY 时不指定 STATIC、KEYSET 和 DYNAMIC 关键字，则游标作为 DYNAMIC 游标进行操作。

- SCROLL：指定所有的提取选项(FIRST、LAST、PRIOR、NEXT、RELATIVE、ABSOLUTE)均可用。

3)　指定游标类型

[STATIC | KEYSET | DYNAMIC | FAST_FORWARD] 用于定义游标的类型。

- STATIC：定义静态游标。打开静态游标时，它的结果集存储在 tempdb 中，因此，静态游标是只读的，基本表的修改不会反映到静态游标中。
- KEYSET：定义键集驱动游标。打开游标时，其行的成员和顺序是固定的。这种游标是由称为键的列或列的组合控制的。
- DYNAMIC：定义动态游标，在滚动游标时，可以反映对结果集内数据所做的更改。行的数据值、顺序和成员在每次提取时都会更改。动态游标不支持 ABSOLUTE 提取选项。
- FAST_FORWARD：定义只进游标，指定启用了性能优化的 FORWARD_ONLY、READ_ONLY 游标。如果指定 FAST_FORWARD，则不能再指定 SCROLL 或 FOR_UPDATE。FAST_FORWARD 和 FORWARD_ONLY 是互斥的；如果指定一个，则不能指定另一个。

4)　指定游标访问属性

READ_ONLY：定义只读游标。SCROLL_LOCKS：指定确保通过游标完成的定位更新或定位删除可以成功。如果同时指定了 FAST_FORWARD，则不能指定 SCROLL_LOCKS。OPTIMISTIC：如果将行读入游标后，已修改该行。尝试进行的定位更新或定位删除将失败。如果同时指定了 FAST_FORWARD，则不能指定 OPTIMISTIC。

5)　指定类型转换警告信息

TYPE_WARNING：指定如果游标从所请求的类型隐性转换为另一种类型，则给客户端发送警告消息。

6)　select_statement：SELECT 语句内不允许使用关键字 COMPUTE、COMPUTE BY、FOR BROWSE 和 INTO。

7)　指定可修改的列

FOR UPDATE [OF 列名 [,...n]]：定义游标内可更新的列。如果在 UPDATE 中未指定列的列表，并且没有指定 READ_ONLY 并发选项，表示所有列均可更新。

在声明游标后，可使用下列系统存储过程确定游标的特性，如表 8.32 所示。

表 8.32　可以确定游标的特性的系统存储过程

系统存储过程	描　述
sp_cursor_list	返回当前在连接上可视的游标列表及其特性
sp_describe_cursor	描述游标特性，比如是只进游标还是滚动游标
sp_describe_cursor_columns	描述游标结果集中的列的特性
sp_describe_cursor_tables	描述游标所访问的基表

【例 8.36】　声明一个动态游标，可前后滚动。可对电话进行修改。

```
DECLARE sname_cursor CURSOR
   DYNAMIC
   FOR SELECT * FROM S
   FOR UPDATE of 电话
```

8.4.2 打开游标

1. 格式

```
OPEN { { [ GLOBAL ] 游标名 } | 游标变量名 }
```

2. 功能

打开指定游标。声明游标后，要从游标中取出数据，必须先打游标。

GLOBAL：说明打开的是全局游标。如果不包含 GLOBAL 关键字，则说明是局部游标。游标变量名引用一个游标。

【例 8.37】 打开游标 sname_cursor。

```
OPEN sname_cursor
SELECT 游标数据行数=@@cursor_rows
```

全局变量@@CURSOR_ROWS 返回最后打开的游标中当前存在的合格行的数量。返回值为-m，表示游标被异步填充。返回值-m 是键集中当前的行数。返回值为-1，表示游标为动态。因为动态游标可反映所有更改，所以符合游标的行数不断变化。因而永远不能确定地说所有符合条件的行均已检索到。返回值为 0 时，表示没有被打开的游标，没有符合最后打开的游标的行，或最后打开的游标已被关闭或被释放。返回值为 n 时，表示游标已完全填充。返回值 n 是在游标中的总行数。

【例 8.38】 声明一个游标，可前后滚动，可对 SC 表中的成绩进行修改。

```
DECLARE sc_cursor CURSOR
local scroll scroll_locks
FOR SELECT * FROM SC
FOR UPDATE of 成绩
OPEN sc_cursor
SELECT '游标数据行数'=@@cursor_rows
```

运行结果如表 8.33 所示。

表 8.33 执行结果(例 8.38)

游标数据行数
18

8.4.3 读取数据

1. 格式

```
FETCH
[[ NEXT|PRIOR|FIRST|LAST|ABSOLUTE{n|@nvar }| RELATIVE { n | @nvar }]
```

```
        FROM]
{ { [ GLOBAL ] 游标名 } | @游标变量 }
[ INTO @变量名 [ ,...n ] ]
```

2. 功能

- NEXT：返回当前行的下一行，并使其成为当前行。如果 FETCH NEXT 是对游标的第一次提取操作，则返回结果集中的第一行。NEXT 为默认的游标提取选项。
- PRIOR：返回当前行的前一行，并使其成为当前行。如果 FETCH PRIOR 为对游标的第一次提取操作，则没有行返回并且游标置于第一行之前。
- FIRST：返回游标中的第一行并将其作为当前行。
- LAST：返回游标中的最后一行并将其作为当前行。
- ABSOLUTE {n | @nvar}：如果 n 或 @nvar 为正数，返回从游标头开始的第 n 行并将返回的行变成新的当前行。如果 n 或 @nvar 为负数，返回游标尾之前的第 n 行并将返回的行变成新的当前行。如果 n 或 @nvar 为 0，则没有行返回。n 必须为整型常量且 @nvar 必须为 smallint、tinyint 或 int。
- RELATIVE {n | @nvar}：如果 n 或 @nvar 为正数，返回当前行之后的第 n 行并将返回的行变成新的当前行。如果 n 或 @nvar 为负数，返回当前行之前的第 n 行并将返回的行变成新的当前行。如果 n 或 @nvar 为 0，返回当前行。如果对游标的第一次提取操作时将 FETCH RELATIVE 的 n 或 @nvar 指定为负数或 0，则没有行返回。n 必须为整型常量且 @nvar 必须为 smallint、tinyint 或 int。
- GLOBAL：全局游标。
- INTO @变量名[,…n]：允许将提取操作的列数据放到局部变量中。列表中的各个变量从左到右与游标结果集中的相应列相关联。各变量的数据类型必须与相应的结果列的数据类型匹配或是结果列数据类型所支持的隐性转换。变量的数目必须与游标选择列表中的列的数目一致。

【例 8.39】 为 S 表中陈姓同学的行声明游标，并用 FETCH NEXT 逐个提取这些行。

```
DECLARE s_cursor SCROLL CURSOR FOR
   SELECT 姓名
      FROM S
      WHERE 姓名 LIKE '陈%'
      ORDER BY 姓名
GO
OPEN s_cursor
FETCH NEXT FROM s_cursor
WHILE @@FETCH_STATUS = 0
   BEGIN
      FETCH NEXT FROM s_cursor
   END
```

【例 8.40】 创建一个 SCROLL 游标，使其通过 LAST、PRIOR、RELATIVE 和 ABSOLUTE 选项支持所有滚动能力。

```
DECLARE stud_cursor SCROLL CURSOR FOR
```

```
    SELECT 姓名, 电话 FROM S
OPEN stud_cursor
FETCH LAST FROM stud_cursor
```

运行结果如表 8.34 所示。

表 8.34　执行结果(例 8.40)

姓　名	电　话
张干劲	571-1111

```
FETCH PRIOR FROM stud_cursor
```

运行结果如表 8.35 所示。

表 8.35　执行结果(例 8.40)

姓　名	电　话
陈小红	571-1122

```
FETCH ABSOLUTE 2 FROM stud_cursor
```

运行结果如表 8.36 所示。

表 8.36　执行结果(例 8.40)

姓　名	电　话
马俊	931-1288

```
FETCH RELATIVE 3 FROM stud_cursor
```

运行结果如表 8.37 所示。

表 8.37　执行结果(例 8.40)

姓　名	电　话
陈小红	571-1122

```
FETCH RELATIVE -2 FROM stud_cursor
```

运行结果如表 8.38 所示。

表 8.38　执行结果(例 8.40)

姓　名	电　话
王永明	571-2233

8.4.4　关闭游标

1. 格式

```
CLOSE { { [ GLOBAL ] 游标名}|@游标变量}
```

2. 功能

关闭游标。CLOSE 使得数据结构可以重新打开，但不允许提取和定位更新，直到游标重新打开为止。

8.4.5　删除游标

1. 格式

```
DEALLOCATE { { [ GLOBAL ] 游标名}|@游标变量}
```

2. 功能

删除游标。

【例 8.41】　关闭和删除游标 stud_cursor。

```
CLOSE stud_cursor
DEALLOCATE stud_cursor
GO
```

本 章 小 结

本章详细介绍了变量、运算符、函数、流程控制语句和注解等语言元素灵活使用也使用这些语言元素，将提高编写程序的能力。

实训　SQL 函数与表达式

一、实验目的和要求

1. 掌握 Transact-SQL 中的聚合函数、数据转换函数和日期函数的使用。
2. 学习 SQL 表达式的使用。
3. 理解游标的概念，并掌握游标的使用方法。
4. 掌握 T-SQL 控制流语句。

二、实验内容

1. 查询每个学生出生 30 个月和 30 个星期后的日期。

2. 创建一个视图。如果某个学生所有课程成绩的平均分小于 60，那么设置奖学金类型为“三等奖”。如果大于或等于 90，则设置奖学金类型为“一等奖”。其余设置为“二等奖”。

3. 建立视图，要求显示学生的学号和课程“数据结构”的成绩，如果学生没有选修此课程，则显示“没有成绩”信息。

4. 建立一自定义函数，要求能够显示某个同学选修某门课程的成绩，如果某个同学没有选修某门课程，则显示“某某同学没有选修某某课程”，例如：陈小红同学没有选修数据结构。

5. 为 s 表中男同学的行声明游标，并使用 FETCH NEXT 逐个提取这些行。

6. 建立标量函数 course_stdevp，计算某门课程所有学生的成绩标准差、平均成绩。并利用这些函数，计算课程“数据库”成绩的标准差 stdev( )、总体标准差 stdevp( )、平均

成绩。使用函数 course_stdevp，建立数据表 c_g，要求包含课程名，及相应课程的成绩标准差、平均成绩。

习　　题

一、选择题

1. (　　)不是 SQL Server 2012 的注释符号。

   A. /*　　B. //　　C. --　　D. */

2. (　　)函数可以从字符表达式中的第 m 个字符开始截取 n 个字符，形成一个新的字符串，m,n 都是数值表达式。

   A. SUBSTRING ()　　B. STUFF()

   C. RIGHT ()　　D. LEFT ()

3. (　　)函数可以将字符串 redgreenblue 中的 green 替换成 black。

   A. STUFF('black', 4, 5, 'redgreenblue')

   B. STUFF('redgreenblue','black')

   C. STUFF('black', 4, 5, 'redgreenblue')

   D. STUFF('redgreenblue', 4, 5, 'black')

4. ROUND (321. 45678，-1)函数返回值是(　　)。

   A. 300.00000　　B. 320.00000

   C. 321-　　D. 321.5

5. 常用系统函数 DB_NAME()的功能是(　　)。

   A. 返回数据库的名称　　B. 返回服务器端计算机的名称

   C. 返回用户的数据库用户名　　D. 返回服务器端计算机的 ID 号

6. (　　)具备多条件分支结构，计算多个条件表达式的值，并返回符合条件的一个结果表达式的值。

   A. CASE 函数　　B. IF…ELSE 语句

   C. CASE 语句　　D. GOTO 语句

7. WHILE 语句可以重复执行 SQL 语句或语句块，直到逻辑表达式为假。其中，(　　)为循环结束标记。

   A. END　　B. BREAK 语句　　C. CONTINUE 语句　　D. GOTO 语句

8. 删除游标 stud_cursor 的命令是(　　)。

   A. CLOSE stud_cursor　　B. DEALLOCATE stud_cursor

   C. DROP stud_cursor　　D. DELETE stud_cursor

9. 删除自定义函数 course_grade 的命令是(　　)。

   A. DROP FUNCTION course_grade　　B. DROP course_grade

   C. DELETE stud_cursor　　D. DELETE FUNCTION course_grade

10. 阅读下列代码，判断运行结果是(　　)。

```
Declare @sum int,@count int
```

高等学校应用型特色规划教材

```
Select @sum=0,@count=1
Label1:
Select @sum=@sum+@count
Select @count=@count+1
If @count<=5
Goto label1
Select @count-1,@sum
```

A. 5　15　　　B. 5　10　　　C. 4　15　　　D. 4　10

二、填空题

1. 在 SQL Server 数据库中，T-SQL 语言是由________、________、________和增加的语言元素组成的。

2. ________语句将多个 SQL 语句组合成一组语句块，并将些语句块视为一个单元。

3. IF…ELSE 语句是双分支条件判断语句，如果逻辑表达式返回________时，则执行 IF 关键字条件之后的〈SQL 语句 1|语句块 1〉；否则执行 ELSE 关键字后的〈 SQL 语句 2|语句块 2〉。

4. ________选项定义只读游标。________选项指定确保通过游标完成的定位更新或定位删除可以成功。

5. T-SQL 中的游标就像一个指针，在二维表格中，实现________的能力。使用游标的顺序是：声明游标→打开游标→读取数据→关闭游标→删除游标。

第 9 章　存储过程与触发器

本章导读

本章介绍数据库中两个重要的可编程对象——存储过程和触发器，并结合实例讲解在 SQL Server 中如何创建、修改和管理存储过程和触发器。

学习目的与要求

(1) 掌握在 SQL Server 2012 中设计和管理存储过程的方法。

(2) 掌握在 SQL Server 2012 中设计和管理触发器的方法。

9.1　设计和管理存储过程

9.1.1　存储过程概述

存储过程是独立于数据表之外的数据库对象，是 SQL Server 服务器上一组预编译的 Transact-SQL 语句，用于完成某项任务，它们可以接受参数、输出参数、返回单个或多个结果集、返回状态值和参数值。存储过程独立于程序源代码，可单独修改，可以被调用任意次，可以引用其他存储过程。

也就是说，当用户对数据进行操作时，需要采取一定的动作来完成设计的功能或者保证数据的完整性与一致性。在这里，可以借助存储过程完成数据行为。将数据库设计过程转化为数据设计与数据行为设计的结合。存储过程使数据管理变得更容易。

通常在设计数据库的同时，设计相应的功能。比如在学生选课数据库中，需要完成如下工作。

根据学号，检索某位学生的各科成绩、平均成绩。

根据课程名，检索选修某门课程的学生姓名、学生总人数。

当在学生基本情况表 S 中修改某个同学的学号时，要检索这个同学的选修课程信息，并在选修表 SC 中，调整相应学号。

判断在选课表中加入的新记录是否在学生基本信息表中存在。

我们可以将上述功能以存储过程的形式存储在数据库中，以供日后调用。

SQL Server 中的存储过程分为两类：系统存储过程和用户自定义的存储过程。系统存储过程主要存储在 master 数据库中并一般以 sp_为前缀，它们从系统表中获取信息，以完成许多管理性或信息性的活动。系统存储过程可以在其他数据库中对其进行调用，在调用时不必在存储过程名前加上数据库名。在创建新数据库时，一些系统存储过程会在新数据库中被自动创建。用户自定义的存储过程是由用户创建的，用来完成特定的设计功能。

1. 存储过程的类型

SQL Server 中存储过程的类型有：系统存储过程、用户自定义存储过程、临时存储过程、扩展存储过程。

(1) 系统存储过程是指由系统提供的存储过程，主要存储在 master 数据库中，并以 sp_为前缀，主要是用于帮助用户或系统管理员管理数据库。通过系统存储过程，SQL Server 中的许多管理性或信息性的活动都可以顺利有效地完成。系统存储过程可以在任意数据库中执行。常用的系统存储过程如图 9.1 所示。

图 9.1　系统存储过程

(2) 用户定义存储过程是由用户创建并能完成某一特定功能的存储过程，它处于用户创建的数据库中，名称前面没有前缀、本章后面会重点讨论如何定义和使用用户存储过程。

(3) 临时存储过程是在一个数据库中临时创建的存储过程，它只存在于当前连接期间，一旦连接断开，该存储过程就被自动删除。和临时表类似，临时存储过程又分为局部临时存储过程和全局临时存储过程，局部临时存储过程名称前面加#作为前缀，全局存储过程名称前面加##作为前缀。

(4) 扩展存储过程是 SQL Server 可以动态装载和运行的动态链接库 DDL。当扩展存储过程加载到 SQL Server 中时，它的使用方法与系统存储过程一样。扩展存储过程只能添加到 master 数据库中，以 xp_作为前缀。

2. 存储过程的主要优点

(1) 模块化编程。创建一次存储过程，它就能永久地存储在数据库中，可以在程序中重复调用任意多次。所有的客户端程序可以使用同一个存储过程实现对数据库的操作，从而确保了数据访问和操作的一致性，也提高了应用程序的可维护性。

(2) 快速执行。当某个操作要求大量的 Transact-SQL 代码或者要重复执行时，使用存储过程要比 Transact-SQL 批处理代码快得多。当创建存储过程时，SQL Server 会对它进行分析和优化，在第一次执行后，它就驻留在内存中，可以省去重新分析、重新优化和重新编译的工作，提高了执行效率。

(3) 减少网络通信量。存储过程可以由几百条 Transact-SQL 语句组成，但存储过程存放在服务器端，因此客户端要执行存储过程，只需要传送一条执行存储过程的命令，从而减少了网络流量和网络传输时间。

(4) 提供安全机制。可以授予用户执行存储过程的权限，那么即使该用户没有访问在存储过程中引用的表或视图的权限，该用户也完全可以执行存储过程。

9.1.2 创建存储过程

由于存储过程是一组能实现特定功能的 Transact-SQL 语句，所以我们在 SQL Server Management Studio 中创建存储过程的关键是要掌握 CREATE PROCEDURE 语句。

1. 格式

```
CREATE  PROCEDURE [架构名称.]存储过程名
    [@parameter 数据类型]
     [=default]
     [OUTPUT]
     [,…n]
[WITH  ENCRYPTION|RECOMPILE]
[FOR REPLICATION]
AS
<SQL 语句>
```

2. 存储过程的各选项设置规则

(1) 新存储过程的名称必须遵循有关标识符的规则，并且在架构中必须唯一。

(2) @ parameter 是过程中的参数。在 CREATE PROCEDURE 语句中可以声明一个或多个参数。除非定义了参数的默认值或者将参数设置为等于另一个参数，否则用户必须在调用过程时为每个声明的参数提供值。存储过程最多可以有 2100 个参数。每个过程的参数仅用于该过程本身；其他过程中可以使用相同的参数名称。如果指定了 FOR REPLICATION，则无法声明参数。

(3) default 参数设置默认值。如果定义了默认值，则无须指定此参数的值即可执行过程。默认值必须是常量或 NULL。

(4) OUTPUT 选项指示参数是输出参数。

(5) 如果创建存储过程时，使用 WITH encryption 子句，过程定义将以不可读的形式存储。存储过程一旦加密其定义即无法解密，任何人(包括存储过程的所有者或系统管理员)都将无法查看存储过程定义；如果创建存储过程时，使用 WITH recompile 子句，指示该过程在运行时编译。

(6) FOR REPLICATION 指定不能在订阅服务器上执行为复制创建的存储过程。

(7) <SQL 语句>指定过程要执行的操作，可以包含任意数目和类型的 Transact-SQL 语句，多于一个语句时，用 BEGIN 和 END 括起来。但要注意存储过程中的任意地方都不能使用的语句有：CREATE DEFAULT、CREATE TRIGGER、CREATE PROCEDURE、CREATE VIEW、CREATE RULE。

(8) 可以在存储过程内引用临时表。退出该存储过程后，临时表即会消失。如果执行调用其他存储过程的存储过程，那么被调用存储过程可以访问由第一个存储过程创建的、包括临时表在内的所有对象。

下面我们结合一个实例一起来学习如何创建存储过程，我们这里使用的是学生选课数据库 studentcourse，数据库中包含学生基本信息表 S(学号,姓名,性别,出生年月,系,电话)，课程表 C(课程号,课程名,学分,预选课程号,教师)和学生选课表 SC(学号,课程号,成绩)这三个主要的用户数据表。

【例 9.1】 创建一个存储过程 proc_student1，用于显示学号为 J0402 的学生的基本信息(包括学生学号、姓名、性别、系)。

操作步骤如下。

(1) 打开 SQL Server Management Studio，在“对象资源管理器”中，依次选择 studentcourse→“可编程性”→“存储过程”节点。

(2) 右击“存储过程”节点，从弹出的快捷菜单中选择“新建存储过程”命令，此时右边会出现一个可编程窗口，如图 9.2 所示。在可编程窗口中已经给出了创建存储过程的语法框架，根据实际需要输入或修改实现存储过程的 Transact-SQL 语句。

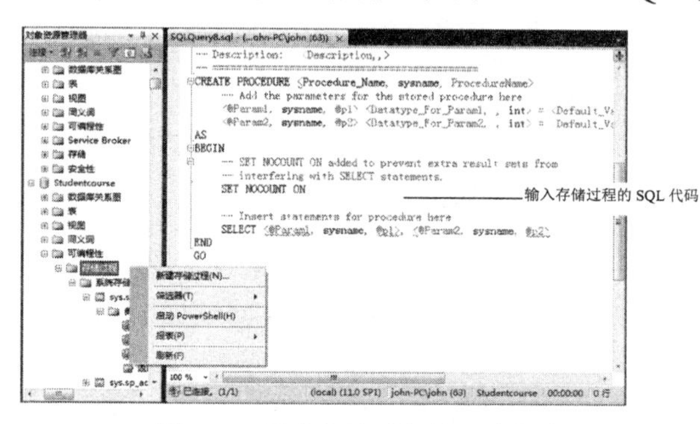

图 9.2　创建存储过程的可编程窗口

(3) 完整的 CREATE PROCEDURE 语句如下。

```
CREATE PROCEDURE proc_student1
AS
   SELECT 学号,姓名,性别,系
   FROM S
      WHERE 学号= 'J0402'
GO
```

(4) 完成 CREATE PROCEDURE 语句后，通过从查询菜单中选择“分析”命令或在工具栏上单击按钮(“分析”命令)来检验 SQL 的语法，根据结果框里的提示，修正存在的错误或问题，直到提示“命令已成功完成”。

例如：在例 9.1 中，编写 CREATE PROCEDURE 语句时，学号‘J0402’的单引号如果是在中文状态下输入的，则会出错，结果框里提示“消息 102，级别 15，状态 1，过程 proc_student1，第 10 行 ' ' ' 附近有语法错误。“此时只要把单引号切换到英文状态下输入即可。

(5) 最后通过选择“查询”菜单或工具栏上的执行命令完成创建存储过程。执行成

功时，在结果框中会提示“命令已成功完成”，此时存储过程创建完成。

9.1.3 执行存储过程

在 SQLServer Management Studio 中使用 EXECUTE 语句执行存储过程。

1. 格式

```
EXEC | EXECUTE
    [ @返回状态= ] [schema_name.] 存储过程名称
   [ @形参= ] { value | @变量[ OUTPUT ] | [ DEFAULT ]
   [ ,…n ]
    [ WITH RECOMPILE ]
```

2. 功能

各选项设置如下。

(1) “@返回状态”是可选的整型变量，保存存储过程的返回状态。这个变量在用于 EXECUTE 语句前，必须在批处理、存储过程或函数中声明过。

(2) “@形参” 是在定义存储过程时，定义的参数。在采用“@形参=value ”格式时，参数名称和常量不必按在存储过程中定义的顺序提供。但是，如果任何参数使用了“@形参=value ”格式，则后续的所有参数均必须使用该格式。value 是传递给存储过程的参数值。如果参数名称没有指定，参数值必须以在存储过程中定义的顺序提供。

(3) “@变量”是用来存储参数或返回参数的变量。

(4) OUTPUT 指定存储过程返回一个参数。该存储过程的匹配参数也必须已使用关键字 OUTPUT 创建。

(5) DEFAULT：根据存储过程的定义，提供参数的默认值。当存储过程需要的参数值没有定义默认值并且缺少参数，则指定 DEFAULT 关键字时，会出现错误。

(6) WITH RECOMPILE：执行存储过程后，强制编译、使用和放弃新计划。如果该存储过程存在现有查询计划，则该计划将保留在缓存中。

【例 9.2】 现在我们就来执行刚才创建好的存储过程 proc_student1，显示学号为 J0402 的学生的基本信息(包括学生学号、姓名、性别、系)。

方法一：在 SQLServer Management Studio 中执行存储过程。

操作步骤如下。

(1) 打开 SQL Server Management Studio，在对象资源管理器中，依次选择 studentcourse→“可编程性”→“存储过程”节点，就可以看见刚刚创建的存储过程 proc_student1，右击 proc_student1，在弹出的快捷菜单中选择“执行存储过程”命令，就会出现如图 9.3 所示的“执行过程”对话框。

(2) 使用“执行过程”对话框可以在对象资源管理器中执行存储过程。如果该过程具有参数，则这些参数将显示在网格中。可以在每个参数的“值”框中输入参数值完成参数设置。

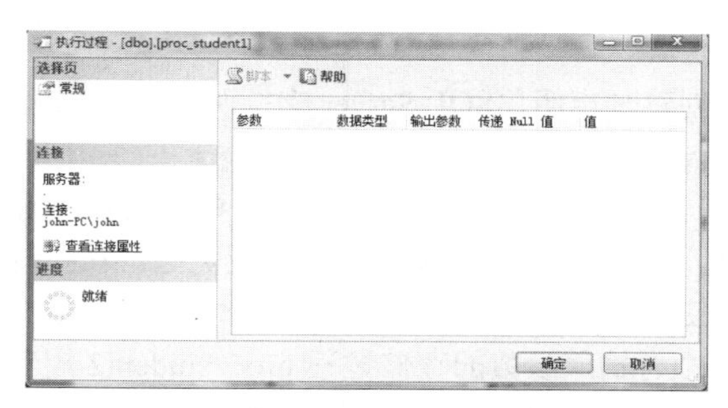

图 9.3　“执行过程”对话框

“执行过程”对话框中各选项的意义如下。

- 参数：指示参数的名称。
- 数据类型：指示参数的数据类型。
- 输出参数：指示是否为输出参数。
- 传递空值：将 NULL 作为参数值传递。
- 值：在调用过程时输入参数的值。

(3) 根据实际需要完成选项的设置(在本题中不需要设置参数)，然后单击“确定”按钮，在对象资源管理器中就会自动显示执行存储过程的语句和结果，如图 9.4 所示，显示了学号为 J0402 的学生的基本信息(包括学生学号、姓名、性别、系)。

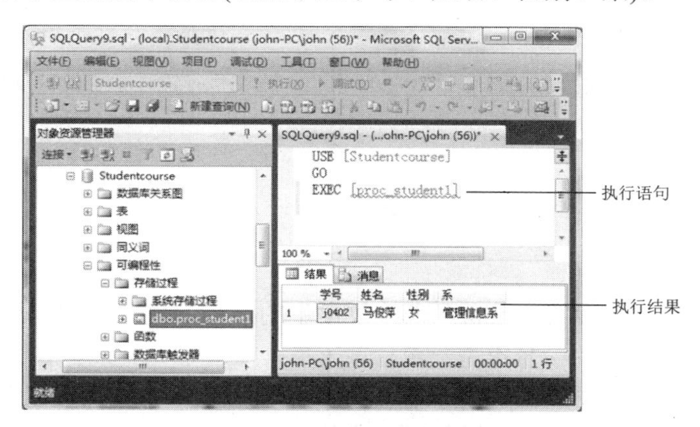

图 9.4　执行存储过程的结果

方法二：使用 SQL 命令。

在新建的查询窗口输入命令：Execute proc_student1。

单击“执行”按钮，此时在结果框中会出现执行结果，运行结果如下。

```
学号      姓名      性别      系
J0402    马俊萍     女      管理信息系
```

9.1.4　存储过程的参数和状态值

存储过程和调用者之间通过参数交换数据，可以按输入的参数执行，调用者也可以通过存储过程返回的状态值对存储过程进行管理。

1. 参数

存储过程的参数在创建时声明，SQL Server 支持两种参数：输入参数和输出参数。

1) 输入参数

输入参数允许调用程序为存储过程传送数据值。要定义存储过程的输入参数，必须在 CREATE PROCEDURE 语句中声明一个或多个变量及类型。在执行存储过程时，可以为输入参数传递参数值，或使用默认值。

【例 9.3】 创建一个有输入参数的存储过程 proc_student2 用于显示指定学号的学生的基本信息(包括学生学号、姓名、性别、系)。执行该存储过程显示学号为 J0404 的学生的信息。

命令代码如下。

```
CREATE PROCEDURE proc_student2
    @num char(6)                    --输入参数@num
AS
BEGIN
    SELECT 学号,姓名,性别,系
     FROM S
    WHERE 学号=@num
END
GO
```

执行存储过程命令如下。

```
EXEC  proc_student2  @num = 'J0404'      --在执行过程中变量可以显式命名
```

运行结果如下。

```
学号      姓名      性别        系
J0404     姚江       男       管理信息系
```

说明：

(1) 我们定义了输入参数@num，来接收学生的学号，输入参数@num 的数据类型必须与学生信息表 S 中学生的学号类型一致。

(2) 在执行存储过程时，必须提供输入参数的值，输入参数值可以是常量、变量或表达式，但数据类型必须与定义存储过程时给出的输入参数一致。

【例 9.4】 创建存储过程 s_info。根据学生姓名和学号查询学生的电话、所在系。

```
USE studentcourse
IF EXISTS(SELECT name  FROM sysobjects  WHERe name='s_info'  and  type='p')
--如果已经存在 s_info 存储过程，则删除它
    DROP PROCEDURE  s_info
--删除存储过程 s_info
GO
CREATE PROC s_info                  --创建存储过程 s_info
@stname varchar(8),
@stsno varchar(10)                  --定义多个输入参数时，参数之间用“,”分隔
AS
SELECT 姓名, 学号,电话,系
```

```
FROM S
WHERE 姓名=@stname AND 学号=@stsno
GO

EXECUTE s_info '李丽', 'J0401'        --执行存储过程 s_info
GO
```

运行结果如下。

```
姓名      课程号      电话          系
李丽      J0401      931-1234     管理信息系
```

【例 9.5】 创建存储过程 s_default，根据学生姓名和学号查询学生的电话、所在系。如果未提供学生姓名和学号，该存储过程将显示学号为 J0401，姓名为李丽的学生信息。

```
IF EXISTS(SELECT name FROM sysobjects WHERe name='s_default ' and
type='p')
                                    --如果已经存在 s_default 存储过程，则删除它
   DROP PROCEDURE  s_default
GO
CREATE PROC s_default
@stname varchar(8)='李丽',
@stsno varchar(10)='J0401'        --定义输入参数的同时，设置参数的默认值
AS
SELECT 姓名, 学号, 电话,系
FROM S
WHERE 姓名 = @stname AND 学号 = @stsno
GO
执行存储过程 s_default
EXECUTE s_default                  --执行存储过程时，没有提供传递参数。
```

运行结果如下。

```
姓名      学号      电话          所在系
李丽      J0401     931-1234     管理信息系
```

说明：

参数默认值可以是 NULL 值。在这种情况下，如果未提供参数，SQL Server 将根据存储过程的其他语句执行存储过程，不会显示错误信息。

【例 9.6】 创建存储过程 s_nul，根据学生姓名和学号查询学生选修的课程。如果未提供学生姓名和学号，则显示提示信息“请输入学号和姓名！”。

```
CREATE PROC s_null
@stname varchar(8)=NULL,
@stsno varchar(10)=NULL                      --设置默认值为空值
AS
IF @stname IS NULL OR @stsno IS NULL        --如果未提供参数，则显示提示信息
   SELECT '请输入学号和姓名！'
ELSE
   SELECT 姓名, SC.学号, SC.课程号, C.课程名
   FROM SC,S,C
   WHERE S.姓名 = @stname AND S.学号 = @stsno
```

```
  and S.学号=SC.学号 and SC.课程号=C.课程号
GO
```

执行存储过程 s_null。

执行 1：执行时没有带参数

```
EXEC s_null
```

运行结果如下。

```
请输入学号和姓名！
```

执行 2：执行时提供参数，由于没有采用显式命名方式，参数的顺序必须与定义时的顺序一致。

```
EXEC s_null  '李丽', 'J0401'
```

运行结果如下。

```
姓名      学号      课程号    课程名
李丽      J0401     C01       数据库
李丽      J0401     C02       C 语言
李丽      J0401     C03       数据结构
李丽      J0401     C04       计算机应用基础
李丽      J0401     C05       网络技术
```

若执行以下语句：

```
EXEC s_null  'J0401', '李丽'
```

上述执行命令将“J0401”赋值给参数@stname，“李丽”赋值给参数@stsno，这直接导致找不到满足条件的记录行。

执行 3：以显式命名方式执行存储过程 s_null，此时参数的赋值顺序任意。

```
EXEC s_null  @stname='李丽', @stsno ='J0401'
EXEC s_null @stsno ='J0401',@stname='李丽'
```

运行结果同执行方式 2。

【例 9.7】 创建存储过程 s_like，根据姓名，查询学生的平均成绩。如果执行时，没有带参数，则显示陈姓学生的平均成绩。

```
IF EXISTS(SELECT name FROM sysobjects WHERe name='s_like ' and type='p')
                              --如果已经存在 s_like 存储过程，则删除它
DROP PROCEDURE  s_like
GO
CREATE PROC s_like
@stname varchar(8)='陈%'              --设置默认值带通配符
AS
SELECT 姓名=姓名,平均成绩=avg(SC.成绩)
FROM SC,S
WHERE S.学号=SC.学号 AND S.姓名 LIKE @stname
GROUP BY S.学号,姓名
ORDER BY S.学号,姓名
GO
```

```
EXECUTE s_like
GO
```

运行结果如下。

```
姓名      平均成绩
陈小红     91
```

【例 9.8】 创建存储过程 s_count，根据课程名，检索选修某门课程的学生总人数。

```
IF EXISTS(SELECT name FROM sysobjects WHERE name='S_count' AND type='P' )
                                  --如果已经存在 S_ count 存储过程，则删除它
DROP PROCEDURE  s_count
GO
CREATE PROC s_count
@ctname varchar(30)=NULL             --设置默认值为空值
AS
IF @ctname IS NULL
   PRINT '请输入课程名! '
ELSE
SELECT 课程名=课程名, 学生选修人数=COUNT(DISTINCT 学号)
FROM SC,C
WHERE C.课程号=SC.课程号 AND C.课程名 =@ctname
GROUP BY 课程名
ORDER BY  课程名
GO
```

执行存储过程。

执行一：

```
EXECUTE s_count '数据结构'
```

或

```
EXECUTE s_count  @ctname= '数据结构'
GO
```

运行结果如下。

```
课程名       学生选修人数
数据结构         3
```

执行二：

```
EXECUTE s_count  @ctname= default
```

或

```
EXECUTE s_count
```

运行结果如下。

```
请输入课程名!
```

【例 9.9】 创建存储过程 PRscore，根据课程号查询选修这门课程的学生成绩。

```
CREATE  PROCEDURE PRscore
```

```
    @ids char(3)                          --设置输入参数@ids
    AS
SELECT   C.课程号,C.课程名,SC.学号,S.姓名,SC.成绩
FROM     C INNER JOIN  SC ON C.课程号=SC.课程号
INNER JOIN  S ON SC.学号=S.学号
where C.课程号=@ids
```

执行存储过程:

```
exec PRscore @ids='C01'
```

或

```
exec PRscore 'C01'
```

运行结果如下。

课程号	课程名	学号	姓名	成绩
C01	数据库	J0401	马丽	88
C01	数据库	J0402	马俊萍	90
C01	数据库	J0403	王永明	76
C01	数据库	Q0401	陈小红	90
C01	数据库	Q0403	张干劲	77

【例 9.10】 创建存储过程 PRidscore，根据学号查询学生各科的成绩。

```
CREATE PROCEDURE PRidscore
@idstudent char(6)                        --设置输入参数@idstudent
AS
SELECT SC.学号,S.姓名,C.课程名,SC.成绩,C.学分
FROM    C INNER JOIN  SC ON C.课程号=SC.课程号
INNER JOIN  S ON SC.学号=S.学号
where S.学号=@idstudent
```

执行存储过程:

```
exec PRidscore 'J0401'
```

或

```
exec PRidscore @idstudent ='J0401'
```

运行结果如下。

学号	姓名	课程名	成绩	学分
J0401	李丽	数据库	88	3
J0401	李丽	C 语言	93	4
J0401	李丽	数据结构	99	3
J0401	李丽	计算机应用基础	89	2
J0401	李丽	网络技术	86	NULL

2) 输出参数

输出参数允许存储过程将数据值返回给调用程序。OUTPUT 关键字用来指出输出参数。

【例 9.11】 创建一个带输出参数的存储过程 proc_student3，用于显示指定学号的学

生各门课程的平均成绩，执行存储过程，返回学号为 J0401 的学生的平均成绩。

```
CREATE PROCEDURE proc_student3
@num char(6),                         --设置输入参数@num
@savg smallint output                 --使用 OUTPUT 关键字指定@ savg 为输出参数
AS
BEGIN
SELECT @savg=avg(成绩)
    FROM  S  JOIN  SC  ON  S.学号=SC.学号
    WHERE  S.学号=@num
END
GO
```

执行存储过程：

```
DECLARE @savg_value smallint     --定义局部变量@savg_value 存放输出参数的值
EXEC proc_student3 @num='J0401',@savg=@savg_value OUTPUT
```

或

```
EXEC proc_student3 'J0401',@savg_value OUTPUT
Select  @savg_value as 平均成绩
```

运行结果如下。

```
平均成绩
91
```

说明：

(1) 该例中创建存储过程时，除了需要输入参数，还需要把学生的平均成绩返回给调用程序，所以还要定义一个输出参数@savg，用 OUTPUT 选项指定，数据类型必须和学生选课表的成绩一致或兼容。

(2) 在执行存储过程时，必须定义一个局部变量存放输出参数的值，并且用 OUTPUT 选项指出。

【例 9.12】 创建存储过程 sg，根据输入的学号和课程号，获得指定学号和课程号的课程成绩。

其中第一、二个参数设置了默认值。第三个参数为输出参数，当运行存储过程 sg 时，如果调用时没有传递值或者指定了默认值，这些默认值就会赋给对应参数。

```
IF EXISTS(SELECT name FROM sysobjects
WHERE name='sg' AND  type='P')
DROP PROCEDURE  sg
GO
CREATE PROC sg
@sn varchar(8)='J0401',
@cn varchar(3)='C02',
@gr smallint output               --output 变量必须在定义存储过程时进行定义
AS
SELECT 学号,课程号,成绩
FROM SC
WHERE SC.学号 =@sn and SC.课程号=@cn
```

```
SELECT @gr=成绩                    --向变量赋值的 SELECT 语句
FROM SC
WHERE SC.学号 =@sn and SC.课程号=@cn
GO
```

注意下述写法是错误的。

```
SELECT 学号,课程号,@gr=成绩
FROM SC
WHERE SC.学号 =@sn and SC.课程号=@cn
```

因为，向变量赋值的 SELECT 语句不能与数据检索操作结合使用。

存储过程可以以多种组合方式执行。

执行一：

```
DECLARE @g smallint                 --定义局部变量@g 存放输出参数的值
EXECUTE sg @sn='J0402' ,@gr=@g output
select @g as 成绩
```

运行结果如下。

```
学号     课程号  成绩
J0402    C02     85
```

执行二：

```
DECLARE @g1 smallint
EXECUTE sg @sn=DEFAULT ,@gr=@g1
```

运行结果如下。

```
学号     课程号  成绩
J0401    C02     93
```

执行三：

```
DECLARE @g1 smallint
EXECUTE sg  @gr=@g1
```

运行结果如下。

```
学号     课程号  成绩
J0401    C02     93
```

执行四：

```
DECLARE @g1 smallint
EXECUTE sg @cn=default, @gr=@g1 output
```

运行结果如下。

```
学号     课程号  成绩
J0401    C02     93
```

执行五：

```
DECLARE @g1 smallint
```

```
EXECUTE sg @cn='C03', @gr=@g1 output
```

运行结果如下。

```
学号      课程号  成绩
J0401     C03     99
```

执行六：

```
DECLARE @g1 smallint
EXECUTE sg @sn=default,@cn='C03', @gr=@g1 output
```

运行结果如下。

```
学号      课程号  成绩
J0401     C03     99
```

执行七：

```
DECLARE @g1 smallint
EXECUTE sg  @cn='C03',@sn='J0402',@gr=@g1 output
```

运行结果如下。

```
学号      课程号  成绩
J0402     C03     77
```

2．返回状态值

存储过程可以返回整型状态值，表示过程是否成功执行，或者过程失败的原因。如果存储过程没有显式设置返回代码的值，SQL Server 默认返回代码为 0，表示成功执行；若返回-1 到-99 之间的整数，表示没有成功执行。也可以使用 RETURN 语句，用大于 0 或小于-99 的整数来定义自己的返回状态值，以表示不同的执行结果。在执行存储过程时，要定义一个变量来接收返回的状态值。

1)　RETURN 语句格式

RETURN [返回整型值的表达式]

2)　功能

RETURN 语句将无条件地从过程、批处理或语句块中退出。返回整型值。

【例 9.13】 检索相应学生信息，如果在执行 findstudent 时没有给出学生姓名参数，RETURN 语句将一条消息发送给用户，然后从过程中退出。

```
CREATE PROCEDURE findstudent
@nm char(8)= NULL
AS
IF @nm IS NULL
   BEGIN
      PRINT 'You must give a student name'
      RETURN
   END
ELSE
   BEGIN
      SELECT S.姓名, S.学号,S.性别
```

```
    FROM S
    WHERE S.姓名 = @nm
  END
```

执行存储过程。

```
EXEC findstudent
```

运行结果如下。

```
You must give a student name
```

【例 9.14】 创建存储过程 checkstate，查询指定课程的最高成绩，如果最高成绩大于 90 分，则返回状态代码 1。否则，返回状态代码 0。

```
CREATE PROCEDURE checkstate
@paracno varchar(3)
AS
IF (SELECT max(成绩)
FROM sc
WHERE 课程号=@paracno)>90
return 1
else
return 0
```

执行存储过程。

```
DECLARE @return_status int
EXEC @return_status=checkstate @paracno='C03'
SELECT 'Return Status' = @return_status
```

运行结果如下。

```
return Status
  1
```

【例 9.15】 创建带有返回值的存储过程 proc_student4，用于显示指定学号的学生各门课程的平均成绩。在存储过程中，用返回值 1 表示用户没有提供输入参数，否则返回值为 2。

```
CREATE PROCEDURE proc_student4
@num char(6)=NULL,@savg smallint output
AS
BEGIN
IF @num is NULL
     return 1
else
     BEGIN
       SELECT @savg=avg(成绩)
       FROM  SC
       WHERE  SC.学号=@num
       return 2
      END
END
```

执行存储过程。

执行一：不为参数 @num 提供学号，默认值为 null。

```
DECLARE @savg smallint,@return_value int
EXEC @return_value=proc_student4  @savg = @savg OUTPUT
SELECT  @return_value as 返回值,@savg as  平均成绩
```

运行结果如下。

```
返回值     平均成绩
1          NULL
```

执行二：为参数@num 提供学号。

```
DECLARE @savg smallint,@return_value int
EXEC @return_value=proc_student4  @savg = @savg OUTPUT,  @num='J0401'
SELECT  @return_value as 返回值,@savg as  平均成绩
```

运行结果如下。

```
返回值     平均成绩
2          91
```

【例 9.16】 创建存储过程 update_S_1，修改指定学号的数据信息。

```
CREATE PROCEDURE update_S_1
@sno1   char(6),
@sno2   char(6),
@sname char(8),
@birthday  datetime,
@department varchar(20),
@sex char(2)
AS
UPDATE S
SET  学号     =@sno2,
           姓名 =@sname,
           出生日期=@birthday,
           系= @department,
           性别=@sex
WHERE  学号= @sno1
```

执行存储过程。

```
EXEC update_s_1 'J0401','J0401','李丽','1981-2-12 0:00:00','汽车系','女'
```

【例 9.17】 创建存储过程 delete_S _1，删除指定学号的数据信息。

```
CREATE PROCEDURE delete_S_1
@sno1   char
AS
DELETE S
WHERE   学号 = @sno1
```

执行存储过程。

```
EXEC delete_s_1 'J0401'
```

9.1.5 修改存储过程

1. 格式

```
ALTER  PROCEDURE [架构名称.]存储过程名
[@parameter 数据类型]
[=default]                    --设置默认值
[OUTPUT]                  --说明@parameter 定义的存储过程参数为一返回值
[,..n]
[with  encryption|recompile]        --对存储过程文本进行加密
[FOR REPLICATION]
AS
<SQL 语句>
```

2. 功能

其语法和 CREATE PROCEDURE 相似。

【例 9.18】 现在我们就来修改刚才在例 9.11 中创建好的存储过程 proc_student3，用于显示指定学号的学生各门课程的最高成绩，执行该存储过程返回学号为 J0401 的学生的最高成绩。

在 SQL Server Management Studio 中修改存储过程的步骤如下。

(1) 打开 SQL Server Management Studio，在“对象资源管理器”中，选择 studentcourse 数据库，依次展开“可编程性”→“存储过程”节点，右击要修改的存储过程 proc_student3，在弹出的快捷菜单中选择“修改”命令，此时右边会出现一个可编程窗口，如图 9.5 所示。

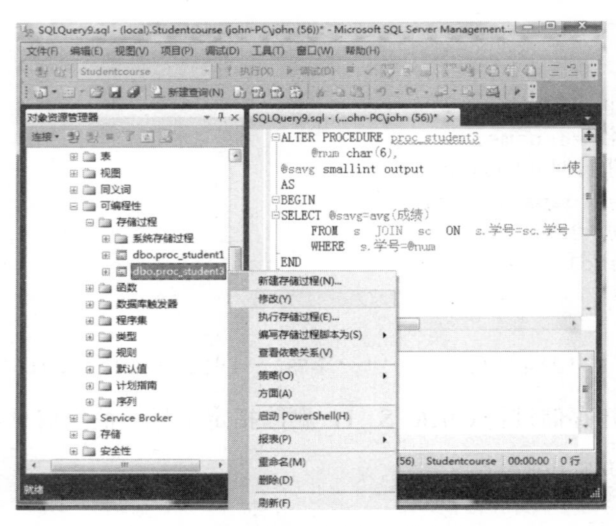

图 9.5 修改存储过程的可编程窗口

(2) 在可编程窗口中已经给出了修改存储过程的语法框架，我们根据实际需要再修改相应的 Transact-SQL 语句。完整的 ALTER PROCEDURE 语句如下。

```
ALTER PROCEDURE dbo.proc_student3
```

```
    @num  char(6), @max  smallint output
AS
BEGIN
      SELECT  @max=max(成绩)
    FROM  s  JOIN  sc  ON  s.学号=sc.学号
    WHERE  s.学号=@num
END
GO
```

(3) 完成 ALTER PROCEDURE 语句后，通过从查询菜单或工具栏上选择“分析”命令来检验 SQL 的语法，根据结果框里的提示，修正存在的错误或问题，直到提示“命令已成功完成”。

(4) 最后通过选择“查询”菜单或工具栏上的“执行”命令完成修改存储过程。

9.1.6　删除存储过程

在 SQL Server Management Studio 中可以快速删除存储过程。

1. 格式

```
DROP PROCEDURE {存储过程名} [ ,… n ]
```

2. 功能

从当前数据库中删除一个或多个存储过程或过程组。

【例 9.19】 现在我们就来删除刚才在例 9.15 中创建的存储过程 proc_student4。

方法一：在 SQLServer Management Studio 中删除存储过程。

操作步骤如下。

(1) 打开 SQL Server Management Studio，在对象资源管理器中，选择 studentcourse 数据库，依次展开“可编程性”→“存储过程”节点，右击要删除的存储过程 proc_student4，在弹出的快捷菜单中选择“删除”命令，会出现一个“删除对象”对话框，如图 9.6 所示。

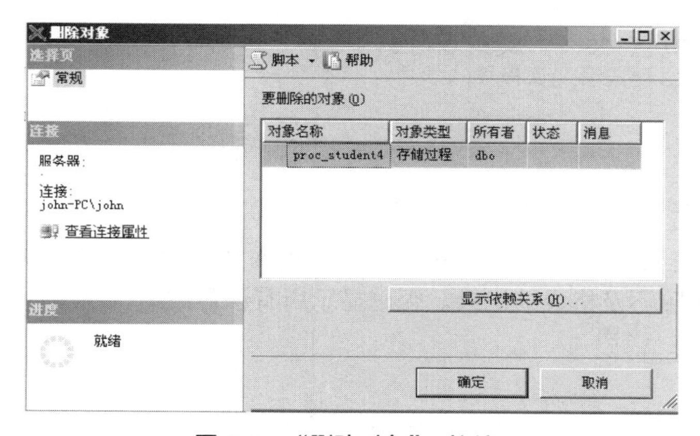

图 9.6　“删除对象”对话框

(2) 在“删除对象”对话框中单击“确定”按钮，存储过程立即被永久删除。

方法二：使用 SQL 命令。

新建一个查询窗口，在里面输入命令：

```
DROP PROCEDURE proc_student4
```

单击“执行”命令，完成存储过程的删除。

【例 9.20】 删除 studentcourse 数据库中的 s_default 存储过程。

```
DROP PROCEDURE s_default
```

【例 9.21】 在学生选课数据库中建立存储过程 looks，检索选修了 C02 课程的学生学号。

在查询分析器中输入如下代码：

```
if exists(select name from sysobjects where name='looks' and type='p')
                    --如果存储过程已经存在，则将其删除
drop procedure looks                  --删除存储过程
go
create procedure looks                        --创建存储过程
as
select 学号
from SC
where SC.课程号='C02'
go
execute looks                        --调用存储过程
```

【例 9.22】 建立存储过程 sc_add，在数据库表 SC 中插入新记录行。

```
IF EXISTS(SELECT name FROM sysobjects WHERE name='sc_add' and type='p')
DROP PROCEDURE sc_add
GO
CREATE PROCEDURE sc_add
(@成绩 int,@课程号 char(8),@学号 char(8))
AS
BEGIN
       INSERT INTO SC(成绩,课程号,学号)
       VALUES(@成绩,@课程号,@学号)
END
return
GO
EXECUTE sc_add  80,'C04','Q0401'
```

【例 9.23】建立存储过程 sc_look_delete，查询某个学生的所有课程成绩，如果存在不及格课程，则删除不及格成绩记录，否则显示所有课程成绩。

```
USE studentcourse
GO
IF EXISTS(SELECT name FROM sysobjects WHERE name='sc_look_delete ' and
type='p')
DROP PROCEDURE sc_look_delete
GO
```

```
CREATE PROCEDURE sc_look_delete
@look 学号 varchar(6)
AS
IF exists(select 学号
from SC
WHERE 学号=@look 学号 and 成绩<60)
   DELETE FROM SC
WHERE  学号=@look 学号 AND 成绩<60
else
  SELECT 学号,课程号,成绩 FROM SC WHERE 学号=@look 学号
GO
```

9.1.7　查看存储过程的定义

存储过程被创建后，与它有关的数据就存储在系统表 sysobject 中，源代码存储在 syscomments 中。

方法一：在 SQL Server Management Studio 中查看存储过程的定义。

操作步骤如下。

(1) 在对象资源管理器中，依次展开服务器名称→存储过程所属的“数据库”→“可编程性”→“存储过程”节点。

(2) 右击要查看的存储过程，在弹出的快捷菜单中选择“属性”命令。

(3) 出现“存储过程属性”对话框，如图 9.7 所示。

图 9.7　“存储过程属性”对话框

方法二：使用系统存储过程。

1. sp_help

格式：sp_help[[@objname=]name]

功能：显示存储过程的参数及数据类型。name 为存储过程的名称。

2. sp_helptext

格式：sp_helptext[[@objname=]name]

功能：显示存储过程的源代码。name 为存储过程的名称。

3. sp_depends

格式：sp_depends [@objname=] ‘name’

功能：显示与存储过程相关的数据库对象。name 为存储过程的名称。

4. sp_stored_procedures

格式：sp_stored_procedures
　　[[@sp_name=]‘name’]
　　[,[@sp_owner=]‘owner’]
　　[,[@sp_qualifier=]‘qualifier’]

功能：显示当前数据库中的存储过程列表。[@sp_name=]‘name’返回过程名；[@sp_owner=]‘owner’返回所有者的名称；[@sp_qualifier=]‘qualifier’返回过程限定符的名称。

【例 9.24】 利用系统存储过程查看在例 9.11 中创建好的存储过程 proc_student3。

```
sp_help proc_student3
GO
sp_helptext proc_student3
GO
sp_depends 'proc_student3'
GO
sp_stored_procedures 'proc_student3'
```

运行结果如图 9.8 所示。

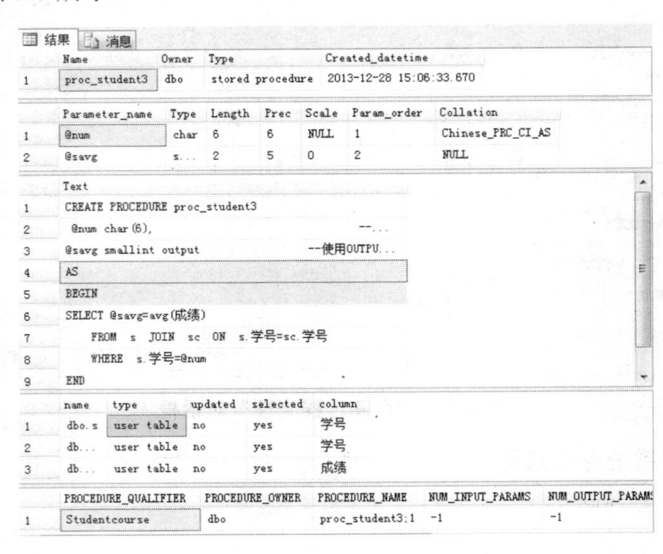

结果　消息

	Name	Owner	Type	Created_datetime
1	proc_student3	dbo	stored procedure	2013-12-28 15:06:33.670

	Parameter_name	Type	Length	Prec	Scale	Param_order	Collation
1	@num	char	6	6	NULL	1	Chinese_PRC_CI_AS
2	@savg	s...	2	5	0	2	NULL

	Text
1	CREATE PROCEDURE proc_student3
2	@num char(6), --...
3	@savg smallint output --使用OUTPU...
4	AS
5	BEGIN
6	SELECT @savg=avg(成绩)
7	FROM s JOIN sc ON s.学号=sc.学号
8	WHERE s.学号=@num
9	END

	name	type	updated	selected	column
1	dbo.s	user table	no	yes	学号
2	db...	user table	no	yes	学号
3	db...	user table	no	yes	成绩

	PROCEDURE_QUALIFIER	PROCEDURE_OWNER	PROCEDURE_NAME	NUM_INPUT_PARAMS	NUM_OUTPUT_PARAMS
1	Studentcourse	dbo	proc_student3;1	-1	-1

图 9.8　运行结果

9.1.8 重命名存储过程

1. 格式

```
SP_RENAME 原存储过程名，新存储过程名
```

2. 功能

将存储过程名更改为新存储过程名。

【例 9.25】 将例 9.12 中创建的存储过程 sg，更名为 student_proc。

方法一：使用 SQL 命令。

```
SP_RENAME sg,student_proc
```

注意： 更改对象名的任一部分都可能会破坏脚本和存储过程。

方法二：在 Management Studio 重命名存储过程。

(1) 在对象资源管理器中，依次展开服务器→存储过程所属的“数据库”→存储过程节点。

(2) 在详细信息窗格中，右击要重命名的存储过程，在弹出的快捷菜单中选择“重命名”命令。

(3) 输入新的存储过程名。

9.2 设计和管理触发器

9.2.1 触发器概述

触发器是特殊的存储过程，它也定义了一组 Transact-SQL 语句，用于完成某项任务。存储过程的执行是通过过程名字直接调用的，而触发器主要是通过事件进行触发而被执行的。触发器依赖于特定的数据表，触发器建立后，它作为一个数据库对象被存储，当触发事件出现时，触发器就会自动执行。常见的触发事件就是对数据表的插入 INSERT、删除 DELETE、更新 UPDATE 操作。例如，当向选修表插入记录时，可以使用插入触发器判断学号是否在学生信息表中存在，或者在学生基本信息表中修改了一条记录，必须保证选修记录表中相应的学号也被修改。但触发器功能开销较大，而且触发器的多级触发不易控制，易发生冲突，建议慎用。

触发器的主要作用是能强制数据完整性，保证数据一致性，主要表现如下。

(1) 强化约束。触发器能够实现比 CHECK 语句更复杂的约束。在 CHECK 约束中不允许引用其他表中的列实现数据完整性约束，而触发器却允许用其他表中的列。当一个表同时具有约束和触发器时，SQL Server 先执行约束检查，如果这些操作符合约束条件，系统将完成数据操作，然后再激活触发器，否则，将撤销数据操作语句的执行。

(2) 保证参照完整性。触发器能够实现主键和外键约束所不能保证的参照完整性和数据一致性。

(3) 级联运行。触发器可以侦测数据库内的操作，并自动地级联影响整个数据库的各项内容。利用触发器实现对数据库中相关表的级联修改，是触发器的一个重要用途。

(4) 跟踪变化。触发器可以侦测到数据库内的操作，从而不允许数据库中不经许可的更新和变化，并且提供了更为灵活的编程方式。

(5) 创建触发器时需指定：名称、在其上定义触发器的表、触发器将何时激发、激活触发器的数据修改语句。有效选项为 INSERT、UPDATE 或 DELETE。多个数据修改语句可激活同一个触发器。例如，触发器可由 INSERT 或 UPDATE 语句激活。

9.2.2 创建触发器

在 SQL Server Management Studio 中创建触发器，关键是要掌握 CREATE TRIGGER 语句。

1. 格式

```
CREATE TRRIGER [架构的名称.]触发器名  ON 表名|视图
[WITH  encryption]    --对文本进行加密
{FOR| AFTER | INSTEAD OF }[delete][,insert][,update]
AS
[SQL 语句]
```

2. 功能

(1) 触发器的名称必须遵循标识符规则，但 trigger_name 不能以 # 或 ## 开头。

(2) 视图只能被 INSTEAD OF 触发器引用。

(3) AFTER：指定触发器只有在触发 SQL 语句中指定的所有操作都已成功执行后才激发。所有的引用级联操作和约束检查也必须成功完成后，才能执行此触发器。如果仅指定 FOR 关键字，则 AFTER 是默认设置。不能在视图上定义 AFTER 触发器。

(4) INSTEAD OF：指定执行触发器而不是执行“触发 SQL 语句”，从而替代“触发语句”的操作。对于表或视图，每个 INSERT、UPDATE 或 DELETE 语句最多可定义一个 INSTEAD OF 触发器。INSTEAD OF 触发器不能用于使用 WITH CHECK OPTION 的可更新视图。

(5) { [DELETE] [,INSERT] [,UPDATE] }：当尝试 DELETE、INSERT 或 UPDATE 操作时，Transact-SQL 语句中指定的触发器操作将生效。必须至少指定一个选项。在触发器定义中允许使用以任意顺序组合的这些关键字。如果指定的选项多于一个，需用逗号分隔这些选项。

(6) SQL 语句：指定触发器要执行的操作，可以包含任意数目和类型的 Transact-SQL 语句，多于一个语句时，用 BEGIN 和 END 括起来。

(7) 注意：在触发器的执行过程中，SQL Server 建立和管理两个临时的虚拟表：deleted 逻辑表 和 inserted 逻辑表。当向表中插入数据时，INSERT 触发器触发执行，并将新记录插入到 inserted 表中；当从表中删除一条记录时，被删除的记录存放在 deleted 逻辑表中；对于 UPDATE 操作，SQL Server 先将更新前的旧记录存储在 deleted 表中，然后再将更新后的新记录存储在 inserted 表中。在定义触发器实现相应的功能时，常常要用到这两个逻辑表。

(8) CREATE TRIGGER 必须是批处理中的第一条语句，并且只能应用到一个表中。

(9) 触发器中不允许出现的 Transact-SQL 语句有：ALTER DATABASE、CREATE DATABASE、DISK INIT、DISK RESIZE、DROP DATABASE、LOAD DATABASE、LOAD LOG、RECONFIGURE、RESTORE DATABASE、RESTORE LOG

(10) 与使用存储过程一样，当触发器激发时，将向调用应用程序返回结果。若要避免由于触发器激发而向应用程序返回结果，请不要包含返回结果的 SELECT 语句，也不要包含在触发器中进行变量赋值的语句。包含向用户返回结果的 SELECT 语句或进行变量赋值的语句的触发器需要特殊处理；这些返回的结果必须写入允许修改触发器表的每个应用程序中。如果必须在触发器中进行变量赋值，则应该在触发器的开头使用 SET NOCOUNT 语句以避免返回任何结果集。

(11) 嵌套触发器：触发器最多可以嵌套 32 层。如果一个触发器更改了包含另一个触发器的表，则第二个触发器将激活，然后该触发器可以再调用第三个触发器，以此类推。如果链中任意一个触发器引发了无限循环，则会超出嵌套级限制，从而导致取消触发器。若要禁用嵌套触发器，请用 sp_configure 将 nested triggers 选项设置为 0(关闭)。

下面结合实例一起来学习如何创建存储过程，这里使用的是学生选课数据库 studentcourse，数据库中包含学生基本信息表 S(学号、姓名、性别、出生年月、系、电话)，课程表 C(课程号、课程名、学分、预选课程号、教师)和学生选课表 SC(学号、课程号、成绩)这三个主要的用户表。

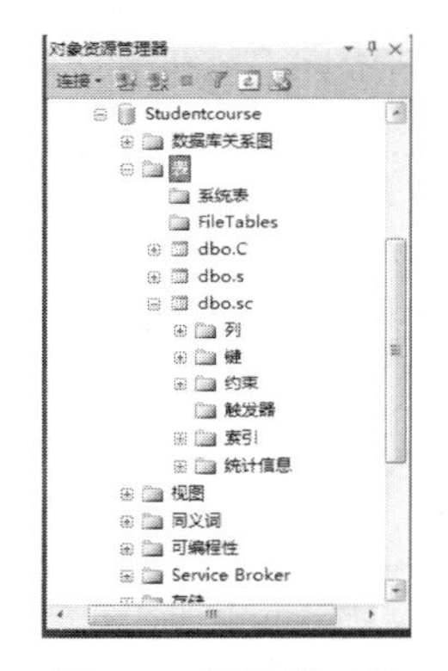

图 9.9　触发器对象

【例 9.26】 在学生选课表 SC 上创建一个触发器 trigger_student1，该触发器被 INSERT 操作触发，当用户向 SC 表插入一条新记录时，判断该记录的学号在学生基本信息表 S 中是否存在，如果存在则插入成功，否则插入失败。

方法一：使用 Management Studio 创建触发器。

操作步骤如下。

(1) 打开 SQL Server Management Studio，在“对象资源管理器”中，选择 studentcourse 数据库，依次展开“表”→“表 SC”节点，可以看到“触发器”节点，如图 9.9 所示。

(2) 右击“触发器”节点，在弹出的菜单中选择“新建触发器”命令，此时右边会出现一个可编程窗口，如图 9.10 所示。在这个窗口中可以定义实现触发器的 Transact-SQL 语句。

图 9.10　创建触发器的可编程窗口

在可编程窗口中已经给出了创建触发器的语法框架，我们根据实际需要再加入相应的 Transact-SQL 语句。本例中完整的 CREATE TRIGGER 语句如下。

```
CREATE TRIGGER  trigger_student1
ON  SC
AFTER INSERT
AS
BEGIN
IF(SELECT count(*) FROM inserted JOIN S ON inserted.学号=S.学号)=0
      BEGIN
          ROLLBACK TRAN
          SELECT'插入记录无效！'
      END
END
GO
```

(3) 完成 CREATE TRIGGER 语句后，从查询菜单或工具栏上选择“分析”命令来检验 SQL 的语法，根据结果框里的提示，修正存在的错误或问题，直到提示“命令已成功完成”。

(4) 通过选择“查询”菜单中的命令或单击工具栏上的“执行”按钮完成创建触发器，如图 9.11 所示。

图 9.11　运行结果

说明：

(1) 在这个例子中创建的触发器是由插入操作触发的，我们称为 INSERT 触发器。当向学生选课表 SC 插入记录时，这条新记录就被保存在 inserted 表中。

(2) 该例中指定的是 AFTER 选项，或者也可以直接用 FOR 选项，表示触发器只有在插入操作完成后才被触发。

(3) 当触发器被触发后，首先要判断插入的新记录是否在学生信息表 S 中存在，语句 select count(*) from inserted join s on inserted.学号=S.学号)=0 就表示插入的新记录在 S 表中不存在，所以不允许插入这条记录，就用 ROLLBACK TRAN 取消了刚才的插入事务。

【例 9.27】 在学生基本信息表 S 上创建一个触发器 trigger_student2，该触发器被 DELETE 操作触发，当用户 S 表中的删除一条记录时，判断该记录的学号在学生选课表 SC 中是否存在，如果不存在，允许删除，否则不允许删除该学生信息。

```
CREATE TRIGGER trigger_student2
   ON S
   AFTER  DELETE
AS
BEGIN
     IF(EXISTS(SELECT * FROM deleted JOIN SC ON deleted.学号=SC.学号))
        BEGIN
     ROLLBACK TRAN
SELECT '不允许删除该学生信息'
         END
END
GO
```

说明：

(1) 在这个例子中创建的触发器是由删除操作触发的，我们称为 DELETE 触发器。当删除学生基本信息表 S 中的记录时，这条被删除的记录就被保存在 deleted 表中。

(2) 该例中指定的是 AFTER 选项，或者也可以直接用 FOR 选项，表示触发器只有在删除操作完成后才被触发。

(3) 当触发器被触发后，首先要判断删除的学生记录的学号是否在学生选课表 SC 中存在，语句 EXISTS(SELECT * FROM deleted join SC on deleted.学号=SC.学号)就表示删除记录的学号在 SC 表中存在，所以不允许删除这条记录，就用 ROLLBACK TRAN 取消了刚才的删除事务。

【例 9.28】 在学生基本信息表 S 上创建一个触发器 trigger_student3，该触发器被 UPDATE 操作触发，当用户在 S 表中修改一条学生记录的学号时，同时自动更新学生选课表 SC 中相应的学号。

```
CREATE TRIGGER trigger_student3
ON  S
AFTER UPDATE
AS
BEGIN
        UPDATE SC
        SET 学号=(SELECT 学号 FROM inserted)
        WHERE 学号 IN (SELECT 学号 FROM deleted)
END
GO
```

说明：

(1) 在这个例子中创建的触发器是由更新操作触发的，我们称为 UPDATE 触发器。当修改学生基本信息表 S 中学生记录的学号时，这条学生记录对应的旧学号就被保存在 deleted 表中，而更新之后的新学号就被保存到 inserted 表中。

(2) 该例中指定的是 AFTER 选项，或者也可以直接用 FOR 选项，表示触发器只有在更新操作完成后才被触发。

(3) 当触发器被触发后，就要到学生选课表中，把修改过的学号进行自动更新，这就是级联更新。

【例 9.29】 创建一个触发器 Reminder，如果修改、删除、插入 S 表中的任何数据，都将向客户显示一条信息：不得对数据表进行任何修改！

```
if exists(select name from sysobjects where name='reminder' and
type='TR')
drop trigger reminder                                   --删除触发器
go         --create trigger 必须是批处理的第一条语句，所以此命令不可省
CREATE TRIGGER reminder
ON  S
FOR INSERT, UPDATE, DELETE
AS
BEGIN
raiserror('不得对数据表进行任何修改！',16,10)
END
```

【例 9.30】 创建一个触发器 sex_control，当插入或更新学生的基本资料时，该触发器检查指定修改或插入的记录的性别是否只是男或女。若不是，则给出错误信息。

```
IF EXISTS (SELECT name FROM sysobjects
WHERE name = 'sex _control' AND type = 'TR')
  DROP TRIGGER sex_control
GO
CREATE TRIGGER sex_control                           --触发器名
ON S                                                 --关于 S 建立触发器
FOR INSERT, UPDATE                                   --建立插入、更新触发器
AS
DECLARE @ssex char(2)
SELECT @ssex =S.性别          -- inserted 为临时表，查询被修改的记录的性别
FROM S INNER JOIN inserted ON S.学号=inserted.学号
IF not ((rtrim(@ssex)='男') or  (rtrim(@ssex)='女') )
BEGIN                                         --%s 与后面的变量@s 性别相对应
      RAISERROR ('性别只能是男或者女！不能是%s ',16,1,@ssex)
      ROLLBACK TRANSACTION                           --撤销所做的更改
END
```

激活触发器：在新建查询窗口中，修改学号为 J0401 的学生记录的性别值为“好”。代码如下。

```
USE studentcourse
UPDATE  S
SET 性别='好'
WHERE  学号='J0401'
```

在执行 UPDATE 语句时，激活了例 9.30 创建的 sex_control 触发器。运行结果如图 9.12 所示。

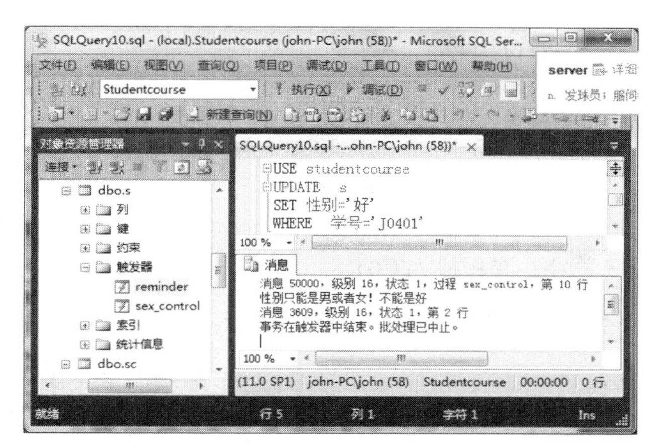

图 9.12　激活触发器时所出现的错误提示

9.2.3　COLUMNS_UPDATED()和 UPDATE (column)函数

1．COLUMNS_UPDATED()

COLUMNS_UPDATED()用于测试是否插入或更新了所涉及的列，仅用于 INSERT 或 UPDATE 触发器中。COLUMNS_UPDATED 返回 varbinary 位模式，表示插入或更新了表中的哪些列。

例如，在表 S 中的列有学号、姓名、性别、出生日期、系、电话(从左到右)。要检查姓名、出生日期、系等属性列是否已经被修改，则二进制掩码是 power(2,(2−1))+power(2,(4 −1)) +power(2,(5−1)) = 26，如果要检查姓名是否已经被修改，则掩码为 power(2,(2−1))=2。函数 power(m,n)表示 m 的 n 次方的值。如果其中有一列被修改，则二进制掩码 11010& COLUMNS_UPDATED()>0。使用(COLUMNS_UPDATED() &26) =26 观察姓名、出生日期、系列是否全被修改。例如，COLUMNS_UPDATED()=2，则 $2\&26=2=2^{2-1}$，则表示只修改了姓名字段。

2．UPDATE (column)

测试在指定的列上进行的 INSERT 或 UPDATE 操作，如果 UPDATE(column)返回 TRUE 值，则指定的列上插入了显式值或隐性 (NULL) 值。

【例 9.31】 修改 S 表的学号属性列，并且通过使用 COLUMNS_UPDATED() 功能，测试所做的更改。修改在 SC 表中相对应的记录。如，将 S 表中的学号 J0401 修改为 G0401，则 SC 表中原学号为 JO401 的学号相应更改为 G0401。(注意，要使此项实验成功，必须删除 S 表与 SC 表的外键约束。)

```
if exists(select name from sysobjects where name=' SData ' and type='TR')
drop trigger SData                              --删除触发器
go          --create trigger 必须是批处理的第一条语句，所以此命令不可省
CREATE trigger SData
on s
for update
as
```

```
begin
 IF (columns_updated()& 1)>0
     update SC
     SET SC.学号=(SELECT a.学号 FROM inserted a)
     WHERE SC.学号=(SELECT b.学号 FROM deleted b)
end
```

【例 9.32】 创建触发器 sinsert，当向 S 表添加一条学生信息时，则触发向 SC 表增加一条记录。学号为新增学号，课程号为'C01'。

```
IF exists(SELECT name FROM sysobjects WHERE name=' sinsert ' and
type='TR')
DROP TRIGGER sinsert                              --删除触发器
GO              --create trigger 必须是批处理的第一条语句，所以此命令不可省
CREATE TRIGGER sinsert
ON S
FOR insert
AS
IF (columns_updated()&1)>0
BEGIN
      INSERT INTO SC(学号,课程号)
      SELECT 学号,'C01'
      FROM inserted
END
```

使用插入命令向学生基本信息表 S 中插入一条记录(S0408,陈努力,男,海运系)，则在 SC 表中增加了一条记录(S0408, 'C01'),命令如下:

```
INSERT INTO S  (学号,姓名,性别,系)
SELECT 'S0408','男','陈努力','海运系'
```

【例 9.33】 在数据库学生选课中创建触发器 check_trig，当向 SC 表插入一条记录时，检查该记录的学号在 S 表中是否存在，检查课程号在 C 表中是否存在，若有一项为否，则不允许插入。

```
CREATE TRIGGER check_trig
on SC
FOR insert
AS
IF EXISTS (SELECT * FROM inserted a
         WHERE a.学号 not IN (SELECT S.学号 FROM  S)
         or a.课程号 not IN (SELECT C.课程号 FROM  C))
   BEGIN                                        --语句块的开始语句
       raiserror('违背数据的一致性',16,1)
       rollback transaction                     --撤销刚才的操作，恢复到原来的状态
   END
```

【例 9.34】 创建一个触发器 check_delete，删除 S 表中的记录时，同时删除 SC 表中相应的记录。

```
IF exists(SELECT name FROM sysobjects
        WHERE name='check_delete' and type='TR')
```

```
    DROP TRIGGER check_delete
GO              --create trigger 必须是批处理的第一条语句，所以此命令不可省
CREATE TRIGGER check_delete
ON S
FOR delete
AS
BEGIN
    delete from SC
    where SC.学号=(select 学号 from deleted)
END                                          --语句块的结束语句
```

【例 9.35】 为 S 表创建一个新触发器 delete_stu，当删除表 S 中的一条学生记录时，检查 SC 表中是否存在相同学生的选课成绩，如果有，则不允许删除此记录。

```
create trigger delete_stu
ON S
FOR delete
as
IF EXISTS (SELECT * FROM deleted a
WHERE a.学号 in (SELECT SC.学号 FROM  SC))
begin
raiserror('因为在成绩表中存在这个同学信息，不得删除此条记录！',16,1)
rollback transaction
end
```

激活触发器，在学生基本信息表 S 中删除学号为 J0402 的学生记录时，会跳出信息提示框，如图 9.13 所示。

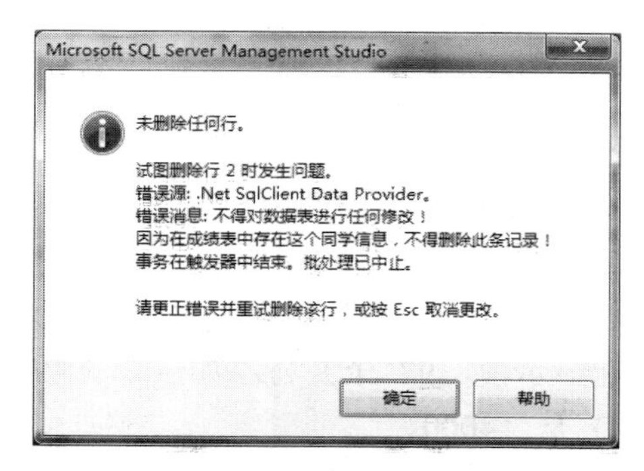

图 9.13　信息提示框

【例 9.36】 在学生选课数据库中创建视图 I_v，包含姓名、性别、课程号和成绩。接着在视图上创建 instead of 触发器，触发器名为 insertsview，要求向视图插入数据时，相应的数据表中也插入对应的数据(注意，要避免与触发器 sinsert 产生冲突)。

```
CREATE VIEW I_v                   --建立视图
as
SELECT s.学号,姓名,性别,出生日期,系,课程号,成绩
FROM S,SC
WHERE S.学号=SC.学号
GO                                --创建 instead of insert 触发器
CREATE TRIGGER insertsview on I_v
```

```
instead of insert
as
begin
INSERT INTO S(学号,姓名,性别,出生日期,系)
SELECT 学号,姓名,性别,出生日期,系
FROM inserted
INSERT INTO SC(学号,课程号,成绩)
SELECT 学号,课程号,成绩
FROM inserted
end

GO                                         --向视图插入一条记录
INSERT INTO i_v(学号,姓名,性别,出生日期,系,课程号,成绩)
VALUES('B0788','叶军','男','1988-01-01','海运系' ,'C02','84')
GO                                         --观察数据表及视图的数据变化
select * from i_v
select * from S
select * from SC
```

9.2.4 RAISERROR

返回用户定义的错误信息并设系统标志，记录发生的错误。通过使用 RAISERROR 语句，客户端可以从 sysmessages 表中检索条目，或者使用用户指定的严重度和状态信息动态地生成一条消息。这条消息在定义后就作为服务器错误信息返回给客户端。

1. 格式

```
RAISERROR ( { msg_id | msg_str } { ,严重级别, 状态}
```

2. 功能

(1) msg_id 是存储于 sysmessages 表中的用户定义的错误信息号。用户定义错误信息的错误号应大于 50000。由特殊消息产生的错误是第 50000 号。

(2) msg_str 是一条特殊消息，此错误信息最多可包含 400 个字符。如果该信息包含的字符超过 400 个，则只能显示前 397 个并将添加一个省略号以表示该信息已被截断。所有特定消息的标准消息 ID 是 14000。

消息与字符类型 d、i、o、p、s、u 或 X 一起使用，用于创建不同类型的数据。字符类型 d 或 i 表示带符号的整数；o 表示不带符号的八进制数；p 表示指针型；s 表示 String；u 表示不带符号的整数；x 或 X 表示不带符号的十六进制数。

(3) 与消息关联的严重级别。用户可以使用从 0 到 18 之间的严重级别。19～25 之间的严重级别只能由 sysadmin 固定服务器角色成员使用。若要使用 19～25 之间的严重级别，必须选择 WITH LOG 选项。

注意： 20～25 之间的严重级别被认为是致命的。如果遇到致命的严重级别，客户端连接将在收到消息后终止，并将错误记入错误日志和应用程序日志。

(4) 状态是从 1 到 127 之间的任意整数，默认为 1，表示有关错误调用状态的信息。

9.2.5　修改触发器

在 SQL Server Management Studio 中修改触发器，关键是要掌握 ALTER TRIGGER 语句。

1. 格式

```
ALTER TRRIGER [架构的名称.]触发器名  ON 表名|视图
[WITH  encryption]   --对文本进行加密
{FOR| AFTER | INSTEAD OF }[delete][,insert][,update]
AS
[SQL 语句]
```

2. 功能

修改触发器，各选项的功能与创建触发器的命令一样。

【例 9.37】 现在我们就来修改刚才在例 9.26 中创建好的触发器 trigger_student1，该触发器被 INSERT 操作触发，当用户向 SC 表插入一条新记录时，判断该记录的学号在学生基本信息表 S 中是否存在，如果存在插入成功，否则插入失败；同时判断该记录的课程号在课程表 C 中是否存在，如果存在插入成功，否则插入失败。

修改触发器的操作步骤如下。

(1) 打开 SQL Server Management Studio，在“对象资源管理器”中选择 studentcourse 数据库，在“触发器”节点下可以看到刚才创建的触发器 trigger_student1，右击要修改的触发器 trigger_student1，在弹出的快捷菜单中选择“修改”命令，此时右边会出现一个可编程窗口，如图 9.14 所示。

图 9.14　修改触发器的可编程窗口

(2) 在可编程窗口中已经给出了修改触发器的语法框架，我们根据实际需要再加入相应的 Transact-SQL 语句。此例中完整的 ALTER TRIGGER 语句如下。

```
ALTER TRIGGER  trigger_student1
ON  dbo.sc
```

```
AFTER INSERT
AS
BEGIN
      IF((SELECT count(*) FROM inserted JOIN S ON inserted.学号=S.学号
JOIN C ON inserted.课程号=C.课程号 )=0)
      BEGIN
        ROLLBACK TRAN
          SELECT'插入记录无效! '
        END
END
 GO
```

(3) 完成 ALTER TRIGGER 语句后，通过从“查询”菜单或工具栏上选择“分析”命令来检验 SQL 的语法，根据结果框里的提示，修正存在的错误或问题，直到提示“命令已成功完成”。

(4) 最后通过选择“查询”菜单或工具栏上的执行命令 完成修改触发器。

9.2.6 删除触发器

在 SQL Server Management Studio 中可以快速删除触发器。

1. 格式

```
DROP TRIGGER 触发器名[…n]
```

2. 功能

删除指定触发器。

【例 9.38】 现在我们就来删除刚才在例 9.28 中创建好的存储过程 trigger _student3。

方法一：使用 Management Studio 删除触发器。

操作步骤如下。

(1) 打开 SQL Server Management Studio，在对象资源管理器中选择 studentcourse 数据库，在“触发器”节点下可以看到已经创建的触发器 trigger_student3，右击要删除的触发器 trigger_student3，在弹出的快捷菜单中选择“删除”命令，会出现一个“删除对象”对话框，如图 9.15 所示。

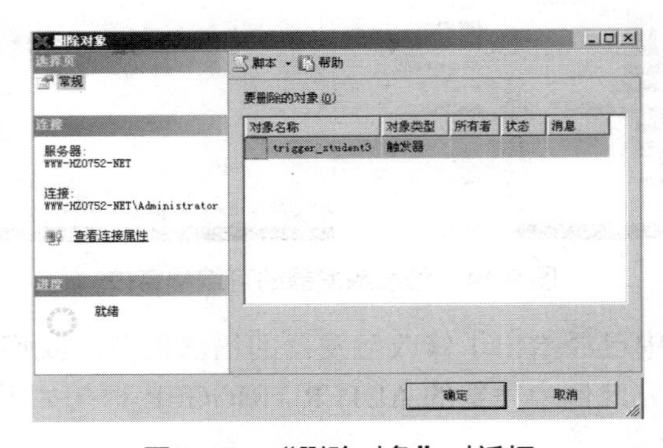

图 9.15 “删除对象”对话框

(2) 在“删除对象”对话框中单击“确定”按钮，触发器立即被永久删除。

方法二：使用 SQL 命令。

操作步骤如下。

(1) 新建一个查询窗口，并输入删除触发器语句。

```
DROP TRIGGER  trigger_student3
```

(2) 通过从“查询”菜单或工具栏上选择“分析”命令来检验 SQL 的语法，根据结果框里的提示，修正存在的错误或问题，直到提示“命令已成功完成”。

(3) 最后单击“查询”菜单或工具栏上的执行命令 ! 完成修改触发器。

9.2.7 重命名触发器

1. 格式

```
SP_rename oldname,newname
```

2. 功能

将原触发器名更改为新的触发器名。

【例 9.39】 将例 9.35 中创建的触发器 delete_stu 的名称修改为 d_student。

方法一：使用 SQL 命令。

```
sp_rename delete_stu,d_student
```

注意： 更改对象名的任一部分都可能破坏脚本和存储过程。

方法二：在 Management Studio 中重命名触发器。

(1) 在对象资源管理器中，依次展开服务器→存储过程所属的“数据库”→“数据库触发器”节点。

(2) 在详细信息窗格中，右击要重命名的触发器，在弹出的快捷菜单中选择“重命名”命令。

(3) 输入新的触发器名。

实训 存储过程和触发器练习

一、实验目的和要求

1. 了解存储过程和触发器的概念、特点和作用。
2. 掌握 SQL Server 2012 中创建、执行和管理存储过程的方法。
3. 掌握 SQL Server 2012 中创建和管理触发器的方法。

二、实验内容

1. 在 studentcourse 数据库中创建存储过程，存储过程名为 proc_1，要求实现如下功能：根据学生学号，查询该学生的选课情况，其中包括该学生的学号、姓名、性别、课程

号、课程名和成绩。执行该存储过程，查询学号为 J0401 学生的选课情况。

2. 在 studentcourse 数据库中创建存储过程，存储过程名为 proc_2，要求实现如下功能：根据课程号，查询某门课程的选课学生情况，其中包括课程号、课程名、学号、姓名、系别和性别。执行存储过程，查询课程号为 C01 的选课学生情况。

3. 在 studentcourse 数据库中创建触发器，触发器名为 trigger_1，要求实现如下功能：当修改课程表 C 中的数据时(包括插入、更新和删除操作)，显示提示信息“课程表被修改了”。

4. 在 studentcourse 数据库中创建触发器，触发器名为 trigger_2，要求实现如下功能：当删除课程表 C 中某门课程的记录时，将学生选课表 SC 中所有有关此课程的记录全删除。

5. 在 studentcourse 数据库中创建触发器，触发器名为 trigger_3，要求实现如下功能：当修改课程表 C 中某门课的课程号时，对应学生选课表 SC 中的课程号也做相应修改。

6. 创建向数据表 C 添加新记录的存储过程 cadd。

7. 创建修改数据表 C 中记录的存储过程 cupdate。

8. 创建存储过程 cdeleted，要求删除数据表 C 中指定课程号的记录。

9. 创建存储过程 avgc，查询指定课程的平均成绩。如果平均成绩大于 80 分，则返回状态代码 1；否则，返回状态代码 2。

10. 显示存储过程 cupdate 的参数、数据类型、存储过程源代码、存储过程相关的数据库对象。

11. 在 studentcourse 数据库中建立一个名为 LOOK_g 的存储过程，用于检索指定课程，不及格学生的姓名与学号。

12. 将存储过程 cupdate 的名称改为 course_update，删除 LOOK_g 存储过程。

13. 定义一个存储过程，查询数据库中指定学生各门功课的成绩，显示时按照课程号顺序显示。

14. 在学生选课数据库中，建立触发器 c1_trigger，当向数据表 SC 中添加一条记录时，要求新记录的课程号值在 C 表中存在，如果不存在，则拒绝向 SC 表添加这条记录。

15. 在学生选课数据库中，建立触发器 c2_trigger，修改 C 表中的课程号的值，该字段在 SC 表中的值也相应修改。

16. 在学生选课数据库中，建立触发器 c3_trigger，删除 C 表中的一条记录，如果该条记录的课程号值在 SC 表中存在，则不允许删除，否则可以删除。

17. 删除 c3_trigger 触发器。

18. 创建一触发器 c4_trigger，如果修改、删除、插入 SC 表中的任何数据，则将向客户显示一条信息：不得对数据表进行任何修改！

习　题

一、选择题

1. SQL Server 2012 提供了系统过程(　　)，可以用来修改视图的名称。

A. sp_help　B. sp_bindefault　C. sp_rename　D. 其他

2. 查看角色信息的存储过程是(　　)。

A. sp_help　B. sp_helpuser　C. sp_helprole　D. sp_helplogin

3. 新建数据库用户的系统存储过程是(　　)。

A. sp_revokedbaccess　B. sp_addlogin

C. sp_grantlogin　D. sp_grantdbacess

4. 下列对触发器的描述中错误的是(　　)。

A. 触发器属于一种特殊的存储过程

B. 触发器与存储过程的区别在于触发器能够自动执行并且不含有参数

C. 触发器有助于在添加、更新或删除表中的记录时保留表之间已定义的关系

D. 既可以对 INSERTED. DELETED 临时表进行查询，也可以进行修改

5. 下面关于存储过程的描述中正确的是(　　)。

A. 自定义存储过程与系统存储过程名称可以相同

B. 存储过程最多能够支持 64 层的嵌套

C. 命名存储过程中的标识符时，长度不能超过 256 个字符

D. 存储过程中参数的个数不能超过 2100

6. 用于创建存储过程的 SQL 语句为(　　)。

A. CREATE　DATABASE　B. CREATE　TRIGGER

C. CREATE　PROCEDURE　D. CREATE　TABLE

7. 用于修改存储过程的 SQL 语句为(　　)。

A. ALTER　TABLE　B. ALTER　DATABASE

C. ALTER　TRIGGER　D. ALTER　PROCEDURE

8. 在 SQL Server 中删除触发器用(　　)。

A. ROLLBACK　B. DROP

C. DELALLOCATE　D. DELETE

9. 在 SQL Server 中，WAITFOR 语句中的 DELAY 参数是指(　　)。

A. 要等待的时间　B. SQL Server 一直等到指定的时间过去

C. 用于指示时间　D. 以上都不是

10. 当对表进行(　　)操作时，触发器将可能根据表发生操作的情况而自动被 SQL SERVER 触发而运行。

A. DECLARE　B. INSERT

C. CREATE DATABASE　D. CREATE TARIGGER

11. 修改触发器使用的语句是(　　)。

A. ALTER TRIGGER　B. DROP TRIGGER

C. INSERT TRIGGER　D. DELETE TRIGGER

12. 创建触发器的语句是(　　)。

A. DECLARE　B. CREATE TABLE

C. CREATE DATABASE　D. CREATE TRIGGER

二、填空题

1. 可以使用系统存储过程__________显示视图特征，使用__________显示视图在系统表中的定义，使用__________显示该视图所依赖的对象。

2. 使用__________语句可以对存储过程进行重命名。

3. 系统存储过程通常以__________开头。

4. 利用__________语句可以删除触发器。

5. 触发器可以划分为三种类别__________触发器、__________触发器和__________触发器。

6. 触发器有__________和__________两种触发方式。

7. __________触发方式在进行添加、修改、删除操作时就被激活。

8. SQL Server 为每个触发器创建了两个临时表、__________和__________。

9. 存储过程是存放在__________上的预选定义并编译好的 Transact-SQL 语句。

10. SQL Server 2012 支持的存储过程有__________种类型。

11. 当对某一表进行诸如__________、__________、__________这些操作时，SQL SERVER 就会自动执行触发器所定义的 SQL 语句。

12. 触发器的主要作用就是能够实现数据的__________和__________。

三、简答题

1. 简述使用存储过程有哪些优点？

2. 存储过程的输入参数如何表示，如何使用？

3. 存储过程的返回值有何含义？

4. 简述存储过程与触发器的区别。

5. 在 studentcourse 数据库中创建存储过程，存储过程名为 proc_depart，利用这个存储过程在学生基本信息表 S 中修改系名称，把修改前的旧系名和修改后的新系名作为参数传递给存储过程。

6. 在 studentcourse 数据库中创建触发器，触发器名为 trigger_1，要求实现如下功能：当在学生信息表 S 中删除数据时，显示提示信息“您不能删除数据”，并取消删除。

第 10 章　事务与批处理

本章导读

本章重点介绍事务与批处理，事务是最小的工作单元。这个工作单元要么成功完成所有操作，要么就是失败，并将所做的一切复原。批处理包含了多条 T_SQL 语句，可以使用户一次完成几项工作。

学习目的与要求

(1) 理解批处理、事务的概念及作用。

(2) 掌握并灵活运用批处理和事务以提高系统开发效率。

10.1 批　处　理

10.1.1 批处理的定义

批处理是包含一组 SQL 语句的命令集合，从应用程序一次性地发送到 Microsoft SQL Server 服务器执行。SQL Server 将批处理语句编译成一个可执行单元，此单元称为执行计划。执行计划中的语句每次执行一条。

若批处理中的某条语句编译出错，就会导致批处理中的任何语句都无法执行。假定在批处理中有 10 条语句。如果第五条语句有一个语法错误，则不执行批处理中的任何语句。如果编译了批处理，而第二条语句在执行时失败，则第一条语句的结果不受影响，因为它已经执行。

书写批处理时，go 语句作为批处理命令的结束标志，当编译器读取到 go 语句时，会把 go 语句前面的所有语句当作一个批处理，并将这些语句打包发送给服务器。go 语句本身不是 T-SQL 语句的组成部分，只是一个表示批处理结束的前端指令。

10.1.2 使用批处理的规则

(1) create default，create rule，create trigger 和 create view 等语句在同一个批处理中只能提交一个。

(2) 不能在删除一个对象之后，在同一批处理中再次引用这个对象。

(3) 不能把规则和默认值绑定到表字段或者自定义字段上之后，立即在同一批处理中使用它们。

(4) 不能定义一个 check 约束之后，立即在同一个批处理中使用。

(5) 不能修改表中一个字段名之后，立即在同一个批处理中引用这个新字段。

(6) 使用 set 语句设置的某些 set 选项不能应用于同一个批处理中的查询

(7) 若批处理中的第一个语句是执行某个存储过程的 execute 语句，则 execute 关键字

可以省略。若该语句不是第一个语句，则必须写上。

(8) go 语句和 T-SQL 语句不可在同一行上。但在 go 语句中可包含注释。

下例创建一个视图。因为 CREATE VIEW 必须是批处理中的唯一语句，所以需要 go 命令将 CREATE VIEW 语句与其周围的 USE 和 SELECT 语句隔离。

【例 10.1】 执行一个视图批处理。

```
USE  studentcourse
go
CREATE VIEW  view1  AS
    SELECT  *  FROM S  WHERE  学号= 'j0401'
go
 SELECT  *  FROM  view1
go
```

10.2 事　　务

10.2.1 事务的概念

事务是并发控制的基本单元。所谓事务，就是一个操作序列，这些操作要么都执行，要么都不执行，它是一个不可分割的工作单元。

如果某一事务成功，则在该事务中进行的所有数据修改均会提交，成为数据库中的永久组成部分。如果事务遇到错误且必须取消或回滚，则所有数据修改均被清除。

10.2.2 事务的特性

事务必须具备原子性(atomicity)、一致性(consistency)、隔离性(isolation)和持久性(durability)四个属性，称为 ACID 性质。事务的这种机制保证了一个事务或者提交后成功执行，或者提交后失败回滚。

- 原子性：事务必须是原子工作单元，对于其数据修改，要么全都执行，要么全都不执行。
- 一致性：事务在完成时，必须使所有的数据都保持一致状态。在相关数据库中，所有规则都必须应用于事务的修改，以保持所有数据的完整性。
- 隔离性：由并发事务所作的修改必须与任何其他并发事务所作的修改隔离。事务查看数据时数据所处的状态，要么是另一并发事务修改它之前的状态，要么是另一事务修改它之后的状态，事务不会查看中间状态的数据。这称为可串行性，因为它能够重新装载起始数据，并且重播一系列事务，以使数据结束时的状态与原始事务执行的状态相同。
- 持久性：事务完成之后，它对于系统的影响是永久性的。该修改即使出现系统故障也将一直保持。

10.2.3　事务控制语句

所有的 T-SQL 语句都是内在的事务。SQL Server 2012 还包括事务控制语句，将 SQL Server 语句集合分组后形成单个的逻辑工作单元。

1. 定义事务的开始

1)　格式

BEGIN TRANSACTION [事务的名称 @变量][WITH MARK ['描述标记的字符串']]

2)　功能

定义显式事务的开始，它的执行使全局变量@@trancount 的值加 1。

[WITH MARK ['描述标记的字符串']]：在日志中标记事务。如果使用了 WITH MARK，则必须指定事务名。只有修改数据的事务，才能在事务日志中放置标记。不修改数据的事务不被标记。

执行每个事务时，系统根据当前事务隔离级别的设置情况，锁定资源，直到事务结束，使用命令 COMMIT TRANSACTION 将对数据库作永久的改动，如果发生错误，则用 ROLLBACK TRANSACTION 语句回滚所有改动。

2. 提交事务

1)　格式

```
COMMIT TRANSACTION [事务的名称 @变量]
```

或

```
COMMIT [ WORK ]
```

2)　功能

使事务开始以来所执行的所有数据修改成为数据库的永久部分，也标志一个事务的结束。因此不能在发出 COMMIT TRANSACTION 语句之后回滚事务。

如果 @@TRANCOUNT 为 1，命令 COMMIT TRANSACTION 释放连接占用的资源，并将变量@@TRANCOUNT 减少到 0。如果 @@TRANCOUNT 大于 1，则 COMMIT TRANSACTION 使 @@TRANCOUNT 按 1 递减。

当 @@TRANCOUNT 为 0 时发出 COMMIT TRANSACTION 将会导致出现错误，因为没有相应的 BEGIN TRANSACTION。

3. 回滚事务

1)　格式

```
ROLLBACK TRANSACTION  [事务名称 @变量 | 保存点|@保存点变量]
```

或

```
ROLLBACK WORK
```

2) 功能

此语句使得事务回滚到事务的起点或指定的保存点处，它也标志一个事务的结束。

它将清除从事务的起点或某个保存点开始所做的任何数据修改，并且释放由事务控制的资源。如果事务回滚到开始点，则全局变量@@trancount 的值减 1；如果只回滚到指定存储点，则@@trancount 的值不变。

保存点可以使用 SAVE TRANSACTION 语句定义。

“@保存点变量”是用户定义的、含有有效保存点名称的变量，必须用 char、varchar、nchar 或 nvarchar 数据类型声明该变量。

在事务内允许有重复的保存点名称，但 ROLLBACK TRANSACTION 若使用重复的保存点名称，则只回滚到最近的使用该保存点名称的 SAVE TRANSACTION。

在存储过程中，不带事务名称和保存点名称的 ROLLBACK TRANSACTION 语句将所有语句回滚到最远的 BEGIN TRANSACTION。

4. 设置保存点

1) 格式

```
SAVE TRANSACTION {保存点|@保存点变量}
```

2) 功能

在事务内设置保存点。保存点定义事务可以返回的位置。

当事务开始时，将一直控制事务中所使用的资源直到事务完成(也就是锁定)。当将事务的一部分回滚到保存点时，将继续控制资源直到事务完成(或者回滚全部事务)。

10.2.4 事务模式

事务模式可以分为显式事务和隐式事务两种。

1. 显式事务

用户可以在显式事务在中定义事务的启动和结束。

事务以 BEGIN TRANSACTION 语句开始，以 COMMIT(提交)语句或 ROLLBACK(回退或撤销)语句结束。

2. 隐式事务

隐式事务是指在当前事务提交或回滚后，自动启动新事务。因此隐式事务不需要使用 BEGIN TRANSACTION 语句开始，而只需要提交或回滚每个事务。隐式事务模式生成连续的事务链。

系统提供的事务是指在执行某些 SQL 语句时，一条语句就构成了一个事务，这些语句是 ALTER TABLE、CREATE、DELETE、DROP、FETCH、INSERT、OPEN、SELECT、UPDATE 等。

如果在触发器中发出 ROLLBACK TRANSACTION，将回滚对当前事务中的所做的所有数据修改，包括触发器所做的修改。触发器继续执行 ROLLBACK 语句之后的所有其余语句。如果这些语句中的任意语句修改数据，则不回滚这些修改。执行其余的语句不会激发嵌套触发器。

每次进入触发器，@@TRANCOUNT 就增加 1，即使在自动提交模式下也是如此。(系统将触发器视作隐性嵌套事务)。

【例 10.2】 定义一事务 charu(未提交)，并将“学生信息表”中不在“汽车系”的学生的系改成“管理信息系” (注意禁用在第 9 章创建的触发器 reminder，它禁止任何的修改)。代码如下 ：

```
USE  studentcourse
BEGIN TRANSACTION  charu                    -- charu 为事务名称
GO
UPDATE S                                    -- 修改数据表 S
    SET 系= '管理信息系'
    WHERE 系!= '汽车系'
GO
```

运行结果如图 10.1 所示。

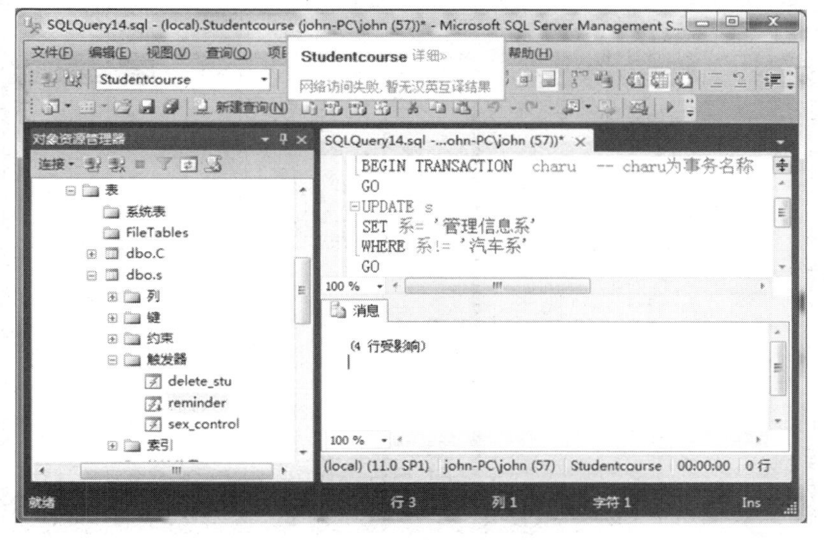

图 10.1　例 10.2 的程序运行结果

以上代码可以将“学生信息表”中不在“汽车系”的学生的“系”改成“管理信息系”，由于事务并未提交，所以我们可以用 ROLLBACK 语句回滚未提交成功的事务。代码如下：

```
USE  studentcourse
BEGIN TRANSACTION  charu          -- charu 为事务名称
GO
UPDATE S
SET 系= '管理信息系'
WHERE 系!= '汽车系'
ROLLBACK TRANSACTION charu        -- 回滚未提交成功的事务 charu，表中的修改被取消
GO
```

但是，事务一旦成功提交，就无法使用 ROLLBACK 语句回滚事务了，这说明

COMMIT TRANSACTION 语句是用于标志已提交成功的事务。可以用 SELECT 语句来观察其结果。

```
USE  studentcourse
BEGIN TRANSACTION  charu
GO
UPDATE S
SET 系= '管理信息系'
WHERE 系!= '汽车系'
COMMIT TRANSACTION  charu --提交事务 charu,表中的信息被修改
GO
```

这以后再不能回滚事务，在查询分析器里执行后的结果如图 10.2 所示，同学们可以亲自验证一下。

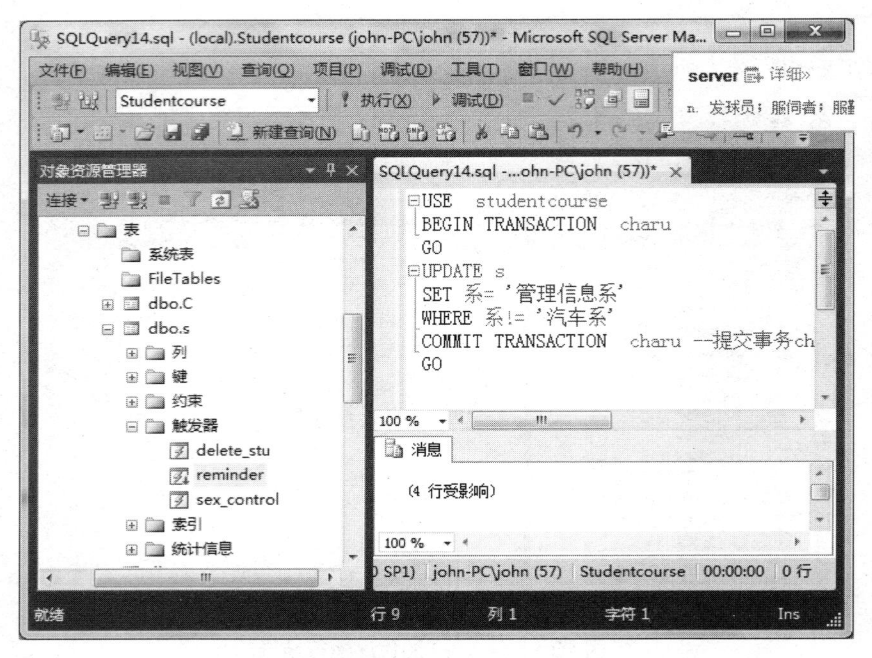

图 10.2　提交事务的程序运行结果(例 10.2)

两个可用于事务管理的全局变量@@error 及@@rowcount 分别用于事务出错与统计事务处理所影响的行数。

- @@error：给出最近一次执行出错的语句引发的错误号，@@error 为 0 表示未出错。
- @@rowcount：给出受事务中已执行语句影响的数据行数。

【例 10.3】 使用事务向选课表 SC 中插入数据。如果执行时未出错，则提交事务，否则回滚到指定保存点。并观察@@trancount 的值。

```
SELECT @@trancount AS trancount  --变量@@TRANCOUNT 的值为 0
USE  studentcourse
go
BEGIN TRAN  tran_examp       -- tran_examp 为事务名称
INSERT INTO  SC(学号, 课程号, 成绩)       --向 SC 表中插入一行数据
 VALUES ( 'Q0403 ','c02', 56 )
```

```
SAVE TRAN  int_point        --设置保存点
INSERT INTO  SC(学号, 课程号, 成绩) VALUES ('Q0403' , 'c03' ,66)
INSERT INTO  SC(学号, 课程号, 成绩) VALUES ('Q0403 ', 'c05',60)
GO
SELECT @@trancount AS trancount 的值     --变量@@TRANCOUNT 的值为 1
IF @@error<>0
  ROLLBACK TRAN int_point                --回滚事务到保存点
SELECT @@trancount AS trancount 的值     --变量@@TRANCOUNT 的值为 1
GO
COMMIT TRAN tran_examp    --提交事务 tran_examp，表中的信息被修改
SELECT @@trancount AS trancount          --变量@@TRANCOUNT 的值为 0
GO
```

【例 10.4】创建数据表 testtran，生成三个级别的嵌套事务，并提交该嵌套事务。观察变量@@TRANCOUNT 的值的变化。

```
CREATE TABLE testtran (cola int PRIMARY KEY, colb char(3))
GO
BEGIN TRANSACTION outertran     --变量@@TRANCOUNT 的值为 1
GO
SELECT @@TRANCOUNT
INSERT INTO testtran VALUES (1, 'aaa')
GO
BEGIN TRANSACTION inner1        --变量@@TRANCOUNT 的值为 2
GO
SELECT @@TRANCOUNT
INSERT INTO testtran VALUES (2, 'bbb')
GO
BEGIN TRANSACTION inner2        --变量@@TRANCOUNT 的值为 3
GO
SELECT @@TRANCOUNT
INSERT INTO testTran VALUES (3, 'ccc')
GO
COMMIT TRANSACTION inner2       --变量@@TRANCOUNT 的值减少为 2
SELECT @@TRANCOUNT
GO
COMMIT TRANSACTION inner1       --变量@@TRANCOUNT 的值减少为 1
SELECT @@TRANCOUNT
GO
COMMIT TRANSACTION outertran    --变量@@TRANCOUNT 的值减少为 0
SELECT @@TRANCOUNT
GO
```

本 章 小 结

本章主要介绍了事务和批处理的概念以及应用，学习重点是如何应用事务的有效管理来保证数据的完整性与一致性。

实训　事务与批处理

一、实验目的和要求

1. 了解批处理过程。

2. 理解事务的概念，掌握事务的使用方法。

二、实验内容

1. 使用事务定义与提交命令在 studentcourse 数据库中创建一个“综合表”(学号、姓名、性别、民族)，并为它插入三行数据，观察提交之前和之后的浏览与回滚情况。

2. 定义事务，在学生选课数据库 studentcourse 的 SC 表中，为所有成绩高于 50 分的同学的成绩增加 10 分。

3. 定义一个事务，向 SC 表中插入一行数据('S0408', 'c01', '46')，然后删除该行。执行结果是此行没有加入。要求在删除命令前定义保存点 MY，并使用 ROLLBACK 语句将操作滚回到保存点，即删除前的状态。观察全局变量@@trancount 的值的变化。

习　题

一、选择题

1. 事务作为一个逻辑单元，其基本属性中不包括(　　)。

   A. 原子性　　B. 一致性　　C. 隔离性　　D. 短暂性

2. 并发问题是指由多个用户同时访问同一个资源而产生的意外，应如何避免数据的丢失或覆盖更新。(　　)。

   A. 任何用户都不应该访问该资源　　B. 同一时刻应该由一个人访问该资源

   C. 不应该考虑那么多　　D. 无所谓

3. 以下不是避免死锁的有效措施是(　　)。

   A. 按同一顺序访问对象　　B. 避免事务中的用户交互

   C. 锁定较大粒度的对象　　D. 保持事务简短并在一个批处理中

二、填空题

1. 一个事务单元必须有的四个属性分别是________、________、________和________。

2. 执行________命令，表示事务的开始，事务可以用________命令回滚。用________对数据库作永久的改动。

第 11 章　数据库备份与恢复

本章导读

Microsoft SQL Server 2012 提供了高性能的备份和还原功能。SQL Server 的备份和还原组件提供了重要的保护手段，可以保护存储在 SQL Server 数据库中的关键数据。实施计划妥善的备份和还原策略可以保护数据库，避免由于各种故障造成的损坏而丢失数据。通过还原一组备份并恢复数据库的策略，为有效地应对灾难做好准备。本章将介绍创建数据库备份以及还原的方法。

学习目的与要求

掌握数据库备份的概念，备份的方法，还原的方法。

11.1　数据库备份与恢复策略

为了防止因软硬件故障而导致数据丢失或数据库崩溃，数据备份和恢复工作就成了一项不容忽视的系统管理工作。

SQL Server 提供了从错误状态恢复到某一正确状态的功能，这种功能称为恢复。恢复的基本原理和实现方法是“冗余”，即数据的重复存储。实现步骤是首先定期对数据库进行备份，建立“日志”文件，在发生故障时利用备份文件和日志文件恢复数据。数据库备份记录了备份时点数据库中所有数据的状态，以便在数据库遭到破坏时能够及时地将其恢复。执行备份操作必须拥有对数据库备份的权限许可，SQL Server 只允许系统管理员、数据库所有者和数据库备份执行者备份数据库。

这些故障包括：存储媒体损坏，例如存放数据库数据的硬盘损坏；用户操作错误(例如，偶然或恶意地修改或删除数据)；硬件故障(例如，磁盘驱动器损坏或服务器报废)；自然灾难。

定期执行数据库和事务日志备份可以将数据丢失减到最低程度。

11.1.1　数据库备份计划

1. 备份内容

数据库中需备份的内容主要包括系统数据库、用户数据库和事务日志。系统数据库记录了确保系统正常运行的重要信息，例如 master 记录了用户帐户、环境变量和系统错误信息等；msdb 记录了有关 Agent 服务的全部信息，如作业历史和调度信息等；model 提供了创建用户数据库的模板信息。

用户数据库是存储用户数据的存储空间集，要根据数据的重要程度，设计与规划备份方案。

事务日志文件记录了用户对数据的各种操作，平时系统会自动管理和维护所有的数据库事务日志。每个记录包括：事务标识、操作的类型、更新前数据的旧值(前像)、更新后数据的新值(后像)。

(1) 事务 T 开始，日志记录为(T,start,,,)

(2) 事务 T 修改对象 A，日志记录为(T,update,A,前像,后像)

(3) T 插入对象 A，日志记录为(T,insert,A,,后像)

(4) T 删除对象 A，日志记录为(T,delete,A,前像,)

(5) 事务 T 提交，日志记录为(T,commit,,,)

(6) 事务 T 回滚，日志记录为(T,rollback,,,)

与数据库备份相比，事务日志备份所需要的时间较少，但恢复需要的时间较长。

2. 备份类型

1) 完整备份

完整备份(以前称为数据库备份)将备份整个数据库，包括事务日志部分(以便可以恢复整个备份)。可以通过还原数据库命令，利用数据库备份重新还原整个数据库。还原进程重写现有数据库，如果现有数据库不存在则创建。已还原的数据库将与备份完成时的数据库状态相匹配，但不包括任何未提交的事务。还原数据库时回滚未提交的事务。

与事务日志备份和差异备份相比，完整备份中的每个备份使用的存储空间更多。因此，完整备份完成备份操作需要更多的时间，所以完整备份的创建频率通常比差异数据库或事务日志备份低。另外，由于完整备份不能频繁地创建，因此，不能最大限度地恢复丢失的数据。

2) 事务日志备份

事务日志是自上次备份事务日志后对数据库执行的所有事务的一系列记录。可以使用事务日志备份将数据库恢复到特定的即时点或恢复到故障点。

一般情况下，将事务日志备份与数据库备份一起使用。事务日志备份比数据库备份使用的资源少，因此可以比数据库备份更经常地创建。经常备份可以减少丢失数据的危险。事务日志备份仅用于完整恢复策略或大容量日志恢复策略。

必须至少有一个数据库备份或覆盖的文件备份集，才能有效地进行日志备份。只有具有自上次数据库备份或差异备份后的连续事务日志备份序列时，使用数据库备份和事务日志备份还原数据库才有效。

3) 差异备份

差异备份只记录自上次数据库备份后发生更改的数据。差异备份基于以前的完整备份，因此，这样的完整备份称为“基准备份”。差异备份仅记录自基准备份后更改过的数据。差异备份比数据库备份小而且备份速度快，因此可以更经常地备份，经常备份可以减少丢失数据的危险。

使用差异备份可以将数据库还原到差异备份完成时的那一点。若要恢复到精确的故障点，必须使用事务日志备份。如果自上次数据库备份后数据库中更改的数据较少，则差异备份尤其有效。使用简单恢复模型，可以进行更频繁的差异备份，但不希望进行频繁的完整备份。

3．备份组件

SQL Server 支持文件和文件组备份，即备份某个数据库文件或文件组。这种备份与事务日志备份结合使用才有意义。如某数据库中有两个数据文件，一次仅备份一个文件，而且在每个数据文件备份后，都要进行日志备份。在恢复数据时，可使用事务日志使所有的数据文件恢复到同一个时间点。如果出现故障，则可以只还原被破坏的文件或文件组。

4．备份频率

备份频率即相差多长时间进行备份。备份频率与系统恢复的工作量和事务量有关。若用户数据库中执行了加入数据，则创建索引等操作时，应该对用户数据库进行备份。此外如果清除了事务日志，也应该备份数据库。

与事务日志备份和差异数据库备份相比，数据库备份中每个备份使用的存储空间更多。数据库备份完成备份操作需要更多的时间，所以数据库备份的创建频率通常比差异数据库或事务日志备份低。

5．备份存储介质

备份存储介质是指将数据库备份到的目标载体，即备份到何处。常用的备份存储介质包括硬盘、磁带和命名管道等。硬盘是最常用的备份存储介质，硬盘可以用于备份本地文件，也可用于备份网络文件。磁带是大容量的备份存储介质，磁带仅可用于备份本地文件。命名管道是一种逻辑通道。

6．数据库恢复

数据库恢复是指当数据库系统遭到破坏时，通过一些技术，使数据库恢复到遭到破坏前的正确状态。恢复的基本原则就是冗余，即数据的重复存储。恢复时，先执行一些系统安全性的检查，包括检查所要恢复的数据库是否存在、数据库是否变化以及数据库文件是否兼容等，然后采取相应的恢复措施。

11.1.2　故障还原模型

SQL Server 简化了备份和还原过程，提供了三种故障恢复模型，各种模型都有自己的含义、优缺点和适用范围，合理地使用这三种模型可以有效地管理数据库，最大限度地减小损失。

设置故障还原模型的操作步骤如下。

(1) 展开要设置的数据库并右击，在弹出的快捷菜单上选择“属性”命令。

(2) 在“数据库属性”对话框中切换到“选项”选项卡，如图 11.1 所示，可以看到“恢复模式”下拉列表框中有三个选项：大容量日志记录的、简单、完整。

1．简单恢复模型

简单恢复模型适用于小的数据库或者那些很少进行数据更改的数据库。当发生故障时，这种模型只能将数据库还原到上次备份(完整备份或差异备份)的即时点，在上次备份之后发生的更改将全部丢失。也就是说，必须重做自最新数据库或差异备份后所发生的更

改。简单恢复模型最大的优点是占用了最小的事务日志空间。与完全模型或大容量日志记录模型相比，简单恢复模型更容易管理，但如果数据文件损坏，则数据损失高。备份策略如图 11.2 所示。

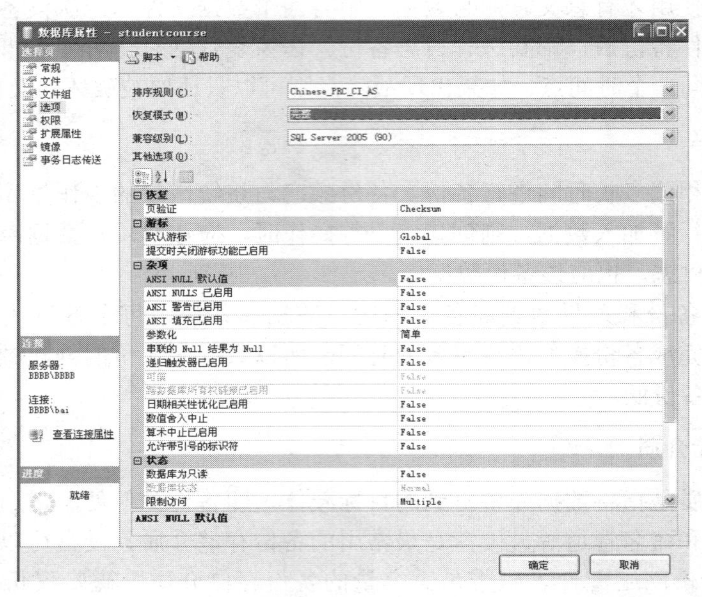

图 11.1 “数据库属性”对话框中的“选项”选项卡

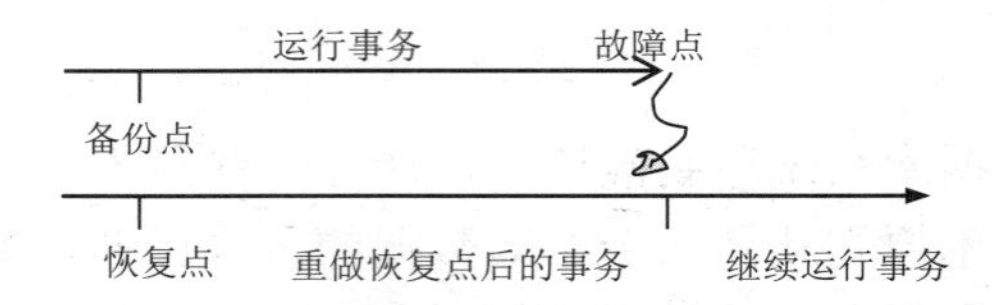

图 11.2 简单恢复模型

采用简单恢复模型的数据库，不支持事务日志备份。

2. 完整恢复模型

完整恢复模型适用于最重要的数据库，即任何数据丢失都是难以接受的情况或数据库更新非常频繁等情况。使用这种模型，SQL Server 将会在日志中记录对数据库所有的更改，包括大批量操作(如 SELECT INTO)和索引的创建。只要日志本身没有被损坏，则 SQL Server 发生故障或误操作时可以恢复到任意即时点。但是正是由于对所有事务的记录，而导致了数据库日志文件将会不断增大，因而带来了存储和性能方面的一些代价。如果日志损坏，则必须重做自最新的日志备份后所发生的更改。备份策略如图 11.3 所示。

备份策略包括增加备份操作速度和减少备份时间。一般来说，为了减少数据损失，可以在进行增量备份之间的时间间隔内执行日志备份。

3. 大容量日志恢复模型

大容量日志记录恢复模型与完全恢复模型相似，可以为某些大规模或大容量复制操作提供最佳性能和最小的日志使用空间。如果日志损坏，或者自最新的日志备份后发生了大容量操作，则必须重做自上次备份后所做的更改。

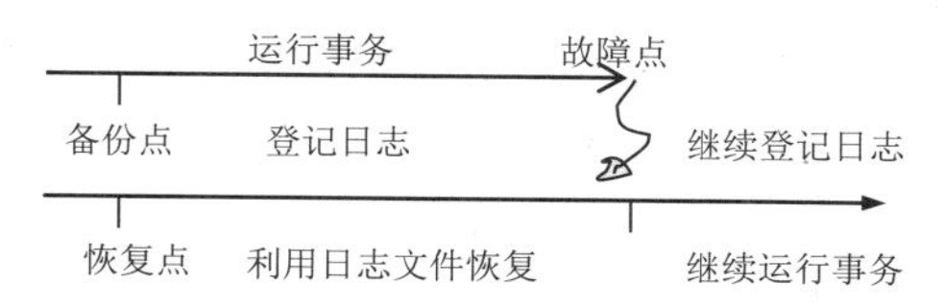

图 11.3　完整恢复模型

大容量日志记录恢复模型下，只记录操作的最小日志，它只允许数据库恢复到事务日志备份的尾处。不支持即时点恢复。备份策略如图 11.4 所示。

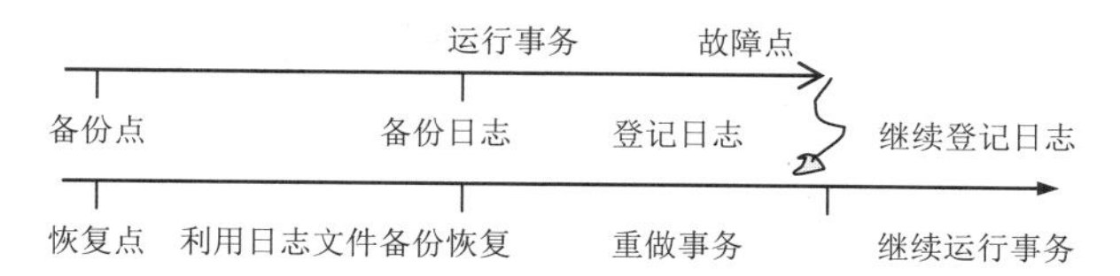

图 11.4　大容量日志恢复模型

在大容量日志恢复模型中，这些大容量复制操作的数据丢失程度要比完全恢复模型严重。虽然在完全恢复模型下记录大容量复制操作的完整日志，但在大容量记录恢复模型下，只记录这些操作的最小日志，而且数据文件损坏将导致必须手工重做工作。

大容量日志恢复的备份策略如下。

(1) 数据库备份。

(2) 差异备份(可选)。

(3) 日志备份。

备份包含大容量日志记录操作的日志时，需要访问数据库内的所有数据文件。如果数据文件不可访问，则无法备份最后的事务日志，而且该日志中所有已提交的操作都将丢失。

恢复模型与备份对象的关系如表 11.1 所示。

表 11.1　恢复模型与备份对象关系表

故障还原模型	备份对象			
	数 据 库	数据库差异	事务日志	文件或文件组
简单	必需	可选	不允许	不允许
完整	必需(或文件备份)	可选	必需	可选
大容量日志记录	必需(或文件备份)	可选	必需	可选

11.1.3　备份和恢复的流程

1. 创建备份设备

备份设备也称备份文件，它是用来存放备份数据的，所以它应在数据库备份操作前预先创建。常用备份设备是磁盘和磁带。

创建备份设备可以通过 Transact-SQL 语言和 SQL Server Management Studio 来实现。

2. 进行数据库的完整备份、差异备份、日志备份、文件和文件组备份

采用完整备份和日志备份策略：每天一次完整备份，中间进行 2～3 次的事务日志备份；如果数据库大，并且系统繁忙，可采用差异备份策略：每星期一次完全备份，中间可进行多次差异备份，每两个差异备份之间再进行多次事务日志备份。

3. 恢复数据库

数据库的恢复策略由数据库的还原模型决定，还原模型是数据库遭到破坏时用于恢复数据库中数据的存储方式。

11.2 备份与恢复数据库

11.2.1 备份设备

备份设备(backup device)是指 SQL Server 中存储数据库和事务日志备份拷贝的载体。备份设备可以被定义成本地的磁盘文件、远程服务器上的磁盘文件、磁带或者命名管道。一般我们选择磁盘文件。

创建备份时，必须选择存放备份数据的备份设备。建立一个备份设备时，需要给其分配一个物理设备名称和逻辑设备名称。

SQL Server 数据库使用物理设备名称或逻辑设备名称标识备份设备。物理备份设备是操作系统用来标识备份设备的名称，如 c:\dump\studentcorebk.bak。逻辑备份设备是用户定义的别名，用来标识物理备份设备。逻辑设备名称永久性地存储在 SQL Server 内的系统表中。

磁盘备份设备是指被定义成备份设备文件的硬盘或其他磁盘存储媒体。引用磁盘备份设备与引用任何其他操作系统文件是一样的。可以将服务器的本地磁盘或共享网络资源的远程磁盘定义成磁盘备份设备，磁盘备份设备根据需要可大可小。最大的文件大小相当于磁盘上可用的闲置空间。可以在 Management Studio 中建立备份设备，也可以使用 T-SQL 语句来建立备份设备。

1. 建立备份设备

1) 格式

sp_addumpdevice '备份设备类型','备份设备逻辑名','备份设备物理名称'

2) 功能

系统使用储过程 sp_addumpdevice 添加备份设备。

备份设备的类型可以是 disk、pipe 或 tape。disk 以硬盘文件作为备份设备；pipe 是命名管道备份设备；tape 是磁带备份设备。

备份设备逻辑名是备份设备物理名称的标识。备份设备的物理名称必须遵照操作系统文件名称的规则或者网络设备的通用命名规则，并且必须包括完整的路径，没有默认值，不能为 NULL。

如果成功建立设备，则返回值为 0，否则为 1。

在系统数据库 master 的 sysdevices 表中记录了与设备相关的数据。物理名称是操作系统访问物理设备时所使用的名称，但使用逻辑名访问比较方便。将使用逻辑名进行访问的备份设备叫命名的备份设备，将没有定义逻辑名，只能使用物理名访问的备份设备称为临时备份设备。

【例 11.1】 创建一个本地磁盘备份设备，设备逻辑名为 scbk，备份设备的物理名称为 studentcorebk.bak。

方法一：使用 SQL 命令。

```
USE studentcourse
EXEC sp_addumpdevice 'disk','scbk','c:\dump\studentcorebk.bak'
```

方法二：使用 Management Studio 建立备份设备。

创建备份设备的操作步骤如下。

(1) 在对象资源管理器中，依次展开“服务器名称”→“服务器对象”→“备份设备”节点，如图 11.5 所示。

图 11.5　选择“新建备份设备”命令

(2) 右击“备份设备”节点，在弹出的快捷菜单上选择“新建备份设备”命令，打开“备份设备”对话框，如图 11.6 所示。

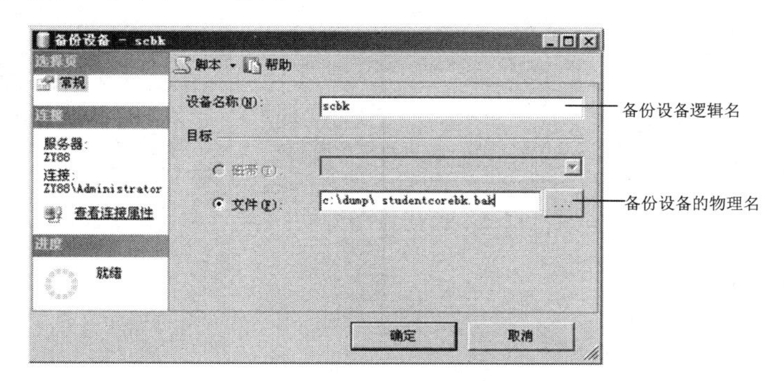

图 11.6　“备份设备”对话框

(3) 输入设备名称为 scbk，选中“文件”单选按钮，单击▭按钮，选择物理文件的路径。备份设备物理名称为 studentcorebk.bak。设置后单击“确定”按钮。

2. 查看备份设备的属性

【例 11.2】 查看备份设备 scbk 的属性。

方法一：使用 Management Studio 建立备份设备。

(1) 在对象资源管理器中，依次展开“服务器名称”→“服务器对象”→“备份设备”节点，如图 11.5 所示。

(2) 右击 scbk 节点，在弹出的快捷菜单上选择“属性”命令，在出现的“备份设备”对话框中，如图 11.7 所示，切换到“常规”选项卡。

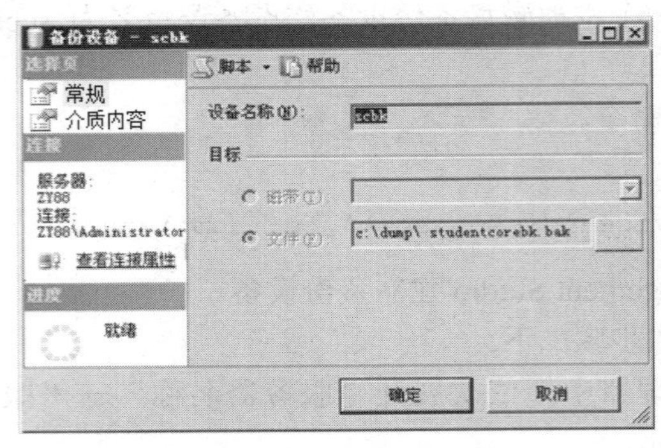

图 11.7 “备份设备”属性对话框

(3) “常规”选项卡将显示设备名称和目标，目标为磁带设备或者文件。

(4) “介质内容”选项卡将显示备份设备的类型、每一个备份的类型、备份集的名称，其中位置为 1，表示备份号为 1，如图 11.8 所示。

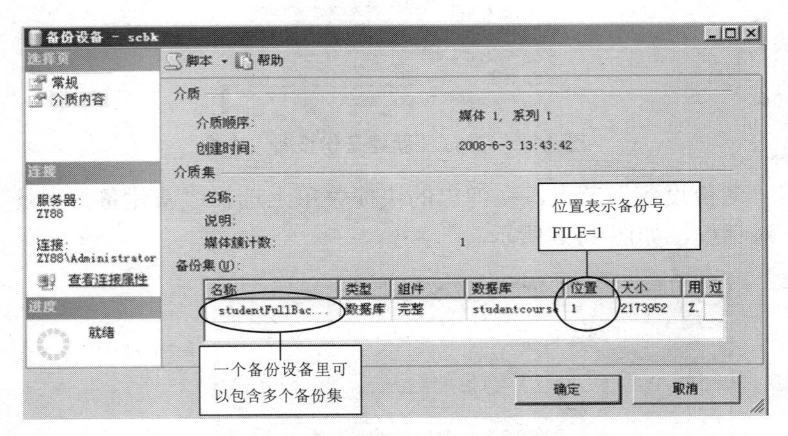

图 11.8 备份设备介质内容

方法二：使用 SQL 命令。

运行情况如图 11.9 所示。

```
sp_helpdevice scbk
```

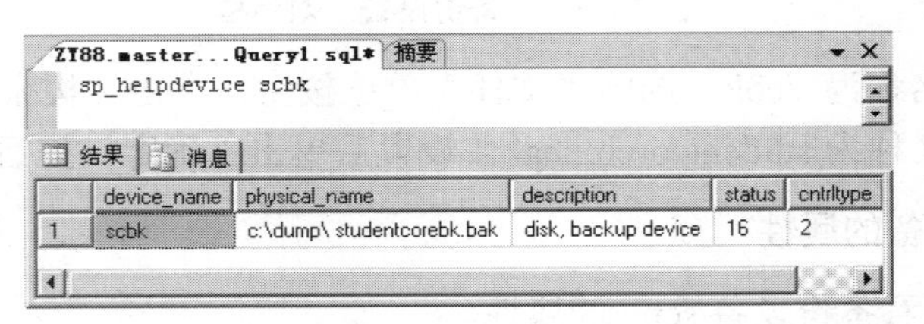

	device_name	physical_name	description	status	cntrltype
1	scbk	c:\dump\ studentcorebk.bak	disk, backup device	16	2

图 11.9 查看备份设备 scbk 的信息

3．删除备份设备

1)　格式

```
sp_dropdevice['设备的逻辑名'][, 'delfile']
```

2)　功能

从 SQL Server 中除去数据库设备或备份设备。如果将物理备份设备文件指定为 delfile，将会删除物理备份设备文件，否则只删除逻辑设备名。返回 0，表示成功删除，返回 1 表示删除失败。不能在事务内部使用 sp_dropdevice。

【例 11.3】 删除备份设备，设备逻辑名为 scbk，但不删除物理备份文件。

方法一：使用 SQL 命令。

```
EXEC sp_dropdevice 'scbk'
```

方法二：使用 Management Studio 建立备份设备。

创建备份设备的操作步骤如下。

(1) 在对象资源管理器中，依次展开“服务器名称”→“服务器对象”→“备份设备”节点，如图 11.10 所示。

(2) 右击 scbk 节点，在弹出的快捷菜单上选择“删除”命令，打开“删除对象”对话框，如图 11.11 所示。单击“确定”按钮，删除备份设备 scbk。

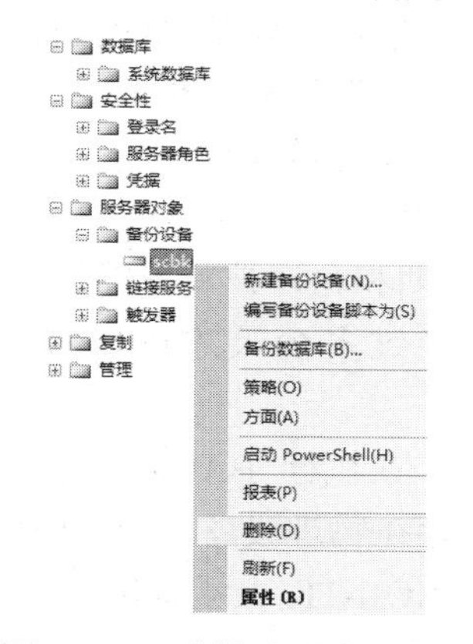

图 11.10　选择“删除”命令

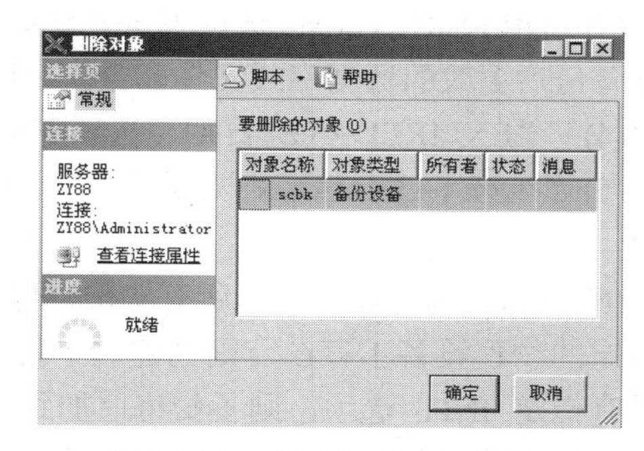

图 11.11　“删除对象”对话框

【例 11.4】 使用命令创建磁盘备份设备 mydisk1，其物理名称为 d:\dump\disk1.bak。接着删除备份设备 mydisk1 与物理备份文件。

```
EXEC sp_addumpdevice 'disk', 'mydisk1', 'c:\dump\disk1.bak'
EXEC sp_dropdevice 'mydisk1',delfile
```

11.2.2　备份数据库

1. 备份数据库

1)　格式

```
BACKUP DATABASE 数据库名
```

```
[<文件_或者_文件组> [ ,…n ]]
TO <备份设备> [ , …n ]
[ WITH
    [[ , ] DIFFERENTIAL ]
    [[ , ] EXPIREDATE = 日期 | RETAINDAYS =天数 ]
    [[ , ] { INIT | NOINIT } ]
    [[ , ] NAME = 备份集名称 ]
    [[ , ] RESTART ]
    [[ , ] STATS [ = percentage ]]
]
```

2) 功能

(1) 将指定数据库备份到指定备份设备。备份设备可以是逻辑备份设备名或物理备份设备名。<备份设备>可使用下列形式。

```
{ { 逻辑备份设备名} | {DISK|TAPE}={ '物理备份设备名' } }
```

(2) <文件_或者_文件组>指定包含在数据库备份中的文件或文件组。<文件_或者_文件组>可使用下列形式。

```
{ FILE = 逻辑文件名| FILEGROUP = 逻辑文件组名}
```

当数据库非常庞大时，可以执行数据库文件或文件组备份，文件组包含了一个或多个数据库文件。当 SQL Server 系统备份文件或文件组时，指定需要备份的文件，最多指定 16 个文件或文件组。文件备份操作可以备份部分数据库，而不是整个数据库。

(3) DIFFERENTIAL 选项表示差异备份，指定数据库备份或文件备份应该只包含上次完整备份后更改的数据库或文件部分。一般比完整备份占用的空间少。

(4) “EXPIREDATE=日期”选项表示指定备份集到期和允许被覆盖的日期。

(5) “RETAINDAYS=天数”选项表示指定必须经过多少天才可以覆盖该备份介质集。

(6) INIT 选项表示重写所有备份，但保留介质卷标。在执行 BACKUP 语句之前，如果指定的物理设备不存在，则创建这个物理设备。如果存在物理设备，且 BACKUP 语句中没有指定 INIT 选项，则备份将追加到该设备。INIT NOINIT 表示备份集将追加到指定的磁盘或磁带设备上，以保留现有的备份集。NOINIT 是默认设置。

(7) RESTART 指定 SQL Server 重新启动一个被中断的备份操作。

(8) STATS[=percentage]表示每完成一定的百分点时，显示一条消息，结束时显示一条消息，它被用于测量进度。如果省略 percentage，则每完成 10 个百分点显示一条消息。

【例 11.5】 完全备份数据库 studentcourse 到 scbk 备份设备上，物理备份文件 studentcorebk.bak。

方法一：使用 SQL 命令。

```
EXEC sp_addumpdevice 'disk','scbk','c:\dump\studentcorebk.bak'
BACKUP DATABASE studentcourse TO DISK = 'c:\dump\studentcorebk.bak '
```

或

```
BACKUP DATABASE studentcourse TO scbk
```

或

```
BACKUP DATABASE studentcourse TO scbk
WITH NAME = 'studentFullBackup'     --备份集为studentFullBackup
```

方法二：使用 Management Studio 备份数据库。

操作步骤如下。

(1) 在对象资源管理器中，依次展开 “服务器”→“数据库”节点，如图 11.12 所示。

(2) 右击 studentcourse 数据库节点，在弹出的快捷菜单上依次选择“任务”→“备份”命令，如图 11.2 所示，在出现的“备份数据库”对话框中，切换到“常规”选项卡，如图 11.13 所示。

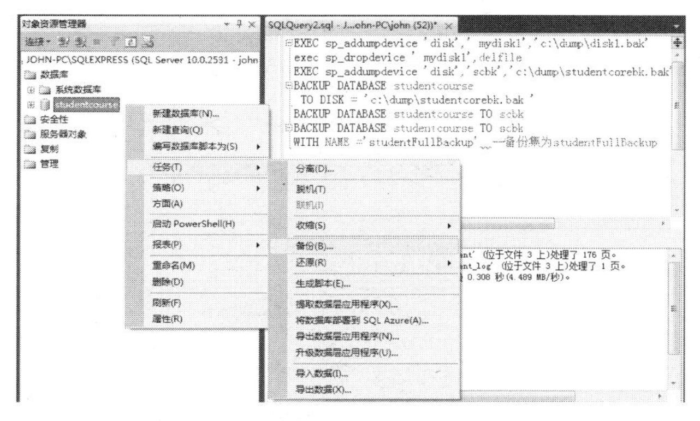

图 11.12　选择“备份”命令

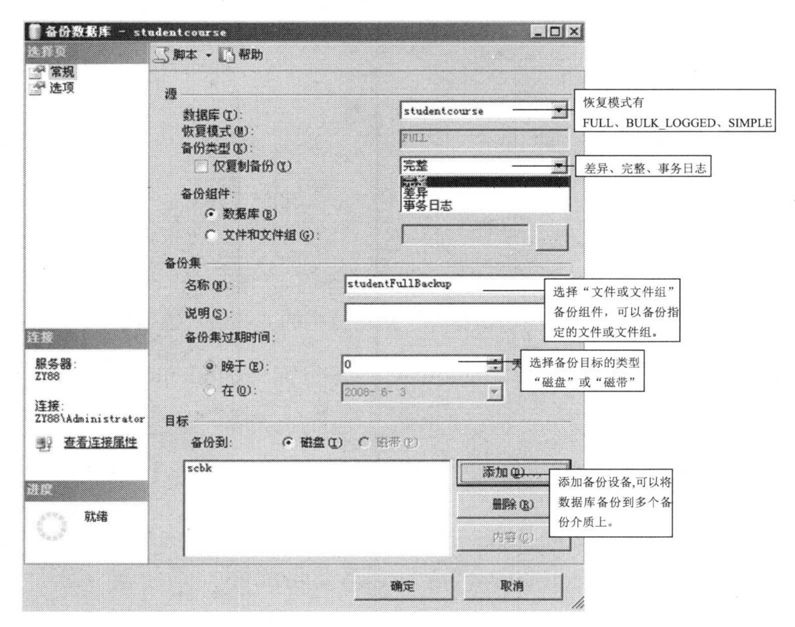

图 11.13　“备份数据库”对话框

(3) 在“常规”选项卡中，设置需要备份的源数据库为 studentcourse，备份类型为“完整”，备份组件为“数据库”，输入备份集名称 studentFullBackup，备份过期时间为 0 天。单击“添加”按钮，打开“选择备份目标”对话框，如图 11.14 所示，添加备份设备 scbk。单击“确定”按钮，完成数据库的备份。

(4) 切换到“选项”选项卡，可以查看或设置高级选项，如图 11.15 所示，选择追加到现有备份集。设置后单击“确定”按钮。

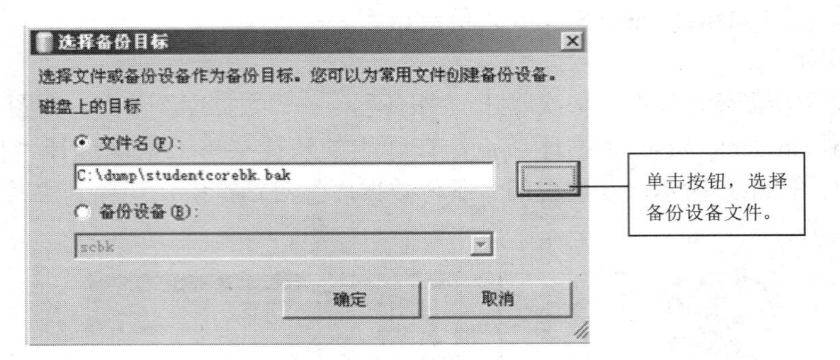

图 11.14　“选择备份目标”对话框

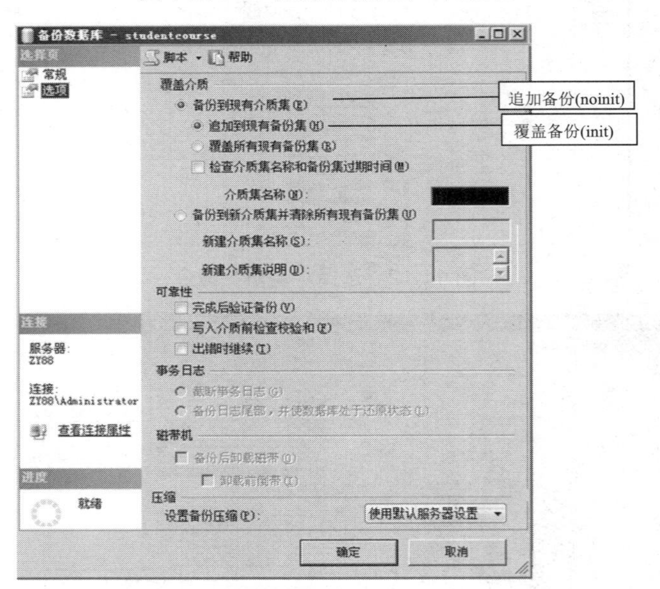

图 11.15　“备份数据库”对话框中的“选项”选项卡

【例 11.6】差异备份数据库 studentcourse 到备份文件 studentcorebk.bak。

```
BACKUP DATABASE studentcourse
   TO DISK = 'c:\dump\studentcorebk.bak '
   WITH  DIFFERENTIAL
```

【例 11.7】 重新将 studentcourse 数据库完全备份到设备 scbk，并覆盖该设备上原有的内容。备份集的名称为 studentFullBackup。查看备份属性。

```
BACKUP database studentcourse TO scbk
with
```

```
    init,
    name='studentFullBackup'--备份集为 studentFullBackup
go
sp_helpdevice scbk    --查看备份属性
```

【例 11.8】 追加 studentcourse 数据库完全备份到设备 scbk。备份集的名称为 studentFullBackup。

```
BACKUP database studentcourse TO scbk
with
    noinit,  --noinit 可以省略，它是默认值。表示追加
    name=' studentFullBackup '--备份集为 studentFullBackup
```

2. 备份事务日志

1)　格式

```
BACKUP LOG 数据库名
{ TO <备份设备> [ ,…n ]
  [ WITH
  [ [ , ] EXPIREDATE = 日期 | RETAINDAYS = 天数 ]
  [ [ , ] { INIT | NOINIT } ]
  [ [ , ] NAME = 备份集名称 ]
  [ [ , ] NO_TRUNCATE ]
  [ [ , ] { NORECOVERY | STANDBY = standby_file_name } ]
  [[ , ] RESTART ]
  [[ , ] STATS [ = percentage ]]
  ] }
```

2)　功能

对数据库发生的事务进行备份，该日志备份了从上一次成功执行了 LOG 备份到当前日志的末尾。它仅对数据库事务日志进行备份，所以需要的磁盘空间和备份时间都比数据库备份少得多。NO_TRUNCATE 选项允许在数据库损坏时备份日志。

【例 11.9】 备份数据库 studentcourse 的日志文件到备份设备 scbk 上，物理备份文件为 studentcorebk.bak，备份集名称为 StudentLogBackup。

```
BACKUP LOG studentcourse -- LOG 表示事务日志备份
TO DISK='c:\dump\studentcorebk.bak'
WITH NAME = 'StudentLogBackup'
```

【例 11.10】 将数据库 studentcourse 的日志文件备份到临时设备“c:\dump\s1.bak”，“c:\dump\s2.bak”上，备份集的名称为 StudentLogBackup。

```
BACKUP LOG studentcourse
TO DISK='c:\dump\s1.bak ',disk='c:\dump\s2.bak'
WITH NAME = 'StudentLogBackup'
```

11.2.3　截断事务日志

1. 格式

```
BACKUP LOG {数据库名}
```

```
{
[ WITH NO_LOG]
}
```

2. 功能

(1) 不备份日志，删除不活动的日志部分，释放空间。使用 NO_LOG 备份日志后，记录在日志中的更改不可恢复。为了恢复，请立即执行 BACKUP DATABASE。

(2) SQL Server 的日志文件有两种意义上的“大小”，一是逻辑大小，二是物理大小。物理大小指的是该文件在硬盘上表现出来的大小，而逻辑大小是指其实际存储的日志的大小。数据库在使用一段时间后，日志文件就会变得非常大，甚至比数据文件还要大很多。

如果从来没有从事务日志删除日志记录，逻辑日志就会一直增长，直到填满容纳物理日志文件的磁盘上的所有可用空间。在某个即时点，必须删除恢复或还原数据库时不再需要的旧日志记录，以便为新日志记录腾出空间。删除这些日志记录以减小逻辑日志的大小的过程称为截断日志。

日志的活动部分是在任何时间恢复数据库所需的日志部分，日志活动部分起点处的记录由最小恢复日志序号(MinLSN)标识。

虽然 MinLSN 之前的日志记录对恢复活动事务没有作用，但在使用日志备份将数据库还原到故障点时，必须用这些记录前滚修改。如果由于某种原因丢失了数据库，则可以通过还原上次的数据库备份，然后还原自该数据库备份后的每个日志备份来恢复数据。这意味着这些日志备份必须包含自数据库备份后所写入的每个日志记录。当维护事务日志备份序列时，日志记录直到写入日志备份时才能被截断。

在简单恢复模式中，不维护事务日志序列，因此，MinLSN 之前的所有日志记录可以随时被截断；在完全恢复模式和有日志记录的大容量恢复模式中，维护事务日志备份序列，因此，MinLSN 之前的逻辑日志部分直到复制到某个日志备份时才能被截断。

数据库日志文件是一个数据库的必要组成部分，因此绝对不允许直接将日志文件删除。要减小数据库日志文件的大小，应该由以下几个步骤来完成。

(1) 修改数据库恢复模式为简单恢复模式。

(2) 使用截断事务日志语句。

(3) 使用以下命令收缩事务日志：

```
DBCC SHRINKFILE(该数据库的日志文件的逻辑名称，收缩后的大小以 MB 为单位)
GO
```

要避免日志文件变得过大，可以在经常做数据库完全备份的基础上，选择简单恢复模型；或者将 BACKUP LOG 和 DBCC SHRINKFILE 两个命令做成两个自动执行的作业，调度其在每天定时执行。

【例 11.11】 截断 studentcourse 事务日志，收缩事务日志为 1MB。

```
BACKUP LOG  studentcourse WITH NO_LOG
USE studentcourse
DBCC SHRINKFILE ('studentcourse_log',1)
```

11.2.4 数据库还原

1. 还原数据库

1) 格式

```
RESTORE DATABASE 数据库名
    <文件_或者_文件组>
 [ FROM <备份设备> [ ,…n ] ]
[ WITH
    PARTIAL
    [ FILE =  备份文件号 ]
    [[ , ] MOVE '逻辑文件名' TO '操作系统文件名' ] [ ,…n ]
    [[ , ] { RECOVERY | NORECOVERY | STANDBY = {撤销文件名 } } ]
    [[ , ] STATS [= percentage ]]
    [[ , ] REPLACE ]
]
```

2) 功能

(1) FROM<备份设备>表示从指定备份设备还原数据库。备份设备可以是逻辑备份设备名或物理备份设备名。如果指定了文件和文件组列表，则只还原那些文件和文件组。

(2) [,…n]表示可以指定多个备份设备和逻辑备份设备，最多可以为 64 个。

(3) FILE ={备份文件号}：标识要还原的备份号。例如，FILE = 1 表示备份介质上的第一个备份集。

(4) MOVE '逻辑文件名' TO '操作系统文件名'：指定将给定的逻辑文件名修改为操作系统文件名。可通过指定多个 MOVE 语句移动多个逻辑文件。

(5) NORECOVERY：还原操作不回滚任何未提交的事务。当还原数据库备份和多个事务日志时，例如在完整数据库备份后进行差异数据库备份，要求在除最后的 RESTORE 语句外的所有其他语句上使用 WITH NORECOVERY 选项。

(6) RECOVERY：指示还原操作回滚任何未提交的事务。如果 NORECOVERY、RECOVERY 和 STANDBY 均未指定，则默认为 RECOVERY。

(7) STANDBY =撤销文件名：指定撤销文件名以便可以取消恢复效果。

(8) REPLACE：表示如果存在具有相同名称的数据库，将覆盖现有的数据库。

(9) STATS [= percentage]：每当一个 percentage 结束时显示一条消息，并用于测量进度。如果省略 percentage，则 SQL Server 每完成 10 个百分点显示一条消息。

【例 11.12】 将 studentcoursebackup.bak 备份文件中的备份号为 1 的完整备份恢复到数据库 studentcourse 中。

方法一：使用 SQL 命令。

```
RESTORE DATABASE [studentcourse]
FROM DISK ='c:\dump\studentcorebk.bak '
WITH  FILE = 1
```

方法二：使用 Management Studio 恢复数据库。

(1) 在对象资源管理器中，依次展开“服务器名称”→“服务器”→“数据库”→

studentcourse 节点，如图 11.12 所示。

(2) 右击 studentcourse 节点，在弹出快捷菜单上依次选择“任务”→“还原”→“数据库”命令，在出现的“还原数据库”对话框中，切换到“常规”选项卡，如图 11.16 所示。

(3) 在“常规”选项卡上，输入还原的目标数据库名称 studentcourse，目标数据库名称可以与源数据库名称不同，不能与系统数据库同名。

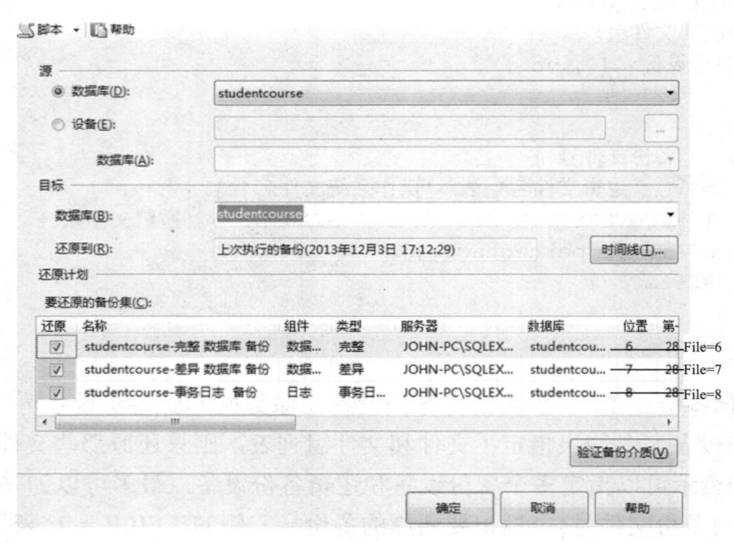

图 11.16 “还原数据库”对话框的“常规”选项卡

(4) 单击“时间线”按钮，打开“备份时间线”对话框，默认值为“上次所做备份”，表示还原到最近备份，选择还原到特定日期和时间的数据状态，输入特定的日期和时间，如图 11.17 所示。

(5) 如果选择源设备 scbk，在列表中出现源设备所对应的备份集。选择位置为 1 的备份，表示将数据库完整还原到备份 1 数据状态。如图 11-18～图 11.20 所示。

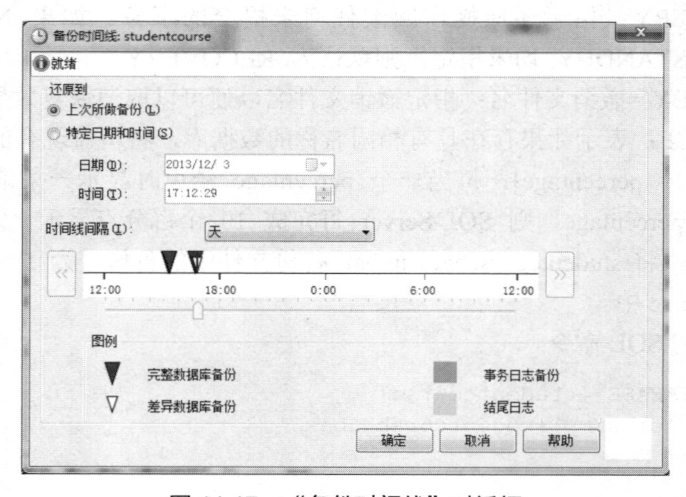

图 11.17 “备份时间线”对话框

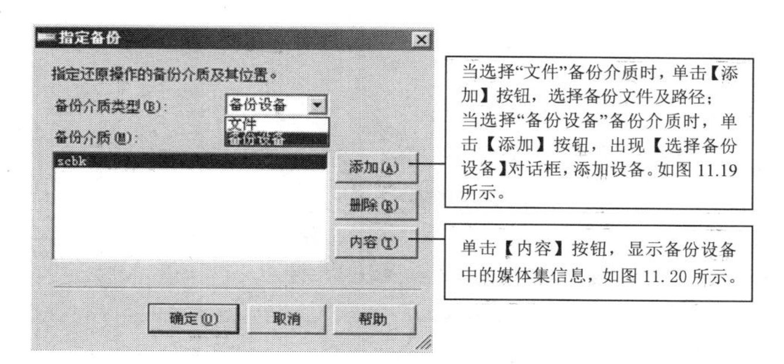

图 11.18　"指定备份"对话框

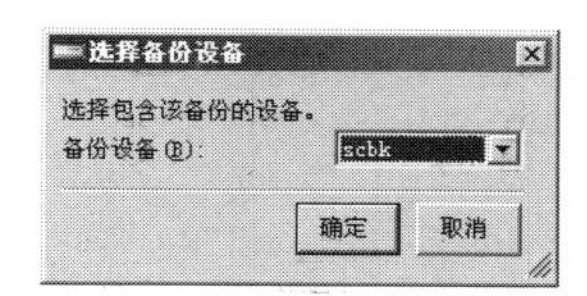

图 11.19　"选择备份设备"对话框

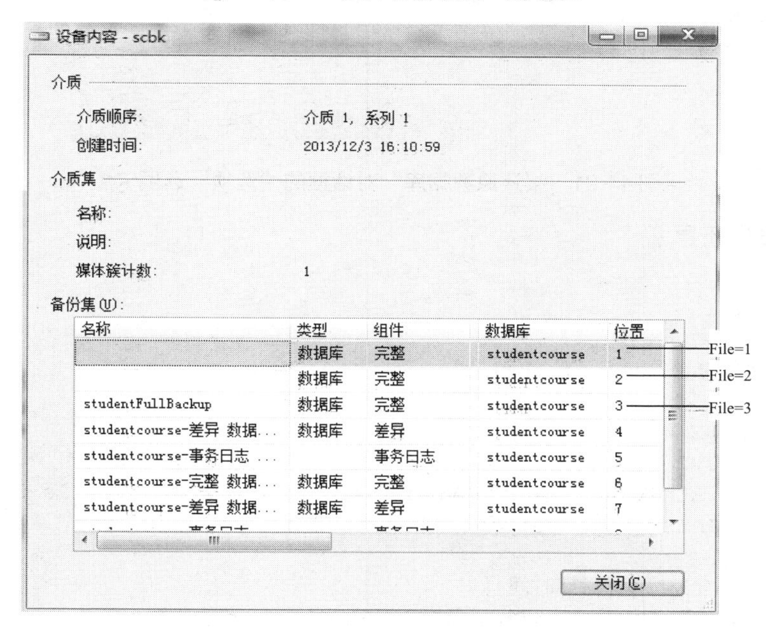

图 11.20　"设备内容"对话框

(6)　切换到"选项"选项卡，如图 11.21 所示，在"选项"选项卡上，列出了还原选项，可以单击备用文件[...]按钮，修改数据文件名及路径，选择还原前进行结尾日志备份，系统将数据库还原为指定的数据文件。

(7)　单击"确定"按钮，开始还原数据库。

【例 11.13】 正在使用设备 studenttest，还原数据库时，忽然断电，重新启动因服务器电源故障而中断的 RESTORE 操作。

```
RESTORE DATABASE studentcourse
FROM studenttest
WITH RESTART
```

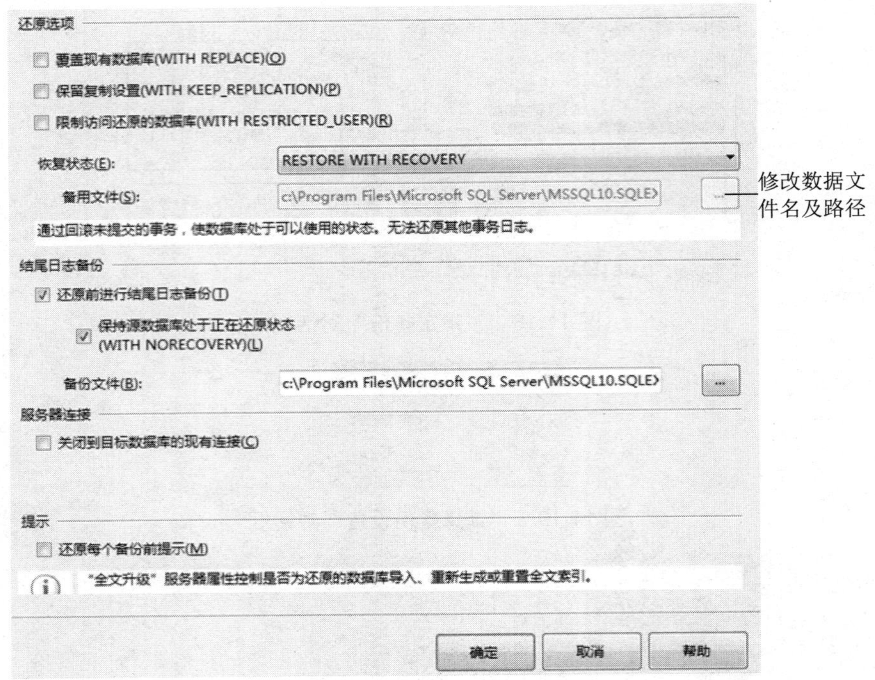

图 11.21 "还原数据库"对话框的"选项"选项卡

2. 事务日志还原

1) 格式

```
RESTORE LOG 数据库名
  [ FROM <备份设备> [ ,...n ] ]
  [ WITH
    [[ , ]FILE = 备份文件号 ]
    [[ , ] MOVE '逻辑文件名' TO '操作系统文件名' ] [ ,...n ]
    [[ , ] { RECOVERY | NORECOVERY | STANDBY = standby_file_name }]
    [[ , ] STATS [= percentage ]]
    [
    [ , ] STOPAT = {日期时间 }
    | [ , ] STOPATMARK = '标记名' [ AFTER datetime ]
    | [ , ] STOPBEFOREMARK = '标记名' [ AFTER datetime ]
  ]
   [ [ , ] REPLACE ]
]
<备份设备> ::={{逻辑备份设备名 }| { DISK | TAPE } = { '物理备份设备名' }}
<文件_或者_文件组> ::={ FILE = 逻辑文件名| FILEGROUP = 逻辑文件组名}
```

2) 功能

(1) 将从指定事务日志备份设备还原数据库。在还原过程中，指定的数据库不能处于使用状态。SQL Server 检查已备份的事务日志，以确保按正确的序列将事务装载到正确的数据库。若要使用多个事务日志恢复数据库，需要在除最后一个之外的所有还原操作中使用 NORECOVERY 选项。

(2) STOPAT=日期时间：将数据库还原到指定日期时间点的状态。

(3) STOPATMARK = '标记名' [AFTER datetime]：恢复到指定的标记，包括包含该标记的事务。如果省略 AFTER datetime，恢复操作将在含有指定名称的第一个标记处停止。如果指定 AFTER datetime，恢复操作将在含有在 datetime 时或 datetime 时之后的指定名称的第一个标记处停止。

(4) STOPBEFOREMARK = '标记名' [AFTER datetime]：指定恢复到指定的标记，但不包括包含该标记的事务。如果省略 AFTER datetime，恢复操作将在含有指定名称的第一个标记处停止。如果指定 AFTER datetime，恢复操作将在含有在 datetime 时或 datetime 时之后的指定名称的第一个标记处停止。

【例 11.14】 在备份过程中，可以产生备份序列。假设有下列事件序列。

(1) 创建备份设备 studenttest。物理文件名称为 c:\ dump\studenttest.bak。

```
EXEC sp_addumpdevice 'disk','studenttest','c:\dump\studenttest.bak'
```

(2) 完整备份 studentcourse 数据库到设备 studenttest。

```
BACKUP DATABASE studentcourse TO studenttest
```

运行结果如下：

```
已为数据库'studentcourse'，文件'studentcourse' (位于文件 1 上)处理了 200 页。
已为数据库'studentcourse'，文件'secondsc' (位于文件 1 上)处理了 8 页。
已为数据库'studentcourse'，文件'studentcourse_log' (位于文件 1 上)处理了 1 页。
```

(3) 向 C 表插入一条记录。

课程号	课程名	学分	预选课程号	教师
C19	vb 编程	3	null	程控

```
USE studentcourse
INSERT INTO c VALUES('C19','vb 编程','3', null,'程控')
```

(4) 备份数据库事务日志到设备 studenttest。

```
backup log studentcourse to studenttest
```

运行结果如下：

```
已为数据库'studentcourse'，文件'studentcourse_log' (位于文件 2 上)处理了 3 页。
```

(5) 利用第(2)步所得的完整备份，恢复到插入记录前的状态(如图 11.22 所示)。

```
use master      --备份数据库时，数据库不能处于活动状态
RESTORE DATABASE studentcourse  FROM studenttest
WITH file=1,NORECOVERY
```

运行结果如下：

```
已为数据库'studentcourse'，文件'studentcourse' (位于文件 1 上)处理了 200 页。
已为数据库'studentcourse'，文件'secondsc' (位于文件 1 上)处理了 8 页。
已为数据库'studentcourse'，文件'studentcourse_log' (位于文件 1 上)处理了 1 页。
```

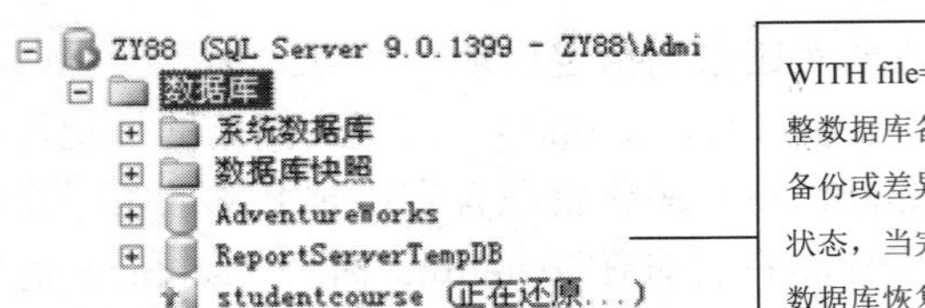

WITH file=1,NORECOVERY表示在完整数据库备份后，还要进行日志数据库备份或差异备份，此时数据库处于还原状态，当完成事务日志或差异备份后，数据库恢复正常状态。

图 11.22 “正在还原”状态数据库

(6) 利用第(4)步所得的事务日志，恢复到插入记录后的状态。

```
RESTORE log studentcourse  FROM studenttest
with file=2
```

运行结果如下：

已为数据库'studentcourse'，文件'studentcourse' (位于文件 2 上)处理了 0 页。
已为数据库'studentcourse'，文件'secondsc' (位于文件 2 上)处理了 0 页。
已为数据库'studentcourse'，文件'studentcourse_log' (位于文件 2 上)处理了 3 页。

注意： 如果在没有完成第 5 步操作的情况下，直接操作第 6 步，将会出现如下错误：无法还原日志备份或差异备份，因为没有文件可用于前滚。

【例 11.15】 在备份过程中，可以产生备份序列。如图 11.23 所示，假设有下列事件序列。

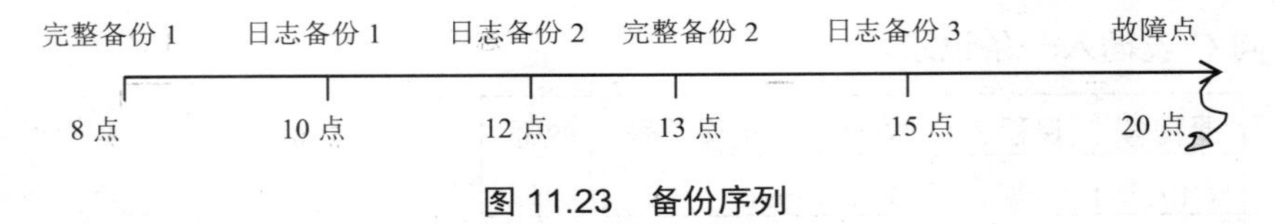

图 11.23 备份序列

(1) 8 点时：创建备份设备。备份数据库到设备 sdata。

```
EXEC sp_addumpdevice 'disk', 'sdata', 'D:\diskbak\sdata.bak'
EXEC sp_addumpdevice 'disk', 'sdatalog', 'D:\diskbak\sdatalog.bak'
```

运行结果是在对象资源管理器的“服务器对象”节点上，新增加两个备份设备，如图 11.24 所示。

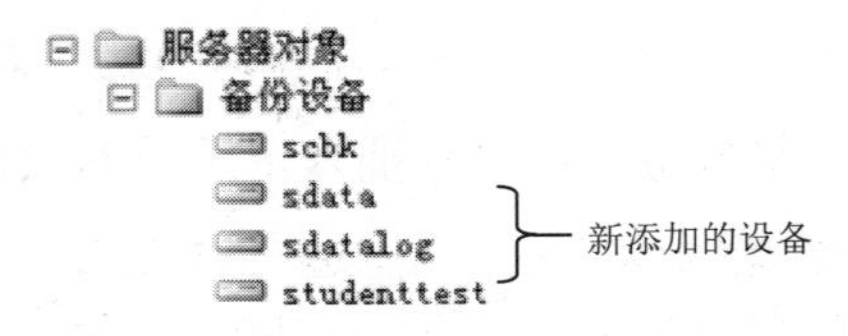

图 11.24 新添加的设备

```
backup database studentcourse to sdata
```

运行结果：

已为数据库'studentcourse'，文件'studentcourse' (位于文件 1 上)处理了 200 页。
已为数据库'studentcourse'，文件'studentcourse_log' (位于文件 1 上)处理了 2 页。

(2)　9 点时：向 C 表插入一条记录。

```
USE studentcourse
INSERT INTO c VALUES('C10','大学英语','3', null,'王明')
```

(3)　10 点时：备份事务日志到设备 sdatalog。

```
backup log studentcourse to sdatalog
```

运行结果：

```
已为数据库'studentcourse'，文件'studentcourse_log' (位于文件 1 上)处理了 2 页。
```

(4)　11 点时:向 C 表插入一条记录。

```
USE studentcourse
INSERT INTO c VALUES('C11','动态网站制作','3', null,'叶红')
```

(5)　12 点时：备份事务日志到设备 sdatalog。

```
backup log studentcourse to sdatalog
```

运行结果：

```
已为数据库'studentcourse'，文件'studentcourse_log' (位于文件 2 上)处理了 1 页。
```

(6)　13 点时：备份数据库到设备 sdata。

```
backup database studentcourse to sdata
```

运行结果：

```
已为数据库'studentcourse'，文件'studentcourse' (位于文件 2 上)处理了 200 页。
已为数据库'studentcourse'，文件'secondsc' (位于文件 2 上)处理了 8 页。
已为数据库'studentcourse'，文件'studentcourse_log' (位于文件 2 上)处理了 2 页。
```

(7)　14 点时：向 C 表插入一条记录。

```
use studentcourse
insert into c values('C12','网络编程 ','3', null,'王海')
```

(8)　15 点时：备份事务日志到设备 sdatalog

backup log studentcourse to sdatalog

运行结果：

```
已为数据库'studentcourse'，文件'studentcourse_log' (位于文件 3 上)处理了 2 页。
```

(9)　20 点时：出现故障，数据库丢失。

任务：要求利用数据库备份还原 15 点之前的所有数据，如图 11.25 所示。

方法一：使用 13 点时的数据库完整备份和 15 点时的事务日志备份。

命令如下：

```
RESTORE DATABASE studentcourse
FROM sdata
WITH file=2,NORECOVERY              --此时，数据库无法打开，正在装载
GO
RESTORE LOG studentcourse
```

```
FROM sdatalog
WITH file=3
```

方法二：使用以前的数据库备份(早于最后一次创建的数据库备份)还原数据库。

使用 8 点时的数据库备份，按照顺序依次恢复 10 点、12 点、15 点时的事务日志备份。

```
RESTORE DATABASE studentcourse
FROM sdata
WITH file=1,NORECOVERY      --恢复 8 点时的数据库备份，file=1
GO
RESTORE LOG studentcourse
FROM sdatalog
WITH file=1, NORECOVERY     --恢复 10 点时的日志备份，file=1
go
RESTORE LOG studentcourse
FROM sdatalog
WITH file=2, NORECOVERY     --恢复 12 点时的日志备份，file=2
go
RESTORE LOG studentcourse
FROM sdatalog
WITH file=3     --恢复 15 点时的日志备份，file=3
```

课程号	课程名	学分	预选课程号	教师
C01	数据库	3	C04	陈弄清
C02	C语言	4	C04	应刻苦
C03	数据结构	3	C02	管功臣
C04	计算机应用基础	2	NULL	李学成
C05	网络技术	NULL	C04	马努力
C10	大学英语	3	NULL	王明
C11	动态网站制作	3	NULL	叶红
C12	网络编程	3	NULL	王海

图 11.25　15 点时数据库的状态

方法二所用的时间比方法一要长。方法二还原数据库的方法注重由事务日志备份链所提供的冗余安全性，使用这个事务日志备份链，即使数据库备份丢失，也可以还原数据库。

【例 11.16】 进行如下操作。

(1) 设置 studentcourse 数据库，并将其恢复模式设置为“完整”。

(2) 6:30 时，我们对该数据库进行一次完全备份，命令如下：

```
EXEC sp_addumpdevice 'disk', 'studenttest', 'D:\diskbak\studenttest.bak'
BACKUP database studentcourse TO studenttest
```

(3) 6:35 时，执行以下命令：

```
USE studentcourse
SELECT *
INTO grade60
FROM sc
where grade>60
```

此时增加了一数据表 grade60。

(4) 6:37 时，将表 grade60 删除。

(5) 6:40 时，发现表 grade60 被误删，希望可以恢复到 6 :37 以前的状态。

恢复误删的表 grade60，即回到 16:36 时的状态，操作步骤如下。

① 对该数据库进行一次事务日志备份。

```
BACKUP log studentcourse to studenttest
```

② 采用“时点还原”，并指定时间为 6:36。

```
RESTORE DATABASE studentcourse
FROM studenttest
WITH NORECOVERY
GO
RESTORE LOG studentcourse
FROM studentlog
WITH RECOVERY, STOPAT = '20140808 6:36:00'
```

注意： 如果在采用时点还原时，遇到了如下所示的错误：

此备份集中的日志包含最小日志记录更改。禁止进行时点恢复，RESTORE 将前滚到日志的结尾，而不恢复数据。

可能的原因是数据库的故障还原模型为“大容量日志记录”。

【例 11.17】 studentcourse 数据库的数据文件是 studentcourse.mdf，日志文件是 studentcourse_log.ldf。利用例 11.15 创建的备份设备 sdata、sdatalog 还原完整数据库，并将已还原的数据库移动到 d:\ diskbak 目录下，数据文件和日志文件分别是 new.mdf、new.ldf，新的数据库名为 new。

方法一：使用 SQL 命令。

命令如下：

```
--RESTORE FILELISTONLY 语句用于确定待还原数据库内的文件数及名称。
RESTORE FILELISTONLY FROM sdata
GO
BACKUP LOG new TO sdata
RESTORE DATABASE new    --恢复数据库
FROM sdata
WITH FILE=2,NORECOVERY,
MOVE 'studentcourse' TO 'd:\diskbak\new.mdf',
MOVE 'studentcourse_log' TO 'd:\diskbak\new.ldf',
MOVE 'secondsc' TO 'd:\diskbak\new.ndf'
```

方法二：使用 Management Studio 恢复数据库。

(1) 在对象资源管理器中，依次展开“服务器名称”→“服务器”→“数据库”→studentcourse 节点。

(2) 右击 studentcourse 节点，在弹出的快捷菜单上依次选择“任务”→“还原”→“数据库”命令，在出现的“还原数据库”对话框中，切换到“常规”选项卡，如图 11.26 所示。

(3) 在“常规”选项卡上，输入还原的目标数据库名称 new。

(4) 选择源数据库 studentcourse，在列表中出现源数据库所对应的备份集。选择位置为 1 的完整备份和位置为 2 的事务日志备份，表示将数据库还原到备份 2 数据状态。

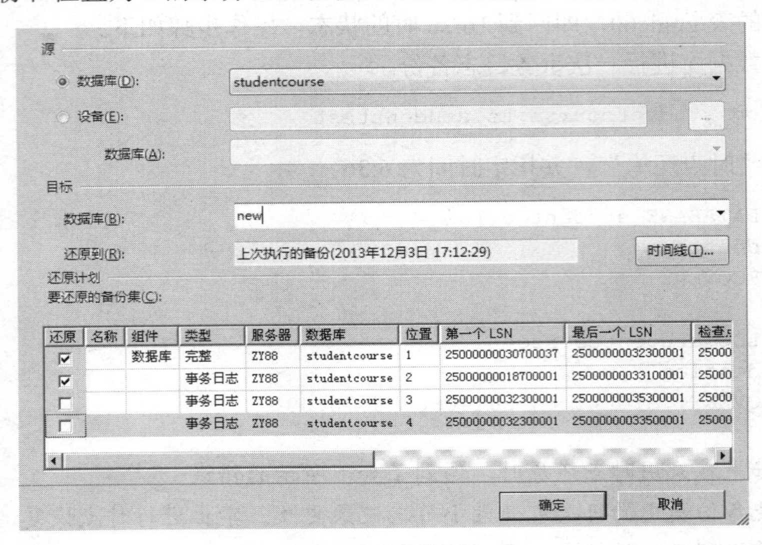

图 11.26　还原数据库 new

(5) 切换到“文件”选项卡，如图 11.27 所示，修改移至物理文件名为“d:\dikbak\new.mdf”(数据文件)、“d:\dikbak\new.ldf”(日志文件)。

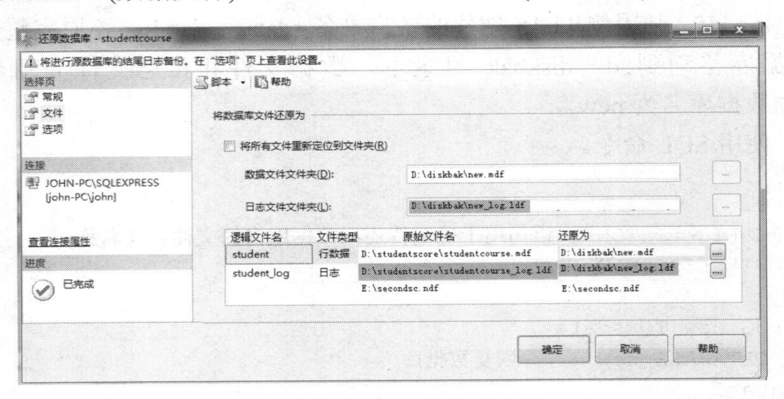

图 11.27　还原数据库的文件

(6) 切换到“选项”选项卡，选择“恢复状态”—RESTORE WITH RECOVER(回滚未提交的事务，使数据库处于可以作用的状态。)选项。单击“确定”按钮。开始备份，如图 11.21 所示。

【例 11.18】 还原到指定标记处。

假设有下列事件序列。

(1) 6 点时，对数据库进行备份。

```
backup database studentcourse to sdata
GO
```

假设备份号为 4。

(2) 7 点时，执行事务 SCUpdate，将成绩小于 60 分的成绩增加 10%。

```
BEGIN TRANSACTION SCUpdate
   WITH MARK 'Update SC values'
GO
USE studentcourse
GO
UPDATE sc
   SET 成绩=成绩*1.10
   WHERE 成绩<60
GO
COMMIT TRANSACTION SCUpdate
GO
```

(3)　8 点时发生错误。

需要将数据库恢复到标记名为 SCUpdate 处。操作步骤如下。

①　备份日志

```
USE master
GO
backup log  studentcourse to sdata
GO
```

假设备份号为 5。

②　恢复到指定的标记处。即成绩小于 60 分的成绩已经增加了 10%。

```
RESTORE DATABASE studentcourse
FROM sdata
WITH FILE = 4, NORECOVERY
GO
RESTORE LOG studentcourse
   FROM sdata
   WITH FILE = 5,
   STOPATMARK = 'scUpdate'
```

11.3　分离和附加数据库

11.3.1　分离数据库

分离数据库是指将数据库从 SQL Server 实例中删除，但使数据库在其数据文件和事务日志文件中保持不变。之后，就可以使用这些文件将数据库附加到任何 SQL Server 实例，包括分离该数据库的服务器。

【例 11.19】 从 SQL Server 实例分离数据库 bookshop。

方法一：使用 Management Studio 图形工具。

操作步骤如下。

(1)　在对象资源管理器中，展开“数据库”节点，右击要分离的用户数据库 bookshop，在弹出的快捷菜单中依次选择“任务”→“分离”命令，如图 11.28 所示。

(2)　在“分离数据库”对话框中，如图 11.29 所示，列出了要分离的数据库

bookshop，单击“确定”按钮，指定数据库被分离。

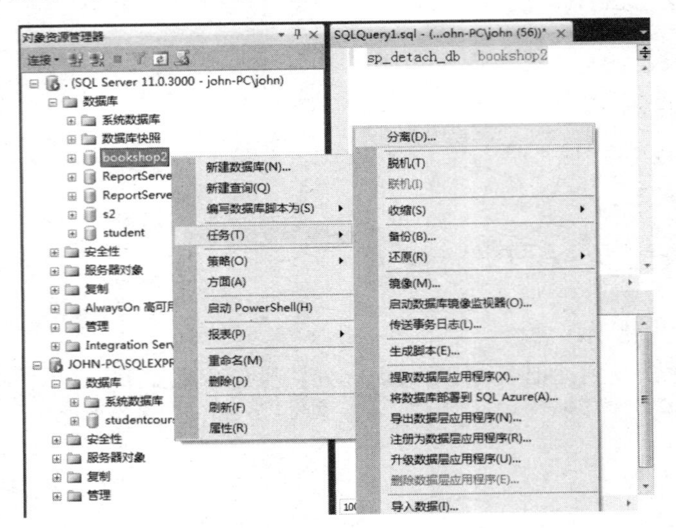

图 11.28 选择“分离”命令

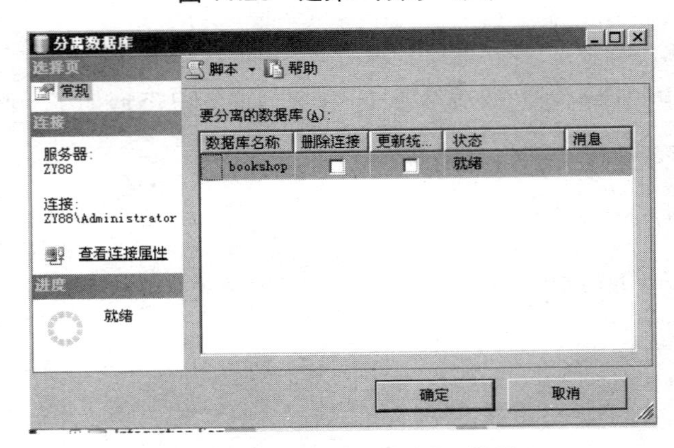

图 11.29 “分离数据库”对话框

方法二：使用 SQL 命令。

```
sp_detach_db bookshop
```

【例 11.20】 使用 SQL 命令从 SQL Server 实例分离数据库 studentcourse。

```
sp_detach_db studentcourse
```

11.3.2 附加数据库

可以附加复制的或分离的 SQL Server 数据库。在 SQL Server 2012 中，数据库包含的全文文件随数据库一起附加。

【例 11.21】 附加数据库 studentcourse 到 SQL Server 服务器中。

方法一：使用 Management Studio。

操作步骤如下。

(1) 在对象资源管理器中，右击“数据库”节点，在弹出的快捷菜单中选择“附加”命令，如图 11.30 所示。

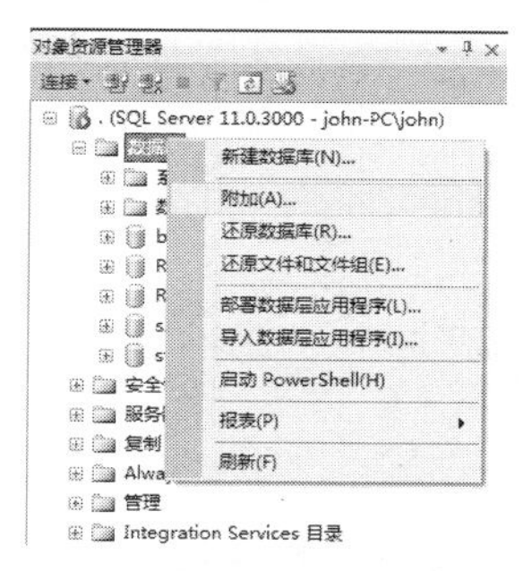

图 11.30　选择“附加”命令

(2) 在“附加数据库”对话框中，单击“添加”按钮，添加准备附加的数据库，在出现的“定位数据库文件”对话框中选择该数据库数据文件 studentcourse.mdf.mdf 所在的路径“C:\Data\”。

(3) 选择数据库文件后，单击“确定”按钮返回“附加数据库”对话框，如图 11.31 所示。

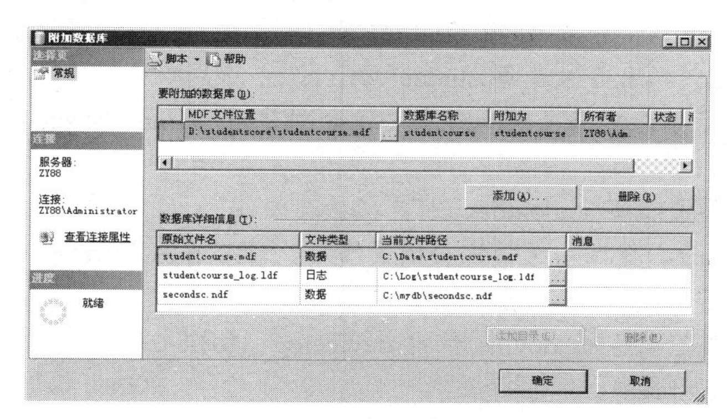

图 11.31　“附加数据库”对话框

(4) 准备好附加数据库后，单击“确定”按钮，数据库 studentcourse 就被附加到服务器上了。

方法二：使用 SQL 命令。

```
sp_attach_db 'studentcourse','C:\Data\studentcourse.mdf'
```

注意： 新附加的数据库在视图刷新后才会显示在对象资源管理器的“数据库”节点中。若要随时刷新视图，请在对象资源管理器中单击，再选择“视图”菜单中的“刷新”命令。

本 章 小 结

本章讲述了数据库备份与还原的几种方式与策略。用户应重点掌握三种恢复模型。

实训　数据库备份与恢复

一、实验目的和要求

1. 理解备份与恢复的概念。
2. 掌握备份与恢复的使用方法。
3. 掌握备份计划的制订方法。

二、实验内容

1. 对数据库 studentcourse 选择简单恢复模型，计划每天 20 点执行数据库完全备份。

(1) 建立磁盘备份设备 studentdevice，物理文件为 d:\data\studentdevice.bak。

(2) 按照备份计划，建立选课数据库的完全备份。

(3) 假设周一 20 点开始第一次备份，周五 10 点时数据发生故障。要求恢复周四 20 点时的数据。

(4) 是否可以利用备份恢复到周三 20 点时或周五 10 点时的数据。如果可以，请写出命令，如果不可以，请写出不可恢复的原因，及相应的复原办法。

(5) studentcourse 数据库的数据文件和日志文件分别是 studentcourse.mdf 和 studentcourse_log.ldf。利用备份设备 studentdevice，还原周四 20 点时的数据库，并将数据库移动到 d:\data 目录下，数据文件和日志文件分别是 snew.mdf 和 snew.ldf，新的数据库名为 snew。

(6) 删除磁盘备份设备 studentdevice(包括物理文件)。

2. 对 studentcourse 数据库选择完全恢复模型，计划每天 20 点执行数据库完全备份。计划每天 5 点、10 点、15 点、24 点进行日志备份。

(1) 建立磁盘备份设备 st_device 和 st_devicelog，物理文件分别为 d:\data\st_device.bak 和 d:\data\st_devicelog.bak。

(2) 某天的执行序列如下：

9 月 1 日 20 点：执行数据库完全备份；

9 月 2 日 4 点：向数据表 sc 中插入一组数据，数据如下：

```
学号   课程号  成绩
S0408  C02    90
S0408  C03    80
```

9 月 2 日 5 点：执行数据库日志备份；

9 月 2 日 6 点：从数据表 sc 中取出选修课程号为 C02 的学生的学号及成绩，并存放到新的数据表 C02 中；

9 月 2 日 10 点：执行数据库日志备份；

9 月 2 日 12 点：向数据表 sc 中插入一组数据，数据如下：

```
学号   课程号  成绩
J0408  C03    70
```

9 月 2 日 15 点：执行数据库日志备份;

9 月 2 日 17 点：向数据表 SC 插入一组数据，数据如下:

```
学号   课程号   成绩
J0408  C04    88
```

9 月 2 日 18 点：删除了数据表 C02;

9 月 2 日 20 点：执行数据库完全备份;

9 月 2 日 22 点：发现误删了数据表 C02。备份文件依旧存在。

(3) 要求分别恢复到 9 月 2 日 19 点时的数据。

(4) 要求恢复到 9 月 2 日 17 点时的数据。

(5) 要求恢复到 9 月 2 日 12 点时的数据。

(6) 执行 studentcourse 数据库的差异数据库备份，备份到设备 st_device 中。

(7) 截断 studentcourse 数据库的事务日志。

习　　题

一、选择题

1. “日志”文件可用于(　　)。

   A. 进行数据库恢复　　B. 实现数据库的安全性控制

   C. 保证数据库的完整性　　D. 控制数据库的并发操作

2. 关于数据库的备份以下叙述中正确的是(　　)。

   A. 数据库应该每天或定时地进行全库备份。

   B. 第一次全库备份之后就不用再做全库备份，根据需要做差异备份或其他备份即可

   C. 事务日志备份是指全库备份的备份

   D. 文件和文件组备份任意时刻都可进行

3. 备份设备是用来存放备份数据的物理设备，其中不包括(　　)。

   A. 磁盘　　B. 磁带　　C. 命名管道　　D. 光盘

4. BACKUP 语句中 DIFFERENTIAL 子句的作用是(　　)。

   A. 可以指定只对在创建最新的数据库备份后数据库中发生变化的部分进行备份

   B. 覆盖之前所做过的备份

   C. 只备份日志文件

   D. 只备份文件和文件组文件

5. 逻辑名称存储在 SQL Server 的系统表(　　)中，使用逻辑名称的好处是比物理名称简单好记。

   A. sysdevices　　B. sysfiles　　C. syslocks　　D. sysusers

二、填空题

1. 事务日志文件记录了用户对数据的各种操作，每个记录包括：________、________、________、________。

2. 当建立一个备份设备时，需要给其分配一个________和一个________名称。________名称是物理设备名称的一个别名，用于 SQL Server 管理备份设备。

3. BACKUP 语句中的________参数表示新备份的数据覆盖当前备份设备上的内容；________参数表示新备份的数据添加到备份设备上已有内容的后面。

4. 数据库中需备份的内容主要包括________、________、________。________记录了确保系统正常运行的重要信息，例如________数据库提供了创建用户数据库的模板信息。

第 12 章　数据库权限与角色管理

本章导读

权限和角色是 SQL Server 2012 数据库安全管理中的重要内容。权限是通过角色成员来获得的，角色就是一组具有相同权限的用户的集合。不同角色中的成员有不同的权限。本章将介绍 SQL Server 2012 中的权限和角色的有关内容。

学习目的与要求

- 理解身份验证模式、安全帐户管理、角色管理、权限管理的基本概念。
- 熟练使用和管理用户帐户、角色并授予相应权限。

12.1　数据库安全访问控制

安全管理是数据库管理中十分重要的内容，在实现数据高度共享的同时，要保证数据的安全与正确，需要控制用户可以执行的活动以及可以查看和修改的信息。

SQL Server 2012 安全系统的构架建立在用户和用户组的基础上，也就是说 Windows 的用户和用户组可以映射到 SQL Server 2012 中的安全帐户，而 SQL Server 2012 也可以独自建立安全帐户。在 SQL Server 2012 中，可以对安全帐户分配权限，也可以将其加入到角色中，从而获得相应的权限。每个对象都有所有者，所有权也会影响到权限。数据库对象(表、索引、视图、触发器、函数或存储过程)的用户称为数据库对象的所有者。创建数据库对象的权限必须由数据库所有者或系统管理员授予。但是，在授予数据库对象这些权限后，数据库对象所有者就可以创建对象并授予其他用户使用该对象的权限。

使用 SQL Server 2012 时，需要经过身份验证和权限验证两个安全性认证阶段。

第一阶段是身份验证阶段。操作系统或 SQL Server 需要判断登录用户是否可以被连接到 SQL Server。如果身份验证成功，用户可连接到 SQL Server 实例，如图 12.1 所示。

第二阶段是授权(权限验证)阶段。授权阶段是验证用户连接到 SQL Server 实例后，访问服务器上数据库的权限。用户对数据库的访问被确认后，才可以访问指定的数据库对象，否则服务器将拒绝用户的登录请求。为此，需授予每个数据库中映射到用户登录的帐户访问权限。权限验证阶段控制用户在 SQL Server 数据库中所允许进行的活动，如图 12.2 所示。

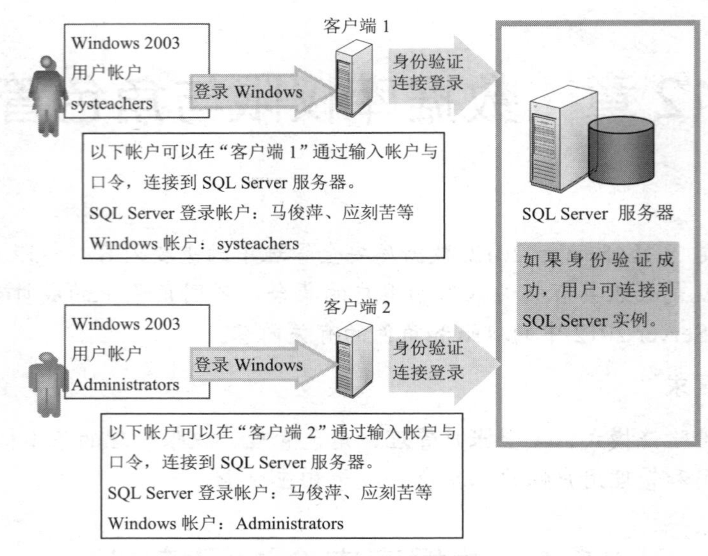

图 12.1　身份验证

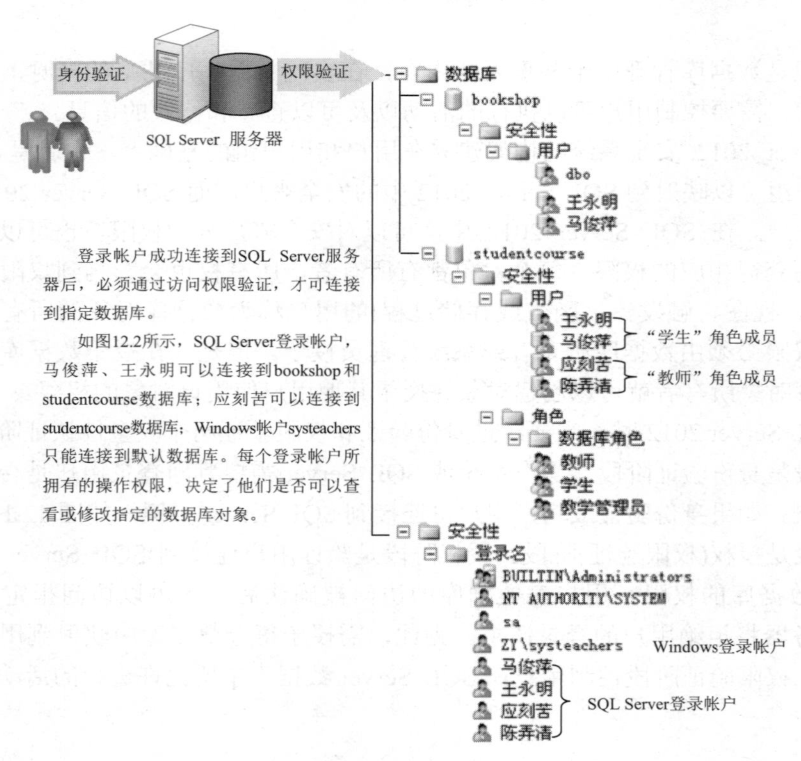

图 12.2　权限验证

12.1.1　身份验证模式

在 SQL Server 2012 中，必须以合法的登录身份注册本地或远程服务器后，才能与服务器建立连接并获得对 SQL Server 的访问权。系统提供了两种登录身份验证模式，具体如下。

1. Windows 身份验证模式(Windows 身份验证)

Windows 身份验证模式使用户得以通过 Windows 或 Windows 2003 用户帐户进行登录连接，并获得对 SQL Server 的访问权限。

2. 混合模式(Windows 身份验证和 SQL Server 2012 身份验证)

混合模式使用户可以使用 Windows 身份验证或 SQL Server 2012 身份验证的用户帐户进行登录连接。

在 Windows 身份验证模式或混合模式下，通过 Windows 用户帐户连接的用户可以使用信任连接。

在 SQL Server 2012 身份验证模式下，用户与 SQL Server 连接时，需要提供 SQL Server 登录帐户和口令(与 Windows 帐户无关)。

注意： 混合模式的安全性没有 Windows 身份验证模式安全，因为混合认证包含了 Windows 身份验证和 SQL Server 2012 身份验证两种认证，只要符合一种就可以了。

比较 SQL Server 2012 身份验证和 Windows 身份验证，Windows 身份验证更安全，因为 Windows 操作系统具有更高的安全性，其安全性能达到美国国防部定义的 C2 级安全标准，该认证具有安全确认、审核、口令加密、非法登录时帐户锁定等功能。SQL Server 2012 身份验证管理较为简单，它允许应用程序的所有用户使用同一个登录标识。在 SQL Server 系统中，事先应该注册登录帐户。

系统管理员可以选择身份验证模式，操作步骤如下。

(1) 在 SQL Server Management Studio 中的对象资源管理器中，选择服务器。

(2) 在选择的服务器上，右击，在弹出的快捷菜单中选择“属性”命令，在弹出的“服务器属性”对话框中选择“安全性”选项，打开如图 12.3 所示的对话框。

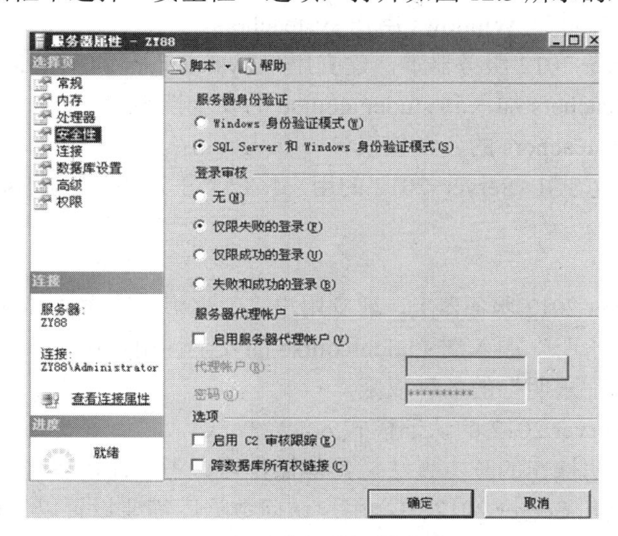

图 12.3　设置身份验证模式对话框

(3) 在“安全性”选择页中设置身份验证模式，如图 12.3 所示。

(4) 在“登录审核”选项组中选择用户访问 SQL Server 的级别，如果选择无，表示不执行审核；如果选择失败，表示只审核失败的连接事件；如果选择成功，表示只审核用户连接成功的事件；如果选择全部，表示审核用户的所有事件。

(5) 单击“确定”按钮，关闭对话框。重启服务器后，用户设置的安全模式生效。

12.1.2 权限验证

通过身份验证后，用户才可以连接到 SQL Server 2012 服务器，为了防止用户访问服务器上的所有数据库，可以将该用户帐户记录在用户需访问的每个数据库中。客户端应用程序根据用户帐户的权限，操作数据库，如果用户没有执行该语句的权限，或没有访问被操作数据对象的权限，则 SQL Server 2012 将返回权限错误。

对于具有执行管理功能的管理员，可以对用户进行权限控制。可以指定哪些用户能访问哪些数据以及他们能执行哪种类型的操作。

如图 12.2 所示，如果一个数据库服务器上含有 bookshop 和 studentcourse 数据库，则只有在 bookshop 数据库中记录的用户帐户，才可以访问 bookshop 数据库。用户“王永明”和“马俊萍”可以访问 bookshop 数据库，但用户“应刻苦”不能访问 bookshop 数据库。

如图 12.1 所示，用户 systeachers 是客户端 1 的 Windows 用户帐户，同时在数据库服务器上记录了该用户帐户，就允许用户 systeachers 在客户端 1 中以 systeachers 帐户连接服务器，用户访问权限由帐户的权限控制。但用户 systeachers 不能在客户端 2 中连接服务器。用户“王永明”、“马俊萍”、“陈弄清”、“应刻苦”可以在客户端 1 或客户端 2 通过帐户和口令验证，连接服务器。

【例 12.1】 设置 Windows 用户 systeachers 成为数据库 studentcourse 的安全性用户。

操作步骤如下。

(1) 在客户端 1 中建立 Windows 用户 systeachers。

(2) 在 SQL Server 2012 服务器上，建立用户 systeachers 的 Windows 登录帐号。

(3) 将用户 systeachers 加入到 studentcourse 的安全性用户中。

(4) 设置用户 systeachers 的各种权限。

【例 12.2】 设置 SQL Server 2012 的用户帐户“王永明”，成为数据库 studentcourse 的安全性用户。

操作步骤如下。

(1) 在 SQL Server 2012 服务器上，建立用户“王永明”的 SQL Server 2012 登录帐号。

(2) 将用户“王永明”加入到 studentcourse 的安全性用户中。

(3) 设置用户“王永明”的各种权限。

(4) 设置 SQL Server 2012 的认证模式为混合模式。

以上两例只是说明操作的基本方法，具体操作可参考后面内容。

总的来说，在 SQL Server 2012 中，用户访问数据库需要设置以下内容：

(1) 在 SQL Server 2012 服务器上建立服务器登录帐户。

(2) 在数据库中创建帐户、角色、设置访问许可。

(3) 设置语句和对象许可。

12.2　安全登录帐户管理

服务器登录帐户可以是用户帐户、本地组帐户或全局帐户。默认配置了以下几种登录帐户：本地 Administrators 组、本地 Administrators 帐户、sa 登录帐户、guest 登录帐户、数据库所有者(dbo)登录帐户，其中 guest 登录帐户，不能自动被激活。

12.2.1　建立 Windows 登录帐户

1) 格式

```
sp_grantlogin [@loginame=] '域\用户'
```

2) 功能

(1) 将 Windows 用户或组帐户添加到 SQL Server 2012 中，以便使用 Windows 身份验证连接到 SQL Server 2012。

(2) “域\用户”是要添加的 Windows 用户或组的名称。

例如用户“JOIN-PC\systeachers”，其中 JOIN-PC 为域名，systeachers 为用户名。如果存储过程 sp_grantlogin 的返回值为 0，表示成功建立 Windows 登录帐户，返回值为 1 表示失败。

【例 12.3】 建立 Windows 登录帐户 systeachers。

操作步骤如下。

第一步，创建 Windows 用户。

登录到 Windows，依次选择 “控制面板”→“用户帐户和家庭安全” →“用户帐户”，选择“添加或删除用户帐户”→“创建一个新帐户”，在出现的“命名帐户”对话框中输入用户名 systeachers，密码为空。单击“确定”按钮，然后单击“关闭”按钮，退出。

第二步，将 Windows 帐户加入到 SQL Server 2012 中。

方法一：使用 SQL 命令。

```
EXEC sp_grantlogin 'JOIN-PC\systeachers '
```

或

```
EXEC sp_grantlogin [JOIN-PC\systeachers]
```

方法二：在 Management Studio 中设置。

(1) 以管理员的身份登录到 SQL Server 2012，进入 Management Studio，依次选择“安全性”→“登录名”，如图 12.4 所示。右击“登录名”，在快捷菜单上选择“新建登录名”命令，出现新建登录对话框，如图 12.5 所示。

(2) 在新建登录对话框中，切换到“常规”选项卡， 输入或选择用户 systeachers。

(3) 单击“确定”按钮，退出。

【例 12.4】 添加 Administrator 帐户为登录帐户。

方法一：使用 Management Studio。

操作步骤如下。

(1) 在 Management Studio 中选择目前连接的服务器，依次展开“安全性”→“登录名”节点。

(2) 右击，在弹出的快捷菜单上选择“新建登录名”命令，如图 12.4 所示，出现新建登录名对话框，如图 12.5 所示。

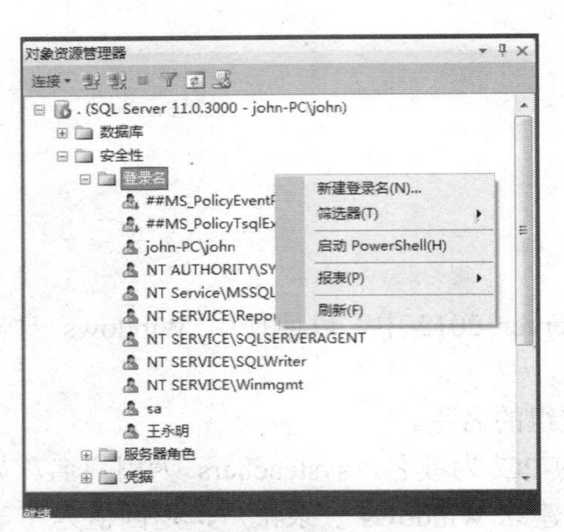

图 12.4 选择“新建登录名”命令

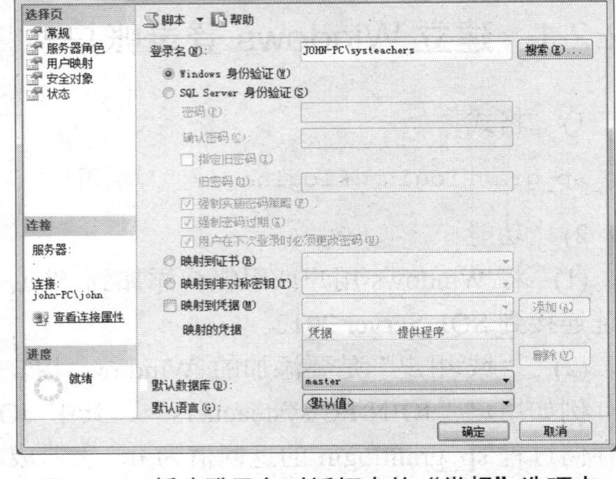

图 12.5 新建登录名对话框中的“常规”选项卡

(3) 单击“登录名”旁边的“搜索”按钮，出现“选择用户或组”对话框。如图 12.6 所示。

(4) 在“选择用户或组”对话框中，单击“高级”按钮，出现“一般性查询”选项卡，单击“立即查找”按钮，查询数据库内的用户或组。如图 12.7 所示在出现的用户列表中选择 administrator。

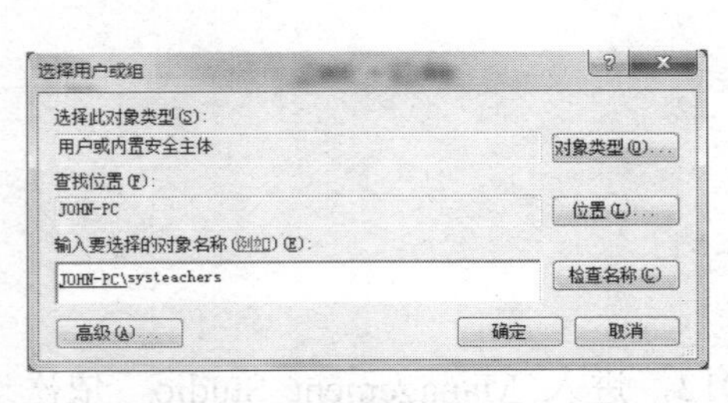

图 12.6 “选择用户或组”对话框

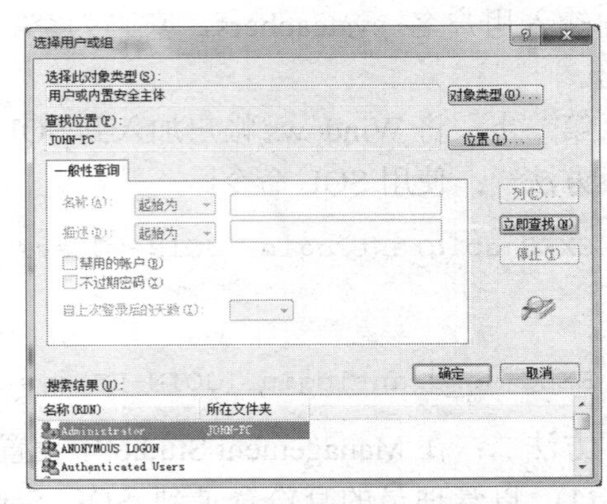

图 12.7 “选择用户或组”对话框

方法二：使用 SQL 命令。

```
EXEC sp_grantlogin [JOIN-PC\administrator]
```

12.2.2　取消 Windows 登录帐户

1)　格式

```
drop login '域\用户'
```

2)　功能

在 SQL Server 2012 中删除 Windows 用户或组的登录帐号。

【例 12.5】 删除 Windows 用户 JOIN-PC\systeachers 的登录帐号。

方法一：使用 Management Studio。

(1) 在 Management Studio 中选择目前连接的服务器，依次展开“安全性”→“登录名”节点，找到 JOIN-PC\systeachers 用户，右击选择“删除”命令，如图 12.8 所示。

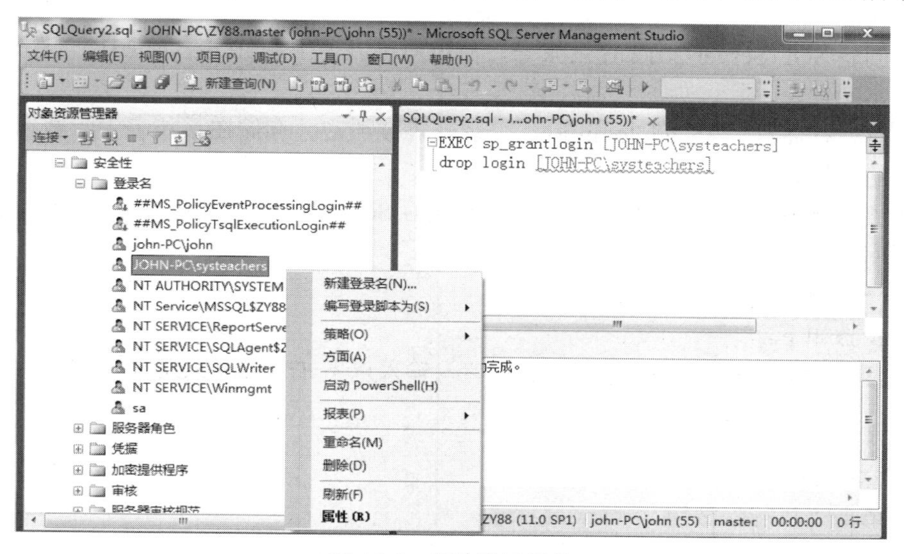

图 12.8　删除登录帐号

(2) 在打开的“删除对象”对话框中选中要删除的登录名，单击“确定”按钮即可删除该登录帐号，如图 12.9 所示。

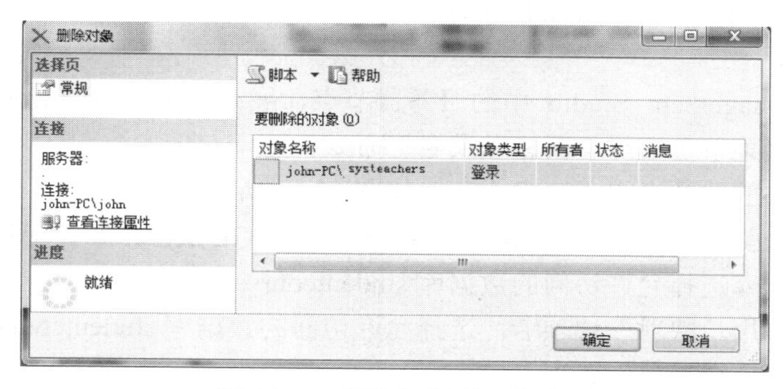

图 12.9　“删除对象”对话框

方法二：使用 SQL 命令。

```
drop login [john-PC\sysyeachers]
```

12.2.3 创建 SQL Server 2012 登录帐户

如果要使用 SQL Server 2012 帐号连接 SQL Server 2012 服务器，首先应将 SQL Server 2012 的认证模式设置为混合模式。

1) 格式

```
sp_addlogin[@loginame=] '域\用户'
           [,[@passwd =] '登录密码']
           [,[@defdb=] '数据库名']
```

2) 功能

(1) 创建 SQL Server 2012 登录帐号，使用户可以使用 SQL Server 2012 身份验证连接 SQL Server 2012。

(2) 执行存储过程 sp_addlogin 后，登录密码被加密并存储在系统表中，数据库名为默认连接到的数据库。

【例 12.6】 为用户“王永明”创建一个 SQL Server 2012 登录帐户，密码为 chocolate，默认数据库为 studentcourse。

方法一：使用 SQL 语句。

操作步骤如下。

(1) 打开 Management Studio Query 窗口，输入以下 Transact-SQL 语句：

```
EXEC sp_addlogin '王永明', 'chocolate', 'studentcourse'。
```

(2) 检查 Transact-SQL 语句是否合法。

(3) 单击“执行”按钮。

注意： 使用帐户“王永明”连接 SQL Server 2012 服务器时，必须将身份验证模式设为混合模式。

方法二：使用 Management Studio 创建帐户。

操作步骤如下。

(1) 展开 Management Studio 中的服务器节点，展开安全性中的登录节点。在登录节点上右击，在快捷菜单上选择“新建登录名”命令。

(2) 输入添加的登录帐户“王永明”，如图 12.10 所示。

(3) 选择身份验证方式为“Windows 身份验证和 SQL Server 2012 身份验证”。

(4) 默认数据库选择允许访问的数据库 studentcourse。

(5) 切换到“用户映射”选项卡，选择允许访问的数据库 studentcourse。

(6) 切换到“安全对象”选项卡。

(7) 切换到“状态”选项卡，设置帐户的状态。

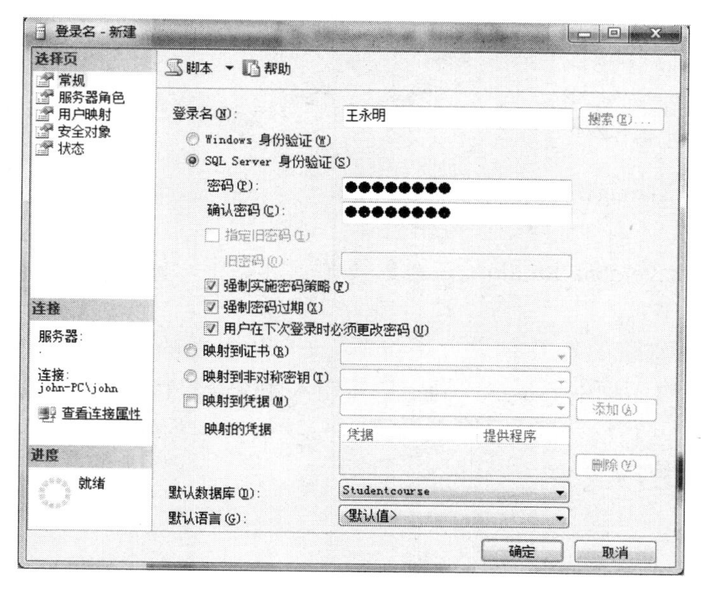

图 12.10　“新建登录”帐户

【例 12.7】 创建没有密码和默认数据库的登录帐号 user1，密码为 NULL，默认数据库为 master。

方法一：使用 SQL 语句。

```
EXEC sp_addlogin 'user1'
```

方法二：使用 Management Studio 创建帐户。

与例 12.6 类似。

【例 12.8】 使用 SQL 命令，为用户“马俊萍”创建一个 SQL Server 2012 登录帐户，密码为 chocolate，默认数据库为 bookshop。

SQL 语句如下：

```
EXEC sp_addlogin '马俊萍', 'chocolate', 'bookshop'
```

12.2.4　删除 SQL Server 2012 登录帐户

1) 格式

```
sp_droplogin[@loginame=] '域\用户'
```

2) 功能

(1) 使用 sp_droplogin 可删除指定的用 sp_addlogin 添加的 SQL Server 2012 登录帐户。

(2) 不能删除记录在任何数据库中的用户登录帐户。必须首先使用 sp_dropuser 取消为某数据库的用户登录帐户。此外，不能删除系统管理员(sa)登录帐户，不能删除当前正在使用并且被连接到 SQL Server 2012 的登录帐户。

【例 12.9】 假如“马俊萍”已经映射到数据库 bookshop，删除登录帐户“马俊萍”。

方法一：使用 SQL 语句。

```
USE bookshop
EXEC sp_dropuser  '马俊萍'    --在 bookshop 数据库中删除用户"马俊萍"
EXEC sp_droplogin  '马俊萍'
```

方法二：使用 Management Studio 删除帐户。

操作步骤如下。

(1) 启动 Management Studio，在对象资源管理器中，依次选择"服务器"→"安全性"→"登录名"节点。

(2) 右击想要删除的登录帐户"马俊萍"，从出现的快捷菜单中选择"删除"命令，在出现的提示对话框中，单击"确定"按钮，删除登录帐户"马俊萍"。

12.2.5 查看用户

1) 格式

```
sp_helplogins[[@loginamepattern=] '域\用户'
```

2) 功能

查看指定用户是否具有连接 SQL Server 2005 的权限，及访问数据库的权限。

【例 12.10】 查询"王永明"帐户信息。

```
EXEC sp_helplogins '王永明'   --如图 12.11 所示
```

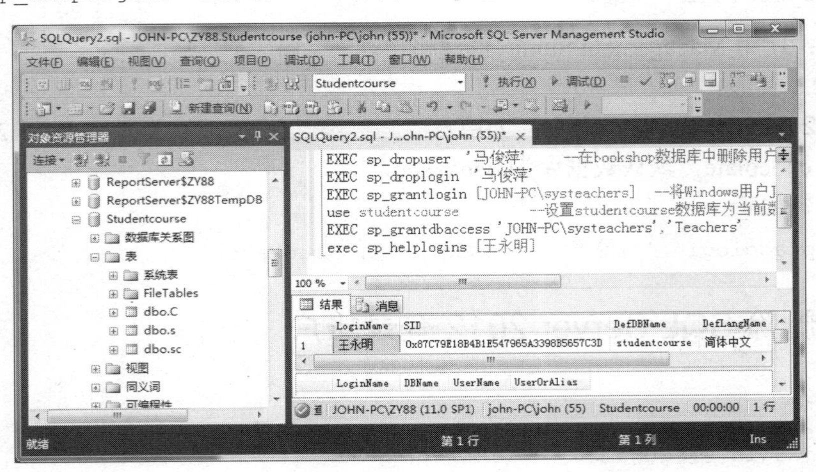

图 12.11 查看用户

12.2.6 授权用户访问数据库

1) 格式

```
sp_grantdbaccess [@loginame =] '域\用户'
                 [,[@name_in_db =] '数据库中帐户的名称' [OUTPUT]]
```

2)　功能

(1)　将登录帐号用户或组添加到当前数据库，使用户能够具有在当前数据库中执行活动的权限。

(2)　“域\用户”，是当前数据库中新安全帐户的登录名称。Windows 组和用户必须用 Windows 域名限定，格式为“域\用户”。

(3)　[@name_in_db =] '数据库中帐户的名称' [OUTPUT]，数据库中帐户的名称是 sysname 类型的 OUTPUT 变量，默认值为 NULL。

(4)　sa 登录帐户不能添加到数据库中。

【例 12.11】 在数据库 studentcourse 中添加 Windows 用户“JOIN-PC\systeachers”帐户，并取名为 Teachers。

方法一：使用 SQL 命令。

```
EXEC sp_grantlogin [JOHN-PC\systeachers]
--将 Windows 用户 JOIN-PC\systeachers 添加到服务器中
use studentcourse          --设置 studentcourse 数据库为当前数据库
EXEC sp_grantdbaccess 'JOHN-PC\systeachers','Teachers'
```

方法二：使用 Management Studio。

(1)　启动 Management Studio，在对象资源管理器中依次选择“服务器”→“数据库”→studentcourse→“安全性”→“用户”节点，出现该数据库的所有用户。

(2)　在“用户”节点上右击，在出现的快捷菜单上选择“新建用户”命令，如图 12.12 所示。

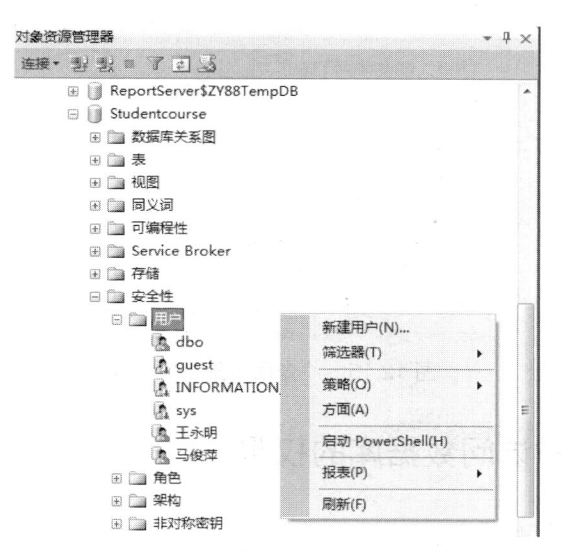

图 12.12　选择“新建用户”命令

(3)　在出现的新建用户对话框中选择“登录名”，输入用户名(如图 12.13 所示)，也可搜索用户，如图 12.14 和图 12.15 所示。

(4)　单击“确定”按钮。

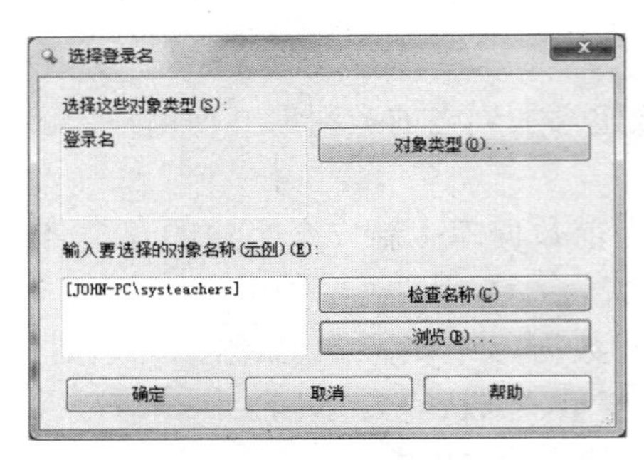

图 12.13 “选择登录名”对话框

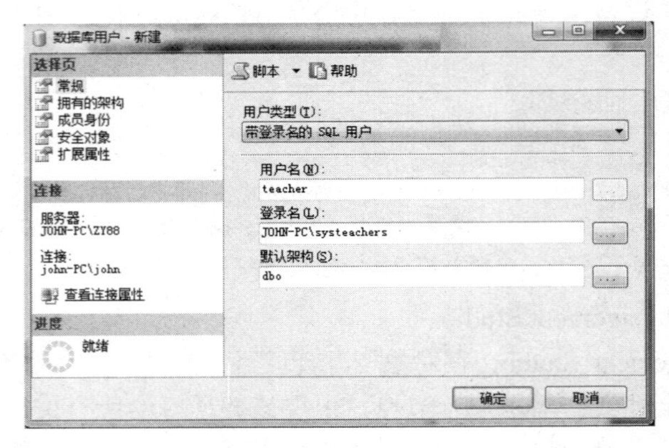

图 12.14 “数据库用户-新建”对话框

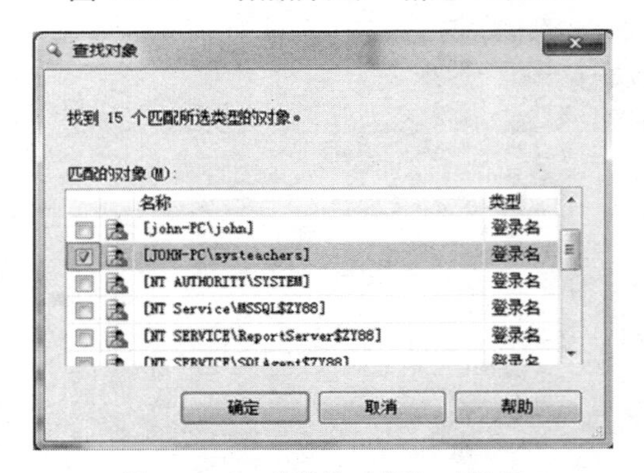

图 12.15 “查找对象”对话框

12.2.7 删除用户访问数据库的权限

1) 格式

```
sp_revokedbaccess [ @name_in_db = ] '安全帐户名'
```

2) 功能

(1) 从当前数据库中删除安全帐户。删除帐户时，依赖于该帐户的权限将自动删除。

(2) 存储过程 sp_revokedbaccess 返回值为 0 表示成功删除指定帐户，1 表示失败。但不能删除 master 和 tempdb 数据库中的 guest 用户帐户。

【例 12.12】 删除 studentcourse 数据库中的帐户 JOIN-PC\systeachers，帐户名为

Teachers。

方法一：使用 SQL 命令。

```
use studentcourse
EXEC sp_revokedbaccess 'Teachers'
```

方法二：使用 Management Studio。

启动 Management Studio，在对象资源管理器中，依次选择“服务器”→“数据库”→ studentcourse→“安全性”→“用户”节点，选择要删除的用户帐户 Teachers，按 Delete 键。

登录帐户命令汇总如表 12.1 所示。

表 12.1　登录帐户命令汇总表

操　作	Windows 7 登录帐户	SQL Server 2012 登录帐户
建立	sp_grantlogin	sp_addlogin
取消	drop login	sp_droplogin
查看	sp_helplogins	
授权用户访问数据库	sp_grantdbaccess	
删除用户访问数据库的权限	sp_revokedbaccess	

(1) 只有 sysadmin 和 securityadmin 固定服务器角色的成员才可以执行存储过程 sp_addlogin、sp_revokelogin、sp_ helplogins、sp_grantlogin、sp_droplogin。

(2) 只有 sysadmin 固定服务器角色、db_accessadmin 和 db_owner 固定数据库角色的成员才能执行 sp_grantdbaccess、sp_revokedbaccess。

(3) 不能在用户定义的事务内执行 sp_revokelogin、sp_grantdbaccess、sp_droplogin、sp_addlogin、sp_revokedbaccess。

(4) 表 12.1 中的存储过程的返回值为 0 表示成功执行，1 表示执行失败。

12.3　数据库角色管理

角色可以把多个用户汇集成一个单元，以便进行权限管理。对一个角色授予、拒绝或废除权限，该角色中的所有成员的权限也将被授权、拒绝或废除。可以建立一个角色来代表某一类用户，并为这个角色授予适当的权限。比如，在学生选课系统中，我们设置“教师”、“学生”两个角色，只需将学生“王永明”、“马俊萍”添加为“学生”角色成员，如图 12.2 所示，用户“王永明”、“马俊萍”便拥有了“学生”角色所拥有的权限。当他们从“学生”角色中删除时，相应的权限也将被废除。权限在用户成为角色成员时自动生效。

12.3.1　固定角色

SQL Server 2012 定义了固定服务器角色，这些角色具有完成特定的服务器管理的权限，可以在这些角色中添加用户以获得相关的管理权限。固定服务器角色和数据库角色都是 SQL Server 2012 内置的，不能进行添加、修改和删除。

1. 固定服务器角色

将用户添加到固定服务器角色中，这些用户就获得管理 SQL Server 2012 的管理权限。固定服务器的权限描述如表 12.2 所示。

表 12.2 固定服务器角色的权限

固定服务器角色	权限描述
Sysadmin	可以在 SQL Server 2012 中执行任何活动
Serveradmin	可以设置服务器范围的配置选项，关闭服务器
Securityadmin	可以管理登录，还可以读取错误日志和更改密码
Setupadmin	可以管理链接服务器和启动过程
Processadmin	可以管理在 SQL Server 2012 中运行的进程
Dbcreator	可以创建、更改和删除数据库
Diskadmin	可以管理磁盘文件
bulkadmin	可以执行 BULK INSERT 语句

2. 固定数据库角色

每个数据库都有一系列固定数据库角色。虽然每个数据库中都存在名称相同的角色，但各个角色的作用域只限于特定的数据库内。

例如，如果 bookshop 数据库和 studentcourse 数据库中都存在用户“王永明”、“马俊萍”，将 bookshop 的用户“王永明”添加到 bookshop 的 db_owner 固定数据库角色中，对 studentcourse 中的用户“王永明”是否是 studentcourse 的 db_owner 角色成员没有任何影响。

数据库中的每个用户都属于 public 数据库角色。如果想让数据库中的每个用户都能有某个特定的权限，则将该权限指派给 public 角色。用户默认权限为 public 角色所具有的权限。除非另外授权。

将用户添加到固定数据库角色中，这些用户就获得这个数据库的管理权限。固定数据库角色的权限描述如表 12.3 所示。

表 12.3 固定数据库角色的权限

固定数据库角色	权限描述
Db_owner	在数据库中有全部权限
Db_accessadmin	可以添加或删除用户 ID
Db_securityadmin	可以管理全部权限、对象所有权、角色和角色成员
db_ddladmin	可以发出 ALL DDL，但不能发出 GRANT、REVOKE 或 DENY 语句
db_backupoperator	可以发出 DBCC、CHECKPOINT 和 BACKUP 语句
db_datareader	可以选择数据库内任何用户表中的所有数据
db_datawriter	可以更改数据库内任何用户表中的所有数据
db_denydatareader	不能选择数据库内任何用户表中的任何数据
db_denydatawriter	不能更改数据库内任何用户表中的任何数据

12.3.2　创建数据库角色

当一组用户需要在 SQL Server 2012 中执行一组指定的活动时，可以创建 SQL Server 2012 数据库角色。用户添加到角色中就继承角色的权限，这样可以更加方便管理。

1．创建数据库角色

1)　格式

```
sp_addrole[@rolename=] '新角色的名称'
         [,[@ownername=]'新角色的所有者']
```

2)　功能

(1)　在当前数据库创建新的 SQL Server 2012 角色，新角色的所有者必须是当前数据库中的某个用户或角色。

(2)　可以使用 sp_addrolemember 添加安全帐户为该角色的成员。当使用 GRANT、DENY 或 REVOKE 语句将权限应用于角色时，角色的成员将继承这些权限，就好像将权限直接应用于其帐户一样。

【例 12.13】 通过需求分析，设置 studentcourse 数据库的主要用户角色为学生、教师，如图 12.1 所示。

方法一：使用 Management Studio 创建自定义数据库角色。

操作步骤如下。

(1)　以系统管理员的身份登录 SQL Server 2012，并启动 Management Studio。

(2)　在对象资源管理器中，依次展开“服务器”→studentcourse→“安全性”节点。

(3)　在“角色”节点上右击，在弹出的快捷菜单中 tfqprcf “新建数据库角色”命令，如图 12.16 所示，打开“数据库角色-新建”对话框，如图 12.17 所示。

图 12.16　选择“新建数据库角色”命令

(4)　在“角色名称”框中输入新角色的名称“学生”，单击“添加”按钮，将成员添加到“角色成员”列表中，然后选择数据库用户或角色。在“选择数据库户与组”对话框

中单击“浏览”按钮，在出现的“查找对象”对话框中选择用户名称，单击“确定”按钮，退回到新建角色对话框中，如图 12.18 和图 12.19 所示。

(5) 设置完毕后，单击“确定”按钮，即可在数据库中增加 “学生”角色。

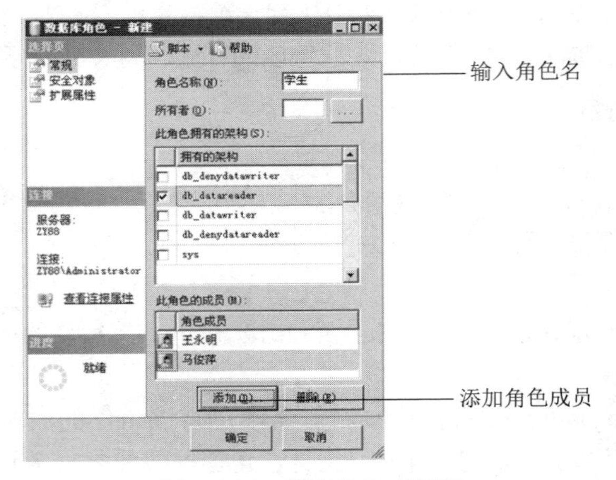

图 12.17 新建角色对话框

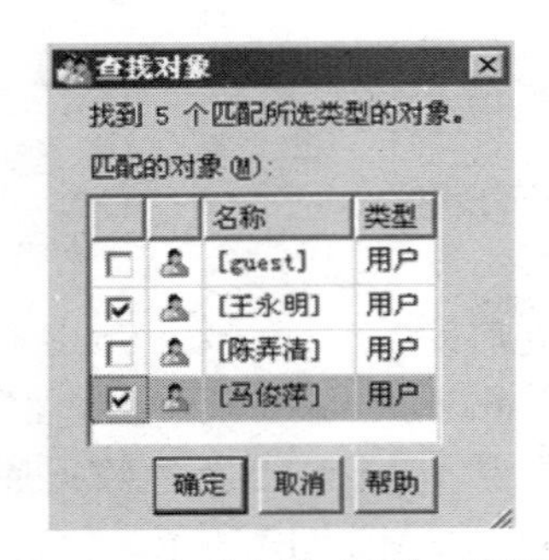

图 12.18 “查找对象”对话框

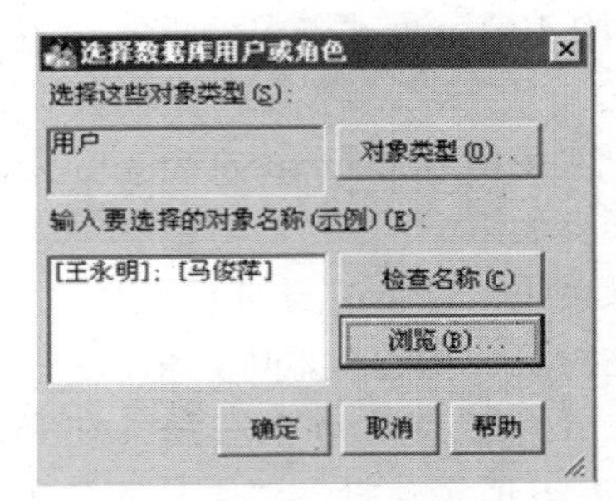

图 12.19 “选择数据库用户或角色”对话框

方法二：使用系统存储过程。

在查询分析器中执行下列命令：

```
USE  studentcourse       --选择要创建角色的数据库
sp_addrole '学生' --在当前数据库创建新的角色，“学生”为角色名
sp_addrole '教师'  --在当前数据库创建新的角色，“教师”为角色名
```

2. 创建应用程序角色

1) 格式

```
sp_addapprole[@rolename=] '新角色的名称'  [,'密码']
```

2) 功能

(1) 在当前数据库中，创建一个应用程序角色，“密码”为激活口令。

(2) 可以使用 sp_setapprole 激活应用程序角色，可以使用 sp_dropapprole 删除应用程序角色。

应用程序角色可以限制用户只能通过特定的应用程序间接地访问数据。例如，“教务员”只能通过学生选课系统查询、更新数据库中的数据。应用程序角色不包含成员，默认情况下，应用程序角色是非活动的，需要用密码激活，当一个应用程序角色被该应用程序激活以用于连接时，会在连接期间永久地失去数据库中所有用来登录的用户权限。

【例 12.14】 设置“教务员”为应用程序角色，密码为 apppassword。

方法一：使用 Management Studio 创建自定义数据库角色。

具体操作步骤如下。

(1) 以系统管理员的身份登录 SQL Server 2012，并启动 Management Studio。

(2) 在对象资源管理器中，依次展开“服务器”→studentcourse→“安全性”节点。

(3) 在“角色”节点上右击，在弹出的快捷菜单中选择“新建应用程序角色”命令项，打开“应用程序角色”对话框进行设置，如图 12.20 所示。

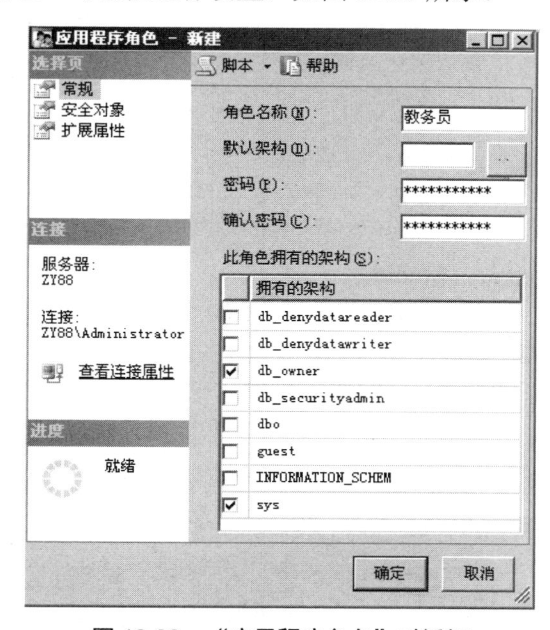

图 12.20　“应用程序角色”对话框

方法二：使用系统存储过程。

在查询分析器中执行下列命令：

```
USE  studentcourse        --选择要创建角色的数据库
sp_addapprole '教务员', 'apppassword' --创建应用程序角色
sp_setapprole '教务员', 'apppassword' --激活应用程序角色
sp_dropapprole '教务员' -删除应用程序角色
```

12.3.3　管理数据库角色

1. 为数据库角色添加成员

1)　格式

```
sp_addrolemember[@rolename=] '角色名称'
                [,[@membername=]'安全帐户']
```

2) 功能

(1) 将指定安全帐户添加为当前数据库角色的成员。

(2) 添加到角色的新安全帐户将继承所有应用到角色的权限。

(3) 可以使角色成为另一个角色的成员时，不能创建循环角色。

(4) 无法创建新的固定服务器角色。只能在数据库级别上创建角色。

【例 12.15】 将 Windows 用户“zj\应刻苦”添加到 studentcourse 数据库，使其成为用户“应刻苦”。然后，再将“应刻苦”添加为 studentcourse 数据库的教师角色成员。将用户“应刻苦”添加为固定数据库角色 db_ddladmin 成员。

方法一：使用 SQL 命令。

```
USE studentcourse
GO
EXEC sp_grantdbaccess 'zj\应刻苦', '应刻苦'
GO
EXEC sp_addrolemember '教师', '应刻苦'
GO
EXEC sp_addrolemember 'db_ddladmin','应刻苦'
```

方法二：使用 Management Studio。

操作步骤如下。

① 展开数据库 studentcourse 下的用户图标并右击，在弹出的快捷菜单中选择“新建用户”命令，打开“数据库用户－新建”对话框(如图 12.21 所示)。

② 在“数据库用户－新建”对话框的“常规”选项卡中选中自定义数据库角色：教师；固定数据库角色：db_ddladmin，单击 ... 按钮，选择登录名，完成后，单击确定按钮。

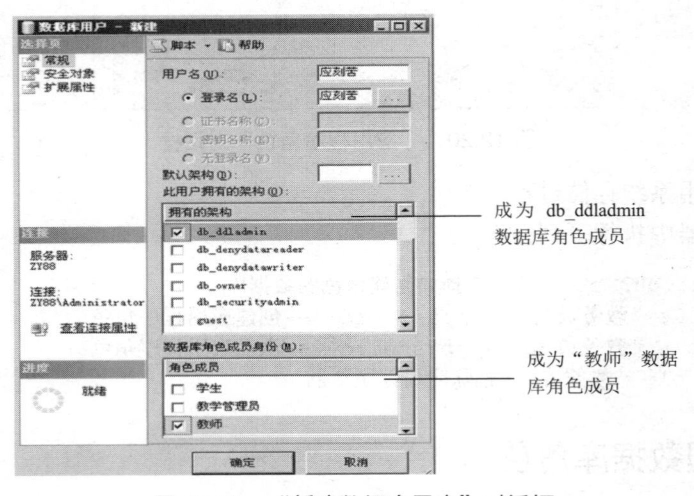

图 12.21 “新建数据库用户”对话框

2. 为固定服务器角色添加成员

1) 格式

```
sp_addsrvrolemember[@loginame=] '域\用户',[@rolename=]'角色名称'
```

2)　功能

(1)　添加固定服务器角色的成员。固定服务器角色如表 12.1 所列。

(2)　[@loginame =] '域\用户'指定添加到固定服务器角色的登录名称。

(3)　不能更改 sa 登录的角色成员资格。

【例 12.16】 创建 SQL Server 2012 登录帐号“应刻苦”，密码为 password，将用户“应刻苦”添加到 dbcreator 固定服务器角色中。

方法一：使用 SQL 命令。

```
EXEC sp_addlogin '应刻苦', 'password'--创建 SQL Server 2012 登录帐号
USE studentcourse   --设置 studentcourse 数据库为当前数据库
GO
EXEC sp_grantdbaccess '应刻苦'
 --授权用户“应刻苦”访问数据库“studentcourse”
GO
EXEC sp_addsrvrolemember '应刻苦', 'dbcreator'
--用户“应刻苦”成为 dbcreator 固定服务器角色成员
```

方法二：使用 Management Studio。

操作步骤如下。

①　展开 Management Studio 中的数据库服务器和数据库节点，展开安全性中的登录节点。在登录节点上右击，在弹出的快捷菜单上选择“新建登录”命令。

②　在新建登录对话框中输入帐号“应刻苦”，选择“SQL Server 2012 身份验证”方式。单击“确定”按钮退出。

③　展开 studentcourse 数据库用户节点，右击用户节点，在出现的快捷菜单中选择“新建数据库用户”命令，出现新建数据库用户的属性对话框。选择帐号“应刻苦”，单击“确定”按钮退出。

④　以系统管理员的身份登录 SQL Server 2012 服务器，展开登录图标，双击登录帐号“应刻苦”。

⑤　在出现的“登录属性-应刻苦”对话框中选择“服务器角色”选项卡，选中 dbcreator 服务器角色。

⑥　单击“确定”按钮退出，如图 12.22 所示。

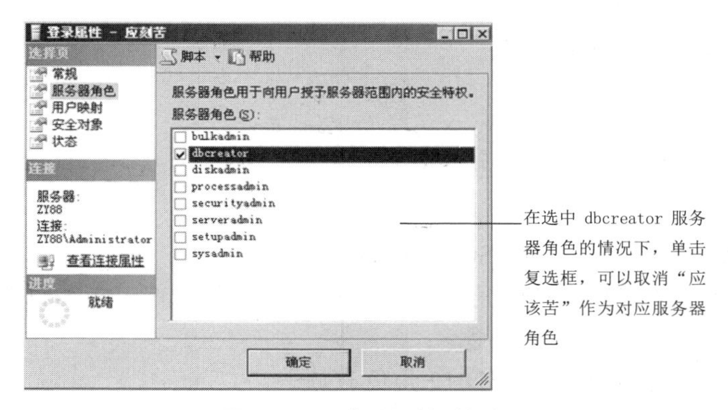

图 12.22　登录属性对话框

3. 删除固定服务器角色成员

1) 格式

```
sp_dropsrvrolemember [ @loginame = ] '域\用户' , [ @rolename = ] '角色名称'
```

2) 功能

(1) 从固定服务器角色中删除成员。

(2) [@loginame =] '域\用户'指定将要从固定服务器角色删除的登录的名称。

【例 12.17】 从 dbcreator 固定服务器角色中删除登录'应刻苦'。

```
EXEC sp_dropsrvrolemember '应刻苦', 'dbcreator'
```

4. 删除数据库角色成员

1) 格式

```
sp_droprolemember [ @rolename = ] '角色名称' ,
                  [ @membername = ] '用户安全帐户'
```

2) 功能

从当前数据库中的 SQL Server 2012 角色中删除安全帐户。

【例 12.18】 从角色 db_ddladmin、教师中删除用户“应刻苦”。

```
EXEC sp_droprolemember 'db_ddladmin', '应刻苦'
EXEC sp_droprolemember '教师','应刻苦'
```

5. 自定义数据库角色

1) 格式

```
sp_addrole [ @rolename = ] '角色名称'
```

2) 功能

(1) 向当前数据库添加指定的自定义数据库角色。

(2) 数据库角色的名称不能包含反斜杠 (\)、不能为 NULL 或空字符串 ('')。

【例 12.19】 向数据库中添加名为教师的自定义数据库角色。

```
EXEC sp_addrole '教师'
```

6. 删除自定义数据库角色

1) 格式

```
sp_droprole [ @rolename = ] '角色名称'
```

2) 功能

(1) 从当前数据库删除指定的 SQL Server 2012 角色。

(2) 不能删除仍然带有成员的角色。在删除角色之前，首先必须删除该角色的所有成员。不能删除固定角色及 public 角色。

【例 12.20】 删除 SQL Server 2012 角色教师。

```
EXEC sp_droprole '教师'
```

7. 查询角色信息

1)　格式

```
sp_helprole '角色名称'                --列出角色的名称、识别码
sp_helprolemember '角色名称'          --列出该角色所有成员及各成员的对象识别码
```

2)　功能

(1)　sp_helprole 列出角色的名称、识别码。

(2)　sp_helprolemember 列出该角色所有成员及各成员的对象识别码。

【例 12.21】 列出 SQL Server 2012 角色“教师”的所有成员及各成员的对象识别码。

```
EXEC sp_helprolemember'教师'
```

8. 总结

角色管理命令汇总如表 12.4 所示。

表 12.4　角色管理命令汇总表

操　作	固定服务器角色	固定数据库角色	自定义数据库角色
增加	不允许	不允许	sp_addrole
删除	不允许	不允许	sp_droprole
添加某帐户为某角色成员	sp_addsrvrolemember	sp_addrolemember	
从某角色中删除帐号成员	sp_dropsrvrolemember	sp_droprolemember	

(1)　存储过程 sp_addrole、sp_ddsrvrolemember、sp_addrolemember 返回代码值 0 表示成功创建，1 表示失败。

(2)　不能在用户定义的事务内使用存储过程 sp_addrole、sp_droprole、sp_addsrvrolemember、sp_addrolemember。

(3)　只有 sysadmin 固定服务器角色及 db_securityadmin 和 db_owner 固定数据库角色的成员才能执行 sp_addrole、sp_addrolemember、sp_droprolemember、sp_droprole 系统存储过程。

(4)　只有 sysadmin 固定服务器角色及 db_owner 固定数据库角色的成员才能执行 sp_addrolemember。

(5)　sysadmin 固定服务器的成员可以将其他成员添加到任何固定服务器角色。固定服务器角色的成员可以执行 sp_addsrvrolemember 将成员只添加到同一个固定服务器角色。

(6)　只有 sysadmin 固定服务器角色成员才可以执行 sp_dropsrvrolemember，以从固定服务器角色中删除任意登录。一个固定服务器角色的成员可以删除相同固定服务器角色中的其他成员。

(7)　内建角色无法删除，当角色中仍有成员时也无法删除。

12.4 数据库权限管理

12.4.1 权限概述

权限是指用户对数据库中对象的使用及操作的权利。SQL Server 2012 中的每个对象都由用户所有。所有者由数据库用户标识符标识。当第一次创建对象时，唯一可以访问该对象的用户是所有者或创建者。

对于任何其他想访问该对象的用户，所有者必须给该用户授予权限。如果所有者只想让特定的用户访问该对象，可以只给这些特定的用户授予权限。

一般我们把权限分为管理权限与许可权限。

管理权限有以下三种类型。

(1) 语句权限表示对数据库的操作权。

(2) 对象权限表示对数据库特定对象的操作权限。

(3) 预定义权限是系统安装以后有些用户和角色不必授权就有的权限，其中角色包括固定的服务器角色和固定的数据库角色；用户包括数据库对象所有者。例如①sa 系统管理员是为向后兼容而提供的特殊登录帐户，拥有最高管理权限，可以执行服务器范围内的所有操作。默认情况下，它指派给固定服务器角色 sysadmin，并且不能进行更改。虽然是内置管理员登录帐户，但不应例行公事地使用它。相反，应使其他的系统管理员帐户都成为 sysadmin 固定服务器角色的成员，并让他们使用自己的登录名登录。只有当没有其他方法登录到 SQL Server 2012 实例(例如：当其他系统管理员不可用或忘记了密码)时才使用 sa。②Builtin\administrators 本地管理员组，默认加入 sysadmin 角色中，因此具有管理员权限。

许可权限有三种类型。

(1) GRANT：授予用户有访问权限。

(2) REVOKE：撤销已经授予或撤消已经拒绝的权限。

(3) DENY：拒绝用户有访问权限。

三者之间的关系如图 12.23 所示。

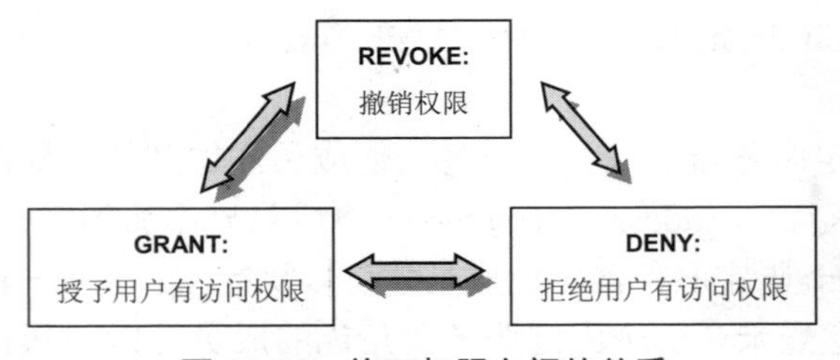

图 12.23　许可权限之间的关系

12.4.2 权限种类

用户登录到 SQL Server 2012 后，角色和用户的许可决定了他们对数据库所能执行的操作。权限种类可分为三类，分别是对象权限、语句权限和隐含权限。

1. 对象权限

处理数据或执行过程时需要的权限称为对象权限。

对象权限决定用户对数据库对象所执行的操作，它主要包括用户对数据库中的表、视图、列或存储过程等对象的操作权限，对象权限所能作用的数据库对象如表 12.5 所示。

表 12.5　对象权限所能作用的数据库对象

语　句	数据库对象
SELECT	表、视图、列、用户定义函数
UPDATE	表、视图、列
INSERT	表、视图
DELETE	表、视图
REFERENCE	表
EXECTE	存储过程、函数

INSERT 和 DELETE 语句权限会影响整行，因此只可以应用到表或视图中，而不能应用到单个列上。

2. 语句权限

语句权限决定用户能否操作数据库和创建数据库对象，例如，如果用户必须能够在数据库中创建表，则应该向该用户授予 CREATE TABLE 语句权限。语句权限适用于语句自身，而不适用于数据库中定义的特定对象。

语句权限有以下几种。

BACKUP DATABASE：备份数据库；BACKUP LOG：备份数据库日志；CREATE DATABASE：创建数据库；CREATE DEFAULT：在数据库中创建默认对象；CREATE FUNCTION：创建函数；CREATE PROCEDURE：在数据库中创建存储过程；CREATE RULE：在数据库中创建规则；CREATE TABLE：在数据库中创建表；CREATE VIEW：在数据库中创建视图。

3. 隐含权限

隐含权限是指系统自行预定义而不需要授权就有的权限。例如，sysadmin 固定服务器角色成员自动继承在 SQL Server 2012 安装中进行操作或查看的全部权限。

数据库对象所有者以及服务器固定角色均具有隐含权限，可以对所拥有的对象执行一切活动。例如，拥有表的用户可以查看、添加或删除数据，更改表定义，或控制允许其他用户对表进行操作的权限。

12.4.3　授予权限

1. 授予语句权限

1)　格式

```
GRANT { ALL | 语句[ ,…n ] } TO 安全帐户[ , …n ]
```

2) 功能

向当前数据库授予执行特定的 Transact-SQL 语句的权限。

2. 授予对象权限

1) 格式

```
GRANT{ALL|permission[,…n]}
      {
      [ (列名[ , …n ] ) ] ON { 表名| 视图名 }
          | ON {表| 视图} [ (列[ , …n ] ) ]
         | ON { 存储过程名| 扩展存储过程名}
          | ON { 用户定义函数名}
      }
TO 安全帐户[,…n] [WITH GRANT OPTION] [AS{组 |角色 }]
```

2) 功能

(1) ALL 表示授予所有可用的权限。对于语句权限，只有 sysadmin 角色成员可以使用 ALL。对于对象权限，sysadmin 和 db_owner 角色成员和数据库对象所有者都可以使用 ALL。

(2) "TO 安全帐户"向指定帐户或角色授予权限。

(3) 授予 public 角色的权限可应用于数据库中的所有用户。授予 guest 用户的权限可给所有在数据库中没有用户帐户的用户使用。

(4) permission 指定当前授予的对象权限。当在表、表值函数或视图上授予对象权限时，权限列表可以包括这些权限中的一个或多个：SELECT、INSERT、DELETE、REFENENCES 或 UPDATE。在存储过程上授予的对象权限只可以包括 EXECUTE。在标量值函数上授予的对象权限可以包括 EXECUTE 和 REFERENCES。

(5) WITH GRANT OPTION 表示允许"安全帐户"将指定的对象权限转授其他帐户的能力。WITH GRANT OPTION 子句仅对对象权限有效。

(6) AS{组|角色 }指当前数据库中有执行 GRANT 语句权力的帐户或角色，对象权限需要进一步授予不是组或角色的成员的用户，使用 AS。因为只有用户(而不是组或角色)可执行 GRANT 语句。

通过需求分析，设置 studentcourse 系统的主要角色为学生、教师、教务员。各角色的操作权限如表 12.6 所示。

表 12.6 各角色对数据表权限的设置

角色	用户	学生信息表	课程信息表	选修表
教师	应刻苦、陈弄清	Select	Select	Update
教务员	王老师、陈老师	Select Update Delete Insert		
学生	王永明、马俊萍	Select		
dbcreator	sa	数据库创建者，可以创建、更改和删除数据库		

【例 12.22】 授予用户"应刻苦"、"陈弄清"执行 CREATE TABLE 语句权限，如表 12.6 所示。

```
EXEC sp_grantlogin '应刻苦'
EXEC sp_addlogin '陈弄清'
```

```
use studentcourse
EXEC sp_grantdbaccess '应刻苦','T'
EXEC sp_grantdbaccess '陈弄清'
GRANT CREATE TABLE  TO T,陈弄清
EXEC sp_addrole '教师'
GRANT SELECT ON S TO 教师,T,陈弄清
GRANT SELECT ON SC TO 教师,T,陈弄清
GRANT UPDATE ON C TO 教师,T,陈弄清
```

【例 12.23】 授予教务员角色及其成员对数据表 S、SC、C 执行 SELECT、INSERT、UPDATE 和 DELETE 权限。

```
EXEC sp_addlogin '王老师'
EXEC sp_addlogin '陈老师'
use studentcourse
EXEC sp_grantdbaccess  '王老师'
EXEC sp_grantdbaccess  '陈老师'
EXEC sp_addrole '教务员'
GRANT SELECT,INSERT, UPDATE, DELETE ON S TO 教务员
GRANT SELECT,INSERT, UPDATE, DELETE ON SC TO 教务员
GRANT SELECT,INSERT, UPDATE, DELETE ON C TO 教务员
EXEC sp_addrolemember '教务员','王老师'
EXEC sp_addrolemember '教务员','陈老师'
```

【例 12.24】 用户王老师拥有表 S。王老师将表 S 的 SELECT 权限授予学生角色(指定 WITH GRANT OPTION 子句)。用户王永明，马俊萍是学生的成员，他要将表 S 上的 SELECT 权限授予不是学生角色成员的用户 J。

```
EXEC sp_addlogin '王永明'
EXEC sp_addlogin '马俊萍'
EXEC sp_addlogin 'J'
use studentcourse
EXEC sp_grantdbaccess  'J'
EXEC sp_grantdbaccess  '王永明'
EXEC sp_grantdbaccess  '马俊萍'
EXEC sp_addrole '学生'
/*用户王老师*/
GRANT SELECT ON S TO 学生 WITH GRANT OPTION
/*用户王永明是学生角色的成员，因此必须用 AS 子句对 J 授权。*/
GRANT SELECT ON S TO J AS 学生
```

【例 12.25】 授予 public 角色对表 S 中的学号、姓名字段的 SELECT 权限。

方法一：使用 SQL 命令。

```
use studentcourse
GRANT SELECT(学号,姓名)ON S TO public
```

方法二：使用 Management Studio。
为数据库角色授予操作表的权限。

① 依次展开 studentcourse 数据库→“安全性”→“用户”→“角色”→“数据库角色”节点，在 public 角色图标上双击，出现“数据库角色属性”对话框，切换到“安全对象”选项卡，如图 12.24 所示。

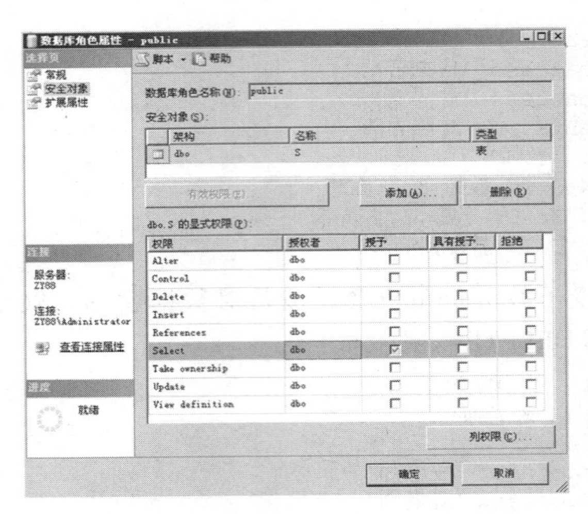

图 12.24 “数据库角色属性”对话框

② 在出现的“数据库角色属性- public”对话框中的“安全对象”选项卡中，单击“添加”，选择要设置权限的安全对象，如图 12.25～图 12.27 所示。

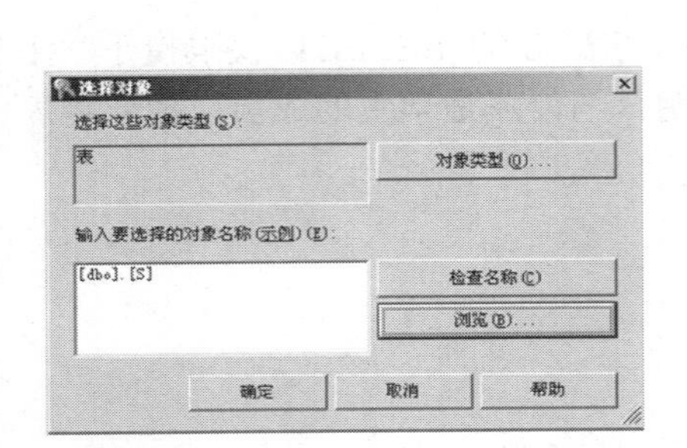

图 12.25 “选择对象”对话框

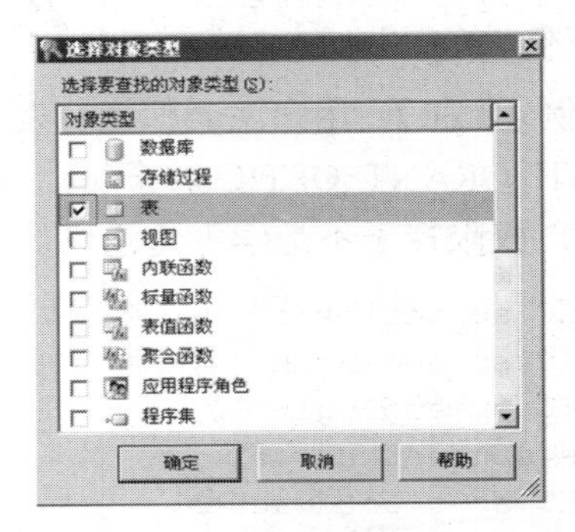

图 12.26 “选择对象类型”对话框

③ 由于只允许对表的部分字段进行查询操作，因此需要设置列操作权限，单击“列”按钮，如图 12.24 所示。

④ 在出现的列权限对话框中，如图 12.28 所示，设置相应的权限。

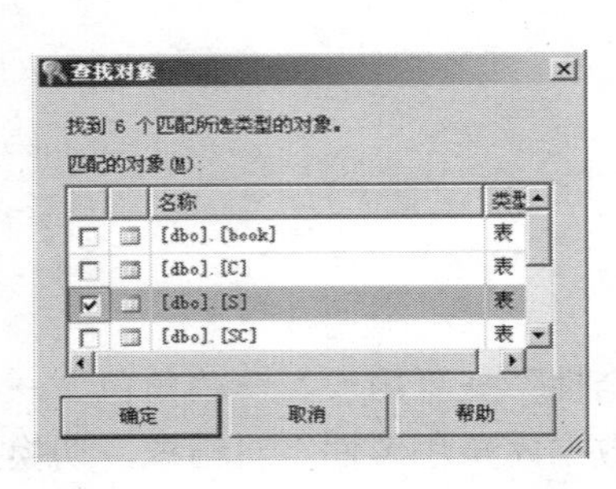

图 12.27 “查找对象”话框

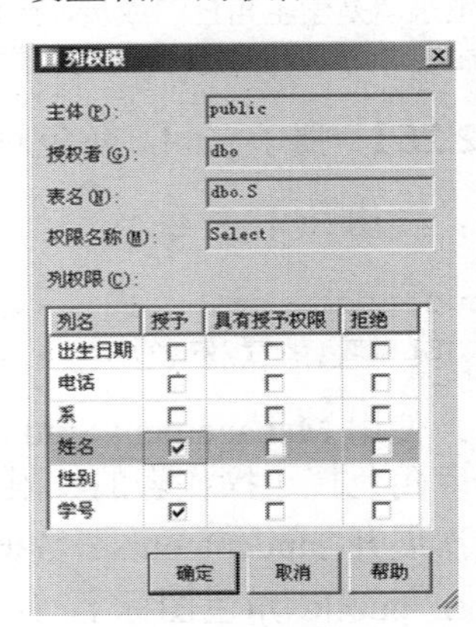

图 12.28 “列权限”对话框

12.4.4 禁止权限

1. 禁止语句权限

1) 格式

```
DENY {ALL|statement[ ,…n ] } TO 安全帐户 [ , …n ]
```

2) 功能

拒绝语句权限。

2. 禁止对象权限

1) 格式

```
DENY{ALL[ PRIVILEGES ]| permission [ , …n ] }
{[(列名[ , …n ])] ON {表名| 视图名}
    | ON {表名| 视图名} [ (列名[ , …n ] ) ]
    | ON {存储过程名| 扩展存储过程名}
    | ON {用户定义函数名}
}
TO 安全帐户 [ , …n ] [ CASCADE ]
```

2) 功能

(1) 拒绝当前数据库中的帐户或角色的权限。

(2) DENY 可用于两种特殊的安全帐户。在 public 角色上拒绝的权限适用于数据库中的所有用户。在 guest 用户上拒绝的权限将由数据库内所有没有用户帐户的用户使用。

(3) CASCADE 指定拒绝指定安全帐户的权限时，也将拒绝由此安全帐户授权的任何其他安全帐户。

如果使用 DENY 语句禁止用户获得某个权限，那么以后将该用户添加到已得到该权限的组或角色时，该用户也不能访问这个权限。

【例 12.26】 对多个用户拒绝多个语句权限。用户不能使用 CREATE DATABASE 和 CREATE TABLE 语句，除非给他们显式授予权限。

```
DENY CREATE TABLE TO T,陈弄清
```

【例 12.27】 拒绝用户王老师、陈老师的 SELECT 权限。

```
use studentcourse
DENY SELECT, INSERT, UPDATE, DELETE ON S TO 王老师,陈老师
DENY SELECT, INSERT, UPDATE, DELETE ON S TO 教务员
```

12.4.5 撤销权限

1. 删除语句权限

1) 格式

```
REVOKE {ALL|语句 [,…n]}FROM 安全帐户 [,…n]
```

2) 功能

删除以前在当前数据库内的用户上授予或拒绝的权限。

2. 删除对象权限

1) 格式

```
REVOKE [ GRANT OPTION FOR ]
 {ALL[ PRIVILEGES ] | permission [ ,…n ]}
 {[(列名[ ,…n])] ON {表名| 视图名}
        |ON {表名| 视图名} [ (列名[ ,…n])]
        |ON {存储过程名| 扩展存储过程名}
        |ON {用户定义函数名}
    } { TO | FROM }安全帐户[,…n] [CASCADE] [AS{组 |角色}]
```

2) 功能

(1) 不能废除系统角色的权限。

(2) 如果从 SQL Server 2012 角色或 Windows 组废除权限，这些权限将影响当前数据库中作为组或角色成员的用户，除非用户已被显式赋予或拒绝权限。

(3) REVOKE 可用于两种特殊的安全帐户。在 public 角色上废除的权限适用于数据库内的所有用户。在 guest 用户上废除的权限将由数据库内所有没有用户帐户的用户使用。

(4) REVOKE 权限默认授予固定服务器角色成员 sysadmin、固定数据库角色成员 db_owner 和 db_securityadmin。

(5) 如表 12.7 所示，授予或废除对象的权限，此时用户陈弄清依然具有查询 s 表的权限。

表 12.7 权限设置

角 色	教 师	废除教师查询 S 表的权限
属于教师角色的用户	陈弄清	显式授予陈弄清查询 S 表的权限

如表 12.8 所示，授予或废除对象的权限，此时用户陈弄清不具有查询 S 表的权限。

表 12.8 权限设置

角 色	教 师	废除教师查询 S 表的权限
属于教师角色的用户	陈弄清	未显式授予陈弄清查询 S 表的权限

【例 12.28】 废除教师角色查询 S 表的权限。

```
REVOKE SELECT ON S TO 教师
```

【例 12.29】 废除授予陈弄清用户的 CREATE TABLE 语句权限。

```
REVOKE CREATE TABLE FROM 陈弄清
```

12.4.6 查看权限信息

1) 格式

```
sp_helprotect [ [ @name = ] '对象或语句的名称' ]
    [,[ @username = ] '安全帐户名称' ]
```

```
    [,[ @grantorname = ] '授权安全帐户名称' ]
    [,[ @permissionarea = ] 'type' ]
```

2)　功能

(1)　返回当前数据库中某对象的用户权限或语句权限的信息。

(2)　type 是一个字符串，表示显示对象权限(字符串 o)、语句权限(字符串 s)还是两者都显示 (o s)。

【例 12.30】 列出表 S 的权限。

```
EXEC sp_helprotect 'S'
```

【例 12.31】 列出当前数据库中用户拥有的所有权限。

```
EXEC sp_helprotect NULL, ''
```

【例 12.32】 列出当前数据库中由用户“应刻苦”授予的所有权限。

```
EXEC sp_helprotect NULL, NULL, '应刻苦'
```

【例 12.33】 列出当前数据库中所有的语句权限。

```
EXEC sp_helprotect NULL, NULL, NULL, 'S'
```

本 章 小 结

本章介绍了 SQL Server 2012 中安全机制和安全管理的基础知识，并重点介绍了登录帐户、用户帐户的创建和管理、权限分配和灵活使用角色实现权限管理的技术。本章应重点掌握如何根据安全规划，创建登录帐户和用户帐户，并对其进行合理的权限分配和有效管理。

实训　数据库权限与角色管理

一、实验目的和要求

1. 理解用户、角色、权限等概念。
2. 给服务器和数据库角色分配安全帐户。
3. 创建与管理数据库角色。
4. 给语句和对象分配许可权限。

二、实验内容

1. 如图 12.29 所示，建立帐户，本地用户 N1、N2，密码分别为 liu、12，建立 Windows 帐户 B、T，密码分别为 m1、m2。

2. 在数据库 studentcourse 上定义数据库角色：教师、教务员、学生，各角色的成员及相应的权限如表 12.9 所示。使用 SQL 命令完成设置。

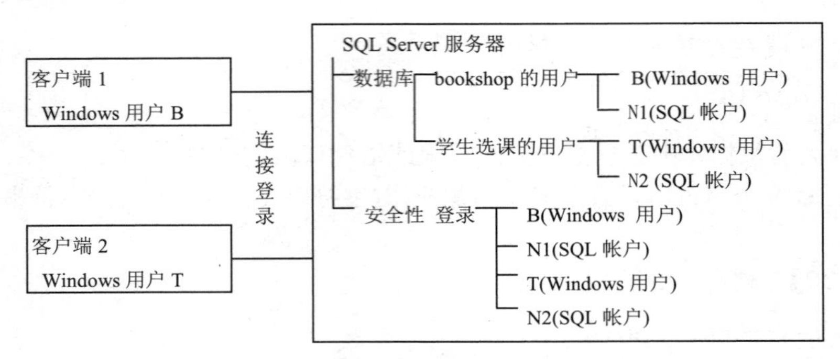

图 12.29 用户帐户示意

表 12.9 各角色成员及相应的权限

角 色	用 户	S 表	SC 表	C 表
教师	Zhang	Select	Select	Update
教务员	Liu\gao	Select Update Delete Insert		
学生	Wang	Select		
dbcreator	li	数据库创建者，可以创建、更改和删除数据库		

3. 在数据库 studentcourse 中给 public 角色授予 select 权限，并使 gao，Liu 可对 SC 表进行 select、insert、delete、update 操作。

4. 在数据库 studentcourse 中，授予 public 角色对 SC 表中的学号、课程号进行 select 操作的权限。

5. 查询针对 studentcourse 数据库中的数据表 S 设置的各种权限。

6. 查询 studentcourse 数据库中用户 zhang 拥有的所有权限。

7. 撤消用户 zhang 的所有权限。

8. 首先禁止教务员角色查询数据表 SC 的权限，接着废除教务员角色查询 SC 表的权限。

9. 删除用户 zhang，删除教师角色。

习 题

一、选择题

1. 下列语句中不是语句权限的是( )。
   A. CREATE DATABASE　　B. CREATE TABLE
   C. INSERT　　D. BACKUP LOG
2. 可以在 SQL Server 2012 中执行任何任务的角色是( )。
   A. db_owner　　B. sysadmin　　C. serveradmin　　D. setupadmin
3. 允许没有用户账户的登录，且能访问数据库的用户账户是( )。
   A. sa　　B. administrator　　C. guest　　D. dbo

4. (　　)是授予用户有访问权限。

A. CREATE　　B. DENY　　C. GRANT　　D. REVOKE

5. 查看角色信息的存储过程是(　　)。

A. sp_help　　B. sp_helpuser　　C. sp_helprole　　D. sp_helplogin

6. 新建数据库用户的系统存储过程是(　　)。

A. sp_revokedbaccess　　B. sp_addlogin

C. sp_grantlogin　　D. sp_grantdbaccess

二、填空题

1. 在 SQL Server 2012 工作时，用户要经过两个安全性阶段，分别是________和________。

2. 由固定服务器角色________的任何成员创建的任何对象都自动属于________。

3. SQL Server 2012 安全系统的构架建立在________和________的基础上。

4. 混合模式使用户得以使用________或________验证的用户账户进行连接。

5. 处理数据或执行过程时需要的权限称为________。

三、简答题

1. 数据库角色分为哪几类？各有什么特点？

2. SQL Server 2012 中的管理权限分为哪几类？如何使用这几类权限？

第 13 章　网络数据库

本章导读

本章介绍 ASP.NET 与 SQL Server 的连接，并给出了学生选课网站的详细设计与实现过程。

学习目的与要求

掌握 ASP.NET 与 SQL Server 数据库的连接技术。

13.1　ASP.NET 与 SQL Server 的连接

13.1.1　ASP.NET 简述

Active Server Page(ASP)技术的出现使服务器端程序的开发变得简单易行，而 ASP.NET 不仅仅是 ASP 的下一个版本，它还提供了一个统一的 Web 开发模型，其中包括开发人员生成企业级 Web 应用程序所需的各种服务。ASP.NET 的语法在很大程度上与 ASP 兼容，而且提供了一种新的编程模型和结构，可生成伸缩性和稳定性更好的应用程序，并提供更好的安全保护。可以通过在现有的 ASP 应用程序中逐渐添加 ASP.NET 功能，随时增强 ASP 应用程序的功能。

ASP.NET 是一个已编译的、基于.NET 的环境，可以用任何与.NET 兼容的语言(包括 Visual Basic .NET、C# 和 JScript .NET)创作应用程序。另外，任何 ASP.NET 应用程序都可以使用整个.NET Framework。开发人员可以方便地获得这些技术的优点，其中包括托管的公共语言运行库环境、类型安全、继承等等。

ASP.NET 可以无缝地与 WYSIWYG HTML 编辑器和其他编程工具(包括 Microsoft Visual Studio .NET)一起工作，这不仅使得 Web 开发更加方便，而且还能提供这些工具必须提供的所有优点，包括开发人员可以用来将服务器控件拖放到 Web 页的 GUI 和完全集成的调试支持。ASP.NET 不仅功能强大，而且易学易用。利用它能够在最短的时间内开发出具有高效性、高可靠性和高可扩展性的网站。

13.1.2　ASP.NET 2.0 访问 SQL Server 2012

Web.config 文件是一个 XML 文本文件，用来储存 ASP.NET Web 应用程序的配置信息，在运行时对 Web.config 文件的修改不需要重启服务就可以生效。配置文件包含以下内容。

1. 配置节处理程序声明

特点：位于配置文件的顶部，包含在<configSections>标志中。

2. 特定应用程序配置

特点：位于<appSetting>中，可以定义应用程序的全局常量设置等信息。

3. 配置节设置

特点：位于<system.Web>节中，控制 Asp.net 运行时的行为。

4. 配置节组

特点：用<sectionGroup>标记，可以自定义分组，可以放到<configSections>内部或其他<sectionGroup>标记的内部。

连接数据库有两种方式，一种是把连接参数赋予一个全局变量或常量，此种方式有一个致命的弊端就是连接参数的任何改变都需要重新编译程序；另一种方式就是把连接参数存放于 Web.config 文件的<appSetting>节中，采用这种方式时，连接参数的任何改变都不需要重新编译程序，只需重新设置<appSetting>节中的内容即可。Web.config 里的< appSetting >添加以下节点：

```
<appSettings>
    <add key="strConn" value="Server=(数据库服务器的 IP 地址);DataBase=数据库名;User Id=用户名;Password=密码;"/>
</appSettings>
```

在需要连接数据库的代码页面(即应用程序的后台编码类页面，也即相应的***.aspx.cs 页)中导入命名空间 using System.Data.SqlClient。

运用 SqlConnection cn = new SqlConnection(System.Configuration.ConfigurationManager.AppSettings["strConn"]); 这行代码通过调用 ConfigurationManager.AppSettings 方法取得名为 strConn 的配置字符串，将该字符串作为数据库连接字符串实例化一个数据库连接对象。

ADO.NET(ActiveX Data Objects.NET)是 ASP.NET 与数据库的接口，ADO.NET 可以有效地将数据访问分解为多个可以单独使用或一前一后使用的不连续组件。ADO.NET 包含用于连接数据库、执行命令和检索结果的 .NET 数据提供程序。ADO.NET 的对象内容如表 13.1 所示。

表 13.1　ADO.NET 的对象

对　象	描　述
Connection	与数据源建立连接
Command	对数据源执行操作命令返回结果
DataReader	从数据源提取只读、顺序的数据集
DataAdapter	在 DataSet 与数据源之间建立通道，将数据源中的数据写入 DataSet，或根据 DataSet 中的数据改写数据源
DataSet	服务器内存中的数据库
DataView	用于显示 DataSet 中的数据

在使用 ADO.NET 对象之前，必须先导入相应的命名空间。命名空间代表相应的.NET 框架类型集，通过导入命名空间可以访问该命名空间下的所有框架类型。导入方法就是在

页面上添加如下的引用语句：

```
using System.Data.SqlClient;
```

下面介绍本文中用到的 ADO.NET 对象的用法。

1. Connection 对象

建立 Connection 对象的代码：

```
SqlConnection cn = new SqlConnection();
```

Connection 对象的主要属性和方法有如下。

- ConnectionString 属性：获取或设置连接语句，如 cn.ConnectionString="server=(local);database=pubs;uid=sa;pwd=" "; 。
- DataBase 属性：获取当前打开的数据库。
- DataSource 属性：获取打开数据库的连接实例。
- Open 方法：打开连接。
- Close 方法：关闭连接。

2. Command 对象

Command 对象中包含了提交数据库系统的访问信息。用法如下

```
SqlCommand cm = new SqlCommand(sSQL, cn);
```

第一个参数是 SQL 语句或存储过程名，第二个参数是前面的 Connection 对象的实例。

Command 对象的主要属性和方法如下。

- Connection 属性：设置或获取 Command 对象使用的 Connection 对象实例。
- CommandText 属性：设置或获取需要执行的 SQL 语句或存储过程名。
- CommandType 属性：设置或获取执行语句的类型。它有 3 个属性值：StoredProceduce(存储过程)、TableDirect、Text(标准的 SQL 语句)，默认是 Text。
- Parameters 属性：取得参数值集合。
- ExecuteReader 方法：执行 CommandText 指定的 SQL 语句或存储过程名，返回值类型为 DataReader。
- ExecuteNonQuery 方法：与 ExecuteReader 功能相同，只是返回值为执行 SQL 语句或存储过程受影响的记录行数。

3. DataReader 对象

DataReader 的主要属性和方法如下。

- FieldCount 属性：显示当前数据记录的字段总和。
- IsClosed 属性： 判断 DataReader 对象是否已经关闭。
- Close 方法：关闭 DataReader 对象。
- GetString 方法：以 String 类型返回指定列中的值。

- Getvalue 方法：以自身的类型返回指定列中的值。
- Getvalues 方法：返回当前记录所有字段的集合。
- Read 方法：将“光标”指向 DataReader 对象的下一记录。

SQL 连接实例：

```
protected void Page_Load(object sender, EventArgs e)
{
    //创建连接
    SqlConnection cn = new
SqlConnection("server=localhost;database=pubs;uid=sa;pwd=''");
    cn.Open();      //打开连接
    string sSQL = "select * from Authors";
    SqlCommand cm = new SqlCommand(sSQL, cn); //向数据库发送 SQL 命令
    SqlDataReader dr = cm.ExecuteReader(); //返回结果集
    GridView1.DataSource = dr; //填充数据集
    GridView1.DataBind(); //绑定数据
    cn.Close();   //关闭连接
}
```

13.2　学生选课网站的设计与实现

13.2.1　数据表的操作

学生选课网站一共涉及对三张表的操作，主要有添加、修改和删除。下面以对 S 表操作为例进行详细介绍，图 13.1 为浏览 S 表时的效果图。下面详细介绍如何制作如图 13.1 所示的网页。

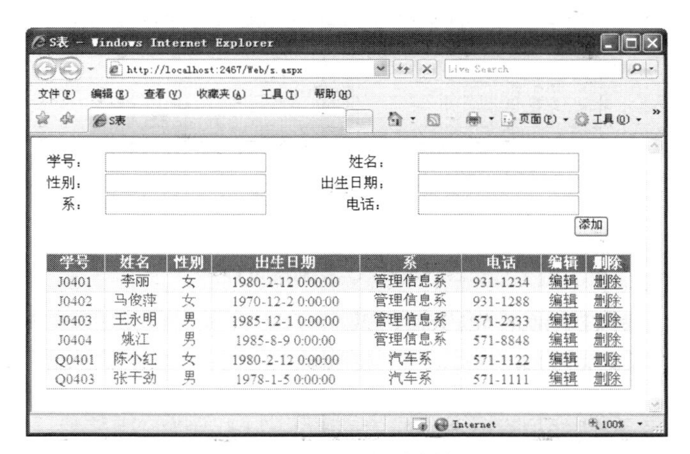

图 13.1　S 表的浏览效果

1. 制作 S 表浏览网页

1)　新建网站

启动 Microsoft Visual Studio 2012，选择“文件”菜单中的“新建网站”命令，打开“新建网站”对话框，如图 13.2 所示。

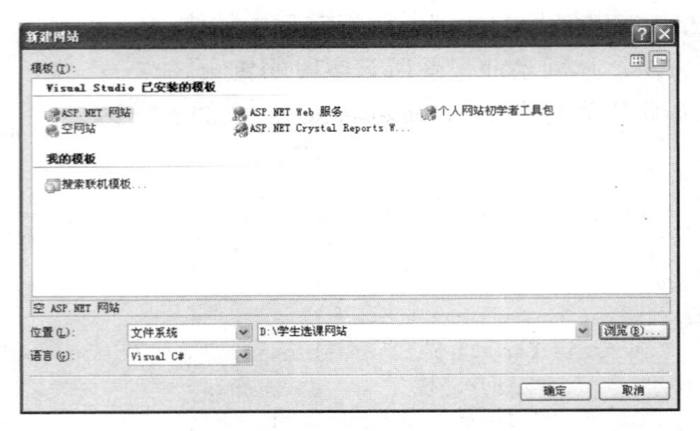

图 13.2 “新建网站”对话框

2) 重命名网页

在“解决方案资源管理器”中选中 Default.aspx，右击重命名为 s.aspx。

3) 添加 Web.config 文件

选择“网站”菜单中的“添加新项”命令，在弹出的对话框中选择“Web 配置文件”，单击“添加”按钮。在解决方案资源管理器中双击 Web.config 文件，添加如图 13.3 红框中的内容。

```
<configuration>
  <appSettings>
    <add key="strConn" value="Server=localhost;DataBase=studentcourse;User Id=sa;Password=123456;"/>
  </appSettings>
    <connectionStrings/>
    <system.web>
```

图 13.3 Web.config 文件的配置信息

4) 添加控件

添加必要的表格、TextBox 和 GridView 控件，设置如图 13.4 所示。

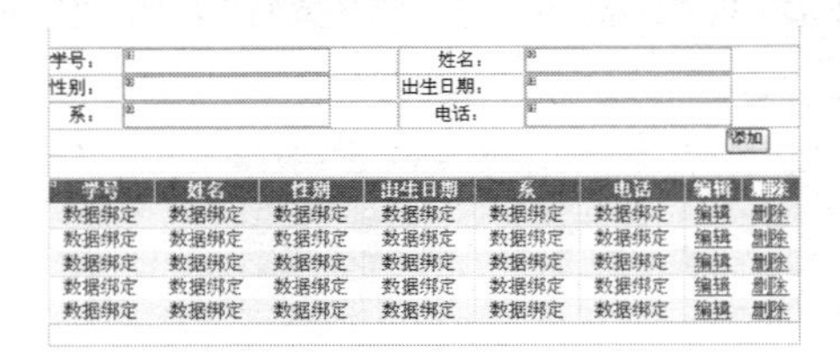

图 13.4 S 表浏览设计

GridView 控件设置后生成的代码如下：

```
<asp:GridView ID="GridView1" runat="server" Width="100%" ForeColor=
"#333333"
DataKeyNames="学号" AutoGenerateColumns="False"
OnRowCancelingEdit="GridView1_RowCancelingEdit"
OnRowDataBound="GridView1_RowDataBound"
OnRowDeleting="GridView1_RowDeleting"
OnRowEditing="GridView1_RowEditing"
OnRowUpdating="GridView1_RowUpdating">
    <Columns>
        <asp:BoundField DataField="学号" HeaderText="学号" >
            <ControlStyle Width="60px" />
```

```
        </asp:BoundField>
        <asp:BoundField DataField="姓名" HeaderText="姓名" >
            <ControlStyle Width="60px" />
        </asp:BoundField>
        <asp:BoundField DataField="性别" HeaderText="性别" >
            <ControlStyle Width="40px" />
        </asp:BoundField>
        <asp:BoundField DataField="出生日期" HeaderText="出生日期" >
            <ControlStyle Width="120px" />
        </asp:BoundField>
        <asp:BoundField DataField="系" HeaderText="系" >
            <ControlStyle Width="100px" />
        </asp:BoundField>
        <asp:BoundField DataField="电话" HeaderText="电话" >
            <ControlStyle Width="100px" />
        </asp:BoundField>
        <asp:CommandField HeaderText="编辑" ShowEditButton="True" >
        </asp:CommandField>
        <asp:CommandField HeaderText="删除" ShowDeleteButton="True" >
        </asp:CommandField>
    </Columns>
    <RowStyle BackColor= "#F7F6F3" ForeColor= "#333333"  />
    <SelectedRowStyle BackColor= "#E2DED6" Font-Bold= "True" ForeColor=
"#333333"  />
    <PagerStyle BackColor= "#284775" ForeColor= "White" HorizontalAlign=
"Center"  />
    <HeaderStyle  BackColor= "#5D7B9D"  Font-Bold= "True"  ForeColor=
"White"  />
    <EditRowStyle  BackColor= "#999999"  />
    <AlternatingRowStyle  BackColor= "White"  ForeColor= "#284775"  />
</asp:GridView>
```

5) 添加显示代码

在“s.aspx.cs”文件中添加一个名为 DataBind 的函数，该函数的主要作用就是在 GridView 中显示 S 表数据，代码如下：

```
    public void DataBind()
    {
        string strConn =
System.Configuration.ConfigurationManager.AppSettings ["strConn"];
        SqlConnection cn = new SqlConnection(strConn);
        cn.Open();

        string sSQL = "Select * From S";
        SqlCommand cm = new SqlCommand(sSQL, cn);
        SqlDataReader dr = cm.ExecuteReader();
        GridView1.DataSource = dr;
        GridView1.DataBind();
        cn.Close();
    }
```

我们需要在 Page_Load 事件中调用函数 DataBind，代码如下：

```
    protected void Page_Load(object sender, EventArgs e)
    {
        if (!this.IsPostBack)
        {
            DataBind();
```

```
        }
    }
```

Page.IsPostBack 用来检查当前网页是否为第一次加载，当使用者第一次浏览这个网页时 Page.IsPostBack 会传回 False，不是第一次浏览这个网页时就传回 True；所以在 Page_Load 事件中就可以使用这个属性来避免做一些重复的动作。

6) 调试

选择“调试”菜单中的“启动调试”命令。

2. 添加

在 s.aspx 页面双击“添加”按钮，在 Click 事件中添加如下代码：

```
    protected void Button1_Click(object sender, EventArgs e)
    {
        string strConn = System.Configuration.ConfigurationManager.AppSettings
["strConn"];
        SqlConnection cn = new SqlConnection(strConn);
        cn.Open();

        string sSQL = "Insert Into S(学号,姓名,性别,出生日期,系,电话) Values('";
        sSQL += this.TextBox1.Text + "','" + this.TextBox2.Text + "','";
        sSQL += this.TextBox3.Text + "','" + this.TextBox4.Text + "','";
        sSQL += this.TextBox5.Text + "','" + this.TextBox6.Text + "')";
        SqlCommand cm = new SqlCommand(sSQL, cn);
        cm.ExecuteNonQuery();  //执行 SQL 语句并返回受影响的行数
        cn.Close();
        DataBind();     //重新显示数据
    }
```

在文本框中分别输入相应的数据，单击“添加”按钮，效果如图 13.5 所示。

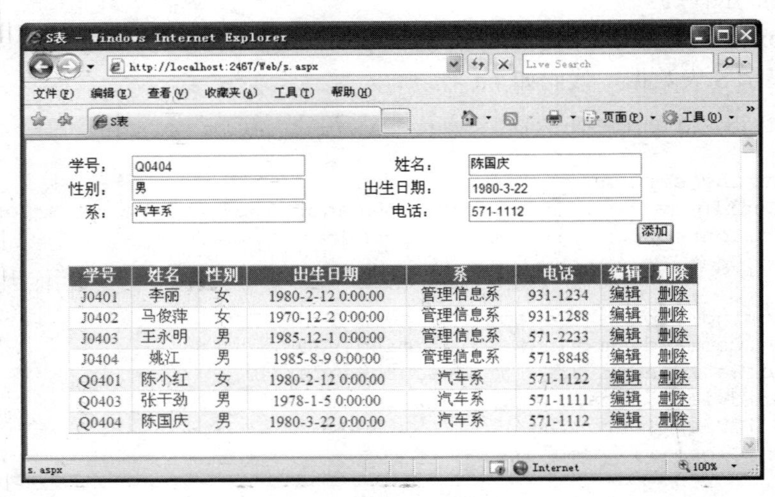

图 13.5 S 表添加效果图

3. 修改

修改包括更新与取消，在 GridView 中的行进入编辑模式之前，将引发 RowEditing 事件，如果需要在编辑记录前进行某些预处理，可以在这里操作。下面的代码就是设置要编辑的行的索引：

```
    protected void GridView1_RowEditing(object sender,
GridViewEditEventArgs e)
    {
        GridView1.EditIndex = e.NewEditIndex;
        DataBind();
    }
```

更新代码如下：

```
   protected void GridView1_RowUpdating(object sender,
GridViewUpdateEventArgs e)
    {
        //建立 GridView 行对象
        GridViewRow gvRow = this.GridView1.Rows[e.RowIndex];
        //得到列的值
        TextBox nametxt = (TextBox)gvRow.Controls[1].Controls[0];
        TextBox sextxt = (TextBox)gvRow.Controls[2].Controls[0];
        TextBox birtxt = (TextBox)gvRow.Controls[3].Controls[0];
        TextBox depttxt = (TextBox)gvRow.Controls[4].Controls[0];
        TextBox teltxt = (TextBox)gvRow.Controls[5].Controls[0];
        //得到主键
        string id =
this.GridView1.DataKeys[(int)e.RowIndex].Value.ToString().Trim();
        string name = nametxt.Text.Trim();
        string sex = sextxt.Text.Trim();
        string bir = birtxt.Text.Trim();
        string dept = depttxt.Text.Trim();
        string tel = teltxt.Text.Trim();

        string strConn =
System.Configuration.ConfigurationManager.AppSettings["strConn"];
        SqlConnection cn = new SqlConnection(strConn);
        cn.Open();

        string sSQL = "Update S Set 姓名 = '" + name + "',";
        sSQL += "性别='" + sex + "',";
        sSQL += "出生日期='" + bir + "',";
        sSQL += "系='" + dept + "',";
        sSQL += "电话='" + tel + "' ";
        sSQL += "Where 学号 = '" + id + "'";

        SqlCommand cm = new SqlCommand(sSQL, cn);
        cm.ExecuteNonQuery();
        cn.Close();

        this.GridView1.EditIndex = -1;    //取消编辑
        DataBind();
    }
```

取消代码如下：

```
    protected void GridView1_RowCancelingEdit(object sender,
GridViewCancelEditEventArgs e)
    {
        GridView1.EditIndex = -1;
        DataBind();
    }
```

单击“编辑”按钮，在需要更新的字段输入新的值，然后单击“更新”按钮即可完成操作，单击“取消”按钮将取消编辑，效果如图 13.6 所示。

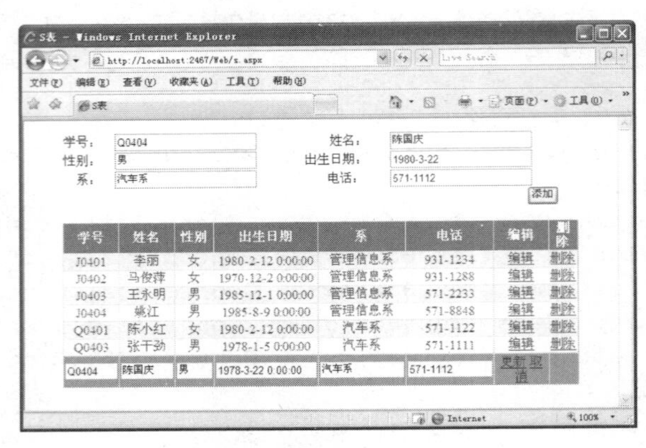

图 13.6　S 表修改效果

4. 删除

删除代码如下：

```
    protected void GridView1_RowDeleting(object sender,
GridViewDeleteEventArgs e)
    {
        string strConn =
System.Configuration.ConfigurationManager.AppSettings["strConn"];
        SqlConnection cn = new SqlConnection(strConn);
        cn.Open();

        string sSQL = "Delete From S Where 学号 = '" +
GridView1.Rows[e.RowIndex].Cells[0].Text.ToString() + "'";
        SqlCommand cm = new SqlCommand(sSQL, cn);
        cm.ExecuteNonQuery();
        cn.Close();
        DataBind();
    }
```

运用上面的方法，我们同样可以对 C 表、SC 表进行操作。

13.2.2　ASP.NET 调用存储过程

1. 存储过程的含义及分类

简单地说，存储过程是由一些 SQL 语句和控制语句组成的被封装起来的过程，它驻留在数据库中，可以被客户应用程序调用，也可以从另一个过程或触发器调用。它的参数可以被传递和返回。与应用程序中的函数过程类似，存储过程可以通过名字来调用，而且它们同样有输入参数和输出参数。

根据返回值类型的不同，可以将存储过程分为三类：返回记录集的存储过程，返回数值的存储过程(也可以称为标量存储过程)以及行为存储过程。顾名思义，返回记录集的存储过程的执行结果是一个记录集，典型的例子是从数据库中检索出符合某一个或几个条件的记录；返回数值的存储过程执行完以后返回一个值，例如在数据库中执行一个有返回值的函数或命令；行为存储过程仅仅是用来实现数据库的某个功能，而没有返回值，例如在数据库中的更新和删除操作。

2. 在应用程序中直接调用存储过程的益处

相对于直接使用 SQL 语句，在应用程序中直接调用存储过程有以下益处：

(1) 减少网络通信量。调用一个行数不多的存储过程与直接调用 SQL 语句的网络通信量可能不会有很大的差别，可是如果存储过程包含上百行 SQL 语句，那么其性能绝对比一条一条地调用 SQL 语句要高效得多。

(2) 执行速度更快。有两个原因：首先，在创建存储过程的时候，数据库已经对其进行了一次解析和优化。其次，存储过程一旦执行，在内存中就会保留一份这个存储过程，这样下次再执行同样的存储过程时，可以从内存中直接调用。

(3) 更强的适应性。由于存储过程对数据库的访问是通过存储过程进行的，因此数据库开发人员可以在不改动存储过程接口的情况下对数据库进行任何改动，而这些改动不会对应用程序造成影响。

(4) 分布式工作。应用程序和数据库的编码工作可以分别独立进行，而不会相互压制。

由以上的分析可以看到，在应用程序中使用存储过程是很有必要的。

3. 应用程序示例

下面的例子是在 ASP.NET 中调用存储过程，作用是根据学号查询学生各科的成绩，效果如图 13.7 所示。

```
    protected void Button1_Click(object sender, EventArgs e)
    {
        string strConn = System.Configuration.ConfigurationManager.AppSettings
["strConn"];
        SqlConnection cn = new SqlConnection(strConn);
        cn.Open();

        SqlParameter sp;
        SqlCommand cm = new SqlCommand("PRidscore", cn);
        cm.CommandType = CommandType.StoredProcedure;    //属性设置为存储过程
        sp = cm.Parameters.Add("@idstudent", SqlDbType.VarChar, 20);//添加参数
        sp.Value = this.TextBox1.Text;   //设置参数的值
        SqlDataReader dr = cm.ExecuteReader();
        GridView1.DataSource = dr;
        GridView1.DataBind();
```

```
        cn.Close();
    }
```

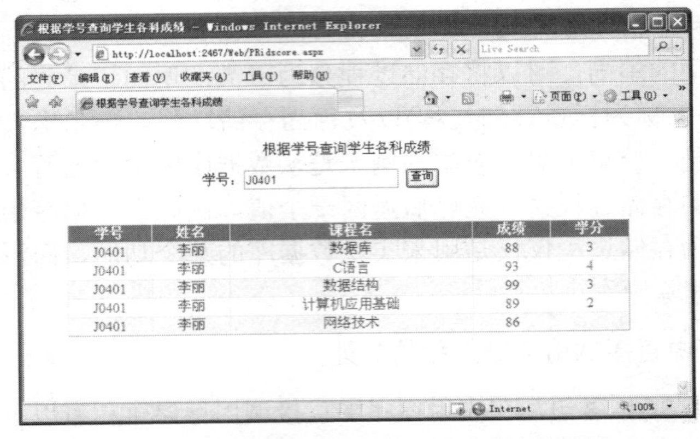

图 13.7　根据学号查询学生各科成绩的效果

下面的代码是根据课程查询选修这门课程的学生，页面效果如图 13.8 所示。

```
    protected void Button1_Click(object sender, EventArgs e)
    {
        string strConn =
System.Configuration.ConfigurationManager.AppSettings["strConn"];
        SqlConnection cn = new SqlConnection(strConn);
        cn.Open();

        SqlParameter sp;
        SqlCommand cm = new SqlCommand("PRscore", cn);
        cm.CommandType = CommandType.StoredProcedure;
        sp = cm.Parameters.Add("@idS", SqlDbType.VarChar, 20);
        sp.Value = this.TextBox1.Text;
        SqlDataReader dr = cm.ExecuteReader();
        GridView1.DataSource = dr;
        GridView1.DataBind();
        cn.Close();
    }
```

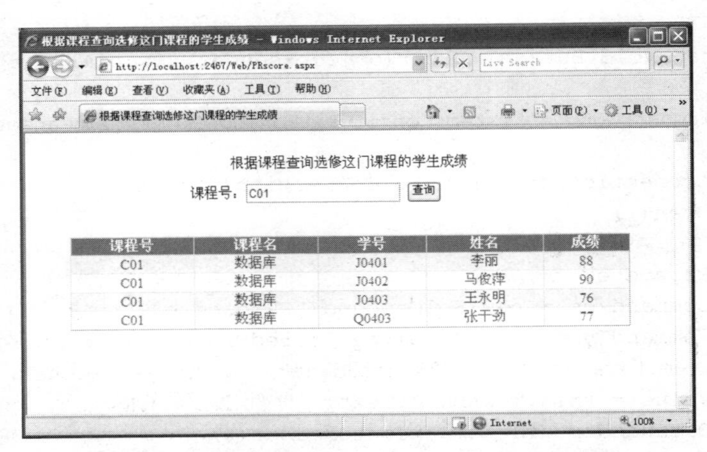

图 13.8　根据课程查询选修这门课程的学生的成绩

本章小结

本章以学生选课网站为例，给出了详细设计与实现过程，需要学生认真体会。

实训　网络数据库操作

一、实验目的和要求

1. 了解 ADO.NET 各个对象的功能。
2. 掌握 ASP.NET 与 SQL Server 数据库的连接技术。
3. 掌握调用存储过程进行网页开发的方法。

二、实验内容

按照本文中给出的方法，补充对 C 表进行浏览、增加、修改、删除操作，对 SC 主要实现浏览、成绩输入、学生选择课程、学生删除已选课程操作。在此基础上，还可以修改数据表，以实现学生、教师进行登录密码验证。图 13.9 是对 C 表进行浏览的效果图。

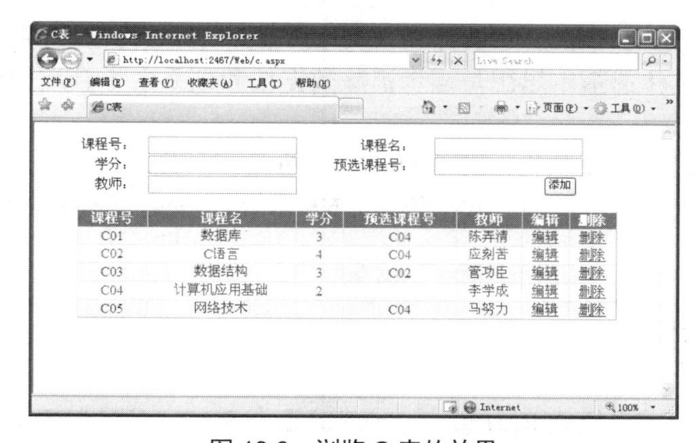

图 13.9　浏览 C 表的效果

第 14 章　数据库设计与关系规范化理论

本章导读

本章主要介绍数据库设计方法，重点是概念模型 ER 图的设计和 ER 模型向关系模型的转换方法。本章的理论性较强，在学习时应多加思考。

学习目的与要求

(1) 理解数据模型的概念。
(2) 掌握关系数据库概念模型的设计方法。

14.1　关系规范化理论

在本书的第 3 章，我们就提到过关系规范化理论，它是研究如何将一个不好的关系模型转化为一个好的关系模型的理论。通过创建某一关系中的规范化准则，既可以方便数据库中数据的处理，又可以给程序设计带来方便。这一规范化准则称为数据规范化(data normalization)。规范化的基本思想是逐步消除数据依赖关系中不合适的部分，使相互依赖的数据达到有效的分离。

关系模型的规范化理论认为，关系数据库中的每一个关系都要满足一定的规范。关系模型的规范化理论包括三个方面，数据依赖、NF 范式(normal form)、模式设计方法。其中数据依赖是核心。

14.1.1　函数依赖

定义 14.1：设有关系模式 R(a1,a2,…,an)或简记为 R(U)，X,Y 是 U 的子集，r 是 R 的任一具体关系，如果对 r 的任意两个元组 t1,t2，由 t1[X]=t2[X]导致 t1[Y]=t2[Y]，则称 X 函数决定 Y，或 Y 函数依赖于 X，记为 X→Y。X→Y 为模式 R 的一个函数依赖。

例如，关系 C(课程号，课程名，学分，预选课程号，教师)，如表 14.1 所示，X 由 C 表中的列“课程号”组成，Y 由 C 表中的列“课程号”、“课程名”、“学分”组成，若表中的第 t1 行和第 t2 行上的 X 值相等，那么必有 t1 行和 t2 行上的 Y 值也相等，这就是说 Y 函数依赖于 X。如表 14.1 所示，任何一行的关系均符合上述条件，所以 “课程名”、“学分”等属性函数依赖于“课程号”。如果有一行不符合函数依赖的条件，则函数依赖对于这个关系就不成立。函数依赖是否成立是不可证明的，只能通过属性的含义来判断。

例如，在学习关系 R(学号,姓名,课程号,成绩,课程名,教师)中，存在函数依赖：

学号→姓名
课程号→课程名；
(学号，课程号)→GRADE(每个学生学习一门课只能有一个成绩)

表 14.1　课程数据表 C

课 程 号	课 程 名	学　分	预选课程号	教　师
C01	数据库	3	C04	陈弄清
C02	C 语言	4	C04	应刻苦
C03	数据结构	3	C02	管功臣
C04	计算机应用基础	2		李学成
C05	网络技术		C04	马努力

定义 14.2：设有关系模式 $R(a1,a2,\cdots,a_n)$或简记为 R(U)，X,Y 是 U 的子集，r 是 R 的任一具体关系，若 Y 函数依赖于 X，但不依赖于 X 的任何子集，则称 Y 完全函数依赖于 X，记为 X→Y。

例如，在学生基本情况表关系 S(学号,姓名,性别,出生日期,系,电话)中，学号→系，同样有(学号,姓名)→系和(学号,出生日期)→系。真正起作用的函数依赖是学号→系，其他都是派生的。因此，学号→系，是完全函数依赖。

定义 14.3：若 Y 函数依赖于 X，但并非完全函数依赖于 X，即存在 X 的子集 X′，X′→Y，则称 Y 部分函数依赖(Partially Dependency)于 X，记为 $X \xrightarrow{P} Y$。

例如，(学号,出生日期) $\xrightarrow{P}$ 系，

定义 14.4：在关系模式 R(U)中，若 $K \subseteq U$，且满足 K→U，则称 K 为 R 的关键字。关键字是完全函数决定关系的属性全集。一个关系可能有若干个关键字，通称为候选关键字。但通常指定其中一个作为经常使用的，称为主关键字。在一个关系模式中，所有关键字中的属性构成一个集合(非主属性集)，相应地，把主属性集中的属性称为主属性。非主属性集中的属性称为非主属性。

例如：

学生基本信息表 S(学号,姓名,性别,出生日期,系,电话)，学号→(姓名，出生日期，系，电话)，学号为主关键字，简称为主键。

课程数据表 C(课程号,课程名,学分,预选课程号,教师)，课程号→(课程名,学分,预选课程号,教师)，课程号为主关键字。

学生选课数据表 SC(学号,课程号,成绩)，(学号,课程号)→成绩，选择学号与课程号的组合为主关键字。

(学号,系) $\xrightarrow{P}$ (姓名，出生日期系,系,电话)，所以(学号,系)不是关键字。

定义 14.5：如果，X→Y，Y→Z，于是 X→Z。“Z”通过中间属性“Y”间接依赖于“X”，则称“Z”传递依赖于“X”，否则，称为非传递函数依赖。

例如，在关系 S 中增加“年龄”，这样，姓名→出生日期，出生日期→年龄，于是姓名→年龄。“年龄”通过中间属性“出生日期”间接依赖于“姓名”，则称“年龄”传递依赖于“姓名”。

14.1.2　关系模式的范式

关系模式的规范化的任务是降低数据冗余，消除更新异常、插入异常和删除异常，方

便用户使用，简化检索查询统计操作，加强数据独立性。

在 1970 年，E.F.Codd 首先提出范式的概念，1974 年 Boyce 和 Codd 共同提出 BCNF。根据满足规范化条件的不同，可以分为第一范式(1NF)，第二范式(2NF)，……，第五范式(5NF) 五个等级。范式的级别越高，条件越严格。

1．第一范式(1NF)

定义 14.6：如果一个关系模式 R，不存在重复字段，并且各字段都是最小的逻辑存储单位。所有属性的值域中每个值都是不可再分解的值，则称 R 属于第一范式，记为 R∈1NF。

例如，关系 T(教师,课程)如表 14.2 所示，属性“课程”的值域包括两门课程，是可以被分解的，因此关系 T 不属于第一范式 1NF。分解值域，如表 14.3 所示，就成为第一范式的关系模式。

表 14.2　关系 T

教　师	课　程
陈弄清	数据结构、数据库
李学成	网络与通信

表 14.3　关系 Te

教　师	课　程
陈弄清	数据结构
陈弄清	数据库
李学成	网络与通信

例如，有关系 P(学号,姓名,出生日期,选修课信息(课程号,课程名,学分,教师))

该关系存在的属性“选修课信息”不是最小的逻辑存储单位，例如，一个新生若选修多门课程，此时多条记录包含学生的基本数据办法是分解属性，使它们仅含单纯值。

关系 P(学号,姓名,出生日期,课程号,课程名,学分,教师)属于第一范式。

2．第二范式(2NF)

定义 14.7：如果关系模式 R∈1NF，则关系中每一个非主关键字段都完全依赖于主关键字段，不能只部分依赖于主关键字的一部分。则称 R 满足第二范式，记为 R∈2NF。

例如，关系 P(学号,姓名,出生日期,课程号,课程名,学分,成绩)

因为(学号,课程号)→(学号,姓名,出生日期,课程号,课程名,学分,成绩)，所以(学号,课程号)为主关键字。而学号→(姓名,出生日期)，课程号→(课程名,学分)，所以“出生日期”部分依赖于主关键字，P 不属于第二范式。

实际使用时，存在如下问题。

- 数据重复：同一门课程由 n 个学生选修，“学分”就重复 n 次；同一个学生选修了 m 门课程，姓名和年龄就重复了 m 次。
- 更新异常：若调整了某门课程的学分，数据表中所有行的“学分”值都要更新，否则会出现同一门课程学分不同的情况。

- 插入异常：假设要开设一门新的课程，暂时还没有人选修。这样，由于还没有"学号"关键字，课程名称和学分也无法录入数据库。
- 删除异常：假设一批学生已经完成课程的选修，这些选修记录就应该从数据库表中删除。但是，与此同时，课程名称和学分信息也被删除了。

把一个 1NF 的关系模式变为 2NF 的方法是，通过模式分解，保证关系中每一个非主关键字段都完全依赖于主关键字段。

例如，将关系 P 进一步分解成：

P1(学号,姓名,出生日期)，学号→(姓名,出生日期)

P2(学号,课程号,成绩)，(学号,课程号)→(成绩)

P3(课程号,课程名,学分)，课程号→(课程名,学分)

分解后，如果新生没有选修课程，他的信息也可以存放在 P1 中。这样的数据库表是符合第三范式的，消除了数据冗余、更新异常、插入异常和删除异常。但是如果要检索某个学生的课程成绩，需要进行连接操作。

3．第三范式(3NF)

定义 14.8：如果关系模式 R∈2NF，且每个非主属性都不传递依赖于 R 的关键字，则称 R 属于第三范式，即 R∈3NF。也就是说每个非主属性既不部分依赖，也不传递依赖于关键字。

第三范式要求去除传递依赖，例如，关系模式 S(学号,姓名,出生日期,年龄)中，学号为关键字。显然，学号→出生日期，出生日期→年龄，故学号→年龄，因此学生的年龄就传递依赖学号。关系模式 S 在年龄列存在数据冗余，要消除数据冗余现象，必须使关系模式中不出现传递函数依赖。

4．BCNF 范式

1974 年，Boyce 和 Codd 等人从另一个角度研究了范式，发现函数依赖中的决定因素和关键字之间的联系有关，从而创立了另一种第三范式，称为 Boyce-Codd 范式，简称 BCNF，但其条件比 3NF 更苛刻。

定义 14.9：若关系模式 R∈1NF，且每个属性都不传递依赖于 R 的关键字。则称 R 满足 BCNF，记为 R∈BCNF，BCNF 是 3NF 的改进形式。

也就是所有非主属性对键是完全函数依赖，所有主属性对不包含它的键是完全函数依赖，没有属性完全函数依赖于非键的属性组。如果 R∈BCNF，则 R 必是第三范式，反之，不一定成立。关系模式属于 3NF，但不属于 BCNF 时，在操作时仍然存在插入异常、删除异常等问题，这是由于主属性对键的传递函数依赖引起的。

例如，关系模式 H(项目号,零件号,职工号,数量)，一个项目有多个职工管理，一个职工仅参与一个项目的开发工作，每个项目的一种型号的零件由专人负责安装，但一个人可以安装几种零件，同一种型号的零件可以被几个项目使用。

(项目号,零件号)→职工号。由于每个项目的某种零件由专人负责安装，而一个人可以安装几种零件，所以有组合属性(项目号，零件号)才能确定负责人。

因为一个职工仅参与一个项目的开发工作。所以职工号→项目号。

(职工号,零件号)→数量。每个项目的一种型号的零件由专人负责安装，一个职工仅参与一个项目的开发工作。因此(项目号,零件号)→数量。

所以(项目号,零件号)→(项目号,零件号,职工号，数量)

(职工号,零件号)→(项目号,零件号,职工号，数量),

也就是(项目号,零件号)，(职工号,零件号)均能决定整个元组，为另一个候选关键字。属性职工号、项目号、零件号均为主属性，只有一个非主属性“数量”。它对任何一个候选关键字都是完全函数依赖的，并且是直接依赖，所以 H ∈3NF。

但是(职工号,零件号)→职工号，职工号→项目号，故(职工号,零件号)传递依赖于项目号。

虽然没有非主属性对候选关键字的传递依赖，但存在主属性对候选关键字的传递依赖，假如一个新职工处于实习阶段，无独立安装零件的任务。由于缺少零件号而无法添加到该关系中去。

解决办法是分解关系模式 H。

H1(职工号,零件号,数量)，关键字是(职工号,零件号)。

H2(职工号,项目号)，关键字是职工号。

分解后，函数依赖“(项目号,零件号)→职工号”丢失了，因而对原来的语义有所破坏，没有体现出“每个项目里一种零件由专人负责安装”的语义。

14.2 数据库设计

14.2.1 数据库设计的目标与方法

数据库设计包括数据库结构设计与应用设计，一般在数据库结构设计的基础上，完成数据应用设计，规范的数据库结构设计是决定应用程序质量的重要要素之一。数据库结构设计的主要目标是最大限度地满足用户的应用功能，将用户需要的数据及数据间的联系，全部准确地存放在数据库中，精确表达现实世界。同时通过降低数据存储冗余，避免数据异常操作，保持数据库的一致性，满足对事务响应时间的要求，尽可能减少数据的存储量和内外存间数据的传输量，便于数据库的扩充和移植。

数据库设计的质量不仅依赖于设计人员对应用领域的了解，而且还依赖于他们从事数据库设计的实践经验和水平。目前数据库设计方法主要有直观设计法和规范设计法。

直观设计法主要凭借设计者对整个系统的了解和认识，以及平时所积累的经验和设计技巧，完成对某一数据库系统的设计任务。显然，这种方法带有很大的主观性和非规范性。对于一个简单的程序设计过程来说，这样的方法具有周期短、效率高、操作简便、易于实现等优点。但对于数据库设计尤其是大型数据库系统的设计，由于其信息结构复杂、应用需求全面等系统化综合性的要求，通常需要成员组的共同努力、相互协调、综合多种知识，在具有丰富经验和设计技巧的前提下，以严格的科学理论和软件工程设计原则为依托，完成数据库设计的全过程，因此，数据库设计能否满足规范化的设计要求至关重要。

规范化设计法将数据库设计分为若干阶段，明确规定各阶段的任务，采用自顶向下、分层实现、逐步求精的设计原则，结合数据库理论和软件工程设计方法，实现设计过程的每一细节，最终完成整个设计任务。

1978 年 10 月来自 30 多个欧美国家的主要数据库专家在美国新奥尔良市专门讨论了数据库设计问题，针对直观设计法存在的缺点和不足，提出了数据库系统设计规范化的要求，将数据库设计分为四个阶段，即需求分析阶段、概念设计阶段、逻辑设计阶段和物理设计阶段。此后，S.B.Yao 等人提出了数据库设计的五个步骤，增加了数据库实现阶段，从而逐渐形成了数据库规范化设计方法。常用的规范化设计方法主要有：基于 3NF 的数据库设计方法、基于实体联系的设计方法、基于视图概念的数据库设计方法等。基于 3NF 的数据库设计方法的基本思想是在需求分析的基础上，识别并确认数据库模式中的全部属性和属性间的依赖，将它们组织在关系模式中，然后再分析模式中不符合 3NF 的约束条件，用投影等方法将其分解，使其达到 3NF 的条件。基于实体联系(Entity-Relationship)的数据库设计法是通过 E-R 图的形式，描述数据间的关系。此方法是由 PeterP.S.Chen(陈平山)在 1976 年提出的，其基本思想是在需求分析的基础上，用 E-R 图构造一个纯粹反映现实世界实体(集)之间内在联系的组织模式，然后再将此组织模式转换成选定的 DBMS 上的数据模式。基于视图概念的数据库设计方法，其基本思想是先从分析各个应用的数据着手，为每个应用建立各自的视图，然后再把这些视图汇总起来合并成整个数据库的概念模式。

14.2.2 数据库设计的基本步骤

数据库的设计过程通常采用“自顶向下、逐步求精”的设计原则。将数据库的设计过程分解为若干相互依存的阶段，从而将一个大的问题局部化，减少局部问题对整体设计的影响及依赖，并利于多人合作。

目前数据库设计主要采用以逻辑数据库设计和物理数据库设计为核心的规范化设计方法。即将数据库设计分为需求分析、概念结构设计、逻辑结构设计、数据库物理设计、数据库实施、数据库运行和维护六个阶段。

1. 需求分析阶段

需求分析阶段是形成最终设计目标的重要阶段，在这个阶段需确定用户的目标，收集数据和关于这些数据的约束，确定用户需求，并把这些要求写成用户和数据库设计者都能够接受的文档。只有通过对数据库用户深入的调查分析，才能对用户的各种需求作出准确充分的分析，明确数据库系统应具备的安全性、完整性要求，系统应具备的功能。

2. 概念结构设计阶段

概念结构设计是对用户需求进行进一步抽象、归纳，并形成独立于 DBMS 和有关软、硬件的概念数据模型的设计过程，这是对现实世界中具体数据的首次抽象，实现了从现实世界到信息世界的转化过程。数据库的概念结构通常用 E-R 模型来刻画。

3. 逻辑结构设计阶段

逻辑结构设计是将概念结构转化为某个 DBMS 所支持的数据模型，并进行优化的设计过程。它已成为影响数据库设计质量的一项重要工作。

4. 数据库物理设计阶段

数据库的物理结构主要指在相关存储设备上的存储结构和存取方法。数据库物理设计是将各逻辑数据对象，按一定的结构存储在存储设备上，并使系统的运行效率达到最佳，比如数据或数据备份存储安排等等；设计访问方法，为存储在物理设备上的数据提供检索的能力。优秀的物理设计将会大大降低数据丢失的风险，提高系统的安全性和存取效率。

5. 数据库实施阶段

数据库实施阶段，即数据库调试、试运行阶段。系统运行的初始阶段，要载入数据库数据，以生成完整的数据库，编制有关应用程序，进行联机调试并转入试运行，同时进行时间、空间等性能分析，若不符合要求，则需调整物理结构、修改应用程序，直至高效、稳定、正确地运行该数据库系统为止。

6. 数据库运行和维护阶段

数据库是一种动态和不断完善的运行过程，运行和维护阶段开始，并不意味着设计过程的结束，任何哪怕只有细微的结构改变，也许就会引起对物理结构的调整、修改，甚至物理结构的完全改变，因此数据库运行和维护阶段是保证数据库日常活动的一个重要阶段。数据系统投入运行后，主要维护工作有以下几个方面：

(1) 维护数据库的安全性与完整性控制及系统的转储和恢复。

(2) 性能的监督、分析与改进。

(3) 增加新功能。

(4) 发现错误，修改错误。

14.2.3 概念结构设计

概念结构设计是对用户需求进行进一步抽象、归纳，并形成独立于 DBMS 和有关软、硬件的概念数据模型的设计过程，概念模型应能简洁地概括现实世界，真实地反映现实世界中事物和事物之间的联系，并能方便地在机器中表达与实现。目前一般用 E-R 图来描述现实世界的概念模型。在概念结构设计阶段，要注意采用关系规范化思想构造实体类型和联系类型。

1. 概念模型

1) 概念模型中涉及的概念

实体：客观存在并可相互区别的事物称为实体，如一个学生、一个部门、老师与系的工作关系。

属性：实体所具有的某一特性称为属性。

主键：唯一标识实体的属性集称为主键。

域：属性的取值范围称为该属性的域。

实体型：具有相同属性的实体必然具有共同的特征和性质。用实体名及其属性名集合来抽象和刻画同类实体，称为实体型。例如：学生(学号,姓名,性别,入学时间)就是一个实体型。

实体集：同型实体的集合称为实体集。例如，全体学生就是一个实体集。

联系：在信息世界中，联系反映为实体(型)内部的联系和实体(型)之间的联系。实体内部的联系通常是指组成实体的各属性之间的联系。实体之间的联系通常是指不同实体集之间的联系。

2)　联系的分类

(1)　二元联系：只有两个实体集参与的联系称为二元联系。

二元联系可以分为三类，分别是一对一联系(1∶1)，一对多联系(1∶n)，多对多联系(m∶n)。实际上，一对一联系是一对多联系的特例，而一对多联系又是多对多联系的特例。图 14.1 所示为两个实体型之间的三类联系。

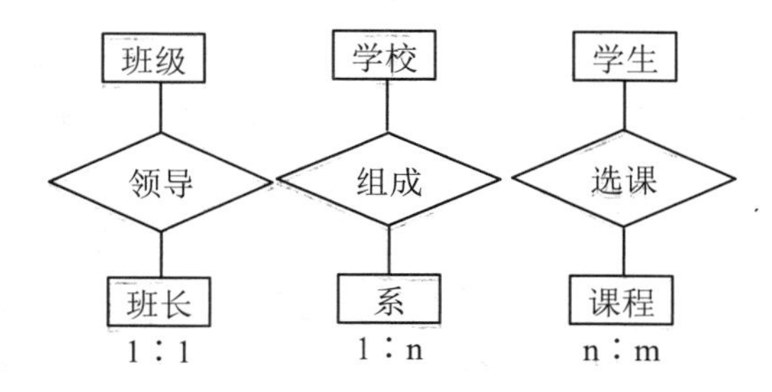

图 14.1　二元联系示例

(2)　多元联系：参与联系的实体集的个数大于等于 3 个时，称为多元联系。多元联系也存在着一对一、一对多、多对多联系。图 14.2 所示是三个实体型之间的联系示例。

(3)　自反联系：它描述了同一实体集内两部分实体之间的联系，是一种特殊的二元联系。同一实体集内的各实体之间也可以存在一对一、一对多、多对多联系。图 14.3 所示为自反联系示例。

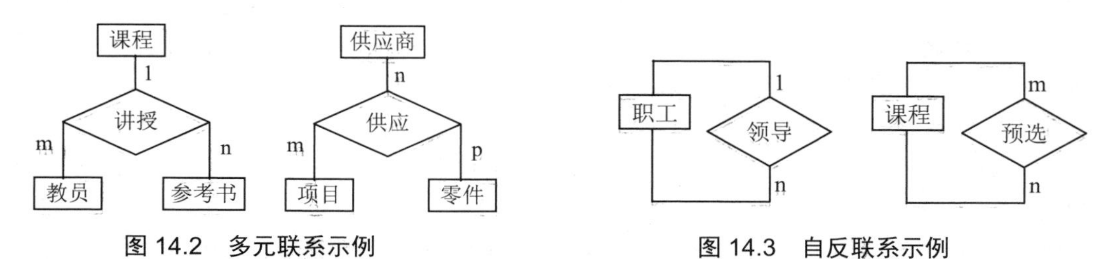

图 14.2　多元联系示例　　　　图 14.3　自反联系示例

2. 概念模型的表示方法

概念模型要能比较真实地模拟现实世界、易为人所理解、便于在计算机上实现表示概念模型的方法中最常用的是 P.P.S.Chen 于 1996 年提出的实体－联系方法(Entity-Relationship Approach)，简称 E-R 方法(E-R 模型)。用 E-R 图来描述现实世界的概念模型。

1)　E-R 图的构成规则

E-R 图是用来描述现实世界的概念模型，提供了表示实体、属性和联系的方法。用矩形框表示“实体型”，矩形框内写明实体名。用椭圆表示“属性”，并用无向边将其与相应的实体连接起来。用菱形框表示“联系”，菱形框内写明联系名，并用无向边分别与相关实体连接起来，同时在无向边旁标上联系的类型(1∶1，1∶n 或 m∶n)，例如：学生实体具有学号、姓名、性别、出生日期、系、电话等属性，用 E-R 图表示，如图 14.4 所示。

联系也可具有属性。例如，我们用“供应量”来描述联系“供应”的属性，表示某供应商供应了多少数量的零件给某个项目，用 E-R 图表示，如图 14.5 所示。

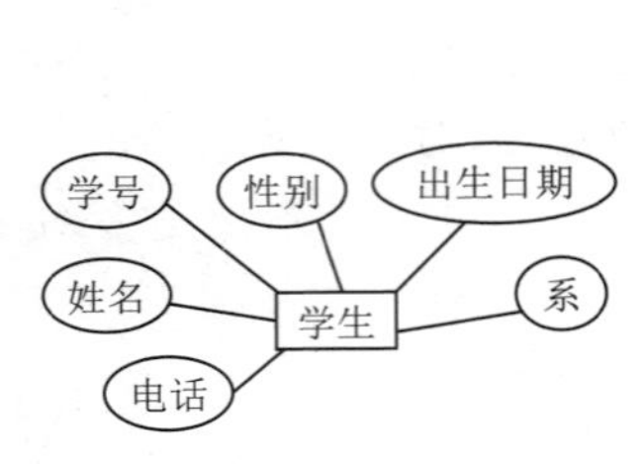

图 14.4　学生实体 E-R 图

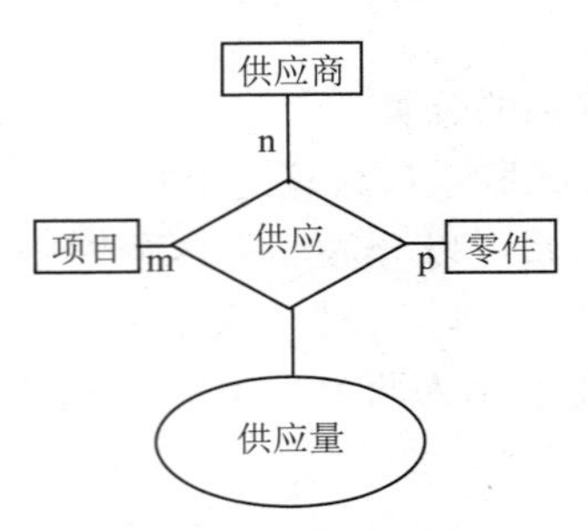

图 14.5　学生实体 E-R 图

2)　概念模型设计

概念模型，是现实世界到机器世界的中间层次。在设计数据库系统时，要把现实世界的事物通过抽象转换为信息世界的概念模型，再把概念模型转换为机器世界的数据模型。采用 E-R 方法的数据库概念设计，常采用“自顶向下”和“自底向上”相结合的设计方法，在需求分析阶段，采用自顶向下法分析用户应用需求；接着在需求分析的基础上，将全局问题局部化，采用自底向上法分步设计局部概念模式，将局部概念模式综合成全局概念模式，并进行优化，以符合用户应用需求。下面我们用实际例子来说明概念模型设计方法。

例：为某工厂设计“工厂物资管理”数据库管理系统，用 E-R 图来表示概念模型。通过需求分析，有五个实体，分别是仓库、零件、供应商、项目、职工。仓库的属性有仓库号、面积、电话号码；零件的属性有零件号、名称、规格、单价、描述；供应商的属性有供应商号、姓名、地址、电话号码、帐号；项目的属性有项目号、预算、开工日期；职工的属性有职工号、姓名、年龄、职称。

(1)　局部概念结构设计。

①　确定局部概念结构的范围，在充分分析用户需求的基础上，细化全局问题，设计局部概念模型。

例如，工厂在物资管理过程中，涉及仓库管理部门、人事部门、采购部门三个部门。我们可以针对三个部门分别设计局部概念模型。

②　确定实体(集)，及实体集间的联系，分析每个部门的业务，抽象出业务涉及的实体及实体集，找出各实体间的联系。

采购部门与供应商联系，为多个项目提供多种零件，供应商、项目和零件三者之间具有多对多的联系。

仓库管理部门主要记录零件数量情况，一间仓库可以存放多种零件，一种零件可以存放在多间仓库中，因此仓库和零件之间具有多对多的联系。用库存量来表示某种零件在某间仓库中的数量。

人事部门要安排职工的工作任务，一间仓库有多个职工当仓库保管员，一个职工只能在一间仓库工作，因此仓库和职工之间存在一对多的联系。职工之间具有领导被领导关系。即仓库主任领导若干保管员，因此职工实体集中具有一对多的联系。

③ 确定实体集及联系的属性。在客观世界中，从不同的角度出发，可以将对象抽象成实体或属性，例如，采购部门的数据模型如图 14.6 所示，仓库管理部门的数据模型如图 14.7 所示，人事部门的数据模型如图 14.8 所示。从图 14.6 中我们可以看到采购部门只关注零件及零件的存放位置，而不关心仓库的具体信息，因此将仓库号作为零件的一个属性。但从图 14.7 中可以看到，仓库管理部门更关心仓库的具体信息，因此将仓库作为一个实体与零件建立多对多的关系。如何确定客观世界中哪些是实体，哪些是属性，是根据具体的环境，具体的应用要求而定的。

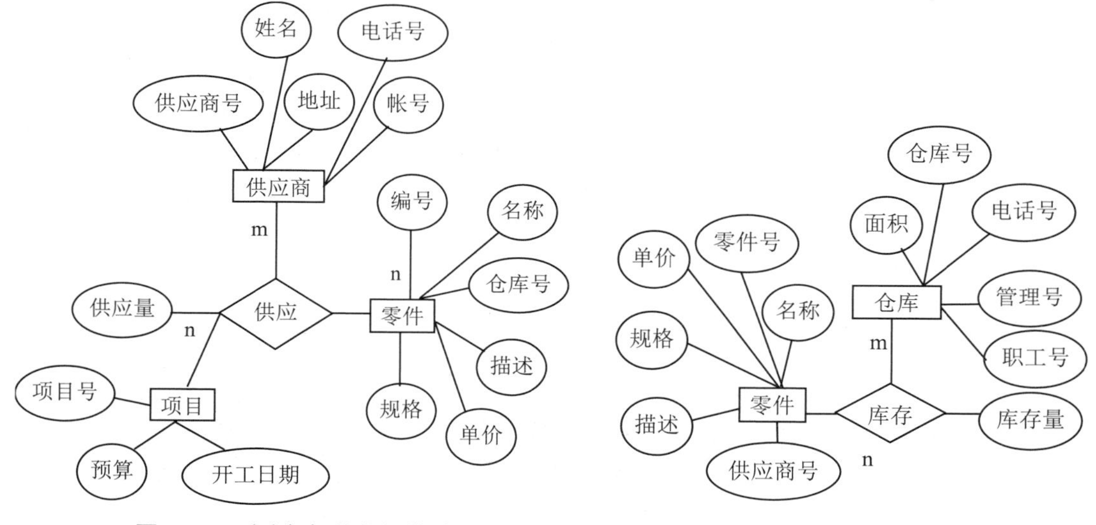

图 14.6　采购部门的数据模型　　图 14.7　仓库管理部门的数据模型

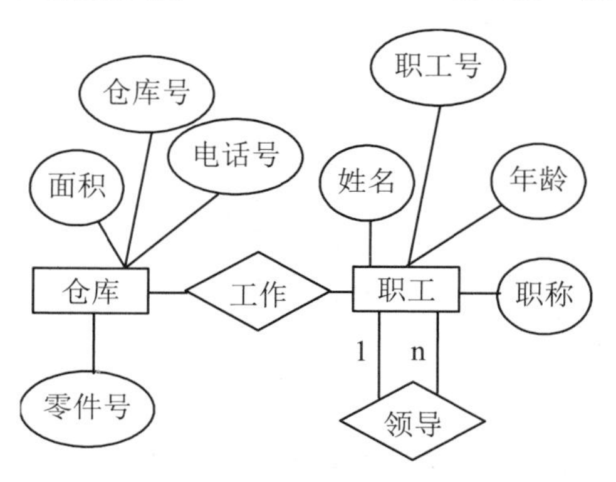

图 14.8　人事部门的数据模型

(2) 全局概念结构设计。

进一步消除局部 E-R 模型之间存在的不一致性，去掉冗余的实体集、实体属性和联系集，将多个局部 E-R 模型合并成全局 E-R 模型的过程就是全局概念结构设计。

E-R 模型描述了客观世界，但在抽象过程中，不同的设计者对同一事物产生不同的理解，会直接导致同一客观世界，抽象出不同的实体、属性和联系，设计出不同的数据模型。局部 E-R 模型间存在的数据不一致性，称之为冲突。冲突通常有三种类型：

① 属性冲突，即属性值的类型、取值范围不同，取值的单位不同等等。解决办法是根据实际情况，不同部门设计人员协商，讨论确定属性的类型、取值范围等。

② 命名冲突，即不同意义的对象具有相同的名称；或者名称相同，却代表了不同的对象。例如，采购部门中零件的属性“编号”(见图 14.6)与仓库管理部门中的属性“零件号”(见图 14.7)是两个不同部门对同一对象的命名，解决办法是将属性统一为“零件号”。

③ 结构冲突，即同一实体，在不同的局部 E-R 图中产生不同的抽象。实体之间的联系在不同的 E-R 模型中其联系类型不同，同一实体在不同的局部 E-R 图中属性组成不同。例如，在采购部门，“仓库”是零件实体的一个属性，而在仓库管理部门，仓库是一个单独的实体，为使同一对象具有相同的抽象，必须在合并时把仓库统一作为实体加以处理。在人事部门，“零件”是仓库实体的一个属性，而在仓库管理部门，零件是一个单独的实体，为使同一对象具有相同的抽象，必须在合并时把零件统一作为实体加以处理。

在化解了局部数据模型之间的冲突后，接着可以分析合并局部数据模型，去掉冗余的实体集、实体属性和联系集，生成全局 E-R 数据模型，如图 14.9 所示。全局概念结构设计应满足需求分析阶段确定的所有要求，易被用户和设计人员理解。全局数据模型是用户与设计人员反复沟通、研究的产物，是后续数据库逻辑设计的基础。

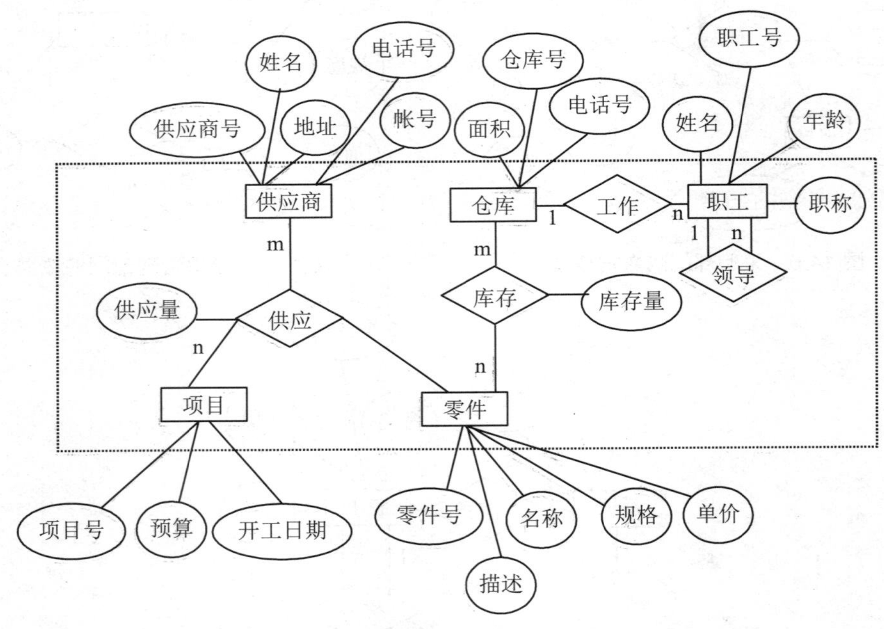

图 14.9　工厂物资管理全局概念模型 E-R 图

14.2.4　逻辑设计

概念设计的结果是得到一个与 DBMS 无关的概念模式，而逻辑设计的任务是把概念结构转换成 SQL Server 2012 数据库管理系统能处理的数据模型。数据模型是由实体、实体的属性、实体间的联系组成的，而关系模式是由二维表格组成的，所以要将 E-R 图转换为关系模式就是将实体、实体的属性、实体间的联系转换为关系模式的过程。这中间存在着多种的可能组合，必须从中选取一个性能好的关系模式集作为关系数据库的模式。概念模型向关系模型的转换规则如下。

(1) 将一个实体型转换为一个关系模式。实体的属性就是关系的属性，实体的关键字就是关系的关键字。

(2) 将一个 m:n 联系转换为一个关系模式，两个相关联实体的关键字以及该联系本身的所有属性均为该关系模式的属性，其关键字为两个相关实体关键字的组合。

(3) 将一个 1:n 联系转换为一个关系模式或与 n 端实体对应的关系模式合并。如果为一个独立的关系模式，则两个相关联实体的关键字以及该联系本身的所有属性均为该关系模式的属性，其关键字为 n 端实体的关键字。

(4) 将一个 1:1 联系转换为一个独立的关系模式，或与某一端实体对应的关系模式合并。如果转换成一个独立的关系模式，则两个相关联实体的关键字以及该联系本身的所有属性均为该关系模式的属性，其关键字为任一端实体的关键字。如与某一端实体对应的关系模式合并，则另一端实体的关键字，及该联系本身的所有属性均为该关系模式的属性，可选其中任一实体关键字作为该关系模式的关键字。

(5) 多元联系构成的联系转换为一个关系模式，各实体的关键字以及该联系的所有属性合并组成该关系模式的属性，其关键字为各相关联实体关键字的组合。

(6) 相同关键字的关系模式可以合并为一个关系模式。

(7) 一元联系，可将该实体集拆分为相互联系的两个子集，再根据它们相互间不同的联系方式处理。

下面，我们按照转换规则，将“工厂物资管理”的 E-R 数据模型(见图 14.9)转换成关系模型。

根据规则(1)，五个实体对应如下五个关系模式。

仓库资料(仓库号,面积,电话号码)，主键为仓库号；

零件资料(零件号,名称,规格,单价,描述)，主键为零件号；

供应商资料(供应商号,姓名,地址,电话号,账号)，主键为供应商号；

项目资料(项目号,预算,开工日期)，主键为项目号；

职工资料(职工号,姓名,年龄,职称)，主键为职工号。

根据规则(2)，仓库与零件之间存在多对多的联系，对应的关系模式如下：

库存量(仓库号,零件号,库存量)，主键为仓库号与零件号的组合。

根据规则(3)，仓库与职工实体间存在一对多的二元联系，对应的关系模式如下：

工作情况表(职工号,仓库号,工作时间)，主键为职工号。

根据规则(5)，供应商、项目与零件三实体间的三元联系，对应的关系模式如下：

供应情况表(供应商号,零件号,项目号,供应量)，主键为项目号，供应商号与零件号的组合。

根据规则(7)，将职工实体拆分为普通员工和班长两个子集，两子集之间存在一对多的联系，对应的关系模式如下：

普通员工(职工号,姓名,年龄)，主键为职工号；

班长(工号,姓名,年龄)，主键为工号；

领导(职工号,工号)，主键为职工号。

14.2.5 物理结构设计阶段

物理结构设计是指为给定的基本数据模型选择一个最适合应用环境的物理结构的过程。数据库的物理结构主要指数据库的存储记录格式、存储记录安排和存取方法，包括数据的存放位置和存储结构，数据关系、索引、日志、备份，及系统存储参数的配置等等。

1．设置数据结构，规划每一数据表的属性的属性名、类型、宽度。

仓库资料(仓库号,面积,电话号码)，主键为仓库号；
零件资料(零件号,名称,规格,单价,描述)，主键为零件号；
供应商资料(供应商号,姓名,地址,电话号码,账号)，主键为供应商号；
项目资料(项目号,预算,开工日期)，主键为项目号；
职工资料(职工号,姓名,年龄,职称)，主键为职工号；
库存量(仓库号,零件号,库存量)，主键为仓库号与零件号的组合；
工作情况表(职工号,仓库号,工作时间)，主键为职工号；
供应(项目号,供应商号,项目号,供应量)，主键为项目号，供应商号与项目号的组合；
普通员工(职工号,姓名,年龄)，主键为职工号；
班长(工号,姓名,年龄)，主键为工号；
领导(职工号,工号)，主键为职工号。

2．设置参照属性

供应情况表(供应商号, 零件号, 项目号, 供应量)中的供应商号参照供应商资料中的供应商号，零件号参照零件资料中的零件号，项目号参照项目资料表中的项目号。

工作情况表(职工号,仓库号,工作时间)的职工号参照职工资料表中的职工号，仓库号参照仓库资料表中的仓库号。

3．部分数据表间的关系

部分数据表之间的关系如图 14.10 所示。

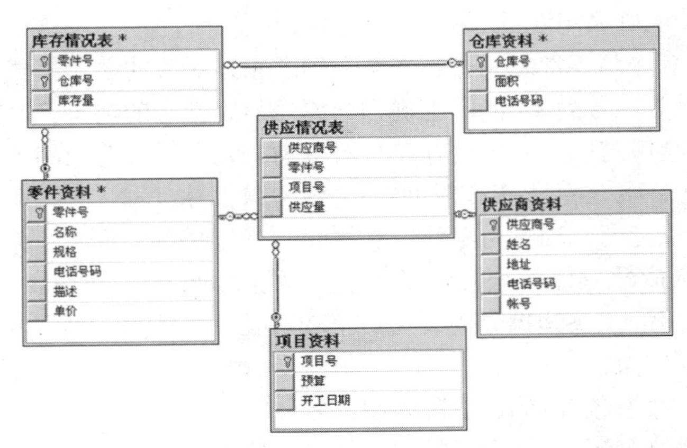

图 14.10　部分数据表之间的关系

4. 物理数据库设计

逻辑数据名称：goods
数据文件：goods DAT.MDF，初始大小：3MB，最大空间：20MB，增加量：2MB
日志文件：goods LOG.LDF，初始大小：1MB，最大空间：20MB，增加量：2MB
备份设备名：BACKUP，备份文件：goodsbackup.dat
数据文件与日志文件和备份文件不要放在同一磁盘上，以避免数据丢失。

5. 索引

每一数据表关于主关键字建立索引文件。

6. 设置触发器

要求供应商资料中的供应商号被修改时，供应情况表中的供应商号也被修改。
要求零件资料中的零件号被修改时，供应情况表与库存情况表中的零件号也被修改。
要求项目资料中的项目号被修改时，供应情况表中的项目号也被修改。
要求供应商资料中的供应商号只有在供应情况表中的相应供应商号不存在时，方可删除。
要求零件资料中的零件号只有在供应情况表与库存情况表中的相应零件号不存在时，方可删除。
要求项目资料中的项目号只有在供应情况表中的相应项目号不存在时，方可删除。

7. 设置视图

为用户提供包含供应商姓名、零件名、项目号、零件总价格的视图。

8. 设置存储过程

根据用户所提交的职工号，为用户提供职工信息。

14.2.6 实施阶段

现在我们可以根据物理设计的结果产生一个具体的数据库，并把原始数据输入数据库。我们利用 SQL Server 2012 数据库系统中的 SQL 查询分析器来实现。下面给出具体的实现过程。

1. 创建物资管理数据库

```
CREATE DATABASE goodsManagement
ON
( NAME= goodsDAT,
FILENAME='c:\SQL\ goodsDAT.MDF',
SIZE=3,
MAXSIZE=20,
FILEGROWTH=2
 )
LOG ON
(NAME=物资管理 LOG,
```

```
FILENAME='c:\SQL\ goodsLOG.LDF',
SIZE=1,
MAXSIZE=20,
FILEGROWTH=2
)
```

2. 创建备份文件

```
sp_addumpdevice'disk','BACKUP1','C:\sql\goodsbackup1.dat'
go
BACKUP DATABASE goodsManagement TO BACKUP1
```

3. 创建数据表文件

```
create table 仓库资料
(
仓库号 int primary key,
面积  int,
电话号码 char(15)
)
create table 零件资料
(
零件号 int primary key,
名称  varchar(30),
规格 varchar(20),
电话号码 char(15),
描述 text,
单价 int
)
create table 项目资料
(
项目号 int primary key,
预算 int,
开工日期 datetime
)
create table 职工资料
(
职工号 int primary key,
姓名 char(8),
年龄 int,
职称 char(8),
)
create table 供应商资料
(
供应商号 int  primary key,
姓名 char(8),
地址 varchar(20),
电话号码 char(7),
帐号 int
)
create table 库存情况表
(
```

```
仓库号 int,
零件号 int,
库存量 int
)
create table 供应情况表
(
供应商号 int REFERENCES 供应商资料(供应商号),
零件号 int REFERENCES 零件资料(零件号) ,
项目号 int REFERENCES 项目资料(项目号),
供应量 int
)
create table 供应商资料
(
供应商号 int  primary key,
姓名 char(8),
地址 varchar(20),
电话号码 char(7),
帐号 int
)
create table 库存情况表
(
仓库号 int,
零件号 int,
库存量 int
)
create table 工作情况表
(
职工号 int referenceS 职工资料(职工号),
仓库号 int referenceS 仓库资料(仓库号),
工作时间 datetime
)
```

4. 视图

```
create view project(供应商姓名,零件名,项目号,零件总价格)
as
    select 姓名,名称,项目号,供应量*单价
    from 供应商资料,供应情况表,零件资料
    where 供应商资料.供应商号=供应情况表.供应商号 and 供应情况表.零件号=零件资料.零
件号
```

5. 存储过程

```
create procedure lookworker
@id int
as
select 职工号 from 职工资料 where 职工资料.职工号=@id
```

6. 触发器

```
CREATE trigger goodsid on 供应商资料
for update
as
```

```
begin
if (columns_updated()&01)>0
   update 供应情况表
    set 供应情况表.供应商号=(select a.供应商号 from inserted a)
    where 供应情况表.供应商号=(select b.供应商号 from deleted b)
end
```

本 章 小 结

本章在介绍数据库设计方法的基础上，给出了仓库管理部门和人事管理部门的数据模型，希望通过实例介绍，能够使学生理解概念模型 E-R 图的设计及 E-R 模型向关系模型的转换方法。

习　　题

一、选择题

1. 在两个实体类型间有一个 M∶N 联系时，这个结构转换成的关系模式有(　　)种。
   A. 1　　B. 2　　C. 3　　D. 4
2. 在关系数据库设计中，设计关系模式是(　　)的任务。
   A. 需求分析阶段　　B. 概念设计阶段
   C. 逻辑设计阶段　　D. 物理设计阶段
3. 在数据库设计中，数据冗余应该(　　)。
   A. 完全消除　　B. 根据需要完全消除，或允许存在
   C. 存在　　D. 降低到最低程度
4. 在关系 H(H#,RN,G#)和 G(G#,SN,SD)中，H 的主键是 H#，G 的主键是 G#，则 G# 在 H 中称为(　　)。
   A. 外键　　B. 候选键　　C. 主键　　D. 超键
5. 数据库概念设计的 E-R 方法中，用属性描述实体的特征，属性在 E-R 图中，用(　　)表示。
   A. 矩形　　B. 四边形　　C. 菱形　　D. 椭圆形
6. 若两个实体之间的联系是 1∶m，则实现 1∶m 联系的方法是(　　)。
   A. 将“m”端实体转换的关系中加入“1”端实体转换关系的关键字
   B. 将“m”端实体转换的关系的关键字加入到“1”端的关系中
   C. 在两个实体转换的关系中，分别加入另一个关系的关键字
   D. 将两个实体转换成一个关系
7. 数据库逻辑设计的主要任务是把(　　)转换为所选用的 DBMS 支持的数据模型。
   A. 逻辑结构　　B. 物理结构
   C. 概念结构　　D. 层次结构
8. 在数据库设计的需求分析阶段，业务流程一般采用(　　)表示。

A. E-R 图　　　　B. 数据流图
C. 程序结构图　　　　D. 程序框图

9. 设 $W = R \underset{i\theta j}{\bowtie} S$，且 W，R，S 的属性个数为 w，r，s，那么三者之间满足(　　)。

A. $w = r + s$　　　　B. $w \leqslant r + s$
C. $w < r + s$　　　　D. $w \geqslant r + s$

二、设计题

1．一个图书进销管理数据库要求：①可随时查询书库中现有书籍的品种、出版社、数量、单价与存放位置(几号书架)。②可随时查询书籍销售情况，包括销售的书籍品种、销售日期、总价和销售数量。③可通过数据库查询进书情况，包括出版社的电报编号、电话、邮编及地址，并可获得从一个出版社购进了什么书等信息，出版社名具有唯一性。

约定：任何人都可买多种书，任何一种书的数量都可能超过 1 本，一种书可为多个人所买，如书名为 SQL Server 的书共有 12 本，其中有 2 本被同一个人买走，另 1 本被另一个人买走。一种书只能由一个出版社出版，一个出版社可以出版多种书。

根据以上情况和假设，请完成如下设计。

(1) 构造满足需求的 E-R 图。

(2) 将 E-R 图转换为等价的关系模型结构。

2. 有如下运动队和运动会两个方面的实体：

运动队方面：①运动队：队名，教练姓名，队员姓名；②队员：队名，队员姓名，性别，项目名。其中，一个运动队有多个队员，一个队员仅属于一个运动队，一个队一般一个教练。运动会方面：①运动队：队编号，队名，教练姓名；②项目：项目名，参加运动队编号，队员姓名，性别，比赛场地。其中，一个项目多个队参加，一个运动员可参加多个项目，一个项目一个比赛场地。

根据以上情况和假设，完成如下设计。

(1) 分别设计运动队和运动会两个局部 E-R 图。

(2) 将它们合并为一个全局 E-R 图。

(3) 将该全局 E－R 图转移为关系模式。

(4) 合并时是否存在命名冲突？如何处理？

第 15 章 综合数据库设计

本章导读

本章通过介绍两个综合数据库设计案例，帮助学生进一步掌握数据库设计方法。

学习目的与要求

掌握数据库设计方法。

15.1 设计与创建学生选课管理系统

15.1.1 概述

目前，我国的高等教育事业正蓬勃发展，高校的规模不断扩大，同时，高校的教学改革也在全面推行，以学分制为主题的教学管理体制深化改革正如火如荼。学分制允许学生在计划的指导下，根据自己的条件、能力、志趣，有选择地支配自己的学习。学分制是一种以学分为计量单位衡量学生学业完成状况的教学管理制度。学分制和选课制相伴而生，学分制以选课制为基础，选课制为学分制的必要条件，随着校园数字化建设的发展， 学生选课管理已由手工处理方式转换为计算机管理方式， 学生选课管理的信息化成为学校人力资源开发和管理的主要手段。

学生选课的过程，实际上是以学生为主体的对教学资源(教师、课程、时间和空间等)的利用和分配过程。因此，选课系统的实现目标就是以学分制教学管理为基础，在学校现有的教学资源条件下，实现对学生选课过程的全面控制，使学生既能遵循科学的知识体系和合理的知识结构，又能把握专业方向，最大限度地满足学生的学习需求，从而激发学生学习的积极性、主动性和独立性。同时，又能增强教师的竞争意识，调动教学积极性；也便于高校推进和实施素质教育。

在教学资源的两个主要实体要素(教师、课程)中，由于对某一具体的教师而言，受其所学专业的限制，讲授的课程总是特定的，因此可以将其合并为一个资源实体——选课对象。这样，从集合的角度分析，选课活动简化为两个集合(学生和选课对象)之间的对应关系。选课的实质就是：一个学生如何选择多个选课对象；一个选课对象如何被多个学生选择。

这种选课活动的多对多的关系使选课系统变得极为复杂。从主观上讲，选课系统的目标就是满足学生自由选课的需求，但在实际操作中，受学校办学条件和管理制度等客观条件的制约，可能会导致多种冲突：一个学生所选择的多门课程中，上课时间可能冲突；同一教师的几门课程，上课时间可能冲突；某一课程的选课人数与课堂容量可能冲突；相同性质的课程不能被同一个学生所选择……处理这些冲突问题，构成了对选课系统的运作进行管理的关键。

网上学生选课系统在 B/S 的架构下采用了目前 Internet/Intranet 上的主流技术 ASP.NET

2.0 作为运行平台。与传统的 C/S 体系结构相比，B/S 结构大大简化了客户端，只要装上操作系统、网络协议软件以及浏览器即可，服务器则集中了所有的应用逻辑。开发、维护等几乎所有工作也都集中在服务器端。同时当需要对该系统进行升级时，只需更新服务器端的软件，而不必更换客户端软件，减轻了系统维护与升级的成本与工作量，方便普通用户使用。

15.1.2　需求分析

网上选课系统的使用者是教务处管理员、各院系教师、学生。每学期末，教务处要求全校教师填写下学期全校性公选课开课申请表，教务处审核通过后生成选课信息，提供给学生下学期的课程列表及各门课程的相关信息，如任课教师姓名、开课院系、修课条件、上课时间和上课地点等。系统规定学生每学期最多可以选修课程的门数为 4 门，每门课程人数不得少于 25 人，少于 25 人则取消该门课程。学生在网上完成选课之后，教务处根据课程选课的人数，对不满足选课人数的课程和教师进行删除，通知删除了课程的学生改选其他课程，同时要求学生在网上确认自己所选的课程，以防止漏选。教师访问该系统以获取上课时间、上课地点及学生名单。各教师期末录入学生的学科成绩。

根据实际问题，本系统要实现以下功能：

(1) 用户认证。本系统用户有教务处管理员、各院系教师、学生，所以用户必须通过认证才能登录系统，系统能够自动识别用户的类型，能够给不同的用户分配不同的权限。教务处管理员用户成功登录后可进入选课管理界面；教师用户成功登录后可进入教师管理界面；学生用户在成功登录后即可进入学生选课界面。

(2) 数据维护。可以对学生、教师、课程等数据进行维护。

(3) 选课管理。允许学生在规定的选课期限内选课或退选课程，查询自己的选课信息；若某门课程选课人数未达到开课最少人数，则该门课程取消，并提醒选该门课程的学生选课没有成功，重新选课。

15.1.3　概念结构设计

概念结构所涉及的数据是独立于硬件和软件系统的，它的目标是以用户可以理解的形式来表达信息的流程，从而可以和不熟悉计算机的用户交换意见。它要充分地反映实体间的联系，成为反映现实的概念数据模型。这是各种基本数据模型的共同基础，易于向关系模型转换。

通过需求分析中得到的数据项和数据结构，我们可以设计出各种实体以及它们之间的关系图，为后面的逻辑结构设计打下基础。这些实体包含各种具体信息，通过相互之间的作用形成数据的流动。

根据上面的设计规划出的实体有院系实体、专业实体、班级实体、学生实体、课程实体、教师实体等。

实体间的联系如下。

(1) 一个院系有多个专业，一个专业只能属于一个院系，因此院系和专业具有一对多

的联系。

(2) 一个专业有多个班级，一个班级只能属于一个专业，因此专业和班级具有一对多的联系。

(3) 一个班级有多个学生，一个学生只能属于一个班级，因此班级和学生具有一对多的联系。

(4) 一个学生可以选修多门课程，一门课程可以被多个学生选修，因此学生和课程具有多对多的联系。用成绩来表示学生和课程之间联系的属性。

(5) 一个院系有多个教师，一个教师只能属于一个院系，因此院系和教师具有一对多的联系。

(6) 一个教师可以任教多门课程，一门课程可以被多个教师任教，因此教师和课程具有多对多的联系。

完整的实体联系的 E-R 如图 15.1 所示。

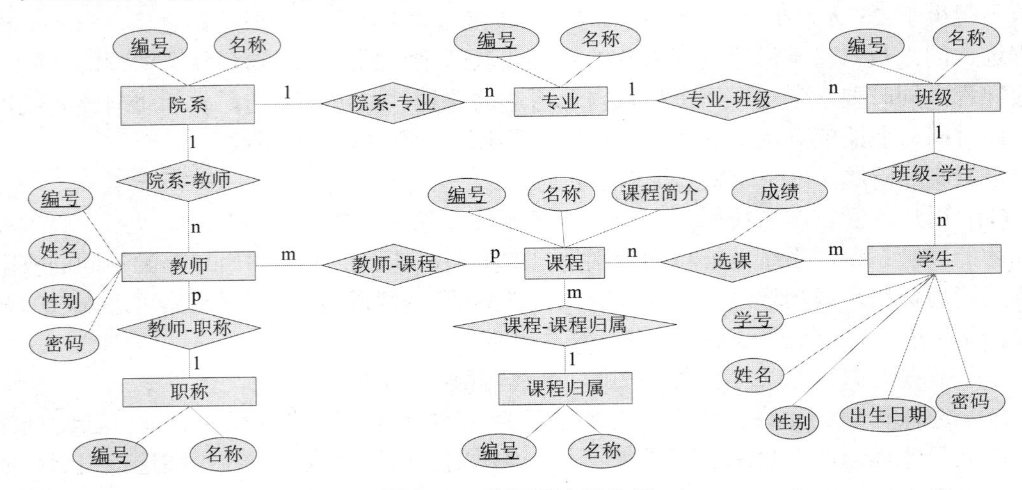

图 15.1 选课系统 E-R 图

15.1.4 模块设计

本系统中，存在着三个不变的实体，即学生、教师、教务处管理员，三个不同的实体在系统中担任不同的角色，对系统也有着不同的功能要求，其具体功能要求如图 15.2 所示。

1. 学生模块

(1) 能够方便地查看新的一学期将要开设的课程列表，并且对于每一门课程，能够方便地查看它的课程介绍。

(2) 方便地管理自己已选的课程列表。对于开设的每门课程，能够将其加入自己的选课列表(即选课操作)，也能方便地删除已选课程列表中的任一项(即取消选择某门课程)。

(3) 能够方便地查看学生本人已修过的课程成绩。

(4) 完善的安全体制。除了学生本人外，其他人不能够“代替”自己选课。

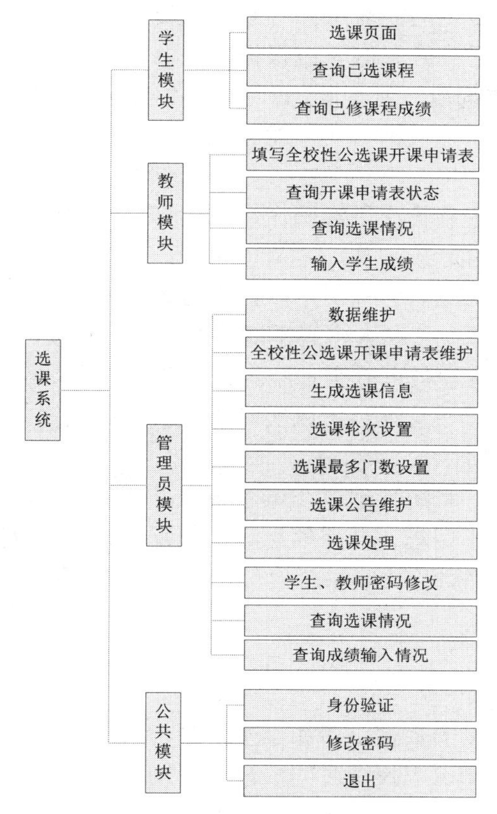

图 15.2　选课系统模块结构

2. 教师模块

(1) 方便地管理开课申请表。能够方便地填写全校性公选课开课申请表以及是否被教务处审核通过。

(2) 方便地查看本学期自己任教哪些课程，以及每门课程有哪些学生选，有多少学生选，并能够将这些具体信息打印。

(3) 能够对自己的每位学生的成绩给分。

(4) 完善的安全机制。除教师本人以外，其他人不能够替代自己的任一操作。

3. 管理员模块

(1) 系统初始化。开始一个新的选课，必须先进行系统初始化，系统初始化主要是进行数据的初始化，比如清空学生选课记录等。

(2) 数据维护。统一管理选课所用到的数据信息，比如学生、教师、课程、班级等数据信息。对数据库中的数据信息，管理员具有无限制的权限，可以任意地增加、删除、修改。

(3) 全校性公选课开课申请表维护。能对符合条件的申请表给予通过，不符合条件的申请表不给予通过，并且可以添加理由。

(4) 生成选课信息。依据审核后的申请表生成选课信息列表，并安排上课时间与上课地点。

(5) 选课轮次设置。可以对四轮选课时间进行设置，即第一轮预选、第二轮预选、第三轮退选、第四轮定选。学生登录时系统根据服务器的时间进入相应的轮次，如果登录时的时间不在上面四轮选课时间内，则为非选课时间，不能进行选课操作，只能查看选课信息。

(6) 选课最多门数设置。根据需要，能够方便地设置学生每学期最多可以选修课程的门数。

(7) 选课处理。进行选课轮次更换操作，比如第一轮预选完成后需要系统处理，再进入第二轮预选，直到第四轮定选完成。

(8) 学生、教师密码修改。管理员可以直接修改学生或教师的密码，但是不能查看学生或教师的密码，这主要体现了私人密码不能随意被别人知道，连管理员也一样。

(9) 查询选课情况。管理员可以实时监测选课情况。

(10) 查询成绩输入情况。管理员可以实时监测教师成绩输入情况，对于没有及时输入成绩的教师，给予督促作用。

(11) 完善的安全体制。系统管理员在本系统中具有最高的权限，对一切基础的信息，如学生基本信息、教师基本信息、开课信息等，他都有无限制的权限，甚至也可以更改学生或教师的密码，因此要绝对防止非系统管理员对系统的破坏。

15.1.5 选课算法

选课过程必然涉及大量的数据，诸如学生信息、教室容量、上课时间等。在选课过程中也会出现各种冲突，比如课程授课时间的冲突：同一个学生所选的课程不能在同一时间上课；选课门数的限制；各门课程选读人数的冲突等等，因此选课算法的优劣将决定是否能够有效地解决选课过程中的冲突，是否能够最大限度地确保选课结果的合理性与公平性。

本系统的选课工作由两轮预选、一轮退选和一轮定选组成。每轮预选进行两天，退选、定选各一天，共计 6 天即可完成全部选课活动。在每一轮学生选课中，学生选课情况必须满足以下几个要求：①每个学生选择课程不得超过规定门数；②课程内容相同或相近的课程不得同时选取；③不属于供选专业的学生不能选取该门课程。

第一轮预选：学生可以在满足上述三项基本条件的基础上，任意选择或退掉所预选的课程，并设置学生选课记录状态为未定。第一轮预选处理：若学生选课人数超过课程规定上限人数的课程，系统采用“平均分布概率算法”，筛选出多余的人数，并设置课程状态为已满、学生选课记录状态为已定；若学生选课人数少于课程规定上限人数的课程，则全部被选中，并设置课程状态为未满、学生选课记录状态为已定。

第二轮预选：对于课程状态为已满，学生不可以进行选择；如果课程状态为未满，则可以按照第一轮预选算法由学生再次自由选择。学生也可以在此轮中推掉在第一轮预选中选定的课程，如果推掉的课程状态为已满，则设置课程状态为未满。第二轮预选处理：对于课程状态为未满，则统计选课人数，如果大于课程规定的上限人数，则从学生选课记录状态为未定的学生中采用第一轮中的算法；如果少于课程规定的上限人数，则全部被选中，并设置课程状态为未满、学生选课记录状态为已定。

第三轮退选：为学生提供退选机会，如果某学生定选的课程数过多或所选课程不尽如人意，可在此阶段退掉，系统整理、统计选课数据，并公布未达到开课人数而被取消的课程。

第四轮定选：公布在第三轮退选过程中，课程状态从已满转变为未满的课程，并按照先来先选的算法，为学生提供最后的选课机会。直到达到此课程的上限人数，一旦选择，不得更改，并公布选课的最后情况。

15.1.6　数据库设计

数据库设计是选课系统开发和实现的关键问题，直接影响整个系统的性能，数据库设计以结构合理、功能完善、实时性好、冗余少和并发能力强为主要原则。

1. 数据库表的定义

根据网上学生选课管理系统的功能要求以及功能模块的划分，设计以下数据表。

(1) 院系表，存放院系信息，创建代码如下：

```
Create Table Department
(ID              varchar(10),                            --编号
 Name            varchar(50),                            --名称
 Primary Key(ID)
)
```

(2) 专业表，存放专业信息，创建代码如下：

```
Create Table Speciality
(ID              varchar(10),                            --编号
 Name            varchar(50),                            --名称
 DepartmentID    varchar(10),                            --院系号
 Foreign Key(DepartmentID) References Department(ID),
 Primary Key(ID)
)
```

(3) 班级表，存放班级信息，创建代码如下：

```
Create Table Class
(ID              varchar(10),                            --编号
 Name            varchar(50),                            --名称
 SpecID          varchar(10),                            --专业号
 Foreign Key(SpecID) References Speciality(ID),
 Primary Key(ID)
)
```

(4) 学生信息表，存放学生信息，其中 Sex 字段只能存放“男”或“女”，创建代码如下：

```
Create Table Student
(ID              varchar(10),                            --学号
 Name            varchar(10),                            --姓名
 Sex             varchar(2) default '男',                --性别
 Birthday        datetime,                               --出生日期
 Pass            varchar(50),                            --密码
```

```
  ClassID          varchar(10),                           --班级号
  CHECK(Sex='男' or Sex='女'),
  Foreign Key(ClassID) References Class(ID),
  Primary Key(ID)
)
```

(5) 职称表，存放教师职称信息，创建代码如下：

```
Create Table TechnicalPost
(ID              varchar(10),                            --编号
 Name            varchar(50),                            --名称
 Primary Key(ID)
)
```

(6) 教师表，存放教师信息，其中 Sex 字段只能存放“男”或“女”，创建代码如下：

```
Create Table Teacher
(ID                  varchar(10),                        --职工号
 Name                varchar(50),                        --姓名
 Sex                 varchar(2) default '男',             --性别
 TechnicalPostID     varchar(10),                        --职称号
 DepartmentID        varchar(10),                        --院系号
 Pass                varchar(50),                        --密码
 CHECK(Sex='男' or Sex='女'),
 Foreign Key(TechnicalPostID) References TechnicalPost(ID),
 Foreign Key(DepartmentID) References Department(ID),
 Primary Key(ID)
)
```

(7) 学期表，存放学期信息，创建代码如下：

```
Create Table Term
(ID              varchar(10),                            --编号
 Name            varchar(50),                            --名称
 Primary Key(ID)
)
```

(8) 课程归属表，存放师范教育类、人文社科类、经济管理类、技能类、自然科学类、艺术类、地方特色课程等。基本上现在高校都会要求学生必须修足某个类型的课程，创建代码如下：

```
Create Table CourseBelongTo
(ID              varchar(10),                            --编号
 Name            varchar(50),                            --名称
 Primary Key(ID)
)
```

(9) 课程表，存放课程信息，创建代码如下：

```
Create Table Course
(ID              varchar(10),                            --编号
 Name            varchar(100),                           --名称
```

```
 Introduce       text,                              --课程简介
 BelongToID      varchar(10),                       --课程归属
 Foreign Key(BelongToID) References CourseBelongTo(ID),
 Primary Key(ID)
)
```

(10) 场地表，存放公用资源、普通教室、多媒体教室、实验室、机房、语音实验室、书法教室、网络教室、美术教室、制图室、雕塑教室、版画教室、音乐教室、舞蹈教室、琴房等，主要用于区分教室的类型，创建代码如下：

```
Create Table Field
(ID              varchar(10),                        --编号
 Name            varchar(50),                        --名称
 Primary Key(ID)
)
```

(11) 考核方式表，存放考试、考查等，创建代码如下：

```
Create Table ExamineMode
(ID              varchar(10),                        --编号
 Name            varchar(50),                        --名称
 Primary Key(ID)
)
```

(12) 全校性公选课开课申请表，其中 Auditing 字段只能存放“通过”或“不通过”，创建代码如下：

```
Create Table SelectCourseApply
(ID                   int identity(1, 1),           --编号
 CourseID             varchar(10),                  --课程编号
 TeacherID            varchar(10),                  --教师编号
 LimitUp              int,                          --人数上限
 LimitDown            int,                          --人数下限
 AllPeriod            varchar(10),                  --总学时
 ClassPeriod          varchar(10),                  --上课学时
 ExperimentPeriod     varchar(10),                  --实验学时
 ComputerPeriod       varchar(10),                  --上机学时
 CreditHour           int,                          --学分
 StartWeek            varchar(10),                  --起始周
 EndWeek              varchar(10),                  --终止周
 ExamineModeID        varchar(10),                  --考核方式编号
 BookName             varchar(100),                 --教材名称
 BookEditor           varchar(100),                 --教材编者
 BookUnitPrice        varchar(10),                  --教材单价
 BookPublish          varchar(100),                 --教材出版社
 BookPublishOrder     varchar(50),                  --教材版次
 BookISBN             varchar(50),                  --ISBN
 BookWithinCode       varchar(50),                  --教材内部代码
 FieldID              varchar(10),                  --场地要求编号
 FaceObject           varchar(1000),                --面向对象
 ProhibitObject       varchar(1000),                --禁选对象
 ApplyExplain         text,                         --申请说明
```

```
 Auditing            varchar(10) default '不通过',     --审核
 AuditingExplain     text,                             --审核说明
 TermID              varchar(10),                      --学期编号
 CHECK(Auditing='通过' or Auditing='不通过'),
 Foreign Key(CourseID) References Course(ID),
 Foreign Key(TeacherID) References Teacher(ID),
 Foreign Key(ExamineModeID) References ExamineMode(ID),
 Foreign Key(FieldID) References Field(ID),
 Foreign Key(TermID) References Term(ID),
 Primary Key(ID)
)
```

(13) 选课信息表，其中 State 字段只能存放“已满”或“未满”，此表在系统初始化时要清空，创建代码如下：

```
Create Table SelectCourse
(ID                    int identity(1, 1),             --编号
 SelectCourseApplyID   int,                            --开课申请编号
 Time                  varchar(50),                    --上课时间
 Classroom             varchar(50),                    --上课教室
 State                 varchar(4),                     --课程状态
 CHECK(State='已满' or State='未满'),
 Foreign Key(SelectCourseApplyID) References SelectCourseApply(ID),
 Primary Key(ID)
)
```

(14) 选课记录表，其中 State 字段只能存放“已定”或“未定”，Time 字段记录学生选课时的服务器时间，此表在系统初始化时要清空当前学期的记录，创建代码如下：

```
Create Table StudentCourse
(ID                    int identity(1, 1),             --编号
 SelectCourseApplyID   int,                            --开课申请编号
 StudentID             varchar(10),                    --学生编号
 State                 varchar(4),                     --课程状态
 TermID                varchar(10),                    --学期编号
 Grade                 varchar(10),                    --成绩
 Time                  datetime default GetDate(),     --时间
 CHECK(State='已定' or State='未定'),
 Foreign Key(SelectCourseApplyID) References SelectCourseApply(ID),
 Foreign Key(StudentID) References Student(ID),
 Foreign Key(TermID) References Term(ID),
 Primary Key(ID)
)
```

(15) 管理员表，存放管理员信息，创建代码如下：

```
Create Table Admin
(ID              varchar(10),          --帐号
 Name            varchar(50),          --名称
 Pass            varchar(50),          --密码
 Primary Key(ID)
)
```

(16) 选课轮次表，存放选课轮次信息，创建代码如下：

```
Create Table SelectCourseWheel
(ID              varchar(10),                --编号
 Name            varchar(50),                --名称
 Explain         varchar(200),               --说明
 Primary Key(ID)
)
```

以上是用到的主要数据表，其他比如“选课最多门数”设置等信息，可专门存放于一张配置表中。

2. 数据库存储过程的设计

本应用程序是 B/S 结构，为了提高服务器端的数据库的访问效率，加快整个系统的运行速度，存取数据全部使用存储过程。同时对一些业务逻辑也使用了一些存储过程，本系统使用的部分存储过程描述如下。

1)　sp_Admin_Login 存储过程

该存储过程用于管理员用户登录的身份认证。根据输入管理员的用户帐号 ID 和用户密码 Pass，返回消息 Msg。如果 Msg 返回值为“Y”，则表示登录成功，否则表示登录失败，程序需要显示 Msg 消息。其他如教师登录、学生登录的存储过程也类似于管理员登录的存储过程，创建存储过程的 SQL 语句如下：

```
CREATE PROCEDURE sp_Admin_Login
   @ID varchar(10),
   @Pass varchar(50),
   @Msg varchar(100) output
AS
BEGIN
   declare @s varchar(50)
   Select @s = Pass From Admin Where ID = @ID
   if @@RowCount = 1
   begin
      if @s = @Pass
         Select @Msg = 'Y'
      else
         Select @Msg = '密码错误，请重新输入！'
   end
   else
      Select @Msg = '该帐号不存在，请重新输入！'
END
```

2)　sp_Department_Add 存储过程

该存储过程根据输入的院系信息在数据库 Department 表里添加一个院系记录，如果 Msg 返回值为“Y”，则表示插入数据成功，否则表示插入数据失败，程序需要显示 Msg 消息。其他涉及插入数据功能的存储过程可依照 sp_Department_Add 创建，创建存储过程的 SQL 语句如下：

```
CREATE PROCEDURE sp_Department_Add
```

```
    @ID varchar(10),
    @Name varchar(50),
    @Msg varchar(100) output
AS
BEGIN
    Select * From Department Where ID = @ID
    if @@RowCount = 1
        Select @Msg = '该编号已存在，不能插入一条相同编号的记录！'
    else
    begin
        Insert Into Department(ID, Name) Values (@ID, @Name)
        if @@RowCount = 1
            Select @Msg = 'Y'
        else
            Select @Msg = '插入数据时出现未知错误，添加不成功！'
    end
END
```

3) sp_Department_Update 存储过程

该存储过程根据输入的院系信息在数据库的 Department 表里修改一个院系记录，如果 Msg 返回值为“Y”，则表示修改数据成功，否则表示修改数据失败，程序需要显示 Msg 消息。其他涉及修改数据功能的存储过程可依照 sp_Department_Update 创建，创建存储过程的 SQL 语句如下：

```
CREATE PROCEDURE sp_Department_Update
    @ID varchar(10),
    @Name varchar(50),
    @Msg varchar(100) output
AS
BEGIN
    Update Department Set Name = @Name Where ID = @ID
    if @@RowCount = 1
        Select @Msg = 'Y'
    else
        Select @Msg = '更新数据时出现错误，更新不成功！'
END
```

4) sp_Department_Delete 存储过程

该存储过程根据输入的院系编号在数据库的 Department 表里删除一个院系记录，如果 Msg 返回值为“Y”，则表示删除数据成功，否则表示删除数据失败，程序需要显示 Msg 消息。其他涉及删除数据功能的存储过程可依照 sp_Department_Delete 创建，创建存储过程的 SQL 语句如下：

```
CREATE PROCEDURE sp_Department_Delete
    @ID varchar(10),
    @Msg varchar(100) output
AS
BEGIN
    Delete From Department Where ID = @ID
    if @@RowCount = 1
        Select @Msg = 'Y'
```

```
    else
        Select @Msg = '删除数据时出现错误，删除不成功！'
END
```

15.1.7　功能实现

这部分是用编程语言实现系统的功能。由于本书主要讲述 SQL Server，所以对系统的实现只作简单的介绍。下面我们介绍用 ASP.NET 语言编写应用程序，主要实现功能：显示登录界面。

1. 建立项目

打开 Microsoft Visual Studio 2005 应用程序，选择“文件”→“新建网站”命令，然后选择 ASP.NET 网站，位置为文件系统，语言为 Visual C#，选择目录为 D:\学生选课网站，添加 Web.config 文件，打开 Web.config 文件添加连接到数据库字符串信息，重命名 Default.aspx 文件为 index. aspx。这样就新建了一个 ASP.NET 网站。

2. 设计页面

先设置表格，然后从工具箱中依次拖动 Label、TextBox、Button、GridView 四个控件到 index.aspx 页面中，调整位置如图 15.3 所示。GridView 控件设置后生成的代码如下：

```
<asp:GridView ID="GridView1" runat="server" AutoGenerateColumns="False"
Width="100%" ForeColor= "#333333">
    <Columns>
        <asp:BoundField DataField="Name" HeaderText="轮次">
            <ControlStyle Width="30%" />
        </asp:BoundField>
        <asp:BoundField DataField="Explain" HeaderText="时间">
            <ControlStyle Width="70%" />
        </asp:BoundField>
    </Columns>
    <RowStyle BackColor= "#F7F6F3" ForeColor= "#333333"   />
    <HeaderStyle  BackColor= "#5D7B9D"  Font-Bold= "True"  ForeColor=
"White"  />
</asp:GridView>
```

轮次	时间
数据绑定	数据绑定
数据绑定	数据绑定
数据绑定	数据绑定
数据绑定	数据绑定
数据绑定	数据绑定

请输入学号：

请输入密码：

登　录

Label

图 15.3　学生选课登录页面设计

3. 编写代码

代码如下：

```
protected void Page_Load(object sender, EventArgs e)
{
    lblInfo.Text = "";
    if (!this.IsPostBack)
    {
        DataBind();
    }
}

public void DataBind()
{
    string strConn =
System.Configuration.ConfigurationManager.AppSettings["strConn"];
    SqlConnection cn = new SqlConnection(strConn);
    cn.Open();

    string sSQL = "Select * From SelectCourseWheel";
    SqlCommand cm = new SqlCommand(sSQL, cn);
    SqlDataReader dr = cm.ExecuteReader();
    GridView1.DataSource = dr;
    GridView1.DataBind();
    cn.Close();
}
```

4. 运行程序

把 index.aspx 设置为起始页，按 F5 键运行程序，结果如图 15.4 所示。

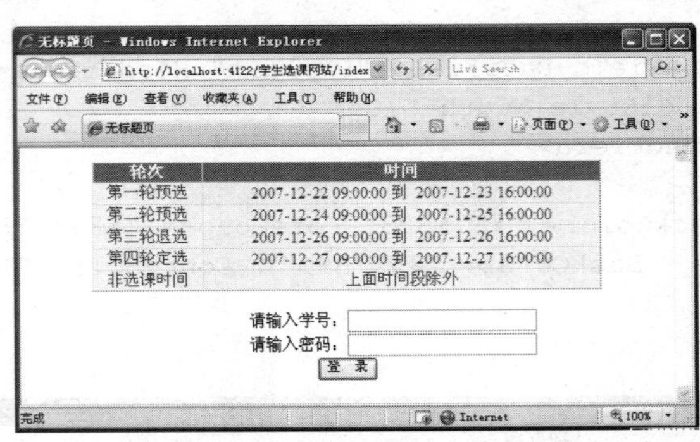

图 15.4 学生选课登录页面浏览

15.2 设计与创建人事管理系统

15.2.1 需求分析阶段

需求分析是整个数据库设计过程中的第一步，即根据企业用户的要求，对客观世界的对象进行调查和分析，收集支持系统目标的基础数据及处理方法，决定整个管理目标、范围及应用性质。

人事管理系统主要用于对公司内部员工等人事信息进行管理，并提供了相关人事职能，为人事部提供了管理工具，同时让员工可以通过公司内部网络实现自我管理，提高了整体运作效能。

人事管理系统的基本功能是管理员工资料、管理员工考勤和请假、管理员工薪资等(可以根据实际情况扩充管理功能)。

- 员工资料管理：人事部门成员负责维护普通员工的基本资料。当员工第一天来公司报到时，人事部门将员工的基本资料(姓名、性别、出生年月、电子邮件及所属部门等)录入到数据库中并可以进行修改和维护。普通员工可以查看自己和同事的资料，同时也可以修改自己的部分信息(如登录密码)。
- 员工考勤管理：员工必须按规定时间上下班，不能迟到或早退。有一名人事助理专门负责记录员工的上班和下班时间，如果一个员工在一个月内迟到多于 3 次，则要扣除薪资。人事部可以管理考勤记录，员工可以查看自己的记录，经理可以查看下属的记录。
- 员工请假管理：员工一年有 80 个小时的年假。员工请假不得超过规定的小时数。员工可以查看本人年假小时数，查看本人某段时期内的请假记录，提交请假申请。部门经理可以查看下属的请假记录，批准/否决其请假申请。
- 员工薪资管理：员工薪资由基本薪资和其他薪资组成，其他薪资包括有可能因为请假、迟到和缺勤而扣除的部分薪资。基本薪资由人事部经理指定和修改。人事部负责每月根据员工的请假记录和考勤记录，计算员工的本月薪资。普通员工可以查看自己的本月薪资明细，还可以查询历史薪资记录。

通过对人事管理各工作过程的内容和数据流程分析，我们可以设计下面所示的数据项和数据结构：

- 员工基本信息：员工编号、员工姓名、员工职位、员工电话、员工电子邮件。
- 部门基本信息：部门编号、部门名称、部门经理编号、部门描述。
- 员工薪资信息：薪资编号、基本薪资、其他薪资、薪资发放日期。
- 员工请假信息：请假申请编号、开始时间、结束时间、申请状态、审核者编号。
- 员工考勤信息：考勤编号、到达时间、记录者编号、考勤类型、日期。

15.2.2　概念结构设计

概念结构所涉及的数据是独立于硬件和软件系统的，它的目标是以用户可以理解的形式来表达信息的流程，从而可以和不熟悉计算机的用户交换意见。概念结构要充分地反映实体间的联系，成为反映现实的概念数据模型。这是各种基本数据模型的共同基础，易于向关系模型转换。

通过需求分析中得到的数据项和数据结构，我们可以设计出各种实体以及它们之间的关系图，为后面的逻辑结构设计打下基础。这些实体包含各种具体信息，通过相互之间的作用形成数据的流动。

根据上面的设计规划出的实体有：员工基本信息实体、部门基本信息实体、员工薪资

信息实体、员工请假信息实体、员工考勤信息实体。

实体间的联系如下：

(1) 一个员工只能在一个部门工作，一个部门可以有多个员工，因此员工和部门之间是多对一的联系。

(2) 由于员工每个月的薪资可能不一样，一个员工可以有多个薪资信息，一个薪资信息只属于一个员工，因此员工和薪资信息之间是一对多的联系。

(3) 一个员工可以有多个请假信息，一个请假信息只属于一个员工，因此员工和请假信息之间具有一对多的联系。

(4) 由于每天的考勤情况可能不一样，一个员工可以有多个考勤信息，一个考勤信息只属于一个员工，因此员工和考勤信息之间是一对多的联系。

完整的实体联系的 E-R 图，如图 15.5 所示。

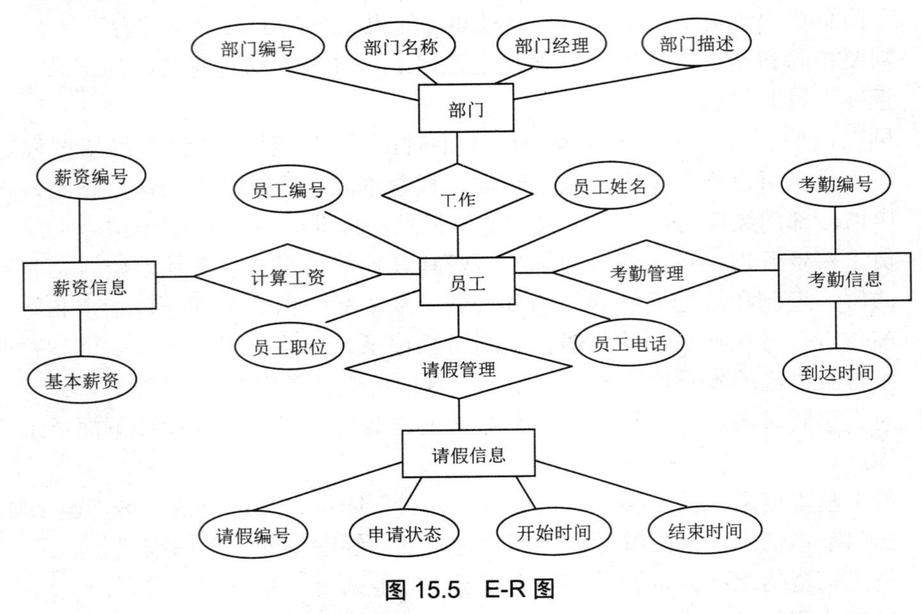

图 15.5　E-R 图

15.2.3　逻辑结构设计阶段

此阶段的任务是把概念结构转换成 SQL Server 2005 数据库管理系统能处理的数据模型。在进行这种转换时，是把实体类型和联系类型分别转换成一个个关系模式，这中间存在着多种的可能组合，必须从中选取一个性能好的关系模式集作为关系数据库的模式。

人事管理系统中的关系模式集如下：

(1) 员工信息表(员工编号,员工姓名,员工所属部门编号,员工职位,员工电话,员工电子邮件)，主键为员工编号。

(2) 部门信息表(部门编号,部门名称,部门经理编号,部门描述)，主键为部门编号。

(3) 员工薪资表(薪资编号,员工编号,基本薪资,其他薪资,薪资发放日期)，主键为薪资编号。

(4) 员工请假表(请假申请编号,员工编号,开始时间,结束时间,申请状态,审核者编号)，主键为请假申请编号。

(5) 员工考勤表(考勤编号,员工编号,到达时间,记录者编号,考勤类型,日期)，主键为考勤编号。

15.2.4　物理结构设计阶段

物理结构设计是指对给定的基本数据模型选择一个最适合应用环境的物理结构的过程。数据库的物理结构主要指数据库的存储记录格式、存储记录安排和存取方法。

确定数据库的存储结构，主要指确定数据的存放位置和存储结构，包括确定关系、索引、日志、备份，及系统存储参数的配置，确定数据库的存取方法。

1. 数据结构

设置每个数据表的属性的属性名、类型、宽度，如图 15.1～表 15-5 所示。

表 15.1　员工信息表

字　段	类　型	长　度	可否为空	备　注
员工编号	整型		否	主键
员工姓名	字符串	20	否	
员工所属部门编号	整型		可	
员工职位名称	字符串	20	可	
员工电话	字符串	20	可	
员工电子邮件	字符串	20	可	

表 15.2　部门信息表

字　段	类　型	长　度	可否为空	备　注
部门编号	整型		否	主键
部门名称	字符串	10	可	
部门描述	字符串	50	可	
部门经理编号	整型		可	

表 15.3　员工薪资表

字　段	类　型	可否为空	备　注
薪资编号	整型	否	主键
员工编号	整型	否	
基本薪资	整型	可	
其他薪资	整型	可	
薪资发放时间	日期型	否	

表 15.4　员工请假表

字　段	类　型	长　度	可否为空	备　注
请假申请编号	整型		否	主键
员工编号	整型		否	
开始时间	日期型		否	
结束时间	日期型		否	大于开始时间
申请状态	字符串	20	可	取值范围可以是："已提交"、"已取消"、"已批准"、"已否决"
审核者编号	整型			

表 15.5　员工考勤表

字　段	类　型	长　度	可否为空	备　注
考勤编号	整型		否	主键
员工编号	整型		否	
到达时间	日期型		可	
记录者编号	整型		可	不可与员工编号相同
考勤类型	字符串	4	否	可取值 "缺勤"、"迟到"、"早退"
日期	日期型		否	

2. 设置参照属性

员工信息表(员工编号,员工姓名,员工所属部门编号,员工职位,员工电话,员工电子邮件)中的员工所属部门编号参照部门信息表中的部门编号。

员工薪资表(薪资编号,员工编号,基本薪资,其他薪资,薪资发放日期)中的员工编号参照员工信息表中的员工编号。

员工请假表(请假申请编号,员工编号,开始时间,结束时间,申请状态,审核者编号)中的员工编号参照员工信息表中的员工编号。

员工考勤表(考勤编号,员工编号,到达时间,记录者编号,考勤类型,日期)中的员工编号参照员工信息表中的员工编号。

3. 物理数据库设计

逻辑数据名称：人事管理。

数据文件：物资管理 DAT.MDF，初始大小：1MB，最大空间：20MB，增加量：2MB。

日志文件：物资管理 LOG.LDF，初始大小：1MB，最大空间：20MB，增加量：2MB。

备份设备名：BACKUP，备份文件：人事管理 backup.dat。

4. 索引

每个数据表关于主关键字建立索引文件。

5. 设置视图

为公司内部员工提供所有员工的基本信息，包含员工姓名、所属部门名称、员工职位、员工电话和员工电子邮件。

6. 设置存储过程

根据员工提交的员工编号和工资发放时间，查看该员工该月的薪资信息，包括员工编号、员工姓名、基本薪资、其他薪资和薪资方法日期。

根据员工提交的员工编号，查看该员工所有的请假信息，包括员工编号、员工姓名、开始时间、结束时间、申请状态、审核者编号。

根据员工提交的员工编号和日期，查看该员工该日的考勤信息，包括员工编号、员工姓名、到达时间、记录者编号、考勤类型、日期。

7. 设置触发器

要求部门信息表中的部门编号被修改时，员工信息表中的员工所属部门编号也被修改。

要求员工信息表中的员工编号被修改时，员工薪资表、员工请假表和员工考勤表中的员工编号也被修改。

15.2.5　实施阶段

现在我们可以根据物理设计的结果产生一个具体的数据库，并把原始数据输入数据库。我们利用 SQL Server 2005 数据库系统中的 SQL 查询分析器来实现。下面给出具体的实现过程。

1. 创建人事管理数据库

```
create DATABASE 人事管理
ON
( NAME=人事管理DAT,
FILENAME='D:\SQL\人事管理DAT.MDF',
SIZE=5,
MAXSIZE=20,
FILEGROWTH=2
 )
LOG ON
(NAME=人事管理LOG,
FILENAME='D:\SQL\人事管理LOG.LDF',
SIZE=5,
MAXSIZE=20,
FILEGROWTH=2
)
```

2. 创建备份文件

```
sp_addumpdevice'disk','BACKUP1','d:\sql\人事管理backup1.dat'
go
BACKUP DATABASE 人事管理 TO BACKUP1
```

3. 创建数据表文件

```
create table 部门信息表
```

```
(
部门编号 int primary key,
部门名称  char(20),
部门描述 varchar(50),
部门经理编号 int
)
create table 员工信息表
(
员工编号 int not null primary key,
员工姓名 char(20) not null,
员工所属部门编号 int REFERENCES 部门信息表(部门编号) ,
员工职位 char(20),
员工电话 char(20),
员工电子邮件 char(20)
)
create table 员工薪资表
(
薪资编号 int primary key,
员工编号 int REFERENCES 员工信息表(员工编号) ,
基本薪资 int ,
其他薪资 int,
薪资发放日期 datetime
)
create table 员工考勤表
(
考勤编号 int  primary key,
员工编号 int REFERENCES 员工信息表(员工编号) ,
到达时间  datetime,
记录者编号 int,
考勤类型 char(4),
日期 datetime
)
create table 员工请假表
(
请假申请编号 int,
员工编号 int REFERENCES 员工信息表(员工编号) ,
开始时间 datetime,
结束时间 datetime,
申请状态 char(20),
审核者编号 int
)
```

4. 视图

```
create view 员工基本资料(员工姓名,属部门名称,员工职位,员工电话,员工电子邮件)
as select 员工姓名,部门名称,员工职位,员工电话,员工电子邮件
 from 员工信息表,部门信息表
where 员工信息表.员工所属部门编号=部门信息表.部门编号
```

5. 存储过程

存储过程 lookwage：根据员工所提交的员工编号和工资发放时间，查看该员工该月的

薪资信息，包括员工编号、员工姓名、基本薪资、其他薪资和薪资发放日期。

```
create procedure lookwage
@id int,@time datetime
as
select 员工编号,员工姓名,基本薪资,其他薪资,薪资发放日期
from 员工信息表,员工薪资表
where 员工信息表.员工编号=员工薪资表.员工编号
and 员工信息表.职工号=@id and 薪资发放日期=@time
```

存储过程 lookvacation：根据员工提交的员工编号，查看该员工所有请假信息，包括员工编号、员工姓名、开始时间、结束时间、申请状态、审核者编号。

```
create procedure lookvacation
@id int
as
select 员工编号,员工姓名,开始时间,结束时间,申请状态,审核者编号
from 员工信息表,员工请假表
where 员工信息表.员工编号=员工请假表.员工编号
and 员工信息表.职工号=@id
```

存储过程 lookduty：根据员工提交的员工编号和日期，查看该员工该日的考勤信息，包括员工编号、员工姓名、到达时间、记录者编号、考勤类型、日期。

```
create procedure lookduty
@id int,@time datetime
as
select 员工编号、员工姓名、到达时间、记录者编号、考勤类型、日期
from 员工信息表,员工考勤表
where 员工信息表.员工编号=员工考勤表.员工编号
and 员工信息表.职工号=@id and 日期=@time
```

6. 触发器

触发器 departid：要求部门信息表中的部门编号被修改时，员工信息表中的员工所属部门编号也被修改。

```
CREATE trigger departid on 部门信息表
for update
as
 begin
 if (updated(部门编号))
    update 员工信息表
     set 员工信息表.部门编号=(select 部门编号 from inserted )
     where 员工信息表.部门编号=(select 部门编号 from deleted )
end
```

触发器 workerid：要求员工信息表中的员工编号被修改时，员工薪资表、员工请假表和员工考勤表中的员工编号也被修改。

```
CREATE trigger workerid on 员工信息表
for update
```

```
as
 begin
 if (updated(员工编号))
   begin
   update 员工薪资表
     set 员工薪资表.员工编号=(select 员工编号 from inserted )
     where 员工薪资表.员工编号=(select 员工编号 from deleted )
    update 员工请假表
     set 员工请假表.员工编号=(select 员工编号 from inserted )
     where 员工请假表.员工编号=(select 员工编号 from deleted )
    update 员工考勤表
     set 员工考勤表.员工编号=(select 员工编号 from inserted )
     where 员工考勤表.员工编号=(select 员工编号 from deleted )
  end
end
```

本 章 小 结

本章完整地给出了学生选课管理系统和人事管理系统的设计与实现过程，理顺了数据库设计思路，使学生能够顺利完成课程的综合设计题。综合设计题分别是毕业论文网上选题管理系统和十佳大学生投票系统。

实训一 十佳大学生投票系统

为鼓励学生刻苦学习，奋发向上，德智体全面发展，表彰在学习、工作和各项活动中取得突出成绩以及为学校争得荣誉的学生，特评选××大学“十佳大学生”。评选程序如下:

(1) 本人申请或组织、群众推荐，按要求填写申请表，将申请表(有关证明材料)及申请表电子文件上交院系。

(2) 各院系认真组织评选，审核申请人条件，推选 1～2 名候选人，并将材料报送校团委。每名候选人的事迹材料(2000 字以上)需有有关院系或部门的书面证明材料，对符合第三条第 2 款者，还需有两名熟悉该专业的副教授以上专家的书面推荐意见。

(3) 校团委会同有关部门筛选后，确定××大学“十佳大学生”的提名人选。党委宣传部以多种方式向全校师生介绍他们的事迹，组织师生进行投票，学校评议组讨论评分。

(4) 学校评议组根据投票结果和评议分以及群众反映的意见，本着宁缺毋滥的原则，评出 XX 大学“十佳大学生”。

根据以上要求，需要编写一个网上投票系统，该系统实现以下功能:

(1) 用户库的管理。可以对用户进行批量导入、添加、删除、修改。

(2) 投票身份认证。每位同学只能投一次，所以投票之前需要进行身份验证，如果该同学已经投过票，则不允许再次投票。

(3) 投票项目的管理。可以对投票项目进行添加、删除、修改。

(4) 能设置最低和最高选择的候选人数。投票时要求同学选择的候选人数必须符合要求，比如规定选满 6～10 名。

(5)　可设置投票者是否能够查看投票结果。

(6)　可以设置投票的时间段。

请根据上述要求，创建十佳大学生投票系统。

实训二　毕业论文网上选题管理系统

毕业论文选题管理是高校必不可缺的组成部分，一直以来，学院教学管理工作人员使用传统人工的方式进行论文选题的管理，模式多种多样，如：学院指定教师与所带毕业设计的学生的对应关系，由教师和学生联系后确定题目；又如：学院汇总选题后，由各班学生分别进行选题和汇总，学院最终进行毕业选题的分配，这种管理方式存在着许多缺点，如效率低、容易出错，实时性和互动性不强等，与发挥学生特长、更有效地通过毕业设计强化学生知识体系的目标不吻合，也无法实现学分制下教学管理的要求。

基于网络数据库的学生毕业论文选题系统是在网络环境的支持下，开展学生选题和信息查询的一种先进模式，发挥学生选择课题的自主性，提高学校课题管理效率。网络选题具有其他技术手段无可比拟的优越性。

根据以上要求，需要编写一个毕业论文网上选题管理系统，该系统实现以下功能：

(1)　管理员给学生和指导老师开户。

(2)　指导老师发布自己的课题名称及课题相关信息。

(3)　学生选择论文题目。

(4)　指导老师选择学生，退选其他学生。

(5)　被退选的学生继续选择题目，直至最终选定题目。

请根据上述要求，创建毕业论文网上选题管理系统。

参 考 答 案

第 1 章

一、选择题

1．B　　2．A　　3．C

二、填空题

1．人工管理方式　文件管理方式　数据库系统管理方式

2．Window 身份验证模式　SQL Server 身份验证模式

3．.sql

4．Reporting Services 配置管理器　SQL Server 错误和使用情况报告　SQL Server 安装中心　SQL Server 配置管理器

第 2 章

一、选择题

1．A　　2．B　　3．A　　4．A

二、填空题

1．二维表格　数据文件　日志文件　数据库管理系统

2．现实世界　设计人员　便于计算机上实现

3．空值约束　参照完整性规则　用户定义的完整性规则

第 3 章

选择题

1．C　　2．D　　3．A　　4．A　　5．A　　6．C
7．A　　8．B

第 4 章

一、选择题

1．A　　2．B　　3．B　　4．A　　5．B

二、填空题

1．UNIQUE

2．NONCLUSTERED

三、简答题

1．

(1) 在聚集索引中，表中各记录的物理顺序与索引的逻辑顺序相同，只有在表中建立了一个聚集索引后，数据才会按照索引键值的顺序存储到表中。由于一个表中的数据只能按照一种顺序存储，所以在表中只能建立一个聚集索引。通常在主键上创建聚集索引。

(2) 非聚集索引是完全独立于数据行的结构，表中的数据行不按非聚集索引的顺序排序和存储。在非聚集索引内，从索引行指向数据行的指针称为行定位器。在检索数据时，SQL Server 先在非聚集索引上搜索，找到相关信息后，再利用行定位器，找到数据表中的数据行。一个表上可以建立多个非聚集索引。

如果在一个表中既要创建聚集索引，又要创建非聚集索引，应先创建聚集索引，然后创建非聚集索引。因为创建聚集索引时将改变数据行的物理存放顺序。聚集索引的键值是唯一的，非聚集索引的键值可以重复，当然也可以指定唯一选项，这样任何两行记录的索引键值就不会相同。

2．建立主键时，SQL Server 会自动创建索引。

3．CREATE NONCLUSTERED INDEX ID_XM ON S(姓名)

第5章

一、选择题

1．C　　2．B　　3．A　　4．A　　5．D　　6．B

二、简答题

1．

(1) Π[型号,内存容量,硬盘容量](($\sigma_{价格<8000}$(PRODUCT))

(2) Π[生产厂家,型号,是否彩色,价格] ($\sigma_{是否彩色=T}$(PRODUCT $\bowtie$ PRINTER)

(3) Π[生产厂家](PRODUCT $\bowtie$ PRINTER)

2．

(1) $\prod_{学号,成绩}$ ($\sigma_{教师='陈弄清'}$C $\bowtie$ SC)

(2) $\prod_{姓名,成绩}$ ($\sigma_{课程号='c04'}$S $\bowtie$ SC)

(3) $\prod_{学号,姓名}$ ($\sigma_{课程名='数据库'}$S $\bowtie$ SC $\bowtie$ C)

(4) $\prod_{学号}$ ($\sigma_{课程名='数据库' or 课程名=“计算机应用基础”}$ C $\bowtie$ SC)

(5) $\prod_{学号}$ ($\sigma_{课程名='数据库'}$) $\bowtie$ $\prod_{学号}$ ($\sigma_{课程名='网络技术'}$) $\bowtie$ SC)

第 6 章

一、选择题

1. C　2. A　3. D　4. C　5. D
6. C　7. B、A　8. A　9. B　10. C
11. C　12. C　13. C　14. C　15. D

二、填空题

1. SELECT
2. 条件表达式
3. #
4. 子查询
5. T　F　相反
6. FROM　INTO　GROUP BY　ORDER BY　WHERE
7. 结构化查询语言
8. [sever_name](指定链接的服务器名称或远程服务器名称)　[database_name](如果对象驻留在 SQL Server 的本地实例中，则指定 SQL Server 数据库的名称，如果对象在链接服务器中，则指定 OLE DB 目录)　[schema_name](如果对象在 SQL Server 数据库中，则指定包含对象的架构的名称，如果对象在链接服务器中，则指定 OLE DB 架构名称)　object_name(对象的名称)
9. F5
10. sql
11. 内连接　外连接　交叉连接
12. 等值连接　自然连接　自连接
13. 左外连接　右外连接　完全外连接

三、简答题

1.

```
SELECT <属性列表>               --它可以是星号(*)、表达式、列表、变量等
[INTO 新表]                     --用查询结果集合创建一个新表
FROM <基本表>(或视图序列)       --最多可以指定 16 个表或者视图，用逗号相互隔开
    [WHERE 条件表达式]
    [GROUP BY 属性名表]   --分组子句
        [HAVING  组条件表达式]          --组条件子句
    [ORDER BY 属性名[ASC|DESC]..]       --排序子句
          [COMPUTE  集函数(列名)]       --汇总子句
```

2.

(1) 内连接

① 格式

```
SELECT * FROM S INNER JOIN SC ON S.学号=SC.学号
```

② 功能

连接按照 ON 指定的连接条件“学号相等”，只返回满足条件的行，也可用于多个表的连接。只返回符合查询条件或连接条件的行作为结果集，即删除所有不符合限定条件的行。

(2) 外连接

外连接不但包含满足条件的行，还包括相应表中的所有行，只能用于两个表的连接。实际上基本表的外连接操作可以分为三类：例如

```
SELECT 学号,姓名,课程号,成绩 from
s left join SC on S.学号=SC.学号
```

它不但显示选修课程的学生信息，而且也显示没有选修课程的学生的信息。

(3) 交叉连接

① 格式

```
SELECT * FROM S CROSS JOIN  SC
```

② 功能

交叉连接相当于广义笛卡儿积。不能加筛选条件，即不能带 WHERE 子句。结果表是第一个表的每行与第二个表的每行拼接后形成的表，结果表的行数等于两个表行数之积。

第 7 章

一、选择题

1. C　　2. A　　3. A

二、填空题

1. 查询　修改　删除　视图
2. Select_statament
3. 表　视图　链接表　用户定义的函数　子查询　链接视图

第 8 章

一、选择题

1. B　　2. A　　3. D　　4. B　　5. A
6. A　　7. A　　8. B　　9. A　　10. A

二、填空题

1. 数据定义语言　数据操纵语言　数据控制语言
2. BEGIN…END
3. 真
4. Read_only　SCROLL_LOCKS
5. 定位和逐行处理

第 9 章

一、选择题

1．C　2．C　3．D　4．C　5．D
6．C　7．D　8．B　9．A　10．B
11．A　12．D

二、填空题

1．Sp_help　sp_helptext　sp_depends
2．Sp_rename
3．sp_
4．Drop trigger 触发器名
5．Insert　delete　update
6．事件　嵌套
7．事件
8．Inserted　deleted
9．服务器
10．系统存储过程、用户自定义存储过程、临时存储过程、扩展存储过程
11．Insert　delete　update
12．完整性　一致性

三、简答题

1．

(1) 模块化编程。存储过程能永久存储在数据库中。

(2) 快速执行。当创建存储过程时，SQL Server 对它进行分析和优化，在第一次执行后，它就驻留在内存中，省去了重新分析、重新优化和重新编译的工作，提高了执行效率。

(3) 减少网络通信量。存储过程存放在服务器端，因此客户端要执行存储过程，只需要传送一条执行存储过程的命令，从而减少了网络流量和网络传输时间。

(4) 提供安全机制。可以授予用户执行存储过程的权限。

2．在 CREATE PROCEDURE 语句中可以声明一个或多个参数。除非定义了参数的默认值或者将参数设置为等于另一个参数，否则用户必须在调用过程时为每个声明的参数提供值。存储过程最多可以有 2100 个参数。每个过程的参数仅用于该过程本身；其他过程中可以使用相同的参数名称。返回代码为 0，表示成功执行；返回-1 到-99 之间的整数，表示没有成功执行。

3．使用 RETURN 语句，用大于 0 或小于-99 之间的整数来定义自己的返回状态值，以表示不同的执行结果。在执行存储过程时，要定义一个变量来接收返回的状态值。

```
RETURN [返回整型值的表达式 ]
```

4．触发器是特殊的存储过程，它也定义了一组 Transact-SQL 语句，用于完成某项任务。但存储过程的执行是通过过程名字直接调用的，而触发器主要是通过事件进行触发而被执行的。触发器依赖于特定的数据表，触发器建立后，它作为一个数据库对象被存储，当触发事件出现时，触发器就会自动执行。

5．

```
CREATE PROCEDURE proc_depart
@departmentname  varchar(26) output,@oldname varchar(26) output
AS
Updata s
Set 系=@departmentname  where 系=@oldname
GO
```

6．

```
CREATE TRIGGER trigger_1
   ON s
   AFTER  DELETE
AS
BEGIN
    ROLLBACK TRAN
SELECT'不允许删除该学生信息'
END
GO
```

第 10 章

一、选择题

1．D
2．B
3．C

二、填空题

1．原子性　隔离性　一致性　持久性
2．BEGIN　TRANSACTION　ROLLBACK TRANSACTION COMM1T

第 11 章

一、选择题

1．A　2．A　3．D　4．A　5．B

二、填空题

1．事务标识　操作的类型　更新前数据的旧值　更新后数据的新值
2．逻辑设备名称　物理设备名称　逻辑设备名称

3. INIT　NOINIT

4. 系统数据库　用户数据库　事务日志　系统数据库　model

第 12 章

一、选择题

1. C　　2. B　　3. C　　4. C　　5. C　　6. D

二、填空题

1. 身份验证阶段　权限验证
2. sysadmin　sysadmin 的任务成员
3. 用户　用户组
4. Windows 用户　SQL Server 用户
5. 对象权限

三、简答题

1. 固定服务器角色、固定数据库角色、自定义数据库角色。固定服务器角色具有完成特定的服务器管理的权限；固定数据库角色的作用域只限于特定的数据库内；自定义数据库角色可以根据用户需求执行一组指定的活动。

2. 管理权限有语句权限、语句权限、隐含权限三种类型。处理数据或执行过程时需要的权限称为对象权限；语句权限决定用户能否操作数据库和创建数据库对象、隐含权限指系统自行定义而无须授权就有的权限。

第 14 章

一、选择题

1. C　　2. C　　3. D　　4. A　　5. D
6. A　　7. C　　8. A　　9. A

二、设计题

1.

(1)满足要求的 E-R 图如下图所示。

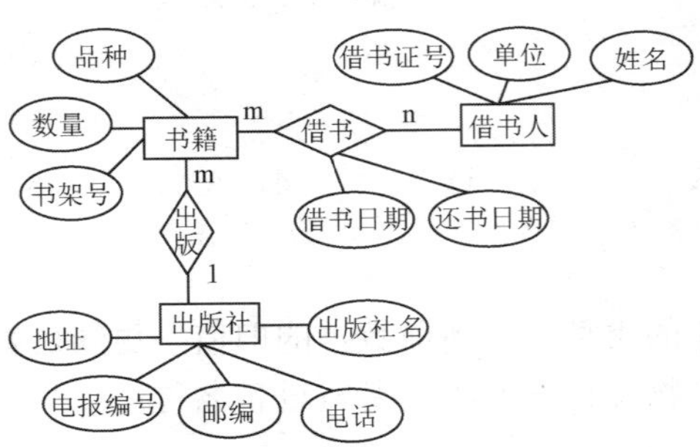

(2) 书籍(品种、出版社名、数量、书架号)
书籍借还情况(借书证号、品种、借书日期、还书日期)
借书人(单位、姓名、借书证号)
出版社(电报编号、电话、邮编、地址，出版社名)
2. (1)

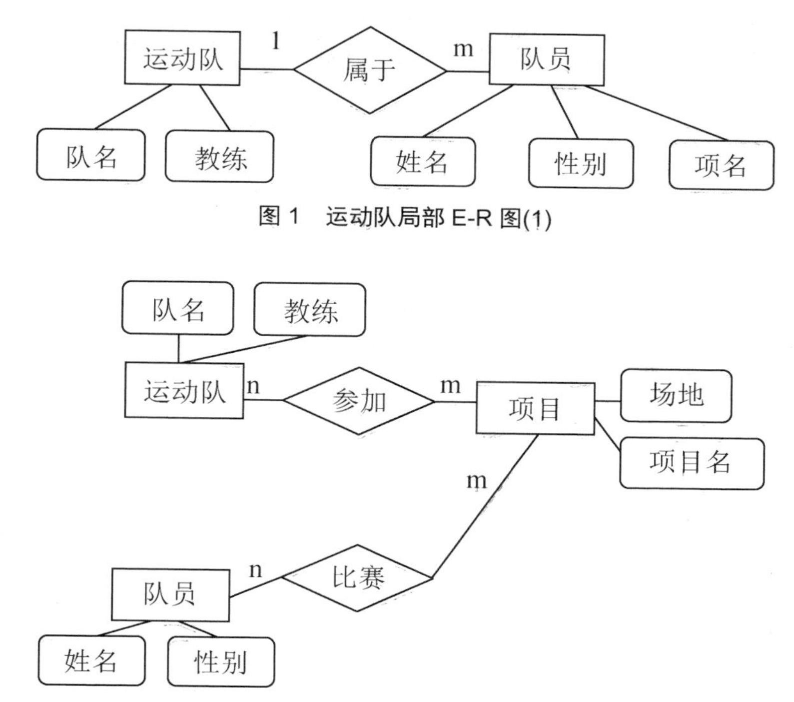

图 1　运动队局部 E-R 图(1)

图 2　运动会局部 E-R 图(2)

(2) 合并结果如图 2 所示。

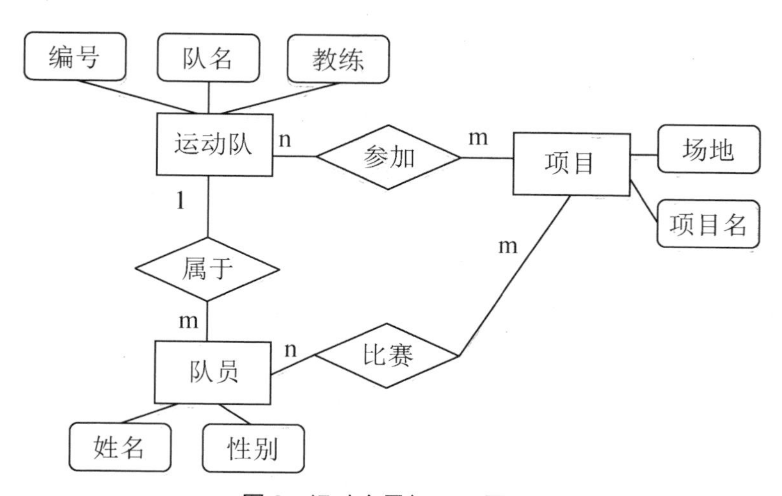

图 3　运动会局部 E-R 图(2)

(3) 运动队信息(编号、队名、教练)，主键是编号

项目信息(场地、项目名)，主键是项目名

队员信息(姓名、性别、编号)，主键是姓名

运动队参加项目信息表(编号、项目名)，主键是编号、项目名

队员参与项目信息表(姓名、项目名)，主键是姓名、项目名

(4) 命名冲突：项名、项目名异同义，统一命名为项目名。

结构冲突：项目在两个局部 E-R 图中，一个作属性，一个作实体，合并统一为实体。

参 考 文 献

1．文龙，张自辉等. SQL Server 2005 入门与提高. 北京：清华大学出版社，2007
2．刘方鑫. 数据库原理与技术. 北京：电子工业出版社，2002
3．詹英. 数据库技术与应用. 浙江：浙江大学出版社，2005